计算机网络基础教程

基本概念及经典问题解析

ELEMENTS OF
COMPUTER NETWORKING
AN INTEGRATED APPROACH

[印] 纳拉辛哈·卡鲁曼希 A.达莫达拉姆 M.斯里尼瓦萨·拉奥 著 许昱玮 等译
(Narasimha Karumanchi) (A.Damodaram) (M.Sreenivasa Rao)

机械工业出版社
CHINA MACHINE PRESS

图书在版编目（CIP）数据

计算机网络基础教程：基本概念及经典问题解析/（印）纳拉辛哈·卡鲁曼希（Narasimha Karumanchi）等著；许昱玮等译 . —北京：机械工业出版社，2016.6（2023.2 重印）

书名原文：Elements of Computer Networking: An Integrated Approach

ISBN 978-7-111-54087-8

I. 计… II. ① 纳… ② 许… III. 计算机网络 – 教材 IV. TP393

中国版本图书馆 CIP 数据核字（2016）第 140406 号

北京市版权局著作权合同登记　图字：01-2016-0677 号。

Translation from the English language edition:

Elements of Computer Networking: An Integrated Approach, by Narasimha Karumanchi, A. Damodaram, M. Sreenivasa Rao (ISBN: 9788192107578).

Copyright © 2014 by CareerMonk Publications.

Chinese simplified language edition published by China Machine Press.

Copyright © 2016 by China Machine Press.

本书中文简体字版由 CareerMonk Publications 授权机械工业出版社独家出版。未经出版者书面许可，不得以任何方式复制或抄袭本书内容。

本书基于作者多年来的行业工作经验，从工业界的实际出发，以问题求解为宗旨，采取简明、轻松的编写方式，帮助学生轻松学习计算机网络原理的相关知识，在网络原理、网络体系结构及网络应用开发三个方面着重介绍，使读者头脑中建立关于计算机网络协议的逻辑。

本书内容丰富，通俗易懂，涵盖各大软件公司面试中涉及的网络题目，以及众多实际问题，帮助各个层次的读者系统学习网络知识。可以作为计算机相关专业的本科教材、研究生入学考试的考前辅导材料，也可作为网络技术人员的参考书。

出版发行：机械工业出版社（北京市西城区百万庄大街 22 号　邮政编码 100037）

责任编辑：迟振春　　　　　　　　　　　　责任校对：殷　虹

印　　刷：北京建宏印刷有限公司　　　　　版　　次：2023 年 2 月第 1 版第 4 次印刷

开　　本：186mm×240mm　1/16　　　　　印　　张：31.25

书　　号：ISBN 978-7-111-54087-8　　　　定　　价：79.00 元

客服电话：（010）88361066　68326294

译 者 序

我愿意向广大读者推荐本书。

众所周知，计算机网络是信息科学技术发展的重要领域，而网络知识也是当代大学生必备的一项计算机科学基础知识。目前，市面上有许多关于计算机网络的书籍，然而本书却有着独特的定位。作者在开始撰写时就为本书设定了以下 3 个目标：

1）面向没有任何专业背景知识的读者，帮助他们了解并掌握计算机网络的相关知识。

2）以简单直接的方式介绍计算机网络的相关协议，帮助读者准确地了解网络协议的原理与内涵。

3）提供了大量的案例与试题，帮助读者深入理解计算机网络并有效地准备相关的笔试与面试。

本书首先用通俗易懂的语言来阐述概念，帮助读者快速理解；然后引入一些问题，通过细致深入的分析帮助读者找出答案；最后提供了大量顶级软件开发公司的面试题并辅之以答案，帮助读者进阶提高。

本书内容丰富，表达通俗易懂，讲解详细，习题丰富，适合作为工科专业本科生与硕士研究生的教材。此外，本书每章既包含了理论介绍又涵盖了相关难点问题，适合选作相关竞赛教材。上述特点使本书一经面世便受到了读者的欢迎，在 Amazon 上获得了广泛好评。

参加本书翻译的人员有：许昱玮（第 1 ~ 6 章，第 15 ~ 17 章）、刘婷婷（第 7 ~ 10 章）、袁媛（第 11 ~ 14 章）。全书由许昱玮审校完成。同时感谢吴功宜教授、徐敬东教授、张建忠教授、吴英副教授，以及陈正阳、王健、王紫凡、谢忱辉、陆苗同学在本书翻译过程中所提供的帮助。

限于水平，翻译中不妥或错误之处在所难免，敬请广大读者批评指正。

译者

于南开大学，天津

2016 年 3 月

前言

亲爱的读者：

请坚持看下去！虽然我们知道很多人都不会仔细阅读前言，但在此仍然强烈建议你至少能够通读此篇。

目前，市面上已经有了许多关于计算机网络的书籍。读者自然会问：为什么还需要再写一本同样的书呢？

本书假设读者具备计算机科学的基础知识。撰写本书的初衷并不是为大家提供一份计算机网络协议的目录以及相关的面试题。早在动笔之前，我们就为本书设定了如下目标：

- ❑ 本书旨在为没有任何背景知识的读者介绍计算机网络，帮助他们轻松而全面地了解相关知识。
- ❑ 本书以简单直接的方式给出计算机网络协议等概念的准确解释。
- ❑ 本书提供丰富的实时案例，以便读者更好地理解计算机网络并有效地准备面试。换句话说，本书囊括了计算机网络的相关面试题。

请记住，市面上的那些计算机网络书籍都未能同时实现上述三个目标。根据多年的教学与工作经验，我们尝试在写作中以一种简明易懂的方式来达成上述目标。首先用通俗易懂的语言来阐释各种概念。这样即使是在校生理解起来也毫不费力。一旦进入讨论概念阶段，我们将引入一些难题，然后，再详细解析每一个难题的解决方案。

最后，我们针对本书的所有概念设置了带有答案的面试题。这些题目均源自于各大顶级软件开发公司的面试真题。

本书以日常用语介绍网络，通俗易懂。即使你没有研究生的学习经历，阅读本书也没有任何障碍。

倘若你是一名求职者，我们相信在你认真阅读全书并融会贯通之后，一定会给面试官留下深刻的印象。这也是我们撰写本书的初衷之一。

对于在读的工程专业本科生与硕士而言，将本书作为学术课程的教材可谓益处多多。本书的所有章节既包含了理论又有相关问题难点。如果你是一名正在准备竞赛（比如 GATE）的考生，本书的内容更是详尽地涵盖了所有相关的知识点。

如果你想要全面透彻地理解本书的所有知识点，那么请至少先通读全书一遍。在后续的阅读中，你可以挑选任意一章来查阅参考。此外，足够的阅读量也有利于本书的错误校正。由于疏忽，本书难免存在一些细小的错误。

一旦发现错误，我们将会在网站 CareerMonk.com 上及时地发布勘误。恳请读者经常查阅该网站，关注新的更正信息，以及新难题和解决方案。同时，欢迎你将自己的宝贵建议发送至 Info@CareerMonk.com。

祝一切顺利！我们相信你会从本书中获益良多。

Narasimha Karumanchi
印度理工学院孟买分校，工程硕士
网站 CareerMonk.com 建设者

A. Damodaram
计算机科学与工程专业工程硕士、博士
信息技术学院主管

M. Sreenivasa Rao
MSIT 计划主持人
计算机科学与工程专业工程硕士、博士
信息技术学院主管

目 录

第 1 章

章 节 安 排

1.1　我们为什么需要计算机网络

　　计算机网络是当下最激动人心的重要科技领域之一。信息与通信是每个企业在通往成功的道路上不可回避的两个重要战略问题。

　　需求是发明之母。无论在什么时候，只要我们对一件事物有需求，就会想方设法实现它。假如我们现在的生活中没有了计算机网络，那么大家只能通过电话（或传真）进行通信。同时，让多台计算机共享一台打印机也会变得十分困难。这是因为无论哪台计算机需要打印，都必须先将打印机的线缆连接上才行。如果需要共享文件或者在不同机器间传输文件，那么就必须借助软盘与 U 盘等可移动存储设备。

　　假如需要向 1000 台计算机发送文件，该怎么办呢？为了解决这个问题，我们必须借助计算机网络。计算机网络允许用户远程访问程序与数据库。无论它们是属于同一个组织，还是来自其他的企业或公共机构。与其他设备相比，计算机网络提供了一种更快的通信方式。此外，人们还开发出许多应用和软件来强化网络的通信能力，比如电子邮件、即时消息、网络电话。

1.2　本书讲些什么

　　与其他同类计算机网络书籍相比，本书的最大特点是将理论、实践概念、难题以及面试题有机地融为一体进行介绍。

　　本书适用于学术研究者，计算机科学、计算机工程、电气工程专业的研究生，行业从业人员以及研究工程师。它可以帮助大家了解计算机网络特殊的设计挑战与相应的解决方案。

　　❑ 本书详细介绍了计算机网络体系结构与通信协议，同时辅之以大量的案例教学。

　　❑ 本书深入介绍了不同的协议与计算机网络体系结构设计之间的依赖关系。

　　❑ 本书深入调查了相关协议机制。

　　本书针对每个考点提供了大量的习题。这有助于读者在实际考试之前对掌握的知识进行自我测试。每一道习题都配有详细的解答，从而帮助大家强化各方面的知识，比如网络的设计与配置。

1.3　我该买这本书吗

本书是计算机网络的入门教材。尽管内容比其他计算机网络入门教材更加精确、严谨，但却极少使用超出高中水平的数学概念。

我尽量不使用高等微积分、概率论与随机过程等概念，因此本书特别适用于本科生教学、GATE备赛以及研究生的首年课程。

想了解计算机网络概念的学生与准备竞赛（比如GATE）的人员均可使用本书。

1.4　怎样使用这本书

我建议读者至少通读全书两遍。在第一遍阅读时，你会了解在不同网络环境下使用的不同协议。

在第二遍阅读时，你会意识到这些协议会在设计网络时给你带来启示，激励你去了解一些书中没有列出的新协议。

这本书最宝贵之处在于，它不仅帮助大家认识网络协议，还帮助大家了解各种协议适用的环境。

在后续的阅读中，你可以跳至任何一章来查阅、参考。

1.5　本书章节安排

第2章　导论：该章将对计算机网络进行概述。这一章将会介绍许多重要的概念与术语，为本书后续章节做知识铺垫。

在阅读完第2章之后，我们建议你按顺序阅读后续章节。因为每一章节都会利用到之前章节所介绍的内容。当然这些章节之间并没有重要的互相依赖关系，读者也可以根据兴趣来调整阅读顺序。

各章的内容安排如下：

第3章　OSI模型和TCP/IP模型：该章介绍了OSI与TCP/IP模型的基本概念，这是后续所有章节的基础。OSI模型有7层，而TCP/IP模型却只有4层。这是因为TCP/IP模型假设应用程序能够处理好传输层之上的每一件事情。该章还对上述两种模型进行了深入的比较。

第 4 章 网络设备：这一章全面而详细地介绍了各种网络设备，包括集线器、网桥、交换机、路由器、网关、防火墙等。集线器、交换机、路由器以及接入点都可以将网络中的不同计算机连接在一起，但是它们的功能却又各不相同。每一种设备都工作在 OSI 模型和 TCP/IP 模型的不同层上。

第 5 章 LAN 技术：在数据通信网络中，局域网用于连接建筑物内部或其他有限地理范围内的终端、计算机以及打印机。该章讨论了数据链路层的介质访问控制技术、随机访问技术、静态信道化技术、LocalTalk、以太网、令牌环以及差错检测技术。

第 6 章 ARP 和 RARP：该章重点介绍了负责 IP 地址与 MAC（Media Access Control）地址（即物理地址）间互相转化的协议。ARP 将 IP 地址转化为硬件地址（即 MAC 地址），而 RARP 则将机器的硬件地址转化为 IP 地址。

第 7 章 IP 寻址：该章介绍了 IPv4 与 IPv6 寻址的基础知识。同时，这一章还深入分析了 IP 寻址的种类、子网掩码、子网划分、超网、无类别域间路由（Classless Inter-Domain Routing，CIDR）、变长子网掩码（Variable Length Subnet Mask，VLSM）以及 IPv4 与 IPv6 的报文格式。

第 8 章 IP 路由：该章介绍了多种不同的路由协议。首先概述了网络路由算法及其分类，然后讨论了多种路由协议，其中包括洪泛路由算法、路由信息协议、开放最短路径优先（Open Shortest Path First，OSPF）协议以及边界网关协议（Border Gateway Protocol，BGP）。

第 9 章 TCP 与 UDP：在之前的章节中，我们已经讨论了以下两种数据传输方式。

1）点对点传输：在数据链路层，通过一条点对点链路或局域网相连的两个节点，利用数据链路层地址（也称作 MAC 地址）来完成帧的传输。

2）主机对主机传输：在网络层，两台主机之间利用 IP 地址来完成数据报的传输。

从用户的角度看，基于 TCP/IP 模型的 Internet 是一套应用程序，负责利用 Internet 完成有效通信的任务。目前普及最广的网络应用有电子邮件、文件传输和远程登录。IP 路由使得 IP 数据报能够按照目的 IP 地址在 Internet 中的多个站点与主机之间传输，然而在这种情况下一些在源主机上运行的应用程序（进程）必须跨越 Internet 与在远程目的主机上同时运行的进程进行通信。因此，需要一种传输层协议为进程对进程的数据传输提供新的机制。

传输层协议需要一个额外的地址，称作端口号，以便在运行多进程的目的主机上找到指定数据传输进程。这样就需要下面的第三种传输方式。

3）进程对进程传输：在传输层，进程或应用程序之间使用端口地址来完成数据通信。

上文介绍了实现不同主机上多个应用程序间同时通信的额外机制。在传输层，TCP 与 UDP 协议提供了这种机制。因此它们也成为该章介绍的主要内容。

第 10 章 TCP 差错控制：TCP 是一个可靠的传输层协议。它实现了进程间有序的数据流传输，有效地避免了错误、丢失以及重复的情况。因此它提供了检测下列错误的机制：

□ 冗余段

□ 乱序段

□ 丢失或缺失的段

□ 被破坏的段

此外，TCP 还提供了错误修正的机制。在 TCP 中，错误的检测与修正是通过以下方法实现的：

1）校验和

2）确认

3）超时与重传

该章将讨论几种错误控制的算法，比如停止等待（Stop and Wait）的自动重传请求（Automatic Repeat-reQuest，ARQ）、回退 N 步（Go Back N）的自动重传请求、选择性拒绝（Selective Reject）的自动重传请求等。

第 11 章　TCP 流控制：TCP 提供了一种方法，能够帮助接收者控制发送者发来的数据量。由于中央处理器（Central Processing Unit，CPU）和网络带宽的差异，负责发送与接收 TCP 数据段的网络节点能够按照不同的速率进行传输。因此，发送者有可能以接收者无法接受的高速率来发送数据。

如果接收者的工作速率慢于发送者，接收者的滑动窗口缓冲区就会丢失一部分数据。TCP 采用了流控制的方法来解决这一问题。

例如，想象一下你与朋友聊天的场景。其中一个在听，而另一个在说。在聊天过程中你会点头示意自己已经明白，也会说出"嘿！慢一点，你说得太快了！"来打断对方的滔滔不绝。实际上，这就是流控制的概念。在生活中往往一些人会比其他人说话的速度更快或理解力更强，但通过"流控制"大家能够以某一种程度来完成交流。你通过点头表示自己理解对方之前所述并且准备好接收下面表述的信息，或者你会告诉对方由于说得太快自己已经跟不上了。这就是流控制。

该章着重介绍了计算机网络的流控制算法，包括滑动窗口机制、被划分的报文段与纳格（nagling）算法。

第 12 章　TCP 拥塞控制：目前，Internet 上大量的流量都是通过 TCP 传输的，因此 Internet 的性能很大程度上取决于 TCP 的运行状况。TCP 在源节点与目的节点的两个进程之间提供了一种可靠的传输服务。

该章介绍了 TCP 协议的另一个重要组成部分：拥塞控制机制。TCP 协议的一个重要策略是向网络发送数据包，然后观测发生的事件并及时做出反应。20 世纪 80 年代末期，在 TCP/IP 协议栈投入使用大约 8 年之后，Van Jacobson 将 TCP 拥塞控制引入 Internet。

对于这些问题，TCP 采用了多种机制来控制双向（客户端到服务端，服务端到客户端）

数据流的发送速度，比如流控制、拥塞控制以及拥塞避免。它们也是该章介绍的主题。

第13章 会话层：会话层在传输层之上，为下方的传输层业务提供增值服务。会话层（以及表示层）在传输层的基础上为应用程序增加一些有用的服务，这样应用程序就不必自己实现这些服务。会话层是OSI参考模型的第5层。它包含的通信特征或功能较少，因此也被看作是非常薄的一层。虽然在许多系统中第5层的特征都不可用，但是读者仍然需要了解会话层可以预防哪些故障。

会话层提供了以下服务：

1）会话管理

2）同步

3）活动管理

4）异常处理

该章结尾讨论了会话层的主要协议，如AppleTalk数据流协议（AppleTalk Data Stream Protocol，ADSP）、AppleTalk会话协议（AppleTalk Session Protocol，ASP）、网络基本输入输出系统（Network Basic Input Output System，NetBIOS）、密码认证协议（Password Authentication Protocol，PAP）、远程过程调用（Remote Procedure Call，RPC）协议和安全外壳（Secure Shell，SSH）协议。

第14章 表示层：表示层是OSI模型的第6层，它负责响应来自应用层的服务请求，并向会话层提出服务请求。表示层执行经常请求的功能，从而为用户找到一个通用的解决方案，而不是让每个用户自己去解决问题。值得注意的是，表示层不像所有较低层一样只对如何将数据从一处传输到另一处感兴趣，而是关注所传输信息的语法和语义。

该章还讨论了加密与解密的概念，并深入介绍了一个加密算法：哈夫曼（Huffman）编码算法。

第15章 网络安全：网络安全是指网络管理员为了预防和监视计算机网络的非法接入而采取的一系列活动与策略。这些活动包括保护计算机网络与数据的可用性、可靠性、完整性以及安全性。

该章首先介绍一段网络安全的案例史，然后列出一些与安全相关的术语，接着讨论网络安全的组成部分，比如：

❑ 认证

❑ 授权

❑ 数据完整性

❑ 机密性

❑ 可用性

❑ 不可否认性

该章还关注了各种不同类型的网络攻击，然后介绍密码算法，并详细分析了加密解密算法、消息完整性、数字签名以及 Kerberos 认证系统。

第 16 章 *应用层协议*：OSI 模型的应用层提供了从网络获得数据的第一步。应用软件是人们用来在网上进行交流的软件程序，比如超文本传输协议（Hyper Text Transfer Protocol，HTTP）、文件传输协议（File Transfer Protocol，FTP）、电子邮件等。虽然 TCP/IP 协议套件的开发早于 OSI 模型的提出，但其应用层协议的功能也适用于 OSI 模型的上三层，即应用层、表示层、会话层。

在 OSI 和 TCP/IP 的模型中，信息是逐层传递的。信息从发送主机的应用层开始，逐层向下直至物理层，然后经过通信信道（即物理链路）到达目的主机。在目的主机上，信息又逐层向上传递直至应用层。

应用	应用层协议	底层传输协议
电子邮件	简单邮件传输协议（Simple Message Transfer Protocol，SMTP）	TCP
远程终端接入	远程登录	TCP
网页	HTTP	TCP
文件传输	FTP	TCP
流媒体	HTTP（例：YouTube）	TCP 或 UDP
网络电话	实时传输协议（Real Time Protocol，RTP）(例：Skype)	以 UDP 为代表
网络聊天	Internet 中继聊天程序（Internet Relay Chat，IRC）	TCP
主机配置	动态主机配置协议（Dynamic Host Configuration Protocol，DHCP）	UDP

应用层建立在传输层之上，向用户应用提供网络服务。它在我们用来通信的应用与用于传输信息的底层网络之间提供了接口。应用层协议也被用来交换源主机与目的主机上程序间的数据。该章将详细讨论上面提到的所有协议。

第 17 章 *其他概念*：即使已经超出了本书的范围，我们还是在这一章中介绍了计算机网络的其他重要概念（比如服务质量（Quality of Service，QoS）、Ping 操作、无线网络的基础知识等）。

为了帮助读者检测并提高自己对概念的理解程度，本书在每一章结尾都提供了一套习题。在一些地方，相似的协议会被放在一起进行比较。

本书的例子都简单易懂。这样做的目的就是希望通过例子将每个概念解释得更加透彻，从而使读者能更好地领悟。

第 2 章

导　　论

2.1　什么是计算机网络

计算机网络是一组连接在一起相互之间可进行通信的计算机。这些计算机可以用电话线、同轴电缆、卫星链路以及其他通信技术连接起来。

2.2　计算机网络的基础元素

随着网络的普及，越来越多的用户被连接在一起。世界各地的人们可以通过网络在线进行交流。本章主要关注信息网络的以下方面：

- □ 组成网络的设备（工作站、笔记本电脑、文件服务器、Web 服务器、网络打印机、VoIP 电话、安全相机、手持设备等等）
- □ 连接设备的介质
- □ 网络上传输的信息
- □ 控制网络通信的规则（协议）与流程
- □ 构建与维护网络的工具和命令

通信始于一条必须从一个设备发到另一个设备的消息。人们使用了许多不同的通信方法进行交流。所有这些方法都具备下面三个共同的元素：

- □ 第一个元素是信源（发送方）。消息源可以是需要将消息发送到其他人/设备的人，也可以是电子设备。
- □ 第二个元素是信宿（接收方）。信宿接收消息并解释它。
- □ 第三个元素是信道。信道由提供通路的介质组成。信息可以通过这些通路从信源被传输到信宿。

重要问题 从以下选项中，选出网络的最佳定义：

A. 一个没有介质的打印机的集合

B. 通过一些常见的通信信道互连的设备

C. 一个发送通信到 Internet 的设备

D. 一个存储在服务器上的共享文件夹

答案：B

2.3 什么是因特网

将两个或多个网络连接在一起就称作因特网。换句话说，因特网是网络的网络。

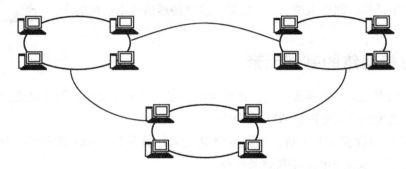

2.4 数据和信号的基础

数据和信号是任何计算机网络的两个基本要素。信号是数据的传输方式。数据和信号都可以表示为模拟或数字的形式。这样，就有以下四种可能的组合：

1）使用数字信号传输数字数据

2）使用模拟信号传输数字数据

3）使用数字信号传输模拟数据

4）使用模拟信号传输模拟数据

2.4.1 模拟和数字数据

存储在计算机系统中和传输在计算机网络中的信息可以被分为两类：数据和信号。数据是计算机或者计算机系统传达意思的实体。

数据是指一些基于发送方和接收方共同商定的规则或惯例而传输的有意义的信息。如今它已经发展成各种各样的形式，例如文本、图像、音频、视频以及动画。

数据有两种形式：

- □ 模拟数据
- □ 数字数据

模拟数据是在某个区间内产生的连续值，例如声音和视频。使用传感器从真实世界收集的数据就是连续数值的，或者称作本质模拟的。

相反地，数字数据取一些离散值。文本或者字符串就是数字数据很好的例子。字符可以由适当的编码表示，例如 ASCII 码，每个字符由一个 7 比特的编码表示。

2.4.2　模拟和数字信号

如果我们想把数据从网络的一端传到另一端，无论使用物理线路还是无线电波，数据都需要被转换成信号。信号是数据的电子或电磁编码方式，用于传输数据。

通过导线传播的信号（电信号）分为以下两类：模拟信号与数字信号。此外，用来发送信号的系统被称为传输系统。

2.4.3　模拟信号

模拟指物理量是连续变化而不是离散变化的。物理现象通常涉及模拟信号。例如温度、速度、位置、压力、电压、海拔等等。

一个信号是模拟的意味着该信号在时间和幅度上都是连续的。以标准的水银玻璃温度计为例，因为温度读数在任意时间间隔内都是连续变化的，所以我们称该设备是模拟的。

假设温度的变化足够快，那么无论你是在一秒后、半秒后，甚至一百万分之一秒后读取温度计，都可以获得一个新的温度值。

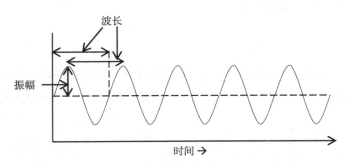

温度计的读数在幅度上也是连续的。这意味着如果你的眼睛在读取水银高度时足够灵敏，那么读数可能是 37℃、37.4℃或者 37.440 181 834 32℃。实际上，人们最感兴趣的心脏信号本质上也是模拟的。例如体表或者心脏运动的血压记录在时间和幅度上都是连续的。

此处，信号 0 和 1 被转成电波传输。传输模拟信号的系统被称为宽带系统。

2.4.4　数字信号

数字信号由各种不同形式的比特信息构成。这些形式可通过多种方式产生。每种方式都产生一个特定的代码。现代数字计算机以二进制的形式存储和处理各种信息。计算机中所有的图像、文本、声音、视频都以二进制的形式进行存储与操作。

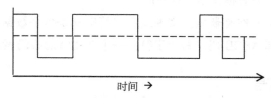

时间 →

基本上，代码 1 以某一个特定的电压被传输，代码 0 则以 0 伏被传输。传输数字信号的系统被称为基带系统。

2.4.5　将数据转换为信号

与数据类似，信号可能是模拟的或数字的。通常情况下，数字信号传输数字数据，模拟信号传输模拟数据。然而，我们也可以用模拟信号传输数字数据，数字信号传输模拟数据。选择使用模拟信号还是数字信号通常取决于使用的传输设备和信号必经的环境。

2.4.6　数据编码

文本数据是一个在发送方与接收方之间传输的常见数据形式。这些文本信息以字符序列的形式被传输。为了区分这些字符，每一个字符都用一个唯一的二进制 0/1 序列表示。

所有文本字符或符号与它们对应的二进制形式的集合被称作数据编码。三种重要的数据编码是 EBCDIC、ASCII 和 Unicode。

2.4.7　频率

频率是指在单位时间内经过某个固定位置的波的个数。因此，假如一个波经过的时间是 1/2 秒，那么频率就是每秒 2 个。假如一个波经过的时间是 1/100 小时，频率就是每小时 100 个。

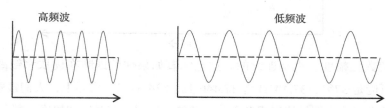

高频波　　　　　　　　　　　低频波

频率通常以赫兹（Hz）为单位，为了纪念 19 世纪德国物理学家海因里希·鲁道夫·赫兹（Heinrich Rudolf Hertz）。单位赫兹定义为每秒中经过的波的个数。

2.4.8 比特率

两个新的术语，比特间隔（代替周期）和比特率（代替频率）被用于描述数字信号。比特间隔是指发送单个比特所需的时间。比特率是指每秒钟比特间隔的数目。这意味着比特率是一秒钟发送的比特数，通常以比特每秒（bps）表示，如图 2-7 所示。

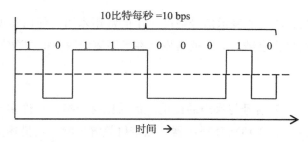

数据速率表示为比特每秒（b/s 或 bit/s）。数据速率 R 是一个与比特持续时间（或比特时间）相关的函数。

$$R = \frac{1}{比特时间}$$

速率也被称作信道容量 C。如果比特时间是 10 ns，数据速率就等于：

$$R = \frac{1}{10 \times 10^{-9}} = 10^8 bps \ 或 \ 100 \ Mbps$$

结果通常表示为 100 Mbps。

2.4.9 波特率

数据通信系统的波特率是指每秒钟传输码元符号的个数。一个码元可能有两个以上的状态，因此它可以代表不止一个二进制位（一个二进制位总是代表两个状态）。因此，波特率可能不等于比特率。尤其是在当前的调制解调器中，每个码元可以达到 9 个比特位。

波特率是与调制解调器、数字电视以及其他技术设备相关的技术术语。波特率也被称作码元速率或调制速率。这个术语大致表示了数据的传输速率，它是基于每秒传输码元数的派生值。

这个速率的单位是码元每秒或者脉冲每秒。波特率可用以下公式计算：

$$波特率 = \frac{总比特率}{每码元的比特数}$$

此外，可以用以下公式将波特率转换为比特率：

$$比特率 = 每码元比特数 \times 波特率$$

当被用于技术目的时，波特可以缩写为 Bd。

这些公式的意义在于，在每个码元的比特数相同的前提下，更高的波特率意味着传输更大量的数据。同样是每个码元占用 4 比特位，使用 4800 波特调制解调器的系统传输的数据就比使用 9600 波特调制解调器的系统传输要少。因此，在其他条件相同的情况下，通常优先选择更高的波特率。

2.4.10   衰减

衰减（也称为损失）是一个表示信号强度减小的常用术语。任何类型的信号，无论是数字的还是模拟的，都会发生衰减。衰减通常发生在远距离传输模拟或数字信号的时候。

2.4.11   信噪比

信噪比是指信号中音频信号与噪声的比例。信噪比这个指标在许多元件中都很常见，包括扩音器、留声机播放器、CD/DVD 播放器、磁带机等等。噪声被描述为嘶嘶声，就像磁带机，或者是所有元件中常见的电子背景噪音。

如何表示信噪比？

顾名思义，信噪比是信号的量与噪音的量的比较或比值，以分贝为单位。信噪比可缩写为 S/N。它的值越大代表越高的规格。一个组件的信噪比是 100 dB 意味着音频信号的级别是噪声信号级别的 100 倍，因此它的规格要高于一个信噪比为 90 dB 的组件。

信噪比的定义是信号（Signal）功率和噪声（Noise）功率之比。我们可以根据以下公式计算得出：

$$\frac{S}{N} = \frac{P_{\text{Signal}}}{P_{\text{Noise}}} = \frac{\mu}{\sigma}$$

其中 μ 是信号平均值或期望值，σ 是噪声的标准差。

2.5   网络拓扑

在计算机网络中，设备之间的连接方式被称为拓扑。拓扑是计算机、电缆和其他部件在一个网络上的物理布局。以下是本小节将要介绍的几种拓扑类型：

  ❑ 总线拓扑
  ❑ 星形拓扑
  ❑ 网状拓扑
  ❑ 环形拓扑

2.5.1   总线拓扑

总线拓扑使用一条电缆（也称作主线、骨干网、段）来连接多个系统。大多数时候，T 形连接器（因为它们的形状像字母 T）用于将系统连接到电缆段。通常，同轴电缆用于总线拓扑。

总线拓扑的另一个关键组成部分是终结器。为了防止数据包在电缆中来回反射，电缆的两端都必须安装终结器。终结器可以吸收电子信号并且清空电缆，这样其他计算机才可以在网络上发送数据。如果没有终结器，那么整个网络都无法工作。

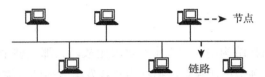

在总线拓扑网络中，某一时刻只能有一个计算机传输数据包。总线拓扑中的系统侦听网络上的所有流量，但是只接收发送给自己的数据包。广播包是一个例外，网络中所有的计算机都需要接收该数据包。当计算机发送一个数据包时，它同时向两个方向传输。这意味着网络会被一直占用直到目的主机接收到该数据包为止。

在总线拓扑网络中，计算机的数量对网络性能有很大的影响。总线是一种被动的拓扑结构。总线拓扑中的计算机仅仅侦听或者发送数据。它们并不携带数据并继续发送或重新生成数据。因此，即使网络中的一台计算机出现故障，网络仍可以继续工作。

优点

总线拓扑的一个优点是成本。总线拓扑比其他拓扑结构使用的电缆更少。它的另一个优点是安装简便。在总线拓扑中，我们只需要将系统连接到电缆段即可。因此，我们只需要一定数量的电缆将网络中现有的工作站连接起来。总线拓扑的易用性与使用电缆数量最少的优点使其成为网络拓扑最经济的选择。如果一台计算机出现故障，网络仍能够工作。

缺点

总线拓扑的主要缺点是难以排除故障。当网络出现故障时，通常是由于电缆某处出现了中断。对一个大型网络来说，这一点可能很难避免。总线拓扑中计算机之间的电缆中断可能会造成整个网络的瘫痪。总线拓扑网络的另一个缺点是，流量负载越大，网络越慢。

可扩展性是动态世界网络的一个重要考虑因素。能够方便地修改网络的规模与布局对今后的生产率与停机时间都十分重要。然而，总线拓扑的扩展性并不好。

2.5.2　星形拓扑

在星形拓扑中，所有系统都通过一个中心的集线器或交换机连接，如右图所示。这是一个常见的网络场景。

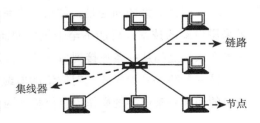

优点

星形拓扑的一个优点是集中布线。通过使用集线器，即使拓扑中的一条链路发生故障，剩余的系统也不会像本章介绍的其他拓扑中的系统一样受到影响。

从长远来看，中心化的网络构建可以使管理员的生活更加轻松。集中式管理与网络流量监控对于网络的成功是至关重要的。在星形拓扑中，所有的连接都指向中心点，因此很容易添加或更改配置。

缺点

另一方面，在这种拓扑结构中，如果集线器发生故障，那么整个网络或者说很大一部分网络都会瘫痪。当然，这种情况比在总线拓扑中寻找发生故障的电缆段要更容易修复。

星形拓扑的另一个缺点是成本：为了把每个系统都连接到一个中心的集线器，需要使用比总线拓扑更多的电缆。

2.5.3 环形拓扑

在环形拓扑中，每个系统以点对点的方式与邻近的系统相连。因此，网络中的所有系统将构成一个闭合的环。在环形拓扑中，信号是沿着一个方向传送的。

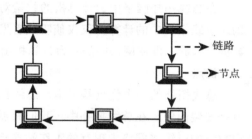

如图所示，环形拓扑是一个圆，没有起点也没有终点。环形拓扑不需要终结器。当数据从一个系统传送到另一个系统时，信号会在环上沿一个方向进行传播。每个系统会检查这个数据包的目的地，并充当一个中继器继续传播该数据包。如果其中一个系统发生故障，那么整个环形网络都会瘫痪。

优点

环形拓扑的优点是每个计算机在网络上都能够平等地进行通信。（对于总线和星形拓扑而言，同一时刻网络上只允许一台主机进行通信。）环形拓扑为每一个系统都提供了好的性能。这意味着一个发送大量信息的繁忙系统不会影响其他系统的通信。环形拓扑的另一个优点是信号衰减比较低。

缺点

环形拓扑最大的问题是，如果一个系统故障或者电缆链路故障，整个网络就会瘫痪。如果采用更新的技术，可能不至于发生如此情况。环形拓扑的概念是指在一个未断开的环中，信号在系统之间从一条连接到另一条连接逐跳步传输。

另一个缺点是如果我们对网络的电缆或某一个系统做一些改变，比如移动，那么即便是简单的切断一条连接的操作也会使整个网络中断或关闭停用。

2.5.4　网状拓扑

网状拓扑在计算机网络中并不常见。它在国家电话网络中更加常见。在网状拓扑中，所有系统都与网络的其他每个成员互相连接。如果有 4 个系统，那么必须要 6 条电缆——每个系统都有 3 条与其他系统的连接。

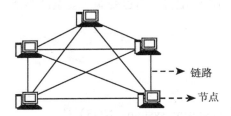

两个节点通过专用的点对点的链路连接。因此，n 个节点的总链路数量是：

$$\frac{n(n-1)}{2}$$

其数值与 n^2 成比例。

优点

网状拓扑结构的最大优点是容错性。如果某个电缆段发生故障，流量可以被重新路由。这种容错性意味着网络因为某一条电缆故障而瘫痪的情况几乎是不可能的。

缺点

由于连接的数量太多，网状拓扑难于管理。它的另一个缺点是成本高。对大型网络而言，连接所需的电缆和工作站的接口将耗资昂贵。

2.5.5　树形拓扑

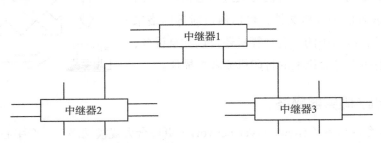

这种拓扑可以被认为是总线拓扑的一种扩展。它通常用于级联设备。例如，我们有一个 8 端口的中继器。那么只要不超过 8 个站点，该拓扑都可以正常使用。如果我们需要添加更多的站点，则可以利用层次结构（树结构）连接 2 个或者更多的中继器，从而连接更多的站点。

上图中中继器 1 是指 1 号中继器，其余类似。每个中继器都有 8 个端口。

2.5.6　无约束拓扑

到现在为止，所有讨论的拓扑结构都是对称的，并且受到明确定义的互联模式的制约。然而，有时候网络拓扑也会采用一些无定义的模式，节点可以利用点对点的链路以任意的方式互连。

无约束的拓扑容许大量的灵活配置，但也受制于复杂的路由。复杂的路由会造成不必要的开销和延迟。

2.6　网络操作系统

网络操作系统（Network operating system，NOS）是一种特殊的操作系统。它具有将计算机与设备连接到一个局域网（LAN）的特殊功能。

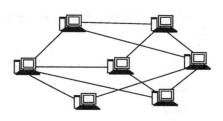

一些独立的操作系统。例如 Microsoft Windows NT，也可以作为网络操作系统。其中一些知名的网络操作系统包括 Microsoft Windows Server 2003、Microsoft Windows Server 2008、Linux 以及 Mac OS X。

2.6.1　对等网络

对等网络（Peer-to-Peer）通常用于主机数目小于 10 台的情况，并且不需要对安全进行严格的限制。网络中，所有计算机具有相同的地位，即术语中的"对等"。同时，这些计算机之间以互相平等的方式进行通信。文件，比如文字处理或者电子表格文档，可以通过对等网络来实现共享。此外，网络中的所有计算机还可以共享设备，比如连接到任意一台计算机上的打印机或者扫描仪。

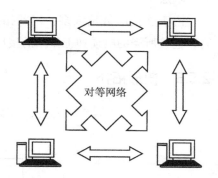

2.6.2　客户机／服务器网络

客户机／服务器网络（client/server network）更适合大规模网络。一个中心计算机，或者说服务器，存储了网络中共享的文件与应用程序。通常服务器的性能高于普通计算机的平均水平。

服务器也控制着其他计算机的网络访问权限。这些计算机被称作"客户机"。典型的例子有，学校里的教师和学生可以使用客户机来工作与学习，只有网络管理员（通常是指定的工作人员）才有服务器的访问权限。

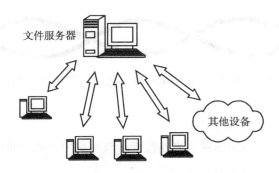

文件服务器

其他设备

2.7 传输介质

跨越网络的通信需要传输介质的承载。介质提供了数据从源端到目的端的信道。目前，有几种不同类型的媒介。为通信选择合适的介质取决于许多因素，比如传输介质的成本、数据传输的效率和传输速率。不同类型的网络介质拥有不同的特征和优势。

2.7.1 两条明线

这是最简单的传输介质。它由一对简单的铜或铝制金属线构成。金属线的直径在 0.4 到 1 毫米的范围内。此外，两个金属线之间是绝缘的。这种简单的传输形式有多个变种。通常，我们用一根保护电缆将上述的数对金属线包裹起来，并将其称作多芯电缆。有时，这条电缆也会被模制成扁平样式。

这条线路由两条导线组成。两者之间用绝缘垫片隔开，一般相隔 2 ~ 6in [⊖]。这类线缆通常用作输电线。

此类介质可用于短距离通信，最大距离约为 50m，而传输速率能够达到 19 200 bps。

电力传输的例子

2.7.2 双绞线电缆

顾名思义，这种线路由两条绝缘导线绞合在一起。这种灵活的形式不需要使用绝缘隔板。由于橡胶绝缘层会造成高介电损耗，因此该线缆不用于高频率传输。当线缆潮湿时，损耗会很高。

双绞线电缆用于 1km 之内的通信，能达到 1 ~ 2 Mbps 的传输速率。然而随着速率的增

⊖ 1 in=0.0254 m。

加，最大传输距离会减小，而且可能需要使用中继器来再次传送。

双绞线电缆广泛用于电话网络，并且越来越多地被用于数据传输。

2.7.3 同轴电缆

同轴电缆是一种有线电视运营商用来连接天线与家庭用户的铜质电缆。它包含了一个传输信号的物理信道以及另一个包围（中间有绝缘层）在该信道外的同轴物理信道，两者沿着相同的轴线延伸，因此被称作同轴。外层的信道作为地线。

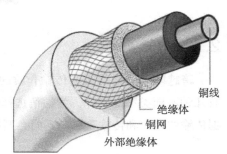

电缆直径越大，传输损耗越低，能够达到的传输速率越高。同轴电缆可用于超过 1 千米的传输距离，并能够达到 100 Mbps 的传输速率。

2.7.4 光纤电缆

基于光纤的介质使用光信号代替电脉冲来进行传输。光纤非常适合传输数据、视频、声音。此外，光纤是所有电缆介质中最安全的。任何人想要获取光纤电缆上的数据信号必须在物理上接入介质，而这是一项困难的任务。

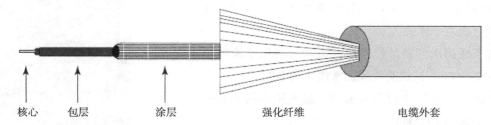

核心   包层   涂层   强化纤维   电缆外套

另一方面，电缆困难的安装与维护过程需要技术娴熟的操作人员。另外，与前文所述方案相比，光纤解决方案的成本会更高。实现光纤解决方案的另一个缺点是需要考虑兼容现有网络设备与硬件所需要的成本。光纤与大多数电子网络设备不能兼容。这意味着，我们必须购买兼容光纤的网络硬件。

光纤电缆的中心是一个被包层包裹的玻璃纤维核心，然后由绝缘层覆盖，最外层是一个保护壳。

由于光波比电信号的带宽高得多，因此光纤能够达到 1000 Mbps 的高数据传输速率。它可以用作中长距离的传输链路。

2.7.5　无线电、微波和卫星信道

无线电、微波和卫星信道在开放空间中使用电磁传播。这些信道的优势在于它们能覆盖大范围地理区域，并且比有线安装更便宜。

无线电、微波和卫星信道的区别在于它们使用的频率不同。低于 1000 MHz 的频率属于无线电频率，而高于 1000 MHz 的频率则属于微波的频率。

无线电的传输频率可能低于 30 MHz，或者高于 30 MHz。因此，它的传输技术有所不同。高于 30MHz 的无线电只能在视距路径上传播。需要在视距路径之间放置天线以提高传输距离。

无线电频率容易发生衰减，因此需要沿传输路径设置中继器以提高信号强度。无线电能够到达 100 ～ 400 Mbps 的数据传输速率。

微波链路使用视距传输，并且需要每隔 100 ～ 200 km 设置一个中继器。微波链路可达到 1000 Mbps 的数据传输速率。

卫星链路使用 4 ～ 12 GHz 的微波频率，并将卫星作为中继器。它能够达到大约 1000 Mbps 的数据传输速率。

2.8　网络类型

2.8.1　局域网

局域网（Local Area Network，LAN）是指局限在一个地点、一幢建筑或一组建筑的网络。局域网由多种组件构成，比如台式机、打印机、服务器以及其他存储设备。局域网中所有主机的地址都落在一个单一连续的地址范围内。

局域网通常不包含路由器。局域网内的通信与数据传输速率较高。一个局域网通常由单一的组织者进行管理。

2.8.2　城域网

城域网（Metropolitan Area Network，MAN）通常是跨越一个城市或一个大型校园的大规模计算机网络。城域网通常使用高容量的骨干网技术（光纤链路）来互连多个局域网。城域网设计用于覆盖整个城市。这意味着它可能是一个单一的网络（例如，有线电视网络），也可能是将多个局域网连接起来而形成的一个更大规模的网络。

城域网可能由一个私营公司拥有和运作，也可能由一个上市公司来提供服务。

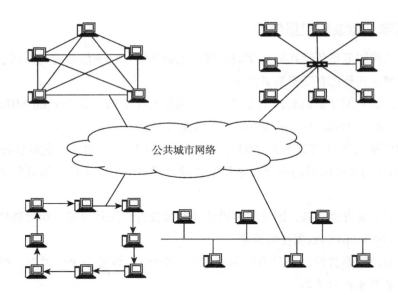

2.8.3 广域网

广域网（Wide Area Network，WAN）提供了数据、声音、图像以及视频信息的长距离传输服务，以覆盖一个国家甚至整个世界的广大区域。广域网可利用公共的、租赁的或者私有的通信设备，通常将这些设备进行组合使用，因而能够跨越无限的地理距离。

被某一个公司完全拥有并使用的广域网通常作为一个企业网络。鉴于其广大的地理覆盖范围以及高昂的维护费用，维护广域网是十分困难的。因特网就是广域网最好的例子。相比局域网来说，广域网的数据传输速率较低。

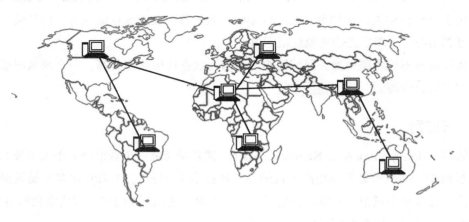

2.8.4 个域网

个域网（Personal Area Network，PAN）是指围绕某个人而搭建的计算机网络。个域网通常包含一台计算机、一个手机以及（或者）一台手持计算设备，比如 PDA。

我们可以利用个域网来传输电子邮件、日历预约、数码照片以及音乐等文件。个域网可以用线缆来搭建（例如 USB），也可以使用无线（例如蓝牙）构建。

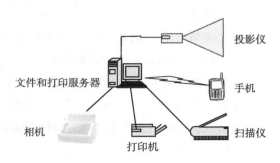

个域网的覆盖范围一般小于 10 米。个域网被视为一种特殊类型的局域网。它仅支持一个人而不是一个小组。

2.8.5　局域网与广域网

	局域网	广域网
定义	局域网是覆盖一个较小地理区域的计算机网络，例如家庭、办公室、学校或建筑群	广域网是覆盖广阔区域的计算机网络（例如，通信链路跨越城市、区域或者国家边界的长距离的网络）
维护成本	因为局域网覆盖一个相对较小的地理区域，所以它成本相对较低，易于维护	因为广域网的覆盖区域广大并且维护成本高，所以它的维护非常困难
容错	因为只需要处理很少的系统，所以局域网出现的问题较少	因为广域网是由许多容错率低的系统组成的，所以它的容错率较低
例子	一个组织的网络可以是一个局域网	因特网就是广域网最好的例子
地域范围	局域网的地理范围较小，不需要租用任何通信线路	广域网一般跨越了边界，需要租用通信线路
设置成本	如果需要在网络中设置一对额外的设备，不会耗费很高的代价	如果网络需要连接一些偏远地区，那么设置成本会很高。然而，如果广域网使用公共网络，那么它的设置会非常便宜，只需要软件（VPN 等）即可
所有权	通常由某个人或组织所有、控制和管理	广域网（像因特网）不被任何一个组织所有，而是在很长一段距离内享有集中或者分布式的所有权和管理
组成部分	第 2 层设备，比如交换机、网桥；第 1 层设备，比如集线器、中继器	第 3 层设备，比如路由器，多层交换机和特定技术设备例如 ATM 或帧中继交换机等
数据传输速率	局域网数据传输速率高	广域网比局域网的数据传输速率低
技术	往往使用特定的连接技术，主要是以太网和令牌环	广域网往往使用如 MPLS、ATM、帧中继以及 X.25 的技术来实现远距离连接
连接	局域网之间无论任何距离都可以使用电话线和无线电波连接	计算机通常需要通过公共网络来连接广域网，比如电话系统。它们也可以通过租赁的线路或卫星来连接
速度	高速度（1000 Mbps）	较低速度（150 Mbps）

2.8.6　无线网络

无线网络是指使用无线网络（Wi-Fi）连接的计算机网络。无线网络有以下几种类型：

□ 无线个域网（WPAN）：设备在一个相对较小的区域内互连。一般这个区域是一个人可达的范围。

□ 无线局域网（WLAN）：使用无线分布的方法在短距离内互联两台或多台设备。IEEE 802.11 标准描述了无线局域网。

□ 无线城域网（WMAN）：连接多个无线局域网。IEEE 802.16 标准描述了无线城域网。

□ 无线广域网（WWAN）：覆盖广大的区域，比如相邻的城镇，或者城市与郊区之间。接入点之间的无线连接通常是使用锅状天线的点对点微波链路，而不是小型网络中所使用的全向天线。

2.9 面向连接与无连接服务

计算机网络一般采用两种不同的技术传输数据。它们是面向连接的方法与无连接的方法。这两种方法有各自的优缺点。

2.9.1 面向连接的服务

面向连接的方法要求在发送数据之前先建立好会话连接。这种方法通常被称为可靠网络服务。它能够保证数据按照相同的顺序到达接收端。面向连接的服务通过网络在发送方和接收方之间建立了一条虚拟链路。传输控制协议（Transmission Control Protocol，TCP）就是一个面向连接的协议。

面向连接服务最常见的例子就是我们每天使用的电话系统。面向连接的系统（比如电话系统）会在你与身处另一方的人之间建立一条直达的连接。

因此，如果你从印度向美国打了 5 分钟的长途电话。在整个 5 分钟之内你都是这条电话线路的真正占有者。然而，这种低效率的缺陷已经被多址接入技术所克服（请参考局域网技术一章）。

面向连接的服务在网络中建立了一条从源到目的地之间的虚拟路径。面向连接服务通过以下 3 个步骤来提供服务：

1）握手：这一过程是在数据传输之前先建立一条到期望目的地的连接。在握手阶段，两端节点决定了传输数据的参数。

2）数据传输：在该阶段，真实数据被有序地传输。因为面向连接的协议提供了有序传输数据流的服务，因此它也被称为可靠的网络服务。大多数面向连接的服务在丢失数据包时会进行重传，以保证该服务的可靠性。

3）连接终止：该阶段用于在数据传输完成之后释放端节点与资源。

2.9.2　无连接服务

无连接服务不需要在发送方和接收方之间建立会话连接。发送方只需直接向目的地发送数据包（也称为数据报）。这种服务不具备面向连接方法的可靠性，但有助于周期性的突发传输。

系统既不需要维护接收端（数据传输的目的地）系统的状态信息，也不需要维护发送端（数据传输的源）系统的状态信息。无连接网络提供了最小化服务。用户数据报协议（User Datagram Protocol，UDP）就是一个无连接协议。

无连接服务的共同特征如下：

❑ 数据（数据包）不需要按序到达
❑ 在传输过程中，被分片的数据包必须按序进行重组
❑ 不需要为创建会话而耗费时间
❑ 不需要确认

2.10　分段和复用

在理论上，网络中的单次通信（比如传输一个音乐视频或一封电子邮件）可以以一块连续比特流的形式从源发送到目的地。如果消息按照这种方式传输，那么意味着在当前数据的传输过程中不会有其他设备能在同一个网络中发送或接收消息。

这些大的数据流将会导致严重的延时。此外，如果在传输过程中一条连接网络设备的链路发生故障，那么整个消息都会丢失，从而需要全部重传。

一个优化的方法是把数据分成小块，这样在网络发送的过程中更易于管理。将数据流分成小块的方法称为分段。消息分段有两个主要的优点。

第一，通过从源向目的地发送较小的独立分段，许多不同的对话可以在网络上交错展开。在网络上将不同对话的分段交错在一起的过程称作多路复用。

第二，分段能够提高网络通信的可靠性。每条消息的独立分段不需要沿着相同的路径来跨越从源到目的地的网络。如果某一条路径出现数据流拥塞或发生故障，独立的分段仍然可以沿着其他路径传输到目的地。如果消息的一部分没有到达目的地，那么只需要重传丢失的这一部分数据即可。

2.11　网络性能

在过去的几十年中，网络性能成为了许多研究的主题。网络性能是网络的重要问题之

———网络到底有多好呢？因特网采用将数据封装成小数据包的方法进行传输。

这些小数据包流直接影响到用户对互联网的体验。如果所有数据包及时到达，用户就可以看到一个持续的数据流。如果数据包的到达间隔有很大延迟，那么用户的体验就会下降。

2.11.1　往返时间

在 TCP 协议中，当一台主机向连接发送一个报文段（也称为数据包），它就会开启一个计时器。如果计时器在主机接收到该报文段数据的确认之前超时，那么这台主机将重传该报文段。从计时器开启一直到过期的时间称作计时器超时时间。

理想的超时时间应该是多少呢？显然，超时时间应该大于连接的往返时间，即从一个报文段被发送出去到被确认的时间。

否则，不必要的重传可能被发送。然而超时时间不能大于往返时间过多；否则，当一个报文段丢失之后，TCP 不会迅速地重传，从而给应用程序造成严重的数据传输延迟。在讨论超时时间的细节之前，我们先详细地学习一下往返时间（Round Trip Time，RTT）。

往返时间计算方法用于计算传输数据被确认的平均时间。当发送一个数据包时，需要测量确认到达所消耗的时间，并且采用 Van Jacobean 提出的平均偏差算法进行计算。该时间被用于确定重传数据的间隔时间。

估计平均往返时间

一个报文段的样本 RTT（用 SampleRTT 表示）是从该报文段被发送出去（即交付给 IP 层）的时刻直到接收到该报文段确认的时刻。每个发送的报文段都有与其对应的 SampleRTT。

显然，由于路由器的阻塞以及端系统上负载的变化，每个报文段的 SampleRTT 数值都是不同的。鉴于上述波动，任何给定的 SampleRTT 值都是非典型的。为了测量一个典型的 RTT 数值，需要对 SampleRTT 的数值进行平均。

TCP 维护了一个 SampleRTT 的平均值，用 EstimatedRTT 表示。一旦接收到确认并获取一个新的 SampleRTT，TCP 会根据以下公式更新 EstimatedRTT 的值：

$$\text{EstimatedRTT}=(1-\alpha)*\text{EstimatedRTT}+\alpha*\text{SampleRTT}$$

上述公式是用编程语言的方式表示的。从上式可以看出，EstimatedRTT 的新值是 EstimatedRTT 的旧值与 SampleRTT 最新值的加权组合。α 的一个典型值是 $\alpha=0.1$，这时上面的公式就变成：

$$\text{EstimatedRTT}=0.9\text{EstimatedRTT}+0.1\text{SampleRTT}$$

注意 EstimatedRTT 是 SampleRTT 数值的加权平均。这个加权平均赋予了最近的样本比旧样本更多的权值。因为最近的样本更好地反映了当前网络的拥塞状况，所以上述计算方法是易于理解的。在统计学中，此类平均值被称为指数加权移动平均（Exponential

Weighted Moving Average，EWMA）。在 EWMA 中之所以用指数这个词，是因为某个给定的 SampleRTT 的权重会随着更新过程而指数衰减。

2.11.2　延迟的原因

如果忽略处理器的速度或者软件的效率，那么处理并显示数据所需要的时间是有限的。无论这个应用程序是一张显示最近新闻的网页还是一个显示交通堵塞的实时摄像，有许多情况都会导致应用程序受到延迟的影响。延迟的四大关键原因：传播延迟，串行延迟，路由与交换延迟，排队与缓冲延迟。

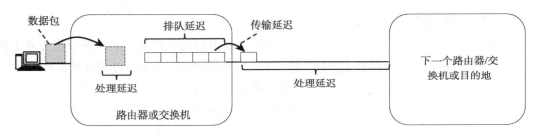

延迟 = 传播延迟 + 串行延迟 + 排队延迟 + 处理延迟

2.11.2.1　传播延迟

传播延迟是延迟的主要成因。它是一个函数，表示信息在通信介质中以光速从源到目的地所花费的时间。在自由空间中，光速近似为 3×10^5 km/s。在其他介质比如铜线或者光纤电缆中，光速更低一些。由此类传输所引起的减慢的量被称作速度因子（Velocity Factor，VF）。

通常，光纤电缆的测量值约为 70% 的光速，铜质电缆根据构造的不同其数值在 40% ~ 80% 之间。同轴电缆是一种常见通信介质。许多不同类型的同轴电缆的 VF 都为 66%。

卫星通信链路使用电磁波通过大气层与太空来传播信息。信息通过发射器与天线从电信号转换成无线电信号。一旦这些无线电信号离开天线，它们在自由空间中的传播速度近似为光速。

假设我们是某一个私用通信信道的唯一用户，下面来计算一封电子邮件从海德拉巴（印度南部城市）传输到纽约所需的时间。

我们忽略海底平面对海底电缆实际路由的影响。假设从海德拉巴到纽约的路径长度是 5458 km 的大圆弧距离。

$$传播延迟 = \frac{距离（物理连接的长度）}{传播速度}$$

使用铜线链路发送电子邮件：$\dfrac{5458}{197\,863.022} = 23.58$（ms）

使用光纤链路发送电子邮件：$\dfrac{5458}{209\,854.720}$ =26.01（ms）

使用无线链路发送电子邮件：$\dfrac{5458}{299\,792.458}$ =18.21（ms）

上述都是由传输介质中的传播延迟所引起的等待时间。即使在带宽不受限制的环境下发送唯一一个数据位，对应数据包的传输速度也会由于介质传播延迟而被延缓。

无论传输的数据量、传输的速率、所使用的协议以及链路是否损坏，上述传播延迟都会产生。

2.11.2.2 串行延迟（传输延迟）

串行指将存储在计算机内存中的数据字节转换成串行的比特流，从而在通信介质上传输。串行延迟也被称为传输延迟或延迟。串行所消耗的时间可以用如下公式计算得出：

$$串行延迟 = \frac{数据包大小（比特）}{传输速率（比特每秒）}$$

例如：

❑ 在一个 56 kpbs 的调制解调器链路上串行 1500 字节的数据包耗时 214 ms。

❑ 在一个 100 Mbps 的局域网中串行同样 1500 字节的数据包耗时 120 ms。

对以较低传输速率运行的链路来说串行会造成相对严重的延迟，但是对于大多数链路来说，此类延迟相比于其他延迟而言只是整体中的一小部分。

语音和视频数据流通常使用小的数据包（～ 20 ms 的数据），以最大程度地降低串行延迟的影响。

2.11.2.3 处理延迟

在 IP 网络（比如因特网）中，IP 数据包从源到目的地需要经过一系列的 IP 路由器或交换机。为了不断优化数据包到达目的地的路径，这些 IP 路由器或交换机会持续不断地更新下一个路由器的地址。沿途路由器或电路中断，或者链路拥塞都会改变路由路径，进而影响延迟。

由于要处理数据包，高性能的 IP 路由器与交换机会给链路增加近 200 ms 的延迟。假设 IP 骨干网路由器之间的平均间距为 800 km，200 ms 的路由 / 交换延迟等价于 40 km 的光纤传输延迟。对于 Internet 链路的端到端平均延迟而言，路由 / 交换延迟仅仅占用了其中的 5%。

2.11.2.4 排队和缓存管理

排队延迟是发生在传输层的另一个问题。它是指在路由 / 交换延迟被计算出来之后，由于输出链路的过度使用而造成 IP 数据包排队等待所花费的时间。这会额外增加 20 ms 的延迟。

2.11.3　传输速率与带宽

传输速率是用于描述可以从介质中获得比特数的术语。通常，传输速率是测量 1 秒周期内的比特数。

最大传输速率描述了网络介质的基本限制：

如果介质是铜线局域网，最大传输速率通常是 10 Mbps、100 Mbps 以及 1000 Mbps。这些速率主要由铜线的属性所限制，网络接口卡的性能也是其中的一个因素。

光纤的传输速率在 50 Mbps ～ 100 Gbps 之间。与铜线网络不同的是，限制光纤传输速率的主要因素是工作在光纤两端的电子设备。无线局域网（LAN）和卫星链路在链路发射端使用调制解调器将数字比特转换成模拟调制波形，然后在接收端调制解调器将模拟信号重新转换成数字比特。

在无线信道上传输信息的主要限制因素是：特定信号的可用信道带宽以及会破坏信号波形的噪音。

2.11.3.1　无线信道带宽与噪音

使用无线电波传输的信号会占用无线频谱。无线频谱不是无限的资源，而需要共享。为了避免用户之间无线干扰，全球几乎每个政府都控制着无线频谱的使用。任一给定无线信号所占用无线频谱的数量称作它的带宽。

无线频谱的使用性质超出了本文的范围，但我们需要着重理解的一点是在一般情况下调制解调器信号所占用的无线频谱会随着数据速率的提高而增加：

❑ 调制解调器数据速率越高，会引起调制解调器占用更多的无线带宽。
❑ 调制解调器数据速率越低，会使调制解调器占用更少的无线带宽。

由于无线频谱是有限的资源，被占用的无线带宽是无线与卫星链路的重要限制因素。

无线信道中的噪声会干扰模拟信号波形，并且会导致接收方的解调器将数字 1 误认为 0 或者 0 误认为 1。我们通过增大传输信号的功率，或在传输数据中添加一些额外的纠错位来克服噪声的影响。这些纠错位能帮助接收方纠正位错误。但是，纠错位增加了对带宽的需求量。

2.11.3.2　数据带宽

在数据传输中，数据带宽是正在使用的数据传输速率的同义词。带宽定义了一个数据链路的最大容量，因此非常重要。

- 一个 10 Mbps 的铜线局域网不能承受速率高于 10 Mbps 的流量。
- 一个使用 600 Mbps 调制解调器的卫星链路不能传输任何高于 600 Mbps 的流量。

值得着重理解的是，数据带宽是指在给定时间内某一个给定传输段可获取的最大数据流量。

2.11.4 带宽时延乘积

在数据通信中，带宽时延乘积是指一个数据链路的容量（bps）和它端到端延迟（s）的乘积。乘积结果是以比特（或字节）为单位的数据量。它相当于在任何给定时间内网络线路上的最大数据量，即已经发送但未被确认的数据。

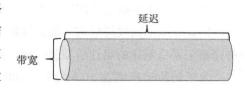

带宽时延乘积，或简写为 BDP，决定了在网络中正在传输的数据量。它是可用带宽和延迟的乘积。有时它也可以用数据链路容量乘以往返时间（RTT）来计算。BDP 在基于窗口的协议（如 TCP）中是一个非常重要的概念。

它在高速 / 高延迟的网路中扮演着非常重要的角色，比如绝大多数宽带互联网。BDP 是调节 TCP 的一个重要因素，以便使系统适应所处的网络类型。

BDP 的计算过程如下：

$$BDP（比特）= 总可用带宽（比特每秒）\times 往返时间（秒）$$

2.11.5 重温排队延迟

排队延迟取决于队列中位于当前数据包之前的数据包数量及其大小，以及接口的传输速率。在排队延迟中，以下问题经常被人们提及：

什么时候排队延迟大，什么时候排队延迟不重要？

这个问题的答案取决于流量到达队列的速率，链路的传输速率以及到达流量的性质（即流量是间歇性到达还是突然爆发）。为了进一步了解该问题，假设 a 表示数据包到达队列的平均速率（a 以包 / 秒为单位）。此外，假定 R 是传输速率，也就是说，它是比特数据被推出队列的速率（单位是 bps）。

为简单起见，假设所有数据包都是 L 比特。那么比特数据到达队列的平均速率就是 La bps。最后，假设队列很长，这样它可以容纳无限量的比特数据。比值 La/R，称为流量强度，通常在估计排队延迟时起到重要作用。

$$流量强度 = \frac{L \times a}{R}$$

其中，a 是数据包的平均到达速率（包 / 秒），L 是数据包的平均长度（比特），R 是传输速率（bps）。

如果 $La/R > 1$，那么比特到达队列的平均速率超过了比特从队列被发送出的速率。在这种不幸的情况下，队列将会毫无限制的增长，而排队延迟会趋于无穷大。因此，流量工程的一条黄金准则是：在设计系统时流量强度不应大于 1。

现在考虑 $La/R=1$ 的情况。这时，到达流量的性质会影响排队延迟。例如，如果数据包周期性到达（周期为 L/R 秒），那么每个包到达时队列都是空的，没有排队延迟。另一种情况，如果数据包偶尔大量的突发到达，有可能造成相当客观的排队延迟。

例如，假设每（L/R）n 秒有 n 个包同时到达。那么发送的第一个包没有传输延迟；第二个被发送的包有 L/R 秒的延迟；更一般地，第 n 个被发送的包会有 $(n-1) \times L/R$ 秒的排队延迟。

2.11.6　吞吐量与带宽

尽管吞吐量和带宽这两个概念在网络领域被广泛使用，但它们经常被人们误解。在规划和建设新网络时，网络管理员广泛使用了这两个概念。带宽是在给定时间周期内能通过网络传输的最大数据量，而吞吐量是给定时间周期内能通过网络传输的实际数据量。

带宽可定义为在给定时间周期内允许流过网络的信息量。带宽实际上给出了一个信道在理论上可传输的最大数据量。当你说自己有一根 100 Mbps 的宽带网线时，实际上指明了每秒可以通过这根网线传输的最大数据量，即带宽。

虽然衡量带宽的基本单位是比特每秒（bps），但由于这是一个相对较小的度量单位，我们通常会使用千比特每秒（kbps）、兆比特每秒（Mbps）和吉比特每秒（Gbps）。

我们大多数人根据经验可知，实际的网络速度要比声称的速度慢很多。吞吐量就是通过网络传输的真实数据量。也可以认为是在单位时间内通过网络从你的计算机到 Web 服务器来回传输的真实数据量。

当下载一个文件时，你会看见一个有进度条和数字显示的窗口。这个数字实际上就是吞吐量。你肯定已注意到这个数字不是恒定的，并且它总是低于连接所声明的带宽大小。

一些因素如接入网络用户的数量、网络拓扑、物理介质和硬盘性能都会引起带宽减小。如你所想，度量带宽的单位也用于度量吞吐量。

如你所见，乍看之下带宽与吞吐量似乎是对网络的相似度量。它们还使用了相同的度量单位。尽管有这些相似之处，它们实际上还是不同的。我们可以简单地认为，带宽是你可能达到的最大吞吐量，而我们上网时体验的真实速度是吞吐量。

为了进一步简化，你可以把带宽想象成公路宽度。如果我们拓宽路面，那么在给定时间内就能通过更多的车辆。但是当我们考虑到道路条件（公路上的陨石坑或者施工作业），在给定时间内实际通过的车辆数量会少于上述数目。这实际类似于吞吐量的概念。显而易见，带宽与吞吐量是针对网络的两种不同的度量。

2.11.7 重要事项

考虑以下定义：

R	传输速率（bps）	F	一个帧／数据包包含的比特数
S	信号速率（m/s）	N	一个帧／数据包包含的数据比特数
D	发送方与接收方的距离（m）	A	一个确认包含的比特数
T	构造一个帧的时间（μs）	P	比特在信道中所占时间的百分比

1）由于 R 是传输速率，因此传输 1 比特所需的时间是 $\dfrac{1}{R}$。

2）由于 1 个帧中包含有 F 比特，传输整个帧的时间为 $\dfrac{F}{R}$。

3）这些比特会经过信道传输。由于信道的长度为 D，信号速率是 S，通过信道需要的传输时间是 $\dfrac{D}{S}$。所以最后一个比特被发送出后还需要 $\dfrac{D}{S}$ 的时间才能到达接收方。

4）发送一个帧需要的时间包括：构造一个帧的时间 + 传输整个帧的时间 + 最后 1 比特通过信道的时间 = $T+\dfrac{F}{R}+\dfrac{D}{S}$。

5）类似，发送一个确认需要的时间是 $T+\dfrac{A}{R}+\dfrac{D}{S}$。

6）在无限制的协议中，一旦前一个帧被发送出去，新的帧就会被构造出来。因此，构建一个新帧所需的时间是 $T+\dfrac{F}{R}$。

7）对停止等待协议而言，构建一个新帧所需的时间是 $T+\dfrac{F}{R}+\dfrac{D}{S}+T+\dfrac{A}{R}+\dfrac{D}{S}$。

8）发送一个帧所需要的时间是 $\dfrac{F}{R}+\dfrac{D}{S}$。

9）设 P 是比特在信道中所占时间的百分比。对无限制协议而言：$P=\left(\dfrac{F}{R}\right)\times\dfrac{100}{\left(T+\dfrac{F}{R}\right)}$。

对于停止等待协议而言：$P=\left(\dfrac{F}{R}+\dfrac{D}{S}\right)\times\dfrac{100}{\left(T+\dfrac{F}{R}+\dfrac{D}{S}+T+\dfrac{A}{R}+\dfrac{D}{S}\right)}$。

10）有效数据速率：它被定义为单位时间内发送的数据比特数。它可以用数据比特数除以两个帧的发送时间间隔来计算。对于无限制协议，有效数据速率是 $\dfrac{N}{T + \dfrac{F}{R}}$。对停止等待协

议，它是 $\dfrac{N}{\left(T + \dfrac{F}{R} + \dfrac{D}{S} + T + \dfrac{A}{R} + \dfrac{D}{S} \right)}$。

2.12　网络交换

一个通信系统的目的是在两个或多个设备之间交换信息。此类系统可被优化用于语音、数据或两者兼顾的传输。

节点或站点　　通信链路　　节点或站点

点对点网络

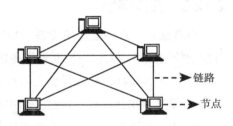

链路

节点

在上图所示的最简单形式中，一个通信系统建立在两个节点（或站点）之间，它们之间通过一条点对点的传输介质直接相连。站点可能是一台个人电脑、电话、传真机、大型机或者任何其他通信设备。

有一种可能发生但不太现实的情况，即有很多物理上分散的节点或通信需要在多个时间多个不同的节点之间建立动态连接。

如上图所示，为每一对通信终端系统都建立一条物理独立的路径是低效的。另一种点对点连接的方法是建立一个通信网络。在通信网络中，每个通信设备（站点、节点、主机）都连接到一个网络节点。

如右图所示，这些互连的节点能够在站点之间传输数据。

根据用于传输数据的体系结构与技术不同，通信网络分为两个基本类别：广播网络与交换网络，如图所示。

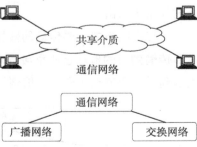

共享介质

通信网络

通信网络

广播网络　　交换网络

- ❏ 广播网络
- ❏ 交换网络

2.12.1　广播网络

在广播网络中，一个节点会给所有其他节点发送信息，这样其他所有节点都会接收到数据。此类网络的一个例子就是简单的无线系统。在该系统中，所有采用相同信道的用户可以

互相通信。其他广播网络的例子包括卫星网络、基于以太的局域网。在这些网络中任何站点的传输都会传播到整个网络，而且所有其他站点都会接收到信息。

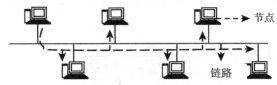

广播是在多个节点能够听到某一发送节点的环境下发送信号的方法。例如，在一个坐满人的会议室中，某一个人开始大声说一些信息。

在此期间，有些人可能睡着，可能听不到别人在说什么。有一些人可能没睡着，但是没有注意听（他们能够听到，但是选择性地忽略了）。另一些人不仅是清醒的，而且对正在说的内容感兴趣。最后一类人不仅能够听到有人说话，而且注意听他说的是什么。

在这个例子中，我们可以看到这是单个人在给其他人广播信息。其他人可能听得到也可能听不到。如果他们能够听到，还可以选择去听或者不听。

2.12.2　交换网络

网络就是一系列互连的设备。当网络中包含多台设备时，它们之间互连的难度会随着设备数量的增加而增大。一些互连设备的常规方法是：

a）像网状拓扑一样在设备之间点对点的连接。

b）像星形拓扑一样，通过一个中心设备和其他设备连接。

c）在设备距离很远时，总线拓扑并不实用。

互连问题的解决方法是交换。交换网络由一系列称为交换机的互连节点构成。交换机是创建两个或多个系统之间临时连接的设备。一些交换机连接到终端设备（计算机与电话），其余的仅用于路由。

在交换网络中，要传输的数据不会传播到整个介质中。相反，数据通过一系列交换节点从源传输到目的地。这些中间节点只需要考虑在数据到达目的节点之前如何将其从一个节点发送到另一个节点。交换通信网络可分为以下几类：

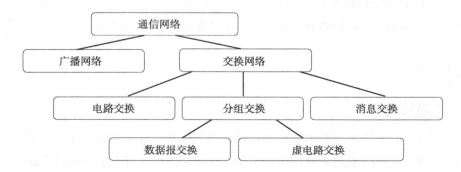

2.12.2.1 电路交换网络

电路交换这一术语是指在发送方和接收方之间建立一条路径，并保证该路径与其他发送和接收方的路径相隔离的通信机制。由于电话系统提供了两台电话之间的专用连接，因此电路交换通常与电话技术联系在一起。事实上，该术语源自早期使用电子交换设备来构建物理电路的拨号电话网络。

在电路交换网络（也称为线路交换网络）中，双方站点可以通过网络中的交换节点建立起一条专用的物理通信线路。因此，从源到目的地的端到端路径就是由一系列相连的物理链路构成。在这些链路所连接的交换节点中，流入的数据会被交换到相应的输出链路中。

电路交换通信系统包含三个阶段：电路建立（在源和目的地之间建立专用链路），数据传输（在源和目的地之间传输数据），电路断开（移除专用链路）。在电路交换中，连接路径根据需求在数据开始传输之前建立。

因此，网络中源和目的地之间的信道容量必须保留下来，每个节点必须有可用的内部交换容量来处理请求的连接。显然，交换节点必须能够合理地分配信道资源，以建立跨越网络的路由。

我们可以在公用电话所支持的服务中找到电路交换网络的常见例子，比如POTS（普通的老式电话系统）和长途电话。

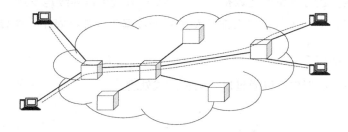

2.12.2.2 分组交换网络

分组交换是代替电路交换的主要方案之一，它也是构成因特网的基础。分组交换系统使用统计复用，来自多个数据源的通信会争夺共享介质的使用权。

分组交换和其他形式的统计复用的主要不同是，分组交换系统要求发送方将每条消息分解成数据块，也就是所谓的数据包。数据包的大小并不统一，每一种分组交换技术都定义了最大分组大小。

以下3个常规属性定义了分组交换的范式：

1）任意的异步通信

2）在通信之前不需要建立连接

3）根据数据包之间的统计复用情况，性能也会有所不同

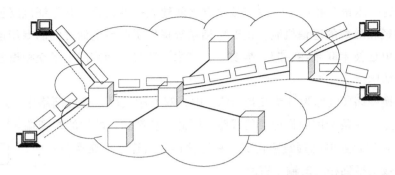

第一个属性表明，分组交换允许一个发送方与一个或多个接收方通信，并且一个接收方也可以从一个或多个发送方接收消息。此外，通信可以在任何时刻发生，而且发送方可以在连续通信之间延迟任意长的时间。

第二个属性表明，与电路交换系统不同，分组交换系统随时都准备好向任意目的地发送数据包。因此，发送方不需要在通信之前进行初始化，而且也不需要在通信结束时通知底层系统。

第三个属性表明，复用会发生在数据包之间，而不是在比特或者字节之间。也就是说，一旦获得底层通道的使用权，发送方就会发送整个数据包，然后再允许其他发送方发送数据包。如果没有其他发送方准备发送数据包，单个发送方就可以连续地发送。

然而，如果有 n 个发送方，每人都要发送一个数据包，那么对于一个发送方而言它就会发送所有数据包的大约 $\frac{1}{n}$。

在分组交换中，数据包可以通过以下两种方式处理：

1）数据报

2）虚电路

2.12.2.2.1　数据报分组交换

数据报分组交换是一种分组交换技术。每个数据包经过独立的路由通过网络。每个数据包都可以沿着任何一条可行的路径到达目的地。因此，每个数据包的头部都含有目的地的完整信息。中间节点会检查数据包的头部，并选择一条合适的链路通往另一个距离目的地更近的节点。在这个系统中，数据包不会按照预先建立的路由进行传输，中间节点也不需要预先知道将会采用的路由。

数据包在到达接收方时，可能是无序的，也可能出现丢失。接收方会对数据包排序，并且恢复丢失的数据包。

在此项技术中，不需要预先建立连接。我们只需要保证每个数据包包含足够多的信息可

以使其到达目的地。为了强调关键数据包的重要性，可以为每个数据包分配优先级。

这些独立的数据包会形成数据流，沿着不同的路径从源传输到目的地。因此，到达目的地的数据包可能会失序。在这种情况下，需要对若干数据包进行重组，才能恢复原始的消息。由于每个数据包都是被独立交换的，因此没有必要建立连接，或像电路交换一样设置专用带宽。

数据报分组交换采用了多种技术来转发流量。根据数据包通过交换节点所花费的时间长短以及是否能够过滤已损坏的数据包，可以将这些技术区分开来。

最常见的数据报网络就是因特网，它使用 IP 网络协议。那些只要求尽力而为服务的应用可以直接使用数据报网络，即采用用户数据报协议（User Datagram Protocol，UDP）的传输协议。像音频、视频通信应用以及通知用户收到新邮件的消息都使用 UDP 协议。像电子邮件、网页浏览器和文件上传下载的应用都需要可靠的通信，比如保证交付、差错控制和序列控制。可靠性要求所有的数据有序无错地被接收方接收。传输控制协议（TCP）与文件传输协议（FTP）都提供了此类可靠性服务。

为了转发数据包，每台交换机都建立了一张表（将目的地映射到输出端口）。当一个数据包到达并且它的目的地址在这张表中时，它就被转到相应的输出端口发送出去。当一个数据包的目的地址不在这张表中时，交换机就会根据路由算法来找到最优的路由。

2.12.2.2.2　虚电路分组交换

虚电路交换是一种分组交换方法。它首先要求建立一条从源到最终目的地的路径。在本次会话中，所有数据包都会沿着这条路径进行传输。因为对于用户来说这条连接就像一条专用的电路，所以这条路径被称为虚电路。然而需要注意的是，其他通信也可能会分享该路径的某一部分。

虚电路交换的思想是将电路交换的优势和分组交换的优势结合起来。在虚电路分组交换中，在一个短暂的连接建立过程之后，每个数据包只需要使用很短的（相比于完整的地址而言）连接标识符，从而降低了每个数据包的寻址开销。

在开始传输数据之前，源和目的地节点会为虚电路确定一条合适的路径。两点之间的所有中间节点都会为这次连接在其路由表中添加一条路由记录。此外，源与目的地节点会在连接建立过程中交换一些附加参数，比如最大分组大小。数据传输完成之后，虚电路也会被清除。

虚电路分组交换是面向连接的。这一点与无连接的分组交换恰好相反。

2.12.2.2.2.1　虚电路交换的优点

虚电路交换的优点如下：

❑ 数据包有序传输，这是因为它们都走相同的路线。

- 数据包的头部负载很小，这是因为不需要让每个分组都包含完整的地址。
- 连接更加可靠，网络资源在连接建立阶段就已经被指定，因此尽管在拥塞时段，一个已建立的连接也能够让后续数据包通过网络。
- 计费容易，这是因为计费只需要根据每次建立的连接记录，而不需要根据每个数据包计算。

2.12.2.2.2.2　虚电路交换的缺点

虚电路交换的缺点如下：

- 对交换设备的功能要求更高，这是因为每台交换机都需要存储所有经过其通信的详细信息，并且为每个通信可能产生的流量分配资源。
- 复原某一处损坏的连接更加困难，这是因为如果有一处发生故障，所有的连接都必须动态地重建，它们将采用一条与之前不相同的路径。

2.12.2.3　消息交换网络

在分组交换提出之前，消息交换作为一种替代电路交换的有效方法被人提出。在消息交换中，端用户通过相互发送一条消息来进行通信。这条消息包含了所有从源节点到目的节点被传递的数据。

在一条消息从源节点经过路由到目的地的过程中，网络中每一台中间交换机都会存储整条消息，从而提供了一种非常可靠的服务。实际上，当拥塞发生或者所有网络资源都被占用时，消息交换网络不会丢弃流量，而是存储并延迟流量直到有足够的资源可用于成功传输这条消息。

消息存储能力可以降低传输开销。例如，消息可以在晚上传输，此时传输成本通常较低。

消息交换技术最初用于数据通信。早期的消息交换应用实例是电子邮件（E-mail）与音频邮件。如今，消息交换已用于许多网络，包括自组织传感器网络、卫星通信网络以及军用网络。

消息交换数据网络是一个逐跳的系统，支持两种不同的特性：*存储转发*与*消息传递*。

在消息交换网络中，源与目的节点之间没有直接的连接。在这种网络中，中间节点（交换机）负责将接收到的消息从一个节点传递到另一个节点。因此，网络中每个中间节点必须先存储所有的消息，直到有合适的资源可用才会逐个重传它们。这一特性被称作存储转发。在消息交换系统（也称为存储转发系统）中，当消息沿着路径传向目的地时，转发消息的责任由下一跳节点承担。因此，为了保证可靠的传输，每台中间交换机都需要维护一份消息副本，直到确认消息已传递至下一跳节点。

在广播消息的情况下，可能需要保存多个副本以对应多个目的节点。消息交换网络的存储转发特性不同于排队。在排队中，消息会被一直存储直到它前面的消息被处理。具备存储转发能力后，只有当下一跳以及连接到它的链路都可用时才会传递消息；否则，这条消息将被无限期保存。例如，一台邮件服务器已断开网络连接，不能接收到发给它的消息。在这种情况下，中间的服务器必须存储所有信息，直到邮件服务器重新连接上网络并开始接收邮件。

存储转发技术也不同于分组交换或电路交换网络中的准入控制技术。使用准入控制，数据传输能够被暂时推迟，以避免资源的过度占用。因此，消息交换网络也可以使用准入控制机制来降低网络的负载高峰。

消息交换网络中的消息交换包括将整个信息封装在一个消息当中，并且将其从源节点传输到目的节点。消息大小没有上界。尽管有些消息可以小到一个简单的数据库查询，但也有一些非常大的消息。例如，从一个气象数据库中心获得的消息可能会包含几百万字节的二进制数据。然而，鉴于存储设备和交换机的实际限制，消息的长度必须受到限制。

每一条消息在传输时都必须配有一个消息头部。头部通常包含消息的路由信息，包括源地址与目的地址、优先级、过期时间。值得一提的是，当一条消息存储在源节点或网络其他中间节点时，它可以与其他消息捆绑或聚集在一起被发送到下一跳节点。这种做法被称为消息交织（message interleaving）。消息交织的一个重要优点是，它可以降低网络开销，从而获得更高的链路利用率。

习题与解答

1. 假设一台计算机被用作交换机，它的处理速度是 30 000 数据包 / 秒。请给出 I/O 总线的速度和主存储器的比特率的可能范围。

   解析：30 000 数据包 / 秒的处理速度意味着每秒钟有 30 000 个数据包进入交换机同时有 30 000 个数据包输出。因此 I/O 总线速度是 60 000 数据包 / 秒。

最小 IP 数据包的大小 = 64 字节	比特率 =60 000 × 64 × 8=30.78 Mbps
平均 IP 数据包的大小 = 500 字节	比特率 =60 000 × 500 × 8=240 Mbps
最大以太网帧的大小 = 1500 字节	比特率 =60 000 × 1500 × 8=720 Mbps

2. 假设一段电缆长为 2500 米。如果在这条粗同轴电缆中的传播速度是光速的 60%，那么一个比特从电缆的一端传播到另一端需要多长时间？忽略设备中的任何传播延迟。（光速 $c=3 \times 10^8$m/s）

   解析：传播速度 =60% × c=60 × 3 × 10^8/100=18 × 10^7m/s。所以需要花费时间为 2500/18 × 10^7=13.9μs。

3. 假设数据存储在 2.44MB 的软盘上，每个软盘重 20 g。假设一架客机携带 104 kg 这样的软盘以 2000 km/h 的速度飞过 8000km 的距离。在这个系统中数据传输速率是多少比特每秒？

   解析：我们先计算携带数据的时间：

$$速度 = \frac{距离}{时间}$$

所以，时间 $=\dfrac{距离}{速度}=\dfrac{8000\text{ km}}{2000\text{ km/h}}=4\text{ h}$。

然后 2.44 MB$=2.44\times10^6\times8\text{b}=19.52\times10^6\text{b}$。

每个软盘重 20g，携带软盘的总重量是 $10^4\text{kg}=10^7\text{g}$。

因此携带软盘的数量 $=10^7\text{g}/20\text{ g}=500\ 000$。

而每个软盘包含 $19.52\times10^6\text{b}$，所以 500 000 个软盘包含 $19.52\times10^6\times500\ 000\text{ b}=9\ 760\ 000\times10^6\text{ b}$。

现在计算数据传输速率：

$$传输速率=\frac{携带的数据比特数}{时间}=\frac{9\ 760\ 000\times10^6\text{ b}}{4\text{ h}\times60\text{ min}\times60\text{ s}}$$

$$=677.8\times10^6\text{ bps}=677.8\text{ Mbps}$$

4. 一个简单的电话系统由两个端局和一个长途电话局组成，每个端局到长途电话局之间采用 1MHz 的全双工中继线连接。每台电话在工作日平均每 8 小时会有 4 次通话，平均通话时间为 6 分钟。10% 的通话是长距离通话（即，通过长途电话局）。假设每条电路占用 4 kHz，那么端局可以支持的最大电话数量是多少？

解析： 每个电话平均每小时有 0.5 次通话，每次通话 6 分钟。因此一个电话占用一个电路 3 分钟 / 小时。20 个电话可以共享一条电路。因为 10% 的通话是长距离通话，所以 200 个电话就会完全占用一个长距离电路。电话局之间的中继线有 $\dfrac{1\ 000\ 000}{4000}=250$ 个电路复用而成。每个电路可以支持 200 个电话，因此一个端局可以支持 $200\times500=50\ 000$ 个电话。

5. 一个信道比特率为 4 kbps，传播延迟是 20 ms。要使停止等待协议的效率至少为 50%，帧大小的范围是多少？

解析： 当发送帧的时间等于往返传播延迟时，效率为 50%。当传输速率等于 4 b/ms 时，160 比特花费 40 ms。因此帧大小大于 160 比特时，停止等待协议是有效的。

6. 假设在地球和火星移动站之间建立一条 128 kpbs 的对等链路。从地球到火星的距离（当它们最近的时候）大约为 5500 万公里，并且数据在链路中以 3×10^8m/s 的光速传输。计算该链路的最小 RTT。

解析： 该链路的传播延迟是 $\dfrac{55\times10^9}{3\times10^8}=184\text{ s}$。因此 RTT $=368\text{ s}$。

7. 对问题 6，计算该链路的时延和带宽乘积。

解析： 该链路的时延带宽乘积就是 RTT$\times$bandwidth$=23.5$ Mb。

8. 对问题 6，移动站上的相机拍摄其周围图片并发送回地球。它多快能到达地球上的任务控制中心？假设每张照片的大小为 5 Mb。

解析： 拍摄照片以后，它必须通过链路完整地传输到地球，任务控制中心才能够解读它。5 Mb 数据的传输延迟是 29 s，因此，总时间 = 传输延迟 + 传播延迟 $=223$ s。

9. 计算以下连接的延迟（从第一个比特被发送到最后一个比特被接收）：一个 1 Gbps 的以太网，路径中有一个存储转发交换机，数据包大小是 5000 b。假设每条链路都会带来 10 μs(微秒) 的传播延迟，而且交换机在完整接收到数据包之后立即开始重传。

解析：

a) 对每条链路，发送数据包需要花费 $\dfrac{1\text{Gbps}}{5000}=5\ \mu s$ 的时间，之后为使最后一个比特通过链路，需要花费额外 10 μs 的传播延迟。因此对于只有一个交换机的局域网，而且交换机只有在收到完整的数据包之后才开始转发，总的传输延迟是 2 次发送延迟 + 2 个传播延迟 = 30 μs。

b）如果是 3 个交换机，相应的有 4 条链路，总的传输延迟就是 4 个发送延迟 + 4 个传播延迟 = 60 μs。

10. 计算在一个帧大小为 10 000 b 的以太网中，以 500 Mbps 的速率传输数据，电缆的最大长度（单位：km）。假设电缆中的信号速度是 200 000 km/s。

A）1   B）2   C）2.5   D）5

解析：B

$$传播时间 = 传输时间 + 冲突信号时间$$

$$\frac{帧大小}{传播时间} = \frac{长度}{信号速度} + \frac{长度}{信号速度}$$

$$\frac{帧大小}{传播时间} = \frac{2 \times 长度}{信号速度}$$

$$\frac{10\,000\ b}{500 \times 1\,000\,000\ bps} = \frac{2 \times 长度}{200\,000\ km/s}$$

$$长度 = 2\ km$$

11. 分组交换机接收到一个数据包，然后决定这个数据包应该被转发到哪一条输出链路。当这个数据包到达时，另一个数据包已经被转发了一半，还有其他 4 个数据包等待被发送。数据包按照到达顺序被发送。假设所有数据包大小都是 1200 字节，链路速率是 3 Mbps。该数据包的排队时延是多少？更一般地，如果所有的数据包长度都为 S，传输速率是 T，当前正在发送的数据包已经发送了 X 比特，队列中还有 n 个数据包，排队延迟是多少？

解析：到达的数据包必须先等待链路发送 5400 字节或者 43 200 比特。因为这些比特以 3 Mbps 的速度被传输，排队延迟是 14.3 ms。一般，排队延迟是 $\dfrac{n \times S + (S - X)}{T}$。

12. 假设我们想要从海德拉巴到伦敦紧急发送 60 兆字节（Terabytes）的数据。我们有一个 1000 Mbps 的专用链路可以用来传输数据。请问你希望用这条链路发送还是使用航空邮件连夜送达？并解释其原因。

解析：60Terabytes=$60 \times 10^{12} \times 8$ b。因此，如果使用专用链路，需要花费 $60 \times 10^{12} \times 8 /$（$1000 \times 10^{6}$）= 480 000 秒 =5.6 天。但是使用航空邮件能够保证数据在一天之内到达，并且它的花费不超过 100 美元。

13. 两个节点 A 与 B，通过一个存储转发网络通信。节点 A 通过一个 10 Mbps 的链路连接到网络，节点 B 通过一个 5 Mbps 的链路连接到网络。节点 A 向 B 发送两个连续的数据包，每个数据包为 1000 比特。这两个数据包到达 B 的时间间隔是 1 ms。那么 A 和 B 之间链路的最小容量是多少？

注意：假设网络中除了 A 发送的数据包没有其他数据包，并且忽略数据包的处理时间。假设两个数据包都沿着相同的路径，而且它们没有重新排序。数据包到达节点的时间定义为数据包最后一个比特到达节点的时刻。

解析：因为数据包是连续发送的，两个数据包到达 B 的时间之差代表了第二个数据包在路径中最慢的链路的传输时间，因此最慢链路的容量是 1000 b/1 ms = 1 Mbps。

14. 一个无限的队列，以 10 kbps 的速率发送数据。假设有以下到达的流量：

- 在每个奇数秒钟，队列每隔 50 ms 接收到一个 1000 比特的数据包。
- 在每个偶数秒钟，没有数据到达队列。

假设在一个 10 秒钟的间隔 I 以奇数秒钟开始（即队列接收数据的秒钟）。在间隔 I 开始时队列是空的。在间隔 I 中，队列的最大长度是多少？

解析： 10 个数据包。在第 1 秒有 20 个数据包到达，在第 1 秒结束时有 10 个数据包被发送出去。因此，在第 1 秒钟结束时队列中仍有 10 个数据包。所有这 10 个数据包将在第 2 秒钟被发送出去（因为没有新的数据包到达）。因此，在第 2 秒结束的时候，队列的长度是 0。此后将不断重复上述过程。

（注意：以下是其他正确答案：11 个数据包，10 Kb 和 11 Kb 都可以得满分。11 个数据包和 11 kbps 的答案是假定在一个时间点接收到一个数据包并且同时将另一个数据包发送出去，在发送另一个数据包时接收到的数据包已进入队列中。）

15. 对问题 14，在间隔 I 内，一个数据包的平均排队延迟是多少？

解析：

- 第 1 个数据包在 0 时刻到达，然后立即被发送出去了，在 0 时刻 → 延迟 0
- 第 2 个数据包在 0.05 s 到达，在 0.1 s 被发送出去（在第 1 个数据包之后）→ 延迟 0.05 s
- 第 3 个数据包在 0.1 s 到达，在 0.2 s 被发送出去（在前 2 个数据包之后）→ 延迟 0.1 s
- 第 4 个数据包在 0.15 s 到达，在 0.3 s 被发送出去（在前 3 个数据包之后）→ 延迟 0.15 s

······

- 第 k 个数据包在 $(k-1) \times 0.05$ s 到达，在 $(k-1) \times 0.1$ 被发送出去 → 延迟 $(k-1) \times 0.05$ s

这个过程每两秒重复继续。

因此，前 20 个数据包的平均延迟是

$$\frac{(0+1+2+\cdots+19) \times 0.05 \text{ s}}{20} = \frac{10 \times 19 \times 0.05 \text{ s}}{20} = 0.475 \text{ s}$$

可以近似平均延迟的答案：我们使用费马小定理：平均延迟 = $\frac{\text{平均分组数量}}{\text{到达速率}}$。在一个奇数秒钟，数据包的数量从 0 到 10 线性增加，在下一个偶数秒钟，数据包数量从 10 到 0 递减。这意味着队列中的平均数据包数量是 5。经过一个奇数秒钟和一个偶数秒钟平均到达速率是 $\frac{20+0}{2} = 10$。

那么，平均延迟 = $\frac{\text{平均分组数量}}{\text{到达速率}} = \frac{5}{10} = 0.5$ s

（注意：以下答案均得满分：0.475s 和 0.5 s。）

16. 同问题 14 和问题 15，现假设在奇数秒时，队列每 25 s 接收一个 1000 比特的数据包（而不是 50 ms），偶数秒时仍然没有数据到达。对这个流量模型回答相同的问题。间隔 I 中最大队列长度是多少？

解析： 110 个数据包。在这种情况下，队列永远不会为空。在间隔 I 的前 9 秒钟共接收到 5 s × (1 s/25 ms)=200 个数据包，发送出去 90 个。因此，在第 9 秒结束时队列中一共有 110 个数据包。

（注意：以下答案也可得满分：111 个数据包，110 Kb 和 111 Kb。）

17. 对问题 16，在间隔 I 这段时间内，数据包的平均排队延迟是多少？

解析： 在第 1 秒接收的数据包情况：

- 第 1 个数据包在 0 时刻到达，然后立即被发送出去，在 0 时刻 → 延迟 0
- 第 2 个数据包在 0.025 s 到达，在 0.1 s 被发送出去（在第 1 个数据包之后）→ 延迟 0.075 s
- 第 3 个数据包在 0.05 s 到达，在 0.2 s 被发送出去（在前 2 个数据包之后）→ 延迟 0.15 s
- 第 4 个数据包在 0.075 s 到达，在 0.3 s 被发送出去（在前 3 个数据包之后）→ 延迟 0.225 s

······

- 第 k 个数据包在 $(k-1) \times 0.025$ s 到达，在 $(k-1) \times 0.1$ s 被发送出去→延迟 $(k-1) \times 0.075$ s

前 2 秒数据包的平均延迟是：

$$\frac{(0+1+2+\cdots+39) \times 39 \times 0.075 \text{ s}}{40} = \frac{20 \times 39 \times 0.075 \text{ s}}{40} = 1.4625 \text{ s}$$

在第 3 秒时：注意，在第 3 秒的开始，队列中仍有 20 个数据包

- 第 1 个数据包在 0 时刻到达，然后立即被发送出去了，在 2s →延迟 2
- 第 2 个数据包在 0.025 s 到达，在 2+0.1 被发送出去→延迟 2+0.075 s
- 第 3 个数据包在 0.05 s 到达，在 2+0.2 s 被发送出去→延迟 2+0.15 s
- 第 4 个数据包在 0.075 s 到达，在 2+0.3 s 被发送出去→延迟 2+0.225 s

……

- 第 k 个数据包在 $(k-1) \times 0.025$ s 到达，在 2+$(k-1) \times 0.1$ s 被发送出去→延迟 2+$(k-1) \times 0.075$ s

第 2 个 2 秒，数据包的平均延迟是：

$$2 + \frac{(0+1+2+\cdots+39) \times 0.075 \text{ s}}{40} = 2 + \frac{20 \times 39 \times 0.075 \text{ s}}{40} = 3.4625 \text{ s}$$

……

在第 9 秒时：注意，在第 9 秒的开始，队列中仍有 80 个数据包

- 第 1 个数据包在 0 时刻到达，然后立即被发送出去了，在 8s →延迟 8
- 第 2 个数据包在 0.025 s 到达，在 8+0.1 被发送→延迟 8+0.075 s
- 第 3 个数据包在 0.05 s 到达，在 8+0.2 被发送→延迟 8+0.15 s
- 第 4 个数据包在 0.075 s 到达，在 8+0.3 被发送→延迟 8+0.225 s

……

- 第 k 个数据包在 $(k-1) \times 0.025$ s 到达，在 8+$(k-1) \times 0.1$ s 被发送→延迟 8+$(k-1) \times 0.075$ s

第 5 个 2 秒，数据包的平均延迟是：

$$8 + \frac{(0+1+2+\cdots+39) \times 0.075 \text{ s}}{40} = 8 + \frac{20 \times 39 \times 0.075 \text{ s}}{40} = 9.4625 \text{ s}$$

因此，10 秒钟的平均延迟是：$\dfrac{1.4635+3.4625+5.4625+7.4625+9.4625}{5} = 5.4625$

近似平均延迟的替代答案：平均到达速率是 40 数据包 /2 秒 = 20 数据包 / 秒。

在第 1 秒钟，队列中的数据包数量从 0 到 30 线性增加，第 1 秒钟的平均数据包数量是 15。在第 2 秒钟队列中的数据包数量从 30 到 20 线性减少，因此第 2 秒的平均数据包数量是 25，前 2 秒钟队列中的平均数据包数量是 20。

在第 3 和第 4 秒钟，重复刚才的过程，不同的是在第 3 秒开始已经有 20 个数据包在队列中。因此，第 3 和第 4 秒钟队列中的平均数据包数量是 20+20=40。

类似，第 5 和第 6 秒的平均数据包数量是 40+20=60。第 7 和第 8 秒是 60+20=80，第 9 和第 10 秒是 80+20=100。

因此整个间隔 I 的平均数据包数量是 $\dfrac{20+40+60+80+100}{5} = 60$。

根据费马小定理，平均延迟 $= \dfrac{\text{平均分组数量}}{\text{到达速率}} = \dfrac{60}{10} = 6$ s。

（注意：一般的 $2 \times k-1$ 和 $2 \times k$ 秒的间隔内的平均数据包数量是 $k \times 20$，其中 $k \geq 1$。）

18. 假设一个 CSMA/CD 的网络运行速度是 1 Gbps，假设没有中继器，电缆长度是 1 km。如果信号传播速度是 200 km/ms，请确定最小帧大小。

    解析：因为电缆长度是 1 km，单向传播时间是 $p = \dfrac{1 \text{ km}}{200 \text{ km/ms}} = 0.005 \text{ ms} = 5 \text{ μs}$。所以，$2p = 10 \text{ μs}$。

    如果运行速度是 1 Gbps，我们可以计算出 10 μs 传输的比特数。

    假设 L 是最小帧大小，那么 $10 \text{ μs} = \dfrac{L}{1 \text{ Gbps}} = \dfrac{L}{1000 \text{ b/μs}}$。

    根据该式可以计算出 L 的值。$L = 10\,000 \text{ b}$

    所以最小帧大小是 10 000 比特。

19. 一个信号的基频是 1000 Hz。请问周期是多少？

    解析：周期 $= \dfrac{1}{\text{频率}} = 1 \text{ ms}$

20. 一个数字信号系统需要的运行速率是 9600 bps。如果一个符号的编码长度是 4 比特，所需最小信道带宽是多少？

    解析：使用的公式是

    $$\text{每秒最大比特数} = 2 \times \text{信道带宽} \times \text{每个样本所需的比特数}$$

    如果一个样本不同可能值的数目给定，使用上面的公式

    $$\text{每秒最大比特数} = 2 \times \text{信道带宽} \times \log_2 {}^{\text{一个样本可能的数值数目}}$$

    注意 $\log_2 {}^{\text{一个样本可能的数值数目}}$ 给出了表示他们需要的比特数，或者每个样本的比特数。

    基于上面的公式，$9600 = 2 \times h \times 4$ 或 $h = 1200 \text{ Hz}$。

21. 对于问题 20，对 8 比特的字的最小带宽是多少？

    解析：$9600 = 2 \times h \times 8$ 或 $h = 600 \text{ Hz}$。

22. 一个信道，带宽为 3 MHz，预期可达到 20 Mbps 的容量。假设有白噪声，那么为了获得上述容量，需要的信噪比是多少？

    解析：使用以下公式

    $$\text{每秒最大比特数} = H \times \log_2 {}^{1+\frac{S}{N}}$$

    将 $H = 3 \times 10^6$ 和每秒最大比特数为 20×10^6 带入，可得 $\dfrac{S}{N}$ 为 100.6。

23. 假设数据存储在 1.4 MB 的软盘上，每个软盘重 30 克。假设一架客机携带 10^4 Kg 这样的软盘以 1000 Km/h 的速度飞过 5000 Km。这个系统的数据传输速率是多少（bps）？

    解析：每个软盘重 30 克。我们有如下数量的软盘：

    $$\text{软盘数量} = 10^4 \times 10^3 / 30 = 333\,333.33$$
    $$\text{传输的总比特数} = \text{软盘数量} \times 1.4 \times 1024（不是 1000！）1024 \times 8$$
    $$\text{即，每秒传输的比特数} = \text{传输的总比特数} / (5 \times 3600)。$$

    答案是 217.4 Mbps。

    注意：当我们谈论计算机的内存时，通常用 2 的幂来衡量，因此 $1Kb = 2^{10} B$。当谈论网络，我们使用时钟发送数据，如果一个时钟是 1 Khz，我们以每秒 1 千比特的速率发送，也就是在以时钟速率发送。

24. 假设一条长 800 km，传输速率为 150 Mbps 的链路，有一个可以容纳 5000 个数据包的队列。假设数

据包以平均每秒 40 000 个的速率到达，平均数据包长度是 3000 比特。链路的传播延迟近似为多少？

解析：800 km 乘以 5 μs/km，就是 4000 ms 或者 4 ms。

25. 对问题 24，一个平均长度的数据包的发送时间是多少？

 解析：链路速度是 150 bps，因此发送一个 3000 b 的数据包需要 20 ms 的时间。

26. 对问题 24，流量密度是多大？

 解析：比特到达的速率是 40 000 乘以 3000 即 120 Mbps。因为链路速率是 150Mbps，$I = 0.8$。

27. 对问题 24，队列的平均数据包数量是多少？

 解析：$\dfrac{I}{1-I} = 4$。

28. 如果平均每秒到达 80 000 个数据包，队列的平均数据包数量是多少？

 解析：在这样的情况下，流量密度是 1.6，所以队列几乎总是满的。因此，平均数据包数量是略低于 5000 个数据包。

29. 一个海德拉巴的用户，通过一个 5 Mbps 的连接接入因特网，从纽约的一个 Web 服务器获取一个 50 KB 的网页，这个页面引用了 4 张图片，每张大小 300 KB。假设单方向的传播延迟是 20 ms。假设使用 HTTP 持久性连接，该页（包括图片）显示在用户的屏幕上大概需要多久？

 解析：总时间是 3RTT + 传输时间。

 $$3RTT = 120\ ms，\ 传输时间 = \frac{50\ KB + 1.2\ MB}{5\ MB/s} = \frac{10\ Mb}{5\ MB/s} = 2\ s$$

 总时间 = 2.12 s。

30. 对问题 29，使用 HTPP 非持久性连接需要花费多久（假设是单个连接）？

 解析：2（1+ 页面中对象数量）RTT+ 传输时间

 $$400\ ms + 2\ s = 2.4\ s$$

31. 假设一个电影制片厂要以数字文件的方式发布一个新电影，通过点对点文件分发的方式传送给全国 1000 个电影院。假设制片厂和电影院都有 8 Mbps 下行速率和 4 Mbps 上行速率的 DSL 连接，文件大小是 10 GB。在理想条件下，把文件分发给所有电影院大概需要多长时间？

 解析：总的上行速率是 4 Gbps。因为文件必须发送给 1000 个电影院，所以有 10 TB 的数据要发送。以 4 Gbps 的速率，需要花费 20 000 秒，约 6 个小时。

32. 对问题 31，假设制片厂想要使用客户机－服务器的方法代替上述传输工作。那么电影制片厂最少需要多大的链路速率，才能在 40 000 秒以内完成分发工作？

 解析：这次所花时间是问题 31 所花时间的 2 倍，所以服务器的上行带宽至少是问题 31 的一半。所以，2 Gbps 就足够了。

33. 假设一个 5000 字节的文件通过一条 2400 bps 的线路被发送。计算使用异步通信时的比特和时间开销。假设发送每个字符需要一个开始比特和一个结束比特，以及表示这个字符的 8 比特。这 8 比特的字符都是数据比特组成，没有奇偶校验位。

 解析：每个字符有 25% 的开销。对于 10 000 个字符，就有 20 000 个额外比特。这将花费的额外时间为 $\dfrac{5000}{2400} = 2.0833$ s。

34. 计算同步通信的比特和时间开销。假设数据以帧的形式发送。每帧由 1000 个字符（8000 b）和 48 个控制比特组成。

 解析：这个文件总共需要 10 个帧，也就是 480 个附加比特位。附加比特的传输时间是 $\dfrac{480}{2400} = 0.2$ s。

35. 对问题 33 和 34，如果一个 100 000 字符的文件，答案是什么?

   解析：两个问题都是，附加比特是原问题的 10 倍，花费时间也是原问题的 10 倍。

36. 对问题 33 和 34，如果原始文件有 100 000 字符，数据传输速率是 9600 bps，答案又是什么?

   解析：附加比特和问题 35 相同。$\frac{9600}{2400}$=4，时间会减小到问题 35 的四分之一。

37. 信号强度的损失称为_____。

   A）衰减　　　　　B）振幅　　　　　C）噪声　　　　　D）串扰

   解析：衰减

38. 覆盖国家的部分地区，多个国家或地区，以及整个世界的大型网络称为_____。

   A）MANs　　　　　B）LANs　　　　　C）PANs　　　　　D）WANs

   解析：D

39. 信号的_____是在一个给定时间帧内信号形成完整周期的数目。

   A）带宽　　　　　B）频率　　　　　C）振幅　　　　　D）频谱

   解析：B

40. 在一个_____子网，发送跨网段的数据包时不会建立唯一专用的物理路径。

   A）电路交换　　　B）分组交换　　　C）大的　　　　　D）高负载

   解析：B

41. 一个拨号电话系统使用哪种子网?

   A）电路交换　　　B）分组交换　　　C）广播　　　　　D）逻辑交换

   解析：A

42. 一个长 2 km 的广播局域网，带宽是 10^7 bps，使用 CSMA/CD。信号沿电缆传播的速度是 2×10^8 m/s。这个网络可用的最小数据包大小是多少?

   A）50 字节　　　　B）100 字节　　　C）200 字节　　　D）以上都不对

   解析：C

$$RTT \text{ 总距离} = 4 \text{ Km}$$
$$\text{传输速率} = 2 \times 10^8 \text{m/s}$$
$$\text{传输用时} = \frac{4 \times 10^3}{2 \times 10^8} = 2 \times 10^{-5} \text{ s}$$
$$\text{数据速率} = 10^7 \text{ bps}$$
$$\text{数据包大小} = 2 \times 10^{-5} \text{ s} \times 10^7 \text{ bps} = 200 \text{ 字节}$$

43. A 站点用 32 字节的数据包通过滑动窗口协议向 B 站点发送信息。A 和 B 之间的往返延迟是 80 ms，A 和 B 之间链路的瓶颈带宽是 128kbps，问 A 应该选择的最佳滑动窗口大小是多少?

   A）20　　　　　　B）40　　　　　　C）160　　　　　D）320

   解析：B

$$\text{路径带宽} = 128 \text{ kpbs}$$
$$\text{延迟时间} = 80 \text{ ms}$$
$$\text{总数据量} = 80 \times 128 \times 10^3 \times 10^{-3} \text{ 比特} = 1280 \text{ 字节}$$
$$1 \text{ 个数据包大小} = 32 \text{ 字节}$$
$$\text{数据包数量} = \frac{1280}{32} = 40$$

第 3 章

OSI 模型和 TCP/IP 模型

3.1 为什么是 OSI 模型

在计算机网络早期,它们都使用各自的解决方案。换句话说,在每个计算机网络中只使用一个公司开发的技术。并且,这个生产商控制着网络中出现的所有系统,不允许使用其他卖方的设备。

为了实现不同网络之间的互联,ISO(International Standards Organization,国际标准化组织)提出了 OSI(Open Systems Interconnection,开放系统互联)参考模型,同时允许生产商使用此模型制订网络协议。有些人对这两个缩写感到很困惑,因为它们由相同的字母组成。ISO 是组织的名字,而 OSI 是用于制订协议的参考模型的名字。

ISO 是组织;OSI 是模型

3.2 什么是协议栈

在理解什么是协议前,让我们先来看一个例子。在一些文化中,点头表示同意,而在另一些文化中,点头表示反对。如果我们不能确保正确的沟通,我们可能不久就要亲历战争了!协议是为通讯而制订的规则。简单地说,协议是一整套标准化的允许两个电子设备互相连接和交换信息的规则。

我们都很熟悉人类交流的协议。我们有交谈的规则、出场的规则,还有倾听的规则和理解的规则。这些规则掌管着交流的不同层面。它们帮助我们顺利地交流。相似地,在计算机网络中,协议是掌管电脑间通信的一整套规则。

协议栈是完整的一整套网络协议层次,它们一起协同工作,提供网络互连能力。它被称为栈,是因为它一般被设计为等级层次结构,每一层都能支持上层通讯使用下层通讯。

层次的数量因模型的不同而有所差别。例如,TCP/IP(transmission control protocol/Internet protocol,传输控制协议 / 网络互联协议)有 5 层(应用层、传输层、网络层、数据链路层和物理层),而 OSI(open systems interconnect,开放系统互联)模型有 7 层(应用层、表示层、会话层、传输层、网络层、数据链路层和物理层）。

为了使两个设备进行通讯，它们必须使用相同的协议栈。一台设备中一个栈中的协议必须与另一台设备对应的栈中的协议通讯。这样使运行不同操作系统的电脑能够轻松地进行通讯。

3.3　OSI 模型

OSI 模型把电脑间的数据传输的问题拆分为 7 个较小的任务，并将它们与 OSI 参考模型的 7 层结构一一对应。

OSI 模型主要处理以下事项：

❏ 网络中的设备如何发送数据，以及该设备如何知道该在何时将数据传往何处。

❏ 网络中的设备如何接收数据，以及该设备如何知道该在何处搜寻数据。

❏ 使用不同的语言的设备应如何互相通讯。

❏ 在网络中的设备如何在物理上互连。

❏ 协议如何与网络中的设备协同工作以安排数据。

7	应用层	**网络进程到应用程序** 为应用程序提供网络服务（如电子邮件，文件传输 [FTP]，以及网页浏览）
6	表示层	**数据表示** 这层保证数据能够被接收系统所读取；规定数据的格式；协商应用层的数据传输语法。例如：ASCII、EBCDIC、加密、GIF、JPEG、PICT 和 mp3
5	会话层	**主机间通信** 该层建立、管理和终止应用之间的会话。例如：NFS、SQL 和 X Windows
4	传输层	**端到端连接** 处理系统之间的数据传输问题。它提供可靠性，建立虚电路，检测 / 恢复错误和提供流控制。例如：TCP 和 UDP
3	网络层	**决定地址和最佳路径** 提供两个终端系统之间的连接和路径选择。路由器工作在这一层。例如：IP、IPX、RIP、IGRP 和 OSPF
2	数据链路层	**访问介质** 提供跨媒介的数据可靠传输。负责物理寻址、网络拓扑、错误通知和流控制。例如：NIC、以太网和 IEEE 802.3
1	物理层	**二进制传输** 使用信号来传输比特（0 和 1）。例如：UTP、同轴电缆、光纤电缆、集线器和中继器

3.3.1　应用层

OSI 模型的最高层是应用层。首先我们要明白应用层与用户使用的真正的程序没有关系，实际上，它提供了真正的程序运行的框架。

为了理解应用层做了什么，我们暂且假设一个用户想用谷歌浏览器打开一个 FTP 对话并传输文件。在这个特殊的例子中，应用层会定义文件传输协议。这个协议并不直接向终端用户开放。

终端用户仍然必须使用一个专门用于与文件传输协议相协作的应用程序。在这个例子中，谷歌浏览器就是那个应用程序。

3.3.2　表示层

表示层会处理一些相当复杂的工作，但它所做的一切事都能总结为一句话：表示层将应用层提供的数据转换为其他下层能理解的标准格式。

同样地，表示层将接收自会话层的入站数据转换为应用层能理解的格式。

表示层之所以如此必要，是因为应用程序处理数据的方式各不相同。为了使网络通信正确地进行，数据需要以标准方式构成。

3.3.3　会话层

一旦资料被转换为正确的格式，发送端主机必须与接收端主机建立一个会话。这就是会话层工作的时候。它负责建立、维持和最终终止与远端主机的会话。

会话层有趣的地方在于它与应用层间的关系比它与物理层更密切。我们可能想当然地认为连接网络会话是一个硬件作用，而实际上，会话通常在应用程序间建立。

如果一个用户正在使用多种应用程序，其中的多个应用程序可能在任何时间与远端资源建立会话。

3.3.4　传输层

传输层负责维持流控制。虽然你可能没有意识到，Windows 操作系统允许用户同时运行多种程序。因此，有可能各种程序和操作系统自身需要同时在网络上通讯。传输层提取来自不同程序的数据，并把它们整合为一个单独的数据流。

传输层也负责提供错误检查和在必要时进行数据恢复。实质上，传输层负责确保所有数据都能够从传输端主机发送到接收端主机。

3.3.5　网络层

网络层负责决定数据如何到达接收者。它处理像寻址、路由和逻辑协议之类的工作。因为这个系列是面向初学者的，我不想说得太专业，但是必须说的是网络层在资源与目的主机之间创造逻辑路径，被称为虚电路。虚电路为每个数据包提供一条通向目的地的通道。网络层也负责它自己的错误处理，以及数据包的排序和拥塞控制。

数据包排序是十分必要的，因为每个协议限制了数据包的最大体积，而必须传输的数据量经常超过了数据包的最大体积，因此数据将被拆分为多个数据包。当拆分情况发生时，网络层会为每个数据包分配一个序列号。

当数据被远端主机接收后，那台设备的网络层会检查接收的数据包的序列号，然后根据序列号重新组装数据，并检查是否有数据包遗失。

如果你对理解这个概念感到困难，那么想象你需要邮递一个很大的文件给你的朋友，但没有一个足够大的信封。你可以在许多小信封中按顺序各放几页，然后给每个信封贴上标签，那么你的朋友就知道文件在各个信封中的顺序。这与网络层做的事完全一样。

3.3.6 数据链路层

数据链路层可以被进一步细分为其他两层：介质访问控制（Media Access Control，MAC）层和逻辑链路控制（Logical Link Control，LLC）层。MAC 层基本上通过它的 MAC 地址建立计算机在网络上的身份。MAC 地址是在硬件层面给网络适配器分配的地址，它是最终在发送和接收数据包时使用的地址。LLC 层控制帧同步，并提供一定程度的错误检查机制。

3.3.7 物理层

OSI 模型的物理层是指真实硬件的规范。物理层定义了特性，如记时、电压。它定义了网络适配器和网络电缆（确保连接不是无线的）的硬件规范。简单地说，物理层定义了什么是用于传输和接收数据的。

3.3.8 OSI 模型如何工作（协议栈之间的通讯）

OSI 参考模型实际上是用来描述用户产生的数据，如电子邮件信息，是如何通过大量中间形式直到转化为真正能在网络介质上运动的数据流，并通过网络发送出去的。这个模型也能描述两个设备，如两台电脑，是如何在网络上建立通讯会话的。

既然其他形式的设备，如打印机和路由器，能参与网络通讯，那么网络上的设备（包括计算机）实际上被称为节点。因此，网络上的一个用户计算机和一台服务器各为一个节点。

当在网络上发送数据时，数据自上向下通过 OSI 协议栈，并通过传输介质进行传输。当数据被一个节点接收后，如网络上的另一台计算机，数据自下向上通过 OSI 协议栈，直到它重新成为计算机用户能使用的形式。

OSI 模型的每一层都负责某些特定的方面，使用户的数据成为能在网络上传输的形式。一些层次负责建立和维持通讯节点间的连接，而另一些层次负责对数据的寻址，从而来确定数据的起点（在哪个节点）和数据的终点。

OSI 模型一个很重要的方面是，协议栈中的每一层都直接为上一层提供服务。只有协议栈中的最高层——应用层，不向上层提供服务。

在发送端节点（如计算机）将数据自上向下通过 OSI 协议栈转换的过程，称为封装。一个节点将接收的原始数据自下向上通过 OSI 模型协议栈转换的过程，称为解封装。

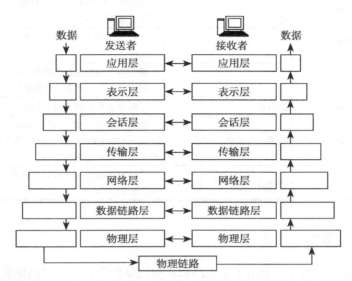

封装是指包装或包围，发生在应用层，并向下传输到 OSI 模型的其他层。协议头是附加在数据开头处的一段信息，在 OSI 模型的每一层都会为数据添加协议头，除了物理层。

这表示数据会被封装在一系列的协议头中——第一个是应用层的协议头，然后是表示层的协议头，以此类推。当数据达到物理层的时候，数据就像一块糖包装在许多不同的糖纸中。

当数据传输给接收端节点，如一台计算机，数据从下向上通过 OSI 模型协议栈，数据中的每一个协议头都被去除。首先，数据链路层协议头被去除，然后网络层协议头被去除，以此类推。并且，协议头不仅仅被接收端计算机去除了，协议头的信息也被读取，用于决定接收端计算机在 OSI 模型的每一层应该如何处理接收的信息。

在 OSI 模型中，发送端的计算机使用这些协议头来与接收计算机进行通信，并提供接收计算机有用的信息。当数据向上穿过对等计算机的各层时，每一个头部都由它的对等协议去除。

这些协议头根据它们收到的协议头的层次不同而包含不同的信息，但是，能够告知对等层很多重要信息，包括数据包大小、帧和数据报。

控制权从一个层传递到下一个，在一个站的应用层开始，并继续行进到底层，通过信道到下一个站并重新回到原来的层次。

每一层的协议头和数据被称为数据包。虽然它可能看起来混乱，但每一层会给它的服务数据单元不同的名字。以下是 OSI 模型的每一层的服务数据单元的通用名称。

层号	名字	封装单元	设备	关键词/描述
7	应用层	数据	PC	为应用程序提供网络服务，如文件、打印、消息、数据库服务。
6	表示层	数据		为应用层提供标准的数据接口。MIME 编码、数据加密、变换、格式化、压缩。
5	会话层	数据		主机之间的通讯。建立、管理和终止应用程序之间的连接。
4	传输层	报文段		提供端到端的消息传递和错误恢复（可靠性）。按合适的顺序分割/组装数据（流控制）。
3	网络层	数据包	路由器	逻辑寻址和路径选择、路由、报告传输错误。
2	数据链路层	帧	网桥、交换机、NIC	物理地址和介质访问。两个子层：逻辑链路控制（Logical Link Control，LLC）和介质访问控制（Media Access Control，MAC）。
1	物理层	位	中继器、集线器、收发器	二进制传输信号和编码。针脚布局、电压、电缆规范、调制。

3.4   TCP/IP 模型

TCP/IP 模型是一个拥有一套用于互联网和相似网络的通信协议的网络模型。它常被称为 TCP/IP，因为传输控制协议（Transmission Control Protocol，TCP）和网络互联协议（Internet Protocol，IP）是这类模型中第一个被定义的协议。

TCP/IP 模型与 OSI 模型相似，由几个层次组成。OSI 有 7 层，而 TCP/IP 模型根据不同的偏好有 4 或 5 层。一些人把模型分为应用层、传输层、互联网层、网络接口层，另一些人把网络接口层分为物理层和数据链路层。

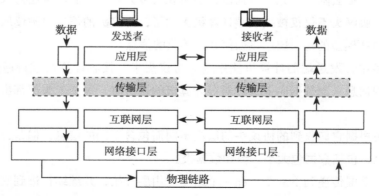

OSI 模型和 TCP/IP 模型都是独立被创建的。TCP/IP 网络模型表示当今世界的现状，而 OSI 模式则代表一种理想状态。

层号	描述	协议
应用层	定义 TCP/IP 应用程序协议，以及与传输层服务交界的主机程序接口如何使用网络。	HTTP、Telnet、FTP、TFTP、SNMP、DNS、SMTP、X Windows、其他应用程序协议。
传输层	提供节点 / 计算机之间的通信会话管理。定义服务等级和传输数据时使用的连接的状态。	TCP、UDP、RTP
互联网层	将数据打包成 IP 数据报，它含有用于在主机和网络之间路由数据报所需要的源和目的地址的信息。执行 IP 数据报的路由。	IP、ICMP、ARP、RARP
网络接口层	指定数据物理地通过网络的细节，包括比特如何由与网络介质直接交互的硬件设备转化为电信号，如同轴电缆、光纤，或双绞铜线。	以太网、令牌环、FDDI、X.25、帧中继、RS-2

3.4.1　应用层

应用层是 TCP/IP 模型 4 层中的最高层。应用层出现在传输层之上，它定义了 TCP/IP 应用协议以及与传输层服务交界的主机程序接口如何使用网络。

这一层对应 OSI 模型的应用层、表示层、会话层的组合。

应用层包括所有高级协议，如 DNS（Domain Naming System，域名系统），HTTP（Hypertext Transfer Protocol，超文本传输协议），Telnet，FTP（File Transfer Protocol，文件传输协议），SNMP（Simple Network Management Protocol，简单网络管理协议），SMTP（Simple Mail Transfer Protocol，简单邮件传输协议），DHCP（Dynamic Host Configuration Protocol，动态主机配置协议），RDP（Remote Desktop Protocol，远程桌面协议）等等。

3.4.2　传输层

传输层是四层 TCP/IP 模型中的第三层。传输层的位置在应用层和互联网层中间。

传输层（也叫主机协议）在 TCP/IP 模型中与其在 OSI 模型中对等的传输层提供差不多的服务。它充当应用层的传输服务，使用的是 TCP 和 UDP 协议。两者之间的选择是根据应用程序的传输可靠性要求所决定的。

传输层也负责确保数据到达它的目标主机上的应用程序。它管理着两个主机或两个设备间的传输流量，并控制所有错误诊断和恢复。它使用校验总和、应答和超时设定去控制传输和端到端的验证。

3.4.3　互联网层

TCP/IP 模型中的互联网层提供与 OSI 模型中网络层相同的服务。它们的目的是将数据包通过独立的路径选择传输到目的地。

数据的路由和传输是互联网层的主要责任，也是这个体系的关键元素。它允许跨相同或不同类型的网络的通信，并充当翻译器来处理不同的数据寻址方案。它还能将数据包输入到任何网络中，并独立地将它们发送到另一个网络。

因为通过网络的通道不是预先确定的，数据包可能不按照顺序被接收，上一层则负责重新排列这些数据。这一层与 OSI 模型中的网络层相对应。

互联网层包含的主要协议有 IP（Internet Protocol，网络互联协议），ICMP（Internet Control Message Protocol，互联网控制消息协议），ARP（Address Resolution Protocol，地址解析协议），RARP（Reverse Address Resolution Protocol，逆地址解析协议）和 IGMP（Internet Group Management Protocol，互联网组管理协议）。

3.4.4 网络接口层

网络接口层是四层 TCP/IP 模型中的第一层。网络接口层定义了数据从网络传输的物理细节，即比特如何被与网络介质（如同轴电缆、光纤，或双绞铜线）直接交互的硬件设备接口通过电子或光学方式发送。

网络接口层包含的协议有以太网、令牌环网、FDDI、X.25、帧中继等。

其中最受欢迎的 LAN 体系结构是以太网。以太网用 CSMA/CD（Carrier Sense Multiple Access/Collision Detection，带冲突检测的载波监听多路访问技术）的访问方式访问介质。访问方式决定主机如何将数据存放在介质上。

在 CSMA/CD 访问方式中，每个主机都拥有平等的机会访问介质并在线路畅通时放置数据于线路上。当主机想要放置数据在线路上时，它会检查线路，确定是否有其他主机已经使用此介质。

如果在介质上已经有数据传输，则主机将会等待；如果没有数据传输，它会将数据放置在介质上。但是，如果两个系统同时在介质上放置数据，它们会相互冲突，损坏数据。如果数据在传输时被损坏，它需要被重新发送。在冲突后，每个主机会等待一段时间，并重新发送数据。

网络接口层是 OSI 模型中数据链路层与物理层的组合，由实际硬件组成。

3.5 OSI 模型与 TCP/IP 模型的不同

OSI 模型用 7 层描述计算机网络。而 TCP/IP 模型用 4 层执行 7 层的 OSI 模型的职能。TCP/IP 的网络接口层在功能上等同于 OSI 模型中物理层和数据链路层的组合。

TCP/IP 模型的互联网层执行 OSI 模型网络层相同的职能，而 TCP/IP 模型中的主机层则更加复杂。如果主机协议是 TCP，它在 OSI 模型中功能上相对应的是传输层和会话层。

如果使用 UDP，则它在功能上相当于 OSI 模型的传输层。如果在 TCP 中使用到 TCP/IP 的进程层时，它提供了 OSI 模型中表示层和应用层的功能。而当 TCP/IP 传输层协议是 UDP 时，进程层的功能相当于 OSI 会话层、表示层和应用层。

OSI 模型和 TCP/IP 模型的协议栈比较

两个模型的主要区别如下：

❑ OSI 是一个参考模型，而 TCP/IP 是 OSI 模型的具体实现。

❑ TCP/IP 协议被认为是互联网发展的标准。而 OSI 模型则是一个通用的独立于具体协议的标准。

❑ TCP/IP 将表示层和会话层合并到它的应用层中。

❑ TCP/IP 将 OSI 的数据链路层和物理层合并到网络接口层中。

❑ TCP/IP 表现为更简单的模型，这主要由于它有更少的层数。

❑ TCP/IP 被认为是更值得信赖的模型，这主要由于 TCP/IP 协议是互联网发展的标准，基于这个理由，它更具可靠性。与之相比，网络往往不依据 OSI 模型而构建，因此 OSI 模型仅仅作为一个指导工具。

❑ OSI 模型由 7 个等级层次组成，而 TCP/IP 只有 4 层。

OSI层号	OSI层次名字	TCP/IP层号	TCP/IP层次名字	封装单元	TCP/IP协议
7	应用层	4	应用层	数据	FTP、HTTP、POP3、IMAP、telnet、SMTP、DNS、TFTP
6	表示层			数据	
5	会话层			数据	
4	传输层	3	传输层	报文段	TCP、UDP
3	网络层	2	互联网层	数据包	IP
2	数据链路层	1	网络接口层	帧	
1	物理层			比特	

3.6　TCP/IP 模型（因特网）如何工作

正如我们所见，有一套协议来支持计算机网络。计算机在因特网上通过交换数据包来进行通信，叫作网络互联协议（Internet Protocol，IP）数据包。IP 是用来在因特网上将信息从一台计算机发送到另一台计算机的网络协议。

所有在因特网上的计算机都用 IP 进行通信。IP 将信息包括在 IP 数据包中进行传递，IP 数据包会用特别的路由算法从源路由到目的地。这种路由算法能够计算出从源发送到目的地的最佳路径。

IP 为了将数据包从源计算机发送到目的计算机，拥有一些方法来认证这些计算机的身份。因特网上的所有计算机都用一个或多个 IP 地址认证身份。如果一个计算机有一个以上电脑接口连接到因特网，那么它可能有多个 IP 地址。

IP 地址是 32 比特的数字。它们可能使用十进制、十六进制或其他格式，但最常见的格式是点分十进制法，这种格式将 32 比特分为 4 字节，每个字节的地址都用无符号十进制整数表示，并用点号分开。例如，Careermonk.com 的一个 IP 地址是 OxccD499C1。因为 Oxcc=204，OxD4=212，Ox99=153，OxC1=193，因此 Careermonk.com 的 IP 地址在点分十进制格式下就是 204.212.153.193。

3.6.1 域名系统

IP 地址即使使用点分十进制记法也不容易记忆。因此因特网采用一种名为域名系统（Domain Name System，DNS）的机制，在这个机制下，计算机名字能与地址建立一定联系。这些计算机名字叫作域名。DNS 有许多规则来决定域名的构成和它们之间的联系。域名和 IP 地址的对应由域名服务器系统进行维护。这些服务器能查找 IP 地址对应的域名，如果特定域名存在的话，它们也能查找它对应的 IP 地址。

3.6.2 TCP 和 UDP

因特网上的计算机相互通信时使用的不是传输控制协议（Transmission Control Protocol，TCP），就是用户数据协议（User Datagram Protocol，UDP）。当我们写在网络上通信的 Java 程序时，我们是在应用层写程序。通常我们不用考虑 TCP 和 UDP 层。取而代之，我们可以使用在 Java.net 开发包中的类。这些类提供了独立于系统的网络通信。但是，为了确定我们的程序应该用哪个 Java 类，我们必须理解 TCP 和 UDP 之间的区别。

3.6.2.1 TCP（传输控制协议）

当两个程序希望相互信任地通信，它们会建立一个连接，并在连接上来回发送数据。这与一个电话通信相似。如果我们想与一个在其他国家的人说话，当我们拨打号码而且对方应答时，一个连接就被建立了。

我们通过在电话线上与对方说话，从而来回传递信息。与电话公司类似，TCP 保证发自一端的信息能够真正以正确的发送顺序达到另一端。否则，它会报错。

TCP 为需要可靠通信的应用提供了一个点对点的信道。超文本传输协议（Hypertext Transfer Protocol，HTTP）、文件传输协议（File Transfer Protocol，FTP）、Telnet 都是需要可靠通信信道的应用例子。数据以正确的顺序发送与接收对于这些应用的顺利运行有很重要的意义。当 HTTP 被用来读取一个 URL，数据一定要以发送的顺序接收。否则，我们的工作会以混乱的 HTML 文件，损坏的 ZIP 压缩文件，或其他无效信息收尾。

应用层：HTTP、ftp、telnet、SMTP……	网络层：IP……
传输层：TCP、UDP……	链路层：设备驱动程序……

定义：TCP 是一个基于连接的协议，能够提供两个计算机之间的可靠数据流。

传输协议被用来将信息从一个端口传输到另一个端口，从而使两个应用程序能进行通信。它们使用面向连接的或无连接的通信方式。TCP 是一个面向连接的协议，而 UDP 是一个无连接的传输协议。

源和目的程序之间的通信的可靠性通过 TCP 内部的错误检测和错误纠正机制来实现。TCP 以从源到目的端的字节流的形式实现连接。这一特性使得我们可以使用 Java.io 提供的 stream I/O 类。

3.6.2.2　UDP（用户数据报协议）

UDP 协议提供了在网络上的两个应用之间的不可靠的通信。UDP 不像 TCP 以连接为基础。但是，它将独立的数据包（数据报）从一个应用发送到另一个应用。发送数据报就像通过邮政系统发送一封信件：投递的顺序不重要也不能得到保证，并且每封信件都是独立的。

定义：UDP 是将称为数据报的独立的数据包从一台计算机发送到另一台计算但并不保证数据送达的协议。UDP 不以连接为基础。

对于很多应用，可靠性的保证对于信息能够成功地从连接的一段传送到另一端是相当重要的。然而，其他形式的通信不要求如此严格的标准。事实上，它们可能会因为额外的开销而降低传输速度，或者可靠的连接可能使服务失效。

考虑这种情况，一个时钟服务器，当客户需要时，发送当前时间给他。如果客户遗漏了一个数据包，重新发送并没有挽回作用，因为当客户收到第二次尝试的数据时，时间已经不正确了。如果客户做出了两次请求，并接收到失序的数据包，但这并无不利影响，因为客户能分辨数据包已经失序，然后再次做出请求。TCP 的可靠性在这种情况下就不必要了，因为它会导致性能的降低，还可能阻碍服务器的有用性的实现。

另一个不需要保证可靠信道的服务例子是 ping 命令。ping 命令的目的是测试在网络上的两个程序之间的连接。事实上，ping 需要通过丢包和失序数据包来确定连接状态是好是坏。一个可靠的信道反而会使这项服务失效。

无连接协议 UDP 与面向连接的协议 TCP 的不同在于，它不会为持续连接建立一个链路。无连接协议的一个例子是邮政信件。为邮寄一些东西，你只需在物品的信封上写下目的地地址（和可选择的返回地址），然后将它发送并放入信箱中。当使用 UDP 时，一个应用程序在数据报上写入目的端口和 IP 地址，然后将数据报发送到目的地。UDP 不如 TCP 可靠，因为协议中没有设置送达保证或错误探测和错误纠正机制。

应用层协议，如 FTP、SMTP 和 HTTP，使用 TCP 提供可靠的、基于数据流的客户和服务器程序之间的连接。其他协议，如时间协议，使用 UDP，因为传输的速度比端到端的可靠性更重要。

3.7 理解端口

一般来说，一台计算机与网络间有一条唯一的物理连接。所有目标到特定计算机的数据都经过这个连接到达。但是，这些数据可能是用于这台计算机上的不同应用的。所以，计算机如何知道向哪个应用来传送数据呢？答案是通过端口。

通过互联网传输的数据伴随着标识计算机的地址信息和它的目的端口。计算机以 32b 的 IP 地址来标识，IP 用它们将数据投递到网络上正确的计算机。端口以 16b 数字来标识，TCP 和 UDP 用它们将数据投递到正确的应用。

在如 TCP 这种基于连接的通信中，一个服务器应用将一个套接字和确切的端口数字绑定。这样在系统上注册的服务器可以接收所有通向端口的数据。一个客户就能与服务器在一个服务端口上会面通信，如下图所示：

定义：TCP 和 UDP 协议使用端口来将输入的数据映射到计算机上运行的特定进程。

在如 UDP 这种基于数据报的通信中，数据报的数据包中包含它的目的端口号，并且 UDP 将数据包路由到正确的应用程序，如下图所示：

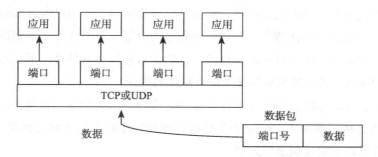

端口数字可以从 0 到 65535，因为端口用 16b 数字表示。端口数字从 0 到 1023 被限制使用，它们为公认的服务所保留，如 HTTP、FTP 和其他系统服务。这些端口叫作公认端口。你的应用就不能再尝试绑定到它们。

端口	协议
21	文件传输协议
23	Telnet协议
25	简单邮件传输协议
80	超文本传输协议

习题与解答

1. 一个系统具有 n 层协议层次。应用程序生成长度为 M 字节的消息。在每一层中，一个 h 字节的标题被加入。多少比重的网络带宽被头部占用？

   解析：

   给出的数据：

   - n 层的协议。
   - 每一层都增加了一个 h 字节的头部。

   因此，每个消息的头部的字节总数是 hn。

   因此浪费在头部的相对空间比例是 $\dfrac{hn}{M}$。

2. 以下哪个答案依据正确的顺序列出 OSI PDU？
   A）数据，数据包，帧，报文段，比特
   B）比特，数据，数据包，报文段，帧
   C）数据，报文段，数据包，帧，比特
   D）比特，帧，报文段，数据包，数据

   解析： C

3. 以下关于 TCP/IP 和 OSI 参考模型比较的说法，哪些是正确的？（选择两项。）
   A）TCP/IP 模型有 7 层，而 OSI 模型只有 4 层
   B）TCP/IP 模型有 4 层，而 OSI 模型有 7 层
   C）TCP/IP 应用层映射到 OSI 参考模型的应用层、会话层和表示层
   D）TCP/IP 的应用层和 OSI 的应用层几乎是相同的

   解析： B 和 C

4. 在 TCP/IP 协议栈中的哪一层可以发现帧？
   A）网络层　　　　　　　　　　　　　B）数据链路层
   C）互联网层　　　　　　　　　　　　D）网络接口层

   解析： D

5. OSI 的哪一层和端到端之间可靠的数据传递有关？
   A）应用层　　　　　　B）传输层　　　　　　C）网络层　　　　　　D）数据链路层

   解析： B

6. 在_____中可以发现逻辑寻址，而在_____中可以发现物理寻址。
   A）物理层，网络层　　　　　　　　　B）网络层，物理层
   C）数据链路层，网络层　　　　　　　D）网络层，数据链路层

   解析： D

7. OSI 参考模型，自顶向下，按照顺序分别是_____。
   A）应用层，物理层，会话层，传输层，网络层，数据链路层，表示层
   B）应用层，表示层，网络层，会话层，传输层，数据链路层，物理层
   C）物理层，数据链路层，网络层，传输层，会话层，表示层，应用层
   D）应用层，表示层，会话层，传输层，网络层，数据链路层，物理层

   解析： D

8. 进程到进程的整个消息的传递是_____的工作。
   A) 网络层　　　　　　B) 传输层　　　　　　C) 应用层　　　　　　D) 物理层
   解析：B

9. _____是最接近传输介质的层次。
   A) 物理层　　　　　　B) 数据链路层　　　　C) 网络层　　　　　　D) 传输层
   解析：A

10. 邮件服务通过_____使得网络上的用户可以使用该服务。
    A) 数据链路层　　　　B) 物理层　　　　　　C) 传输层　　　　　　D) 应用层
    解析：D

11. 当数据包从底层向上层移动时，头部会被_____。
    A) 添加　　　　　　　B) 去除　　　　　　　C) 重新排列　　　　　D) 修改
    解析：B

12. 当数据包从上层向底层移动时，头部会被_____。
    A) 添加　　　　　　　B) 去除　　　　　　　C) 重新排列　　　　　D) 修改
    解析：A

13. _____在网络层和应用层之间。
    A) 物理层　　　　　　B) 数据链路层　　　　C) 传输层　　　　　　D) 以上都不是
    解析：B

14. 第二层在物理层和_____之间。
    A) 网络层　　　　　　B) 数据链路层　　　　C) 传输层　　　　　　D) 以上都不是
    解析：A

15. 当数据从设备 A 传输到设备 B 时，A 的第四层的头部会被 B 的_____读取。
    A) 物理层　　　　　　B) 传输层　　　　　　C) 应用层　　　　　　D) 以上都不是
    解析：B

16. _____将比特转换为电磁信号。
    A) 物理层　　　　　　B) 数据链路层　　　　C) 传输层　　　　　　D) 以上都不是
    解析：A

17. 物理层与_____在物理介质上的传输有关。
    A) 程序　　　　　　　B) 会话　　　　　　　C) 协议　　　　　　　D) 比特
    解析：D

18. 哪一层的功能是作为用户支持层和网络支持层之间的连接。
    A) 网络层　　　　　　B) 物理层　　　　　　C) 传输层　　　　　　D) 应用层
    解析：C

19. 传输层的主要功能是什么？
    A) 点到点的传递　　　B) 进程到进程的传递
    C) 同步　　　　　　　D) 更新和维护路由表
    解析：B

20. 以下哪个是应用层服务？
    A) 远程登录　　　　　B) 文件传输和访问　　C) 邮件服务　　　　　D) 以上都是

解析：D

21. 尽力而为是指数据包会被尽可能快地传送。判断这句话的正误。

　　解析：错误。尽力而为是指并不确保任何种类的性能，性能不高。

22. 在 OSI 模型中，传输层能够直接调用（使用）数据链路层。判断这句话的正误。

　　解析：错误。在 OSI 模型中的层仅可以使用由在它下面的层所提供的服务。在这种情况下，传输层仅可以使用由网络层提供的服务。

23. 数据在网络上以数据包的形式经过一条只涉及单一网络和路由器的路径从源系统传送到目的端。判断这句话的正误。

　　解析：错误

24. 在 TCP/IP 模型中，恰好一个 n 层的协议数据单元（protocol data unit，PDU）封装在（$n-1$）层的 PDU 里。也可能将一个 n 层级的 PDU 拆分为多个（$n-1$）层级的 PDU（分段），或将多个 n 层级的 PDU 分组到一个（$n-1$）层级的 PDU 中（聚合）。在分段的情况中，每个（$n-1$）层级的报文段是否都必须包含一个 n 层级的头部？

在聚合的情况中，每个 n 层级的 PDU 是否都必须保持自己的头部，或所有数据可以被聚合为一个只有单个 n 层级头部的 n 层级的 PDU 吗？

　　解析：否。这将违反层分离的原则。对于层（$n-1$），n 层级的 PDU 仅仅是数据。层（$n-1$）不知道 n 层级的 PDU 的内部格式。它将 PDU 拆分为多个报文段并将它们按正确的顺序重组。

25. 对于问题 24，在聚合的情况中，每个 n 层级的 PDU 是否都必须保持自己的头部，或所有数据可以被聚合为一个只有单个 n 层级头部的 n 层级的 PDU 吗？

　　解析：与问题 24 中所述的原因一致，每个 n 层级的 PDU 都必须保持自己的头部。

26. 一个由 1500 位的数据和 20 个字节的首部组成的 TCP 段被发送到 IP 层，并被加上另一个 20 字节的头部。然后它通过两个网络传送，每一个网络都使用一个 3 字节的数据包头部。目的地网络具有最大数据包限制为 800 位。包括头部在内，多少位被传递到目的端的网络层协议？

　　解析：数据 + 传输头部 + 互联网（IP）头 =1820 比特。该数据在一系列数据包中被传送，每一个数据包都包含了 24 比特的网络头部和最大 776 比特的更高层头部和数据。共需要三种网络数据包。需要传送的总比特 =1820+3 × 24=1892 比特。

27. 在 OSI 模型中，_____和发现数据在网络中从一个点传送到另一个点的最佳路径有关。

　　A）数据链路层　　　　　　　　　　B）网络层
　　C）物理层　　　　　　　　　　　　D）应用层

　　解析：B

28. 错误检测是在 OSI 模型中的_____被执行的。

　　A）数据链路层　　　　　　　　　　B）传输层
　　C）网络层　　　　　　　　　　　　D）A 和 B 都是

　　解析：D

29. _____是非常有力的错误检测技术，所有的数据传输系统都应考虑到这一点。

　　A）垂直冗余码检测　　　　　　　　B）循环冗余校验和
　　C）简单奇偶校验　　　　　　　　　D）横向奇偶校验

　　解析：B

30. 路由器使用哪一层的地址来决定数据包的路径？

A）数据链路层 B）网络层

C）物理层 D）应用层

解析： B

31. 为什么数据通信行业使用分层的 OSI 参考模型？

1）它将网络通信过程分成更小更简单的组件，从而有助于组件开发、设计和故障排除。

2）它使设备从不同的供应商使用相同的电子元件，从而节省了研究和开发成本。

3）它支持多个相互竞争的标准的发展，从而为设备制造商提供商业机会。

4）它通过定义发生在模型的每一层的功能从而来鼓励行业标准化。

A）只有 1 B）1 和 4

C）2 和 3 D）只有 3

解析： B。分层模型的主要优点是，它可以允许应用程序开发人员只在层模型规范的一个层做出改变，从而改变程序的各方面。使用 OSI 分层模型的优点包括但不限于以下几点：

- 它把网络通信过程分成更小更简单的组件，从而有助于组件的开发、设计和故障排除。
- 它允许通过网络组件的标准化进行多供应商开发。
- 它通过定义发生在模型的每一层的功能从而来鼓励行业标准化。
- 它允许不同类型网络的硬件和软件进行通信。

32. 以下哪个功能必须由在网络协议之上的传输协议来实现？

A）丢包恢复

B）重复的数据包检测

C）以正确的顺序传递数据包

D）端到端连接

解析： D。运输协议主要是为了通过套接字提供端到端的连接。从数据包丢失中恢复和以正确的顺序交付，复制是通过数据链路层进行保证的。

33. 从组 1 和组 2 中选择最匹配的。

组1	组2
P. 数据链路层	1. 保证数据在物理点对点链路上的可靠传输
Q. 网络层	2. 为物理传输的数据进行编码 / 解码
R. 传输层	3. 允许终端两个进程之间的通信

A）P-1，Q-4，R-3

B）P-2，Q-4，R-1

C）P-2，Q-3，R-1

D）P-1，Q-3，R-2

解析： A。传输层负责端对端的通信，创造套接字。网络层将数据从一个节点路由到其他节点，直到它达到目的端。数据链路层通过纠错、重复检查有序传递等，来保证可靠的数据传输。P-1,Q-4,R-3。

34. 假设我们想尽可能快完成一个从远程客户机到服务器的事务。你会使用 UDP 还是 TCP？为什么？

解析： 我们将使用 UDP。使用 UDP，事务就可以在一个往返时间（roundtrip time，RTT）内完成：客户端发送事务请求到一个 UDP 套接字，然后服务器发送回复给客户端的 UDP 套接字。使用 TCP，至少需要两个 RTT：一个用于建立 TCP 连接，另一个用于在客户端发送请求和服务器送回答复。

第 4 章

网 络 设 备

4.1 词汇表

□ 网桥（Bridge）：通信协议相同的网段一般使用网桥来相互传递信息。

□ 网关（Gateway）：当网络中使用了不同的通信协议时，要使用网关来转换来自于发送者所在网络的数据。

□ 局域网交换机（Hub）：局域网交换机又叫集线器（concentrator）。集线器部署于局域网布线系统的中心。集线器将工作站连接到了一起，同时将每一次的传输都发送到所有相连的工作站。

□ 介质相关适配器（Media Dependent Adapter）：MDA 是一个即插即用的模块，能支持选择光纤、双绞线或同轴电缆。

□ 介质过滤器（Media Filter）：当各网络具有不同电气特征时，介质过滤器的适配连接器能在它们之间实现连接。

□ 多站访问单元（Multistation Access Unit）：MAU 是在令牌环网络中使用的专用集线器，或者说局域网交换机。

□ 调制解调器（Modem）：调制解调器是一种能将数字信号转换为模拟信号，模拟信号转换为数字信号的设备。

□ 网络接口卡（Network Interface Card）：网络接口卡是安装在计算机工作站中的印刷电路板。它们能提供物理连接以及访问网络所需的电路。

□ 中继器（Repeater）：用于再生和放大弱信号的连通设备，因此它能扩展网络的长度。中继器不会对数据做任何其他处理。

□ 路由器（Router）：能将两个或以上的网络连接到一起，例如 IP 网络。路由器接收数据包并选择最优的路径将其转发到其他网络中。

□ 交换机（Switch）：功能与网桥非常相似的一种连接设备，不过交换机会将传输引导向特定的工作站，而不是将数据转发到网络中的所有工作站。

□ 收发器（Transceiver）：收发器这个名字是将单词发送器（transmitter）和接收器

（receiver）结合而得到的。它是一种既能传送又能接收信号的设备，可以让计算机连接到网络。收发器可以外置，也可以集成到 NIC 上。

- □ 防火墙（Firewall）：防火墙能提供受控制的数据访问。防火墙位于网络之间，既可以基于硬件，又可以基于软件。它们是网络安全策略的一个必要部分。

4.2   终端设备

在计算机网络中，我们日常所使用的计算机被称为节点（也可以叫作主机或者端系统）。之所以将之称为主机（host），是因为在计算机中寄宿着应用层程序，比如 Web 浏览器或者电子邮件程序。

有时也称计算机为端系统（end system），因为它们位于网络连接的边缘。节点可以是一台计算机或者其他的某种设备，例如一台打印机。每个节点都有一个唯一的网络地址，有时也把这个地址称作数据链路控制（Data Link Control，DLC）地址或者媒体访问控制（Media Access Control，MAC）地址。

终端设备在通信过程中扮演着源端（产生和发送消息）或者目的端的角色（接收和消费内容）。

在现代的网络中，一台主机可以作为客户端或服务器，或者二者兼有。安装在主机中的软件决定了主机在网络中扮演着什么样的角色。服务器是装有软件的主机，其所装软件可以实现向网络中的其他主机提供信息和服务，如电子邮件或者 Web 页面。

以下为终端设备的一些例子：

- □ 计算机、便携式计算机、文件服务器、Web 服务器
- □ 网络打印机
- □ VoIP 电话
- □ 监控摄像机
- □ 移动手持设备

4.3   中介设备

除了人们所熟悉的终端设备之外，计算机网络还依赖中介设备来提供连通性。这些中介设备工作在幕后，目的是确保数据能流过网络。它们还能将个体系统连接到网络中，并且能将多个个体系统连接起来组成一个互联网络（也称为因特网）。下面是中介设备的一些例子：

□ 网络接入设备（集线器、交换机和无线接入点）

□ 网络互联设备（路由器）

□ 通信服务器和调制解调器

□ 安全设备（防火墙）

对流经网络的数据进行管理也是中介设备的一项功能。这些设备使用目的主机地址，以及与网络互联有关的信息来确定消息通过网络应该途经的路径。运行在中介网络设备上的进程执行着以下的功能：

□ 再生和重传数据信号

□ 维护有关现存的通过网络和互联网络的路径的信息

□ 向其他设备通告错误或通信失败

□ 当链路失效时，引导数据流向替代的路径

□ 根据优先级对消息进行分类和引导

□ 根据安全设置允许或拒绝数据流

可以根据中介设备的功能，进一步将它们分为如下类别：

□ 连通设备（Connectivity Devices）：连通设备用于建立物理网络连接。它们不会改变数据或者传输的路径。连通设备工作在 OSI 参考模型中的物理层。

□ 互联设备（Internetworking Devices）：互联设备在网络中搬运数据。它们将数据引导到网络中的特定位置，并将数据转换为另一种格式。互联设备工作在物理层之上的 OSI 层次中。

4.4 连通设备

4.4.1 简介

连通设备用于建立物理网络连接。连通设备工作在开放系统互联（Open Systems Interconnection，OSI）参考模型中的物理层。OSI 模型描述了如何标准化计算机服务和程序。

该标准使得计算机能够共享信息，而且使来自不同供应商的网络连通设备之间的互连变为可能。

4.4.2 网络接口卡

网络接口卡（Network Interface Card，NIC）是计算机硬件的一种，其主要功能是让计算机能够连接到某个网络。网络接口卡也叫 LAN 卡、网络适配器、网络适配器板、介质访问

卡，或简称为 NIC。

不管名称如何，总之它们都能让计算机通过网络进行
通信。有了这种设备，可以在局域网（Local Area Network，
LAN）中来回传送信息数据包。它在网络中扮演着发送和
接收数据的通信源的角色。

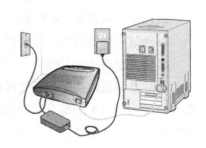

NIC 提供了对网络媒介的物理接入，且通过 MAC 地
址的使用，通常能提供一个底层的寻址系统。NIC 使用户
们能以电缆或无线的形式连接彼此。

网络接口卡（NIC）是计算机的一种附加组件，就像显卡或者声卡那样。在大多数的系统
中，NIC 是集成到主板上的。而在另一些系统里，只能将 NIC 安装到扩展插槽中。

大部分网络接口卡使用以太网协议作为来回传输数据
的语言。然而网络接口卡不是一定要有物理以太网或者其
他类型的电缆才能发挥功能。一部分网络接口卡通过包含
一个内置的使用无线电波传输信息的小天线，可以具有无
线兼容性。

计算机必须安装一个软件驱动器来实现与 NIC 的交
互。这种驱动器能够让操作系统和上层协议控制适配器的功能。

每块 NIC 都拥有一个唯一的媒体访问控制（Media Access Control，MAC）地址来指引流
量。这个唯一的 MAC 地址确保了信息只会被发送到某个特定名字的计算机，而不是发到其
他不打算去往的计算机。图中被圈出的部分是集成网卡的一个示例。

MAC 地址，或者也叫硬件地址，是一个由数字 0 ～ 9 和字母 A ～ F 组成的 12 位数字。
基本上，这是分配给网卡的一个十六进制数字。MAC 地址由两部分组成：第一个部分表示
设备来自于哪个供应商，第二个部分则是一个对制造商来说唯一的序列号。

如下是 3 个 MAC 地址的例子：

　　　　　　00-B0-D0-86-BB-F7　　01-23-45-67-89-AB　　00-1C-B3-09-85-15

NIC 所执行的功能如下：

❑ 它能将来自并行数据总线的数据翻译为一个串行的比特流，以便通过网络进行传送。

❑ 它依照协议来格式化数据包。

❑ 它根据网卡的硬件地址来传输和接收数据。

4.4.3　收发器

术语收发器（transceiver）描述的不一定是一种独立的网络设备，而是如网卡这样的内嵌

设备。

收发器是传送－接收器（transmitter-receiver）的简称。它是一种能同时传送和接收模拟或数字信号的设备。术语收发器更常用于描述局域网（LAN）中实际向网线输送信号，并检测流经网线信号的部件。对于许多局域网来说，收发器是内置在网络接口卡（NIC）中的。但是老式的网络需要外置的收发器。

收发器不会更改网络所传输的信息；它只是对信号进行调整，以便与不同介质相连的设备都能够解释它们。收发器工作在 OSI 模型的物理层中。

从技术上来讲，在局域网中的收发器负责将信号输入到网络介质中，同时检测流经同一电缆的输入信号。给出了对收发器功能的描述之后，也就不难理解这项技术是出现在网卡（NIC）中的。

4.4.4　放大器和中继器

中继器是一种接收信号然后将信号以更高功率重新传送出去的电子设备，这样就能使信号覆盖更长的距离而不会衰减。

收发器发出一个含有某些信息的信号。在传出一段距离之后，由于在媒介中的能量损失，信号通常会变弱（衰减）。所以，应该改善（或者说放大）信号。放大器（amplifier）即是用于增强衰弱信号功率的电路。

有时，这种信号衰减会在抵达目的地之前发生多次。在这种情况下，信号将在不止一个中间点处被放大并以某个功率增益重新发出。这些中间点被称为中继器（repeater）。因此放大器是中继器一个必不可少的组成部分。

1. 放大器

放大器是一种能增加输入信号功率的电子电路。放大器的种类有很多，从扩音器到不同频率的光学放大器都有。

2. 中继器

中继器是一种接收信号并将其以更高功率重新发出的电子电路。因此中继器由信号接收器、放大器和传输器组成。中继器通常用于海底通信电缆，因为当信号传出这么远的距离之后将会衰减为一个随机噪声。

不同类型的中继器根据其所传输的媒介不同，会有不同的配置。如果媒介是微波，那么中继器可能是由天线和波导管组成的。如果媒介是光，那么中继器可能含有光探测器和光发射器。

3. 放大器和中继器的区别

1）放大器用于放大信号，而中继器则用于接收信号并以功率增益重发此信号。

2）放大器是中继器的一部分。

3）放大器有时会向信号中引入一些噪声，而中继器则含有噪声消除装置。

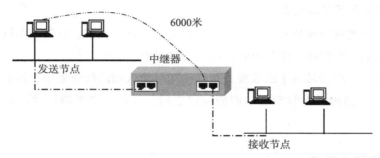

粗导线（thickwire）一般可以传输 500 米的距离，这一距离可以通过引入中继器来加以扩展。细导线一般能传输 185 米的距离，同样也能使用中继器来扩展。这就是使用中继器的好处。如果某个网络的布局超出了电缆的常规规格，那么我们可以使用中继器来组建网络。这在设计布线方案时能允许更大的长度。

中继器不会对数据执行任何其他操作。最初的中继器是一种独立的设备。在今天，中继器可以是独立的设备，也可以被合并到集线器中。中继器工作在 OSI 模型的物理层。

4.4.5 集线器

集线器通常用于连接局域网的网段。集线器中有多个端口。当数据包抵达某个端口时，会被复制到其他的端口，以使该局域网的所有网段都能看到所有的数据包。

一台集线器有多个端口。当数据包抵达某个端口时，会被拷贝到集线器的所有端口（广播）。在复制数据包时，帧中的目的地址不会变为广播地址。集线器使用了一种简单的方法来实现这一效果：它只是简单地将数据拷贝到与之相连的所有节点。

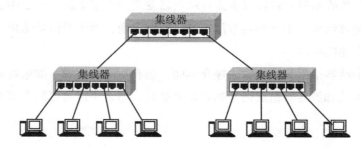

集线器的主要功能是将信号广播到局域网中不同的工作站。一般来说，当说到作为网络中心的设备时，会使用集线器这一术语而不是中继器。

4.4.6 调制解调器

调制解调器是一种能将数字信号转换为模拟信号，或模拟信号转为数字信号的设备。调制解调器一词代表的是调制（modulation）和解调制（demodulation）。将数字信号转换为模拟信号的过程称为调制。将模拟信号转换为数字信号的过程称为解调制。调制解调器与计算机一起使用，用于通过电话线从一台计算机向另一台传输数据。

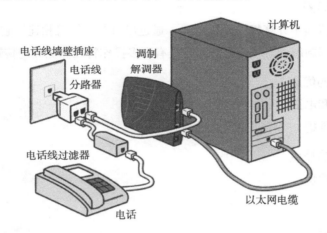

1. 调制解调器的连接形式
调制解调器有两种连接方式，它们是
- □ 模拟连接
- □ 数字连接

2. 模拟连接
调制解调器和电话线之间的连接叫作模拟连接（analog connection）。它将来自于计算机的数字信号转换为模拟信号，然后模拟信号会被向下发送到电话线中。位于另一端的调制解调器将模拟信号转换回能够被计算机理解的数字信号。工作站与模拟调制解调器相连。然后模拟调制解调器连接到电话交换机的模拟调制解调器，然后再连接到因特网。

3. 数字连接
调制解调器到计算机的连接称为数字连接。

4. 调制解调器的种类

有两种类型的调制解调器：

❑ 内置调制解调器
❑ 外置调制解调器

5. 内置调制解调器

这种调制解调器能嵌入计算机的扩展插槽中。它通过电话插孔与电话线直接相连。通常比外置调制解调器便宜，传输速度比外置的慢。

6. 外置调制解调器

这种调制解调器属于计算机的外置单元，通过串口与计算机相连。它也通过电话插孔连接电话线。外置的调制解调器较为昂贵而且具有更多操作特性和更高的传输速度。

7. 调制解调器的优点

❑ 廉价的硬件和电话线
❑ 容易启动和维护

8. 调制解调器的缺点

❑ 性能表现非常慢

4.5 互联设备

4.5.1 网桥

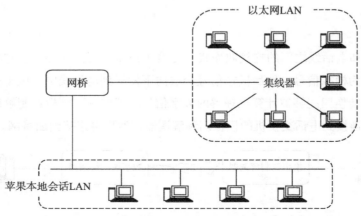

网桥是一种同时工作在 OSI 参考模型的物理层和数据链路层的设备。作为一种物理层设

备，它会再生（regenerate）接收到的信号。作为一种数据链路层设备，网桥能检查帧中包含的物理地址（源 MAC 地址和目的 MAC 地址）。

可以用网桥将一个大的网络划分为若干网段（segments）。网桥中的处理逻辑能将不同网段中的流量分开。当一个新的帧进入网桥时，网桥不仅只是重新生成这个帧，还会检查其目的地址，且只将新生成的帧转发到该目的地址所属的网段中。

网桥设备对网络边界处的数据流量进行过滤（filter）。网桥通过将局域网划分为许多网段来减少其中的流量。网桥的关键特征如下：

- 网桥同时作用于物理层和数据链路层
- 网桥使用一张表来进行过滤和路由
- 网桥不会改变帧中的物理（MAC）地址

4.5.1.1　为什么使用网桥？

例如，将计算机想象为某个房间中的人。每个人都被固定在一点上，无法四处移动。如果 Ram 想和 Mary 说话，他会大声喊"嘿，Mary"，然后 Mary 回应；这样一次会话就产生了。

这在小范围内能很好地运作。但是因特网，就我们今天所知，并不是只有几个人相互之间在直接对话。因特网从字面上来说，意味着数以亿计的设备。如果把它们都放到一个房间里（同一个网段），想象一下如果 Ram 要和 Mary 讲话时会发生什么。Ram 可能要大喊"嘿，Mary！"，但是 Ram 的声音可能会被淹没在人群中。想要建造一个适用于上亿人群的房间是荒谬的。

出于这样的原因，将网络分为若干较小的段（小房间），这使得在同一个段（房间）中的设备之间能直接进行交流。但是对于段外的设备，我们需要用某种设备（路由器）将报文从一个房间传递到另一个房间。可是大量的网段（房间）意味着我们需要一种寻址机制，使位于中间的各种路由器能知道如何获得从 Ram 向 Mary 发送的报文。

使用网络互联设备（网桥）来将一个大网络分段有许多好处。其中包括减少碰撞（在以太网中），控制带宽利用率，以及滤除多余数据包的能力。网桥的作用是让网络管理员能透明地进行网络分段。意思就是，个人工作站不需要知道是否存在有某个网桥将它们分隔开。应该由网桥来确保数据包被正确地转发到了它们的目的地。这是我们接下来讨论的所有网桥行为的一个基本原则。

4.5.1.2　网桥的种类

在互联的局域网中可以使用以下几种类型的网桥。

1）透明基础型网桥（Transparent Basic Bridge，或透明转发网桥）：将到来的帧投放到除了初始进入端口外的所有端口中。

2）透明学习型网桥（Transparent Learning Bridge）：存储帧的来源（从哪个端口来），并在稍后利用这个信息来将帧转发到该端口。

3）透明生成型网桥（Transparent Spanning Bridge）：使用局域网拓扑结构的一个子集来进行无环的操作。

4）源路由网桥（Source Routing Bridge）：依据帧中的路由信息，将帧转发到某个输出端口。

4.5.1.2.1 透明基础型网桥（透明转发网桥）

透明基础型网桥（Transparent Basic Bridge）是最简单的一种网桥。它之所以被称为透明是因为使用网桥的节点察觉不到网桥的存在。这类网桥接收每个端口上进入的流量并将其缓存，一直到能够在输出端口上发出为止。网桥不会将流量转发到其进入的端口中。

网桥不对流量进行任何的转换。它从某个局域网向另一个转发（接收然后传送）帧。显然，网桥会像中继器那样转发所有的帧。

透明网桥转发

如果目的地址存在于已创建的转发数据库（表）中，那么数据包将被转发到与目的主机相连的端口。如果这个目的地址不存在，则向所有端口进行转发（洪泛，flooding）。这个过程就叫作网桥转发（bridge forwarding）。

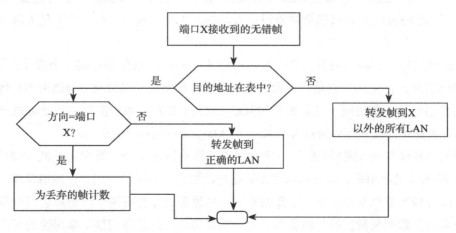

使用上图所示的流程来解释网桥转发操作。

在图中有三个节点 A、B 和 C。假设每个节点会向所有其他的节点发送帧。A 和 B 作为源地址会在局域网 1 中被观察到，而节点 C 的地址将会在局域网 2 中被观察到。

网桥转发的基本功能如下：

1）如果源地址不在转发表中，网桥会将源地址和相对应的接口添加到表中。然后检查目的地址，判断其是否出现在表中。

2）如果目的地址已被列在表中，网桥将会判断目的地址和源地址是否属于同一个局域网。如果是，则网桥会丢弃这个帧，因为所有的节点都已经收到该帧了。

3）如果目的地址存在于表中，但是却属于与源地址不同的局域网，那么该帧会被转发到这个局域网中。

4）如果目的地址不在表中，那么网桥会将帧转发到除了来源外的所有局域网。这一过程又叫作洪泛（flooding）。

在某些网桥中，如果网桥在一段时间内未访问转发表中的某个地址，则该地址会被删除以释放网桥的内存空间。这一过程称为老化（aging）。

数据包的源地址为 A，目的地址为 B，则接收到此数据包后会将其丢弃，因为节点 B 是与局域网 1 直接相连的，而来自于 A 的目的地址为 C 的数据包将会被网桥转发到局域网 2。

4.5.1.2.2　透明网桥学习

为了学习哪些地址正在使用中，哪些端口（位于网桥中的接口）是最接近的，网桥会观察所接收到的帧的首部。通过检查所接收到的每一帧的源 MAC 地址，并记录下该帧是在哪个端口被接收到的，网桥可以学习到哪些地址是属于与端口相连的那些计算机的。这就是学习（learning）。

所学到的地址被存储在与每个端口（接口）相关联的接口地址表（数据库）中。一旦这个表被建立起来，网桥会检查所有接收到的帧的目的地址；然后它会扫描接口表以查看是否曾经从同一地址收到帧（例如，有某个数据包的源地址与当前的目的地址相符）。

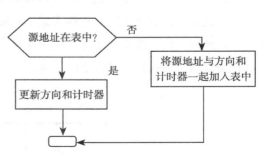

一个透明网桥在安装时，它的表是空的。当遇到某个数据包后，网桥会检查其源地址，并通过将源地址关联到所连接的某个端口地址来建立表。下面的流程图描述了学习的过程。

1.建表

建表操作如图所示。初始时表是空的。

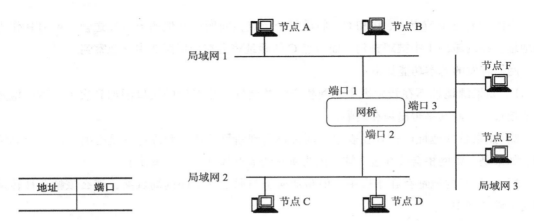

地址	端口

1）当节点 A 向节点 D 发送一个帧时，网桥中没有任何关于 D 或者 A 的表项。该帧会从所有的三个端口输出。帧向网络中洪泛。不过，通过查看源地址，网桥学会了节点 A 一定位于和端口 1 相连的局域网中。这意味着将来以 A 为目的地的帧必须通过端口 1 被发送出去。网桥将该项添加到自己的路由表中。现在这个表有了第一个表项。

地址	端口
A	1

2）当节点 E 向节点 A 发送帧时，网桥已经有关于 A 的表项了，因此它只会将该帧转发到端口 1，而不会洪泛。同时，网桥会利用这个帧的源地址（在本例中是 E），来向表中添加第二个表项。

地址	端口
A	1
E	3

3）当节点 B 向节点 C 发送帧时，网桥没有关于 C 的表项，因此网桥会再次向网络进行洪泛，且再向表中添加一个表项。

地址	端口
A	1
E	3
B	1

4）学习的过程随着网桥转发帧而持续。

2. 环路问题

只要系统中没有多余的网桥，转发和学习的过程就不会出问题。另一方面，从可靠性的角度来说冗余是有意义的，这样当某个网桥失效时就能用冗余的网桥来替代其功能。

冗余网桥的存在造成了如下图所示的所谓环路问题。假设在初始化之后，两个网桥中的表都是空的，让我们来看以下的步骤：

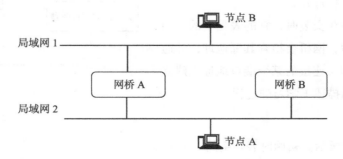

- Step1：节点 A 向节点 B 发送一个帧。两个网桥都会将帧转发到局域网 1，并且使用源地址 A 来更新路由表。
- Step2：现在有两份这个帧的备份在局域网 1 上。网桥 A 发送的备份会被网桥 B 接收到，反之亦然。由于两个网桥都没有关于节点 B 的信息，因此它们都会向局域网 2 转发帧。
- Step3：由于数据库中缺乏关于节点 B 的信息，网桥会再次将帧转发到局域网 1，并再次重复第二步的操作。

这样一来，帧会一直在两个局域网中无止境地循环（loop）。

4.5.1.2.3 透明生成型网桥

如上一节所示，冗余在系统中造成了不利的环路问题。为了预防环路问题的产生，电气与电子工程师协会（IEEE）规范要求网桥使用一种特殊的拓扑结构。这种拓扑结构也被称为生成树（无环路的图）拓扑。

用于建立生成树的方法称为生成树算法（spanning tree algorithm）。生成树算法是指从一幅图里构造出一棵树。算法不会改变物理的拓扑结构，而是通过以下步骤在物理拓扑上构造一个逻辑拓扑结构：

1）选择一个网桥作为根网桥（root-bridge），使其具有最小的 ID 值。

2）为根网桥之外所有的网桥选择根端口（root ports），使这些端口到根网桥的路径代价最小（即跳数最少）。

3）在每个局域网中选择一个指定网桥（designated bridge），使其到根网桥的路径代价最小。

4）选择一个端口作为指定端口（designated port），使从指定网桥通过该端口到达根网桥的路径代价最小。

5）将指定端口和根端口标记为转发端口（forwarding ports），其余的为阻塞端口（blocking ports）。

例子

让我们来浏览下面这个生成树算法运行的例子。请注意，部分局域网网段的代价是其余者的三倍。在接下来的讨论中将遵循下列规则：

- DC 代表一个局域网网段的指定代价
- 网桥 # 表示网桥的编号
- 网桥周围的数字表示端口号

下图中已经给出了算法的第一个步骤：若所有网桥的优先级相等，则选择网桥 1 作为根网桥。但是当选择了拥有最小 ID 号的网桥时，这个约束会被打破。

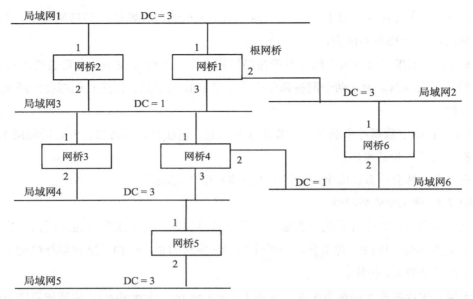

下一步，我们为根网桥外的每个网桥的所有端口计算其根路径代价（RPC，root path cost）。然后，在根网桥外的每个网桥中选出一个 RPC 最小的端口作为根端口（RP，root port）。但若选择编号最小的端口，则此约束会被打破。根端口用于传输从根网桥到当前网桥的控制报文。

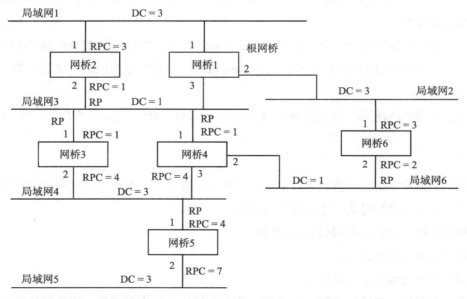

RPC 计算举例：考虑网桥 5 的 1 号端口。在它和根网桥之间，我们至少要经过代价分别为 1 和 3 的局域网 3 和局域网 4。则总代价是 4。即网桥 5 的 1 号端口的 RPC=4。

接下来，算法的第三步是，为每个局域网网段选择一个指定网桥，并在该网桥中选择一个指定端口。这是从该局域网到达根网桥代价最小（DPC，指定端口代价）的网桥。我们通过这个网桥中的指定端口（DP）来连接这片局域网。如果对于最小 DPC 存在约束，则选择带有最小 ID 号的网桥。

根网桥永远是与之直接相连的局域网网段的指定网桥。因此，根网桥中那些与局域网网段直接相连的端口即为指定端口。我们假设任何一个网桥都通过最多一个端口与根网桥相连。由于根端口不能被选为指定端口，所以不应该再浪费时间认为根端口可能成为指定端口。

在下图中，我们会看到局域网 1，局域网 2 和局域网 3 分别通过端口 1、2、3 与根网桥直接相连。所以我们只需要考虑局域网 4、5 和 6。局域网 4 可以使用网桥 3 上的 2 号端口，或者用网桥 4 上的 3 号端口作为自己的指定端口。由于从局域网 4 中发出任何数据都要流经局域网 3 到达根网桥，且局域网 3 的代价仅为 1，因此每个端口的 DPC 为 1。

由于对指定端口有约束，所以我们选择了位于编号最小的网桥上的端口。因此网桥 3 是指定网桥，且其中的 2 号端口是局域网 3 的指定端口。对于局域网 5，只有一个端口可选，因此局域网 5 的指定端口为网桥 5 上的 2 号端口，且指定网桥为网桥 5。局域网 6 没有可选的端口（只有根端口）。所以局域网 6 的指定端口为其他：网桥 4 中的 2 号端口。

在最后第四步中，任何既不是根端口也不是指定端口的端口都会被设置为阻塞状态，以避免流量流经这些端口。在上图中，所有阻塞端口都已被打叉标出。至此，整个流程产生一个生成树（无环的）。为了能更好地观察生成树，在后文中会重画出整个图形，其中根网桥为整棵树的根。

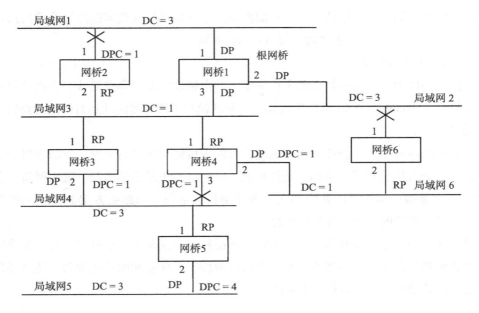

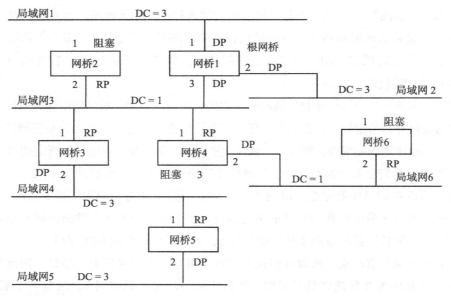

4.5.1.2.4 翻译型网桥

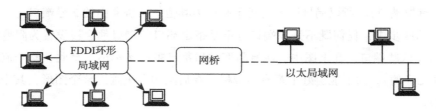

翻译型网桥是透明网桥中的一种，它能把使用不同物理层和数据链路层协议的局域网连接起来。例如 FDDI（光纤分布式数据接口）和以太网。

4.5.1.2.5 源路由网桥

在源路由网桥中，路由操作由源主机决定，并由帧决定要走哪条路线。主机可以通过发送一个发现帧（discovery frame）来发现路径。发现帧利用所有可能到达目的地的路径来向网络中传播。

随着每个帧的传播，它会逐渐收集地址。目的主机将会响应每个帧，而源主机会从这些响应中选出一条合适的路径。例如，选择跳数（hop-count）最小的路径。透明网桥不会修改帧的内容，而源路由网桥会向帧中加入一条路由信息字段。源路由方案能提供一条最短路径，但是这是以网络的额外负担为代价的。

源路由网桥用于令牌环网络。一个源路由网桥将两个或多个环连接在一起。源路由网桥在环之间传输帧的方式有一些基本特点。源路由网桥不会建立和维护转发表。转发还是丢弃某个帧是由此帧中所提供的信息来决定的。

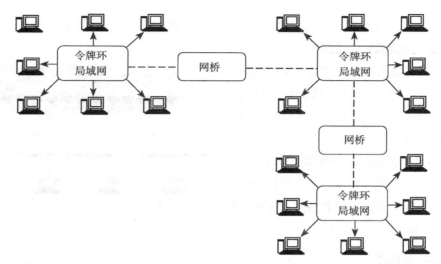

目标工作站负责维护定义了到网络中所有工作站的路径的路由表。源工作站负责确定某个帧到达其目的地的路径。如果没有可用的路由信息，那么为了学习可选的潜在路径，源工作站有执行路由发现的能力。

4.5.2 交换机

交换机（switch）是一种在局域网之间进行数据包过滤和转发的设备。交换机工作在 OSI 模型的第二层。在提升数据传输效率时，交换机主要关注的是连通性。可以将交换机视为集线器连通功能和网桥在端口上的流量管理功能的结合。交换机根据 MAC 地址来做决策。

交换机是一种执行交换（switching）功能的设备。特别地，它会根据数据包中的 MAC 地址，在端口之间转发和过滤 OSI 第二层的数据报（datagrams，即数据通信中的块）。

如前文中所讨论的，集线器会将数据转发到所有端口，而不考虑这些数据是否是端口所连系统所需要的。这样的机制很低效。交换机试图在某种程度上解决这个问题。与集线器不同，交换机只转发数据到参与通信的端口，而不是所有相连的端口。严格来说，交换机没有处理 IP 层（第三层）流量选路的能力，而这又是在网段之间或大型、复杂的局域网内进行通信所必需的。

4.5.2.1　交换机如何工作

交换机仅将数据转发到与目标系统相连的
端口中，而不是将它们转发到所有连接的端
口。交换机会查看所连接设备的 MAC 地址，
以确定正确的端口。

MAC 地址是标记在每个网络接口卡（NIC）
上的一个唯一的数字。通过只把数据转发到其
目标系统的方式，交换机显著地减少了每个网
络链路上的流量。

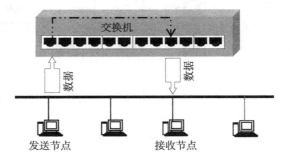

4.5.2.2　交换方式

我们可以列举出在交换机每个端口上的四种可能的转发方式：

1）直通式（Cut-through）

2）碎片隔离式（Fragment-free）

3）存储转发式（Store-and-forward）

4）自适应式（Adaptive）

4.5.2.2.1　存储转发式交换

在存储转发交换方式中，交换机将每个以太网帧完整地拷贝到交换机的内存中，并计算
一个循环校验码（CRC）以进行错误校验。如果发现有 CRC 错误，则抛弃该以太网帧，而若
没有 CRC 错误，交换机会将该以太网帧转发到目标设备。存储转发交换会造成延迟，因为
要为每个以太网帧计算 CRC 值。

4.5.2.2.2　直通式交换

在直通式交换中，交换机在做出交换决策之前，会且仅会将帧的 MAC 地址（帧的头 6
个字节）拷贝到内存中。以直通方式工作的交换机能减少延迟，因为一旦交换机读取到目的
MAC 地址并确定了要转发到的交换端口，交换机就会开始转发该以太网帧。直通式交换存
在的问题是交换机可能会把恶意的帧转发出去。

4.5.2.2.3　碎片隔离式交换

碎片隔离式交换是直通式交换的升级形式。在做出交换决定之前，以直通方式工作的交
换机仅读取到以太网帧中的目的 MAC 地址字段为止。而在进行转发前，以碎片隔离方式工
作的交换机会读取以太网帧中的至少 64 个字节，以避免转发短帧（即长度小于 64 字节的以
太网帧）。

4.5.2.2.4 自适应式交换

自适应式交换模式是一种由用户定义的机制，目的是使交换机的效率达到最大。自适应交换以我们所选择的默认转发模式开始。根据在端口上的错误的数量（这里说的是 CRC 错误），自适应模式会切换到其他两种交换方式中最好的一种。

4.5.3 路由器

4.5.3.1 什么是路由器

路由器是能将多个网络连接到一起的物理设备。从技术上来讲，路由器是第三层的设备，这表示它连接了至少两个网络。路由器工作在 OSI 参考模型的网络层。

路由器维护着一张关于可用路径及其状况的表（称为路由表），它使用这些信息，以及距离和代价算法来确定某个数据包的最优路径。一般来说，一个数据包在到达其目的地之前都可能要经过一系列有路由器的网络控制点。

路由器的设计目标是检查进入的数据包（第三层），为它们选择通过网络的最优路径，然后将它们交换到合适的输出端口。路由器是大型网络中最重要的流控制设备。

路由器是在网络之间进行数据包转发的网络设备，它使用首部和转发表来决定转发数据包的最优路径。同时路由器也为相似或不相似的介质（使用不同协议的网络）之间提供互联性。

4.5.3.2 理解路由器概念

例如，假设我们想只使用人名来发送一张明信片（使用最少的信息）。比如，Bill Gates[USA]，Sachin Tendulkar[India]，或者是 Albert Einstein[USA]，明信片将会根据这些名字来沿路线传送，没有必要列出街道的地址或者城市名字。邮政系统可以只根据名字，就能完成到达名人的路线查找。

在互联网中，可能也存在类似的讨论：到达位于世界任何角落的任意一个网站，而不必知道该站点当前位于何处。不仅如此，这一过程还可能非常高效，在数秒内就能完成。

4.5.3.2.1 什么是网络路由

这在通信网络中怎么可能发生呢？而且又怎么可能完成地如此迅速呢？这个问题的答案

就是网络路由（networking routing）。网络路由可以将信息单元从源端，通过寻找穿过网络的路径，高效、迅速地发送到目的端。

4.5.3.2.2　什么是寻址

首先，我们从一个关键且必要的因素开始说起，这就是所谓的寻址（addressing）。网络中的寻址和邮政系统中的寻址在许多方面都有相似之处。因此我们将以对邮政寻址系统的简要讨论为开端，然后将二者联系起来。

我们写在明信片上的一种典型的邮政地址由几个部分组成——人名，随后是街道地址和住宅编号（住宅地址），紧接着是城市名，州名，以及邮政编码。如果我们要观察明信片发送到正确收件人的流程，必须用与排列方式相反的顺序来考察这个地址，比如，从邮政编码开始，然后是城市或者州名，再后是住宅编号，最后是人名。

你可能会注意到我们可以稍微减少一些信息；就是说，你可以只用邮政编码，省去城市名字或州名，因为这些信息是多余的。这表示一个邮政地址中所需的信息主要由三个部分组成：邮政编码，街道地址（含有住宅编号），以及名字。

在邮政网络中，基本的路由问题如下所述：

1）明信片首先被发送到邮政编码所在的城市或者地理区域。

2）一旦卡片到达了邮政编码所在地区，会根据其地址确定一个专门的投递邮局，并将其发送到该处。

3）接下来，邮递员将明信片投递到所标的地址，而不用理会卡片上所列出的名字。

4）一旦卡片到达目的地址，居住在该地址处的住户将负责把明信片转交到收件人手中。

邮政系统的路由过程被划分成了三个部分：

❑ 如何使明信片到达特定的邮政编码（然后到达邮局）

❑ 如何将明信片投递到目标地址

❑ 最后，如何将明信片转交到该地址处确定的某个人

如果我们用另一种方式来看待这个问题，实际上发送明信片并不需要知道街道或者名字这些详细的信息；使用邮政编码就足以确定要将明信片发往哪个地理区域或者城市。因此我们可以看到，邮政路由是使用地址分层来进行路由决策的。

这种方法的一个优点是路由决策将解耦为多个层级，如顶层为邮政编码，然后是街道地址，等等。形成这种层次格局的一个重要前提是必须有某种方法可将完整地址划分为多个可区分的部分，以便进行路由决策。

现在，考虑一个电子通信的网络；比如，作为现代一个重要通信网络的因特网。第一个问题自然就来了：寻址功能是如何将一个信息单元从一点发到另一点的，而且这与我们刚才讨论过的邮政分层寻址有什么关系吗？其次，投递服务是如何提供的？在下一节中，我们将

关注这些问题。

4.5.3.2.3　寻址和因特网服务概览

从多个方面来说，因特网寻址与邮政寻址系统之间有相似之处。因特网中的寻址也被称为因特网协议（Internet Protocol，IP）寻址。一个 IP 地址定义为两个部分：一部分类似于邮政编码，另一部分类似于住宅地址；在因特网的术语中，它们也被称为网络 id（netid）和主机 id（hostid），分别用于标识某个网络和某个主机地址。

主机是因特网中通信开始和终结的节点。主机是一个通用术语，能指示多个不同词条；最常提到的是 web 服务器、电子邮件服务器、桌面、便携式计算机，或是任何用于访问因特网的计算机。网络 id 标识的是一块连续的地址。

4.5.3.2.4　网络路由概览

对于因特网通信服务中的寻址和数据传输机制，我们已经在前一节中提供了一个宽泛的概述。总而言之，我们可以看到数据包最终从源端运送到目的地了。这些数据包可能要途经许多的交叉点，类似于道路交通网络中的十字路口。因特网中的交叉点也被称为路由器（routers）。

路由器的功能是读取输入的 IP 数据包中的目的地址，并查看数据包内部信息以确定要将其转发到哪一个输出链路，然后转发此数据包。类似于道路上的车道数和速度限制，一条连接两个路由器的网络链路也受限于单位时间内其所能传输的数据量（通常称为链路带宽或链路容量）；一般使用数据速率（data rate）来表示这一概念，如每秒 1.54 兆位（Mbps）。然后网络会通过链路和路由器将流量运送到最终的目的地；网络中的流量指的是由不同应用（如 Web 或电子邮件）产生的数据包。

注意　更多关于 IP 寻址和路由的信息请参考 IP 寻址和路由协议一章。

4.5.3.3　路由器的种类

根据路由器所扮演的角色，可以用多种不同方法对路由器进行分类。

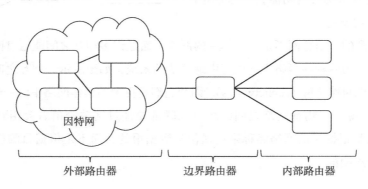

因特网　　　　外部路由器　　边界路由器　　内部路由器

4.5.3.3.1　内部路由器

内部路由器（interior routers）工作在网络内部。这类路由器负责处理数据包在内部网络节点之间的传送。内部路由器的使用目的是将一片大的网络划分为更易于管理的子网。它可以使网络的某一部分相对于其他部分保持安全性，还能允许不同的技术的使用，比如在相同的网络中同时使用以太网和令牌环。

4.5.3.3.2　边界路由器

边界路由器（border routers）的功能是将其所在网络与外部网络连接起来，包括因特网。它们负责在内部网络和其他网络之间发现路径，并处理输入和输出的流量。

4.5.3.3.3　外部路由器

外部路由器（exterior routers）是因特网中最常见的。它们并不存在于某个特定的网络中，而是位于网络之间的位置，数据在送达目的地的途中经过此处。外部路由器不会存储到达某个主机的路径，而是存储到达其他路由器的路径。此类路由器的主要角色是接收数据包，然后将它们转发到去往目的地的方向。

4.5.4　网关

网关（gateway）这一术语在网络设计中用于描述通向因特网的关口。网关控制着从网络内部流向因特网的流量，并对那些想要从因特网进入网络内部的流量进行安全防护。

网络网关是一种能连接两个使用不同基本协议的网络的互联设备。网络网关可以完全由软件或完全由硬件，或由二者结合实现。依据网络所支持的协议类型，网络网关可以运行在OSI模型的任意一层。

由于网关（从定义能看出）是出现在网络边缘的，因此像防火墙这样的相关功能通常会集成在网关中。在家庭网络中，一般的计算机能通过配置实现网络网关的功能，但通常是由路由器提供相同功能的。

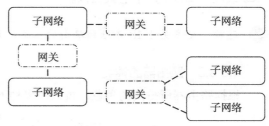

如前文所提到的，因特网不是一个单一的网络，而是许多相互之间能通过网关通信的网络的集合。网关定义为一种在网络之间执行中继功能的系统，如图所示。相互之间通过网关连接的不同网络通常也叫作子网（subnetworks），因为它们是更大的整体网络中的一个小部分。

在 TCP/IP 环境下，物理网络之间的所有互联都要经过网关。稍后会用到且需要牢记的一个重点是网关是根据目的网络名称来传送信息数据报的，而不是根据目的机器。网关对于用户来说是完全透明的。

4.5.4.1 默认网关

默认网关（default gateway）只对作为某个互联网络一部分的系统有用（注意在上图中，两个子网连接到了同一个网关）。目的 IP 地址不在本地子网中的数据包会被转发到默认网关。默认网关通常是一个连接到本地子网和互联网络中其他网络的计算机系统或者路由器。

如果默认网关失效，系统就无法和自己所在子网的外部进行通信，除非是和那些在错误产生之前就已经与之建立连接的系统。

4.5.4.2 多网关

如果默认网关失效，数据包就无法到达其目的地。可以用多网关（multiple gateways）来解决这个问题。

4.5.4.3 网关和路由器的区别

4.5.4.3.1 网关

网关和路由器之间的关键区别在于，网关被定义为允许使用不同协议的网络进行交流的网络节点。路由器则是一种具有在计算机网络之间发送、接收数据包的能力的设备，还包括构建覆盖网络的能力。

由于具有相似性，网关和路由器是两个经常被混淆的词。网关和路由器的使用目的都是将流量调节到更加分散的网络中。然而，二者使用的是不同的技术，而且其用途也不同。

可以用术语网关来定义两种不同的技术：网关和默认网关。二者不可混淆。从通信网络的角度来讲，网关定义为能允许网络与其他使用不同协议的网络进行交互的网络节点。简单地说，网关可以让两个不同的网络相互之间进行通信。它包含了一些设备如电阻式协议翻译器、速率转换器或信号翻译器，以使系统具有互操作能力。

协议翻译器（映射网关）可以使具有不同协议的网络互相连接。网关在网络中扮演着到达其他网络的入口点的角色。通过使用网关，网络还可以把计算机连接到因特网。许多路由器是可以使用网关技术的，这样当数据包到达网关时能知道要将它们引流向何处。通常，网关与路由器和交换机都有关联。

默认网关是一台计算机或是一个被配置用于执行传统网关任务的计算机程序。它常常用于 ISP 或者在不同系统之间担当网关的服务器。当得到一个因特网连接时，ISP 通常会提供某个能让用户连接因特网的设备；这样的设备被称为调制解调器。在有组织的系统中，使用某台计算机作为连接内部网络和外部网络（如因特网）的一个节点。

4.5.4.3.2 路由器

路由器是一种能在计算机网络之间发送和接收数据包的设备，同时也能建立覆盖网络。路由器连接着至少两条的数据链路，因此当某个数据包从一条链路上进入时，路由器会读取包中的地址信息并确定正确的目的地，然后使用自己路由表中的信息或是路由策略来将数据包引流向下一片网络。在因特网中，路由器执行着交通指挥（traffic directing）的功能。路由器既可以是无线的，也可以是有线的。

最常见的一类路由器是小型办公用或家用路由器。此类路由器用于从计算机传输数据到用户的电缆或连接因特网的 DSL 调制解调器。其他路由器是大型企业用途型，用于将庞大的交易连接到可以向因特网转发数据的性能更强大的路由器上。

当连接到互联网络中时，路由器通过一种动态路由协议来交换如目的地址这样的数据。每个路由器负责建立一张表，表中列举了互联网络中任何两个系统之间的首选路径。路由器也可以用于连接两个或以上由计算机设备构成的逻辑分组，即子网。路由器可以提供多种特征，比如 DHCP 服务器、NAT、静态路由，以及无线组网。

今天的路由器大多数都有内置的网关系统，这让用户使用起来更加方便且不用再购买单独的系统。

4.5.5　防火墙

术语防火墙（firewall）来源于土木工程，其设计意图是阻止大火从某个房间蔓延到另一间中。从计算机安全的角度来看，因特网是一个不安全的环境，因此防火墙也是对网络安全的一个绝妙的比喻。

防火墙是一种为了阻止来自于或目标是私有网络的未授权访问而设计的系统。它能够以硬件或软件，或者二者结合的形式实现。防火墙能避免未经授权的用户访问私有的网络。它位于两个网络中间，通常是一个私有网络和一个像因特网这样的公有网络。

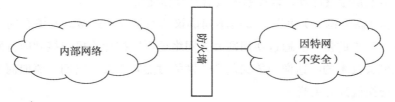

连接一台计算机或者一片计算机网络的过程可能成为恶意软件或者黑客的攻击目标。防火墙能提供安全保障，以使计算机或者网络不再那么容易受到攻击。

🔍 **注意**　了解更多细节请参考网络安全一章中的防火墙一节。

4.5.6　集线器、交换机以及路由器的区别

今天的大部分路由器都或多或少将路由器与交换机 / 集线器的功能和特征结合到了一个

单元中。因此关于这几种设备的讨论可能会具有误导性，特别是对那些不了解计算机组网的人。

即使是把路由器、集线器和交换机都集成到同一个设备中，它们相互之间在功能上的差异也都相当明显。让我们从集线器和交换机开始讨论，因为这两种设备在网络中扮演着相似的角色。

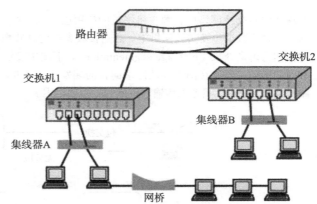

这两个设备在网络中都担任着所有设备的中心连接件的角色，同时还能处理一种称为帧的数据类型。帧中携带着数据。当接收到一个帧时，会将其放大并转发到目的地 PC 所在的端口中。而这两种设备之间的差别在于它们传送帧的方式。

在集线器中，帧会被广播到集线器的每一个端口。帧的目标可能只是某个特定端口，但这无关紧要。集线器无法辨别应该将帧发送到的端口。将该帧广播到所有的端口能保证它到达想要去的目的地。这种做法会向网络中投入过多的流量，并导致糟糕的网络响应时间。

除此之外，一个 10/100Mbps 的集线器必须和自己的每一个端口共享带宽。所以当只有一台 PC 在广播时，它可以达到带宽最大的占用。然而如果有多台 PC 在广播，那么就需要在这些系统之间分配带宽，这会造成性能的下降。

而交换机会记录下所有与其相连的设备的 MAC 地址。有了这些信息，交换机就能确定系统分别位于哪个端口。因此当接收到帧时，交换机知道要将其发送到哪一个端口，而不会明显地增加网络响应时间。而且与集线器不同的是，一个 10/100Mbps 的交换机将会为每一个端口分配完全 10/100Mbps 的带宽。所以不管有多少台 PC 正在传输，用户总是能够达到最大的带宽。这些原因说明了为什么交换机会被认为是比集线器更好的选择。

路由器则是一种完全不同的设备。集线器和交换机关注的是帧的传输，而路由器的工作则如其名所表示的那样，是按路线将数据包送到其他的网络，一直到它到达目的地为止。数据包的一个关键特征是它不仅只包含数据，还含有要去往的目的地地址。

路由器通常与至少两个网络相连，一般是两个局域网（LAN）或广域网（WAN），或者一个局域网与其 ISP 网络，比如说你的 PC 或者工作组和 EarthLink。路由器被置于网关处，即连接两个或多个网络的地方。通过使用首部和转发表，路由器能为数据包确定最佳的转发路径。路由器使用如 ICMP 这样的协议来相互交流，并配置任意两个主机间的最佳路由。

习题与解答

1. 在现代的包交换网络中，源主机将长的应用层消息（如一张图片或一个音乐文件）分割为较小的数据包，并将数据包发送到网络中。之后接收者会将这些数据包重新组装回原始的消息。我们将这一过程称为消息分段（message segmentation）。下图中显示了在使用和不使用消息段时，一条消息的端到端传输。假设在图中要从源端向目的端发送一条 9×10^6 比特长的消息。设图 4-29 中的每条链路都是 1.5Mbps。不考虑传输、排队和处理的延迟。

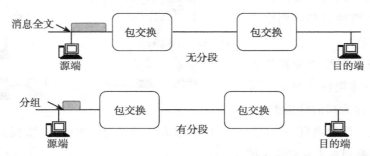

A）假设不使用消息段从源端向目的端发送消息。将消息从源主机传送到第一个数据包交换机需要多久？请记住，每个数据包交换机都使用存储-转发的包交换方式，则将消息从源主机传送到目的主机总共要花多少时间？

B）现在假设消息被划分为了 5000 个数据包，且每个数据包长度为 1500 比特。将第一个数据包从源主机传送到第一个交换机需要多久？当第一个数据包正从第一个交换机被发往第二个交换机时，第二个数据包正从源主机被发往第一个交换机。在第一个交换机处，何时能完全接收到第二个数据包？

C）当使用消息分段时，将文件从源主机传送到目的主机处需要多久？将得到的结果与 A 中的答案进行比较，并加以评论。

解析：

A）将消息从源主机发送到第一个数据包交换机所花的时间 $=9 \times 10^6/(1.5 \times 10^6)$s=6s。使用存储-转发的交换方式，将消息从源主机传送到目的主机花费的总时间 =6s × 3 跳 =18s。

B）将第一个数据包从源主机发送到第一个数据包交换机所需的时间 $=1.5 \times 10^3/(1.5 \times 10^6)$ s=1ms。第一个交换机接收到第二个数据包的时间 $=1.5 \times 10^6$ s，第二个交换机接收到第一个数据包的时间 =2 × 1ms=2ms。

C）目的主机接收到第一个数据包的时间 =1ms × 3 跳 =3ms。在这之后，每一 ms 内会收到一个数据包；因此最后一个数据包（第 5000 个）被接收的时间为 3ms+4999 × 1ms=5.002s。可以看到使用消息分段时的延迟明显更少（少于 1/3）。

2. 请指出下面的描述是正确还是错误。
   交换机表现出的延迟比路由器更少。
   解析： 正确。在交换机中不存在路由表查找，或是与存储数据排队有关的延迟，本质上来说，比特一旦到达就能通过交换机。

3. 包交换有排队而电路交换没有。这一描述是正确还是错误？
   解析： 错误。路由器有排队；而交换机没有，尽管为了接收并转发一个完整的数据包，包交换要比电路交换使用更多的存储区。

4. 考虑如图所示的学习型网桥配置。假设初始时所有转发表都是空的，写出经过下面的传输过程后，网桥 B1 ～ B4 的转发表。

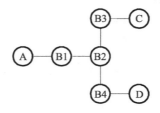

D发送到C；A发送到D；C发送到A

解析：当 D 向 C 发送时，所有的网桥都会看到这个数据包并学习 D 位于何处。然而当从 A 发送到 D 时，数据包是直接向 D 传送的，B3 无法学习 A 位于何处。类似地，当从 C 向 A 发送时，B2 只会把数据包转发到 B1，B4 无法学习 C 位于何处。

网桥 B1 的转发表为：

目的地	下一跳
A	A-Interface
C	B2-Interface
D	B2-Interface

网桥 B2 的转发表为：

目的地	下一跳
A	B1-Interface
C	B3-Interface
D	B4-Interface

网桥 B3 的转发表为：

目的地	下一跳
C	C-Interface
D	B2-Interface

网桥 B4 的转发表为：

目的地	下一跳
A	B2-Interface
D	D-Interface

5. 哪种类型的网桥会观察网络交通流量并使用这一信息来为将来的帧转发进行相关决策？
   A）远程　　　　　　B）源路由　　　　　　C）透明　　　　　　D）生成树
   解析：C

6. 学习网络地址以及转换帧格式是哪种设备的功能？
   A）交换机　　　　　　B）集线器　　　　　　C）MAU　　　　　　D）网桥
   解析：D

7. 能够代替集线器进行操作的设备是哪一种？
   A）交换机　　　　　　B）网桥　　　　　　C）路由器　　　　　　D）网关
   解析：A

8. 下列关于透明网桥和路由器的说法哪一个是错误的？
   A）网桥和路由器都选择性地转发数据包
   B）网桥使用 IP 地址，而路由器使用 MAC 地址
   C）网桥通过检查输入的数据包来建立自己的路由表
   D）路由器能连接局域网和广域网
   解析：B。网桥是工作在数据链路层的设备，而路由器工作在网络层。二者都选择性地转发数据包，建立路由表，并且能连接局域网和广域网，但是因为网桥是工作在数据链路层的，因此它使用 MAC 地址来路由，而路由器使用的是 IP 地址。

第 5 章

LAN 技术

5.1 简介

OSI 模型的底部两层处理网络物理结构，以及网络中的设备向另一个设备发送信息的途径。

数据链路层控制数据包从一个节点向另一个节点的发送。

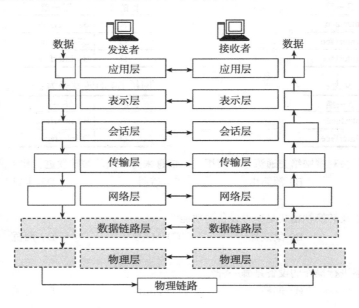

5.2 网络链路的类型

有两种类型的网络链路：点对点链路和广播链路。

5.2.1 广播网络链路

广播指的是由一个节点发送的信号，多个节点能够侦听到。例如，考虑一个坐满人的会议室。在会议室内，一个人开始大声讲话。

在此期间，有人在睡觉，可能没听到讲话的内容。一些人没睡觉，但没专心听（他们能听到，但是选择不理会）。另外一组人既没有睡着，也对讲话内容感兴趣。这一组人不仅能听到讲话的声音，也听到了讲话的内容。

在这个例子中，单个人向所有人广播了一条消息，包括没听到的，听到选择不理会的，以及专心听的人。

5.2.1.1　单工广播网络

广播和电视站是生活中常见的广播网络的例子。这种情况下，广播 / 电视站叫作单工通信类型。在单工通信类型中，数据只可能向一个方向流动。

5.2.1.2　半双工广播网络

会议室开会是另一种常见的广播网络的例子。在这个例子中，每个人都可以对其他人讲话，但是当不止一个人同时讲话时，来自多个谈话的干扰（冲突）就使人们不能听到更多的谈话，尽管能够听到多个谈话的声音。在会议室开会的例子中，可以看出聚会是能够共享访问一个共同的介质的（人声通过空气传播）。他们会试图讲话，但是多数情况下，一个时刻只有一个人对所有人讲话。这是半双工通信类型的例子。

5.2.1.3　全双工广播网络

这里考虑歌唱比赛的问题，一组歌手要唱和声。他们每个人都唱自己的部分，但是如果唱的是不同的旋律，那么传播的信息其他人可能会听不到。这是全双工通信类型的例子。

这表明他们能够同时唱歌和聆听。所有人可以同时唱和听。这怎么实现？为了唱和声，每个歌手必须能够听到其他歌手使用的频率，并且努力让自己的声音频率与期望的频率匹配，才能唱出和声。

每个歌手都要聆听集体的反馈，中间可能会嵌进特定歌手的声音，他们需要唱出准确的频率，保证节拍与其余歌手相同。所有的成员都能够听到其他成员，并且同时歌唱。他们表演的就是广播网络中的全双工通信。

5.2.2　点对点网络链路

点对点是一个节点对另一个节点的通信方式。餐厅里的女士对她的丈夫悄悄说了一句话。餐厅里的其他人都不知道这句话的内容。此次谈话只是他们两个人之间的。

5.2.2.1　单工点对点网络

单工点对点网络的简单例子就是门铃（电路）。当门铃按钮被按下时，有信号传输到门铃让它发挥作用，表示按钮被按下。门铃并不向按钮发送消息。消息只是单方向的，在按钮和门铃之间发生。

5.2.2.2　半双工点对点网络

假设有一对恩爱的夫妻，坐在公园的长椅上，在毯子下手拉着手。

同时，假设这对夫妻使用手拉手方式的对话密码。例如，捏三下表示我爱你，四次对应我也爱你。妻子捏丈夫的手三下。他得到这个消息，微笑（确认消息接收到）后返回捏手四次的新消息。她又微笑（确认她已经接收到）。如果双方同时去捏对方的手，那么次数可能会数不清。因此，我们可以看出任何一方都可以通过捏对方的手对话，但是同时只能有一个人。

这个通信只发送在这两个人之间。这就是点对点的半双工通信。

5.2.2.3　全双工点对点网络

数据可以同时双向发送。不再需要像半双工一样在传输和接收模式之间切换。全双工网络就好比是由两条车道组成的双向街道。车辆可以同时双向行驶。

5.3　介质访问控制技术

我们已经知道，网络可以分为两种类型：

1）交换通信网络（也叫作点对点、端对端以及交换的）：端对端通信需要借助传输链路进行，比如多路复用器与交换机。

2）广播通信网络：在这里大量的节点共享通信介质。广播是指由一个发送节点发送信号，多个节点都可以监听到的通信方式。

点对点链路由链路一端的单个发送者和另一端的单个接收者构成。关于点对点链路，有许多链路层协议，例如：点对点协议（Point-to-Point Protocol，PPP）以及高级数据链路控制（High-level Data Link Control，HDLC）。

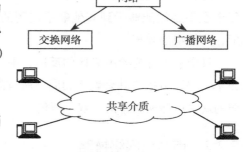

现在我们来考虑另外一种场景，一些用户共享同一介质。

任何一个用户都可以向网络中广播数据。无论什么时候广播，都有可能会出现多个用户试图同时广播的情况。介质访问控制技术可以解决这一问题。

现在的问题是多个用户如何通过共享的介质发送数据。因此，用一个协议或者技术来规范用户的传输是十分必要的。也就是说，任一时刻只能有一个用户通过介质发送数据，由介质访问控制（Media Access Control，MAC）技术来决定发送的用户。MAC技术决定下一个要发送的用户（向信道发送信号）。

有一个常见的例子：教室里，老师和同学们共享单一的广播介质。我们发展出了一系列的协议来共享广播信道（"给每个人一次表达的机会。""按顺序发言。""不要独占讨论。""有问题请举手。""有人讲话时不要打断。""其他人讲话时不要睡觉。"）。

计算机网络中类似的协议叫作**多路访问协议**。这些协议控制节点在共享广播信道中的数据传输。

有许多区分多路访问协议的方法。多路访问协议可以广义地分为四种类型：随机、轮询、预约和信道化。不同的情景下需要不同的访问协议。在这四种类型中，信道化技术本质上是静止的。接下来我们依次讨论四种协议。

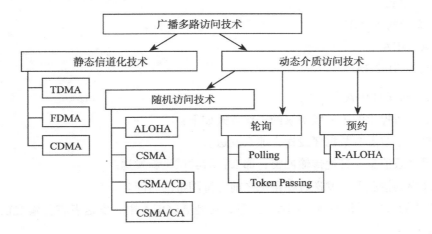

5.4　随机访问技术

随机访问方法也叫作基于内容的访问。这种方法没有分配站点去控制其他点。随机MAC技术又可以分为四种类型：ALOHA、CSMA、CSMA/CD 以及 CSMA/CA。

当节点有固定传输的信息流（例如数据文件的传输），基于预约的访问方法更加适合，能够更有效地利用通信资源。如果要传输的信息是突发性的，那么基于预约的访问方法就不够实用，会浪费通信资源。

随机访问方法适用于短消息的传输。当用户有信息要发送时，随机访问方法赋予每个节点访问网络的权限。

5.4.1　ALOHA

Aloha 协议是由夏威夷大学的 Abramson 开发。在夏威夷语中，Aloha 的意思是喜爱、和

平和同情。夏威夷大学由一些岛屿组成，因此他们不能在这些岛屿中建立有线网络。在夏威

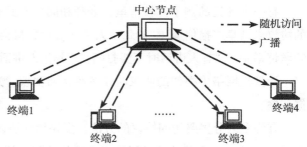

夷大学里，有一个中心化的计算机，以及分布在不同岛屿中的终端。中心化的计算机与终端之间必然要进行通信，因此 Abramson 开发了 Aloha 协议。

中心节点和终端（站点）之间使用的无线通信技术叫作封包无线电。每个站点都可以使用上行频率传输，上行频率是所有终端共享的，可以随机访问。中心节点接收到数据后，使用下行频率进行重传，所有终端都会接收到。

有两种类型的 ALOHA：

1）纯 ALOHA

2）分段式 ALOHA

5.4.1.1　纯 ALOHA

Abramson 所提出的第一版协议的工作方式如下：

1）如果一个节点有数据要发送，那么发送。

2）如果这条消息与其他传输冲突，那么稍后尝试重新发送。

3）在冲突的情况下，发送者在重试之前等待随机的时间。

这个简单的版本叫作纯 ALOHA。注意，在纯 ALOHA 中，发送者在传输之前不检查信道是否被占用。

5.4.1.1.1　纯 ALOHA 中的帧

纯 ALOHA 中假定所有帧的长度都是相同的。像 ALOHA 这样的共享通信系统需要一个解决冲突的方法。当两个或者更多的系统同时发送数据时，就会发生冲突。在 ALOHA 系统中，当有数据需要发送时，节点就开始传输。如果这时有另一个节点正在传输，就会发生冲突，传输的帧也会丢失。然而，节点能够侦听介质中的广播，决定是否要传输帧。

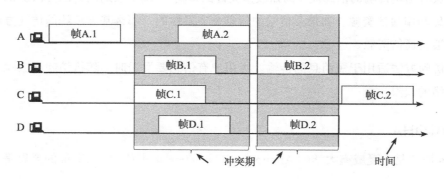

如上图所示，当两个帧同时试图占用信道时，就会发生冲突，两个帧都会被破坏。当一个新的帧的第一个比特与已经完成传输的帧的最后一个字节重叠时，这两个帧都会被破坏，都需要被重传。

5.4.1.1.2 纯 ALOHA 协议

纯 ALOHA 中使用两种不同的频率来传输数据。中心节点在出站（也叫下行链路）信道向其他节点广播，终端则在入站（也叫上行链路）信道向中心节点发送数据包。

如果数据被中心节点正确接收，就会向终端发送一个短的确认报文；如果在等待一小段时间之后终端没有接收到确认消息，就等待一个随机选择的时间间隔之后，自动重传数据报文。利用这个确认机制来检测和校正两个终端同时发送报文所导致的冲突。

□ 在纯 ALOHA 中，当有数据要发送时，站点就会传输帧。

□ 当两个或更多的站点同时传输时，就会发生冲突，所有的帧都会被破坏。

□ 在纯 ALOHA 中，当站点传输帧时会等待来自接收者的确认。

□ 如果在指定时间内没有接收到确认消息，站点会认为帧已经被破坏。

□ 如果由于冲突导致帧被破坏，那么站点会在等待随机时间之后，再次发送。等待时间必须是随机的，否则相同的帧仍然会再次发生冲突。

□ 因此纯 ALOHA 规定当发生超时时，每个站点在再次发送帧之前必须等待随机的时间。随机降低了冲突的可能性。

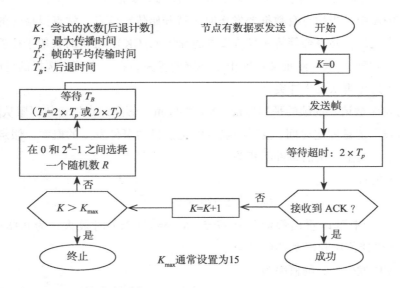

5.4.1.1.3 纯 ALOHA 易冲突时间

我们使用术语易冲突时间来表示报文可能与其他报文冲突的时间。在后面的讨论中，用 T_f 表示帧的平均传输时间。在纯 ALOHA 中，任何有数据要发送的节点都会发送它。从图中可以看出易冲突时间为 $2 \times T_f$。

报文在这个范围内传输时会与其他的报文重叠。最后会导致冲突，中心节点向终端发送的会是乱码的报文。

当所有终端接收到乱码报文时，会发现传输不正确并重传。无论是否有冲突，在这里都会使用重传技术。

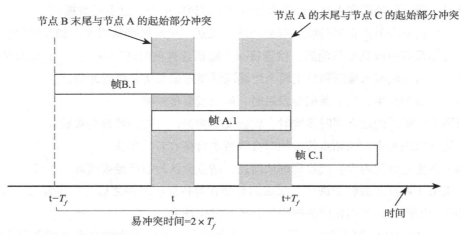

5.4.1.1.4　纯 ALOHA 的吞吐量

吞吐量（成功传输的帧比例）是评价纯 ALOHA 的重要指标。

在纯 ALOHA 中，当站点有数据要发送时，就开始传输信息。站点以报文的方式发送数据。在发送报文之后，站点会等待来自接收方的确认（ACK），等待时长等于往返延时。

如果没有接收到 ACK，则报文可能由于冲突而丢失，在一个随机选择的延时之后重传，随机选择是为了避免再次发生冲突。

设 G 是每帧时被请求的帧的平均数量，S 是吞吐量。假定站点发送数据服从泊松分布。

泊松分布表示的是固定时间/空间间隔内给定数目的事件发生的概率；假定事件以已知的平均速率发生，与上一次的事件不相关。

纯 ALOHA 的吞吐量是：

$$S = G \times e^{-2G}$$

从上面的公式中可以看出吞吐量在 G=50%，S=1/（2e）时最大，为 0.184。因此，纯 ALOHA 协议的最佳信道利用率只有 18.4%。

纯 ALOHA 中发生冲突的概率为

$$1 - e^{-2GT}$$

T 指的是传播时间和传输时间的总和。

5.4.1.2　分段式 ALOHA

分段式 ALOHA 是纯 ALOHA 的改进版本。由于纯 ALOHA 中冲突的概率很大，因此提出分段式 ALOHA 来提高纯 ALOHA 的效率。

在分段式 ALOHA 中，共享信道的时间被分为独立的间隔，叫作时间段。时间段的大小等于帧的大小。

5.4.1.2.1　分段式 ALOHA 中的帧

在分段式 ALOHA 中，站点只在时间段的开始发送帧，且在每个时间段内只发送一个帧。如果站点不能在时间段开始时向信道中发送帧，也就是说，错过了时间段，那站点就必须等待下一个时间段的开始。

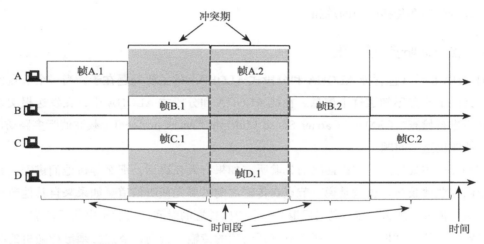

5.4.1.2.2　分段式 ALOHA 易冲突时间

前面讲过，纯 ALOHA 的易冲突时间是两个时间段（$2 \times T_f$）。在分段式 ALOHA 中，两个报文要么完全冲突，要么完全不重叠。易冲突区间降低到一个时间段（T_f）。

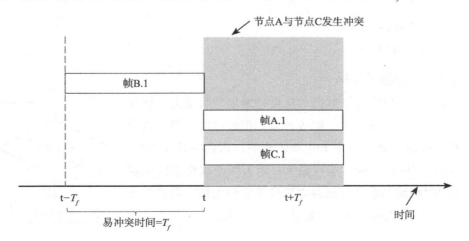

5.4.1.2.3 分段式 ALOHA 的吞吐量

在分段式 ALOHA 中仍然存在冲突的可能，例如两个站点试图在同一个时间段开始时发送数据。分段式 ALOHA 已经将冲突降低一半，性能仍然超过纯 ALOHA。

假定 G 是每帧时平均请求的帧数目，S 表示吞吐量。分段式 ALOHA 的吞吐量是

$$S = G \times e^{-G}$$

由上面的公式可以得出最大吞吐量，即当负载 G=100%，S=1/e。最大吞吐量大约是 0.368。因此，分段式 ALOHA 协议对通道的最优利用率只有 36.8%。

分段式 ALOHA 发生冲突的概率是

$$1 - e^{-2GT}$$

其中 T 表示传输和传播时间的总和。

5.4.2 载波侦听多路访问

ALOHA 协议（包含纯 ALOHA 和分段式 ALOHA）的主要问题在于，当一个节点发送报文时，其他节点并不知道这个信息。在纯 ALOHA 和分段式 ALOHA 中，在发送报文之前并不对介质进行检查。CSMA（Carrier Sense Multiple Access protocol，载波侦听多路访问）能够很好地解决这一问题。

CSMA 的主要思想是在讲话之前先聆听。如果有人在讲话，那么等待他们讲完。在网络术语中叫作载波侦听。也就是说，节点在传输之前需要先侦听信道。如果来自其他节点的帧正在信道中传输，那么节点等待（后退）一个随机长短的时间，然后再次侦听信道。

如果侦听到信道是空闲的，那么节点开始帧的传输。否则，节点必须等待随机的时间然后重复这一过程。CSMA 降低了冲突的可能性，但是并不能完全消除冲突。CSMA 有以下三种不同类型：

1）1- 持续 CSMA

2）非持续 CSMA

3）p- 持续 CSMA

5.4.2.1 1- 持续 CSMA

在该方法中，想要传输数据的站点持续地侦听信道，检查信道是否空闲。如果站点忙，则等待直到信道空闲。当站点检测到空闲的信道，则以概率 1 立即传输帧。因此叫作 1- 持续 CSMA。这种方法冲突的可能性最大，因为两个或更多的站点很有可能同时检测到信道空闲并立即传输它们的帧。当发生冲突时，节点等待随机的时间，重新开始这一过程。

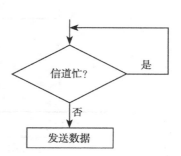

1- 持续 CSMA 的缺点

该协议的不足在于会受到传播延迟的严重影响。例如当节点 1 开始传输时，节点 2 已经准备好数据并开始侦听信道。如果节点 1 的信号没有到达节点 2，那么节点 2 会侦听到信道是空闲的，并开始传输。这就会导致冲突。

即使传输延迟是 0，也会发生冲突。如果有两个节点在第三个节点传输过程中准备好数据，那么这两个节点会等待第三个节点传输结束，然后同时开始各自的传输。这也会导致冲突。

5.4.2.2　非持续 CSMA

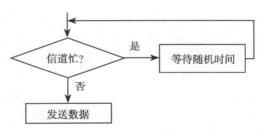

在非持续 CSMA 中，节点同样侦听信道。如果信道忙，节点等待随机的时间，再次侦听信道。在等待之后，如果信道空闲，立即发送报文，如果发生冲突，则等待随机的时间重新开始。

在非持续 CSMA 中，当信道忙时，节点并不是持续地侦听信道，而是在侦听到信道忙时，等待随机选取的时间之后再次侦听。

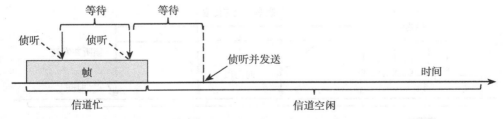

在这个协议中，如果节点想要传输帧，发现信道忙（有其他节点在传输），则等待随机的时间。在等待时间之后，再次检查信道状态，如果信道空闲则开始传输。

在非持续 CSMA 中站点并没有为了占用信道而不断侦听信道。

非持续 CSMA 的优点

由于站点等待的时间是随机值，从而降低了发生冲突的可能性。两个或更多站点在等待相同时间之后同时重传是不可能发生的。

非持续 CSMA 的缺点

该方法降低了网络的性能。这是因为当有多个站点有数据帧要发送时，信道将会处于空闲状态。原因在于发生冲突之后站点都需要等待随机的时间。

5.4.2.3　p- 持续 CSMA

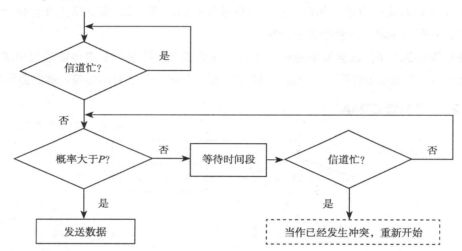

当站点准备好数据时，开始侦听信道。如果信道忙，站点等待下一个时间段。如果信道空闲，以概率 p 开始传输。站点以概率 $q=1-p$ 等待下一个时间段的开始。如果下一个时间段也是空闲的，站点要么传输，要么等待，概率仍是 p 和 q。

这个过程不断重复，直到帧已经传输，或者另一个站点开始传输。若是另一个站点开始传输的情形，站点会当作发生冲突来对待，等待随机的时间之后再次开始这一过程。

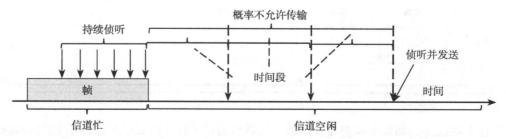

当信道有许多时间段时采取这种方法，时间分段等于或大于最大的传播延迟时间。

p- 持续 CSMA 的优点

降低了冲突的可能，提高了网络效率。

5.4.3　带有冲突检测的 CSMA

基于 CSMA 已经有很多改进的方案。带有冲突检测的实现方案大大改善了基本 CSMA 的性能，这个技术叫作带有冲突检测的载波侦听多路访问（Carrier Sense Multiple Access with Collision Detection，CSMA/CD）。

CSMA/CD 协议与 CSMA 基本一致，增加了冲突检测的特性。与 CSMA 类似地，有 1- 持续 CSMA、非持续 CSMA 和 p- 持续 CSMA。

与 CSMA 的类似之处还有在 CSMA/CD 协议中站点发送帧之前先侦听信道。如果信道忙，站点等待。CSMA/CD 中增加的特性是站点能够检测冲突。

只要检测到冲突，站点立即终止传输。CSMA 中没有这个特性。当发现有冲突发生时，站点仍旧继续传输。这会浪费信道时间。

5.4.3.1　工作原理

在 CSMA/CD 中，节点在侦听信道并将数据传送到信道之后，甚至在数据开始传输之后，还会继续侦听信道。如果有两个或更多的节点同时侦听到信道空闲，并且同时开始传输，肯定会发生冲突。

当检测到冲突时，传输节点发出干扰信号。干扰信号将会警示其他节点。最后，传输者在随机间隔后终止传输。这能够降低在第一次尝试之后发生冲突的可能。在发生冲突后，节点并不会立即传输。否则相同的帧有可能再一次冲突。

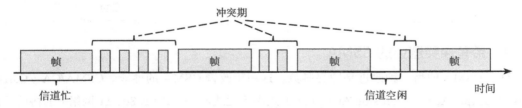

CSMA/CD 利用电缆上的电活动检测信道的状态。冲突是依据接收到的脉冲的功率来检测，与传输信号功率进行对比。

在检测到冲突时，节点停止传输，等待随机时间（后退时间），然后假定此刻没有其他站点传输并再次发送数据。这个时间段叫作竞争时间段。如果再次发生冲突，那么后退延迟时间逐渐增加。

1）如果信道空闲，传输；否则，执行步骤 2。

2）如果信道忙，继续侦听直到信道空闲，然后立即传输。

3）如果在传输期间检测到冲突，向其他共享介质的节点发送干扰信号，表示已经有冲突发生，应该停止传输。

4）在发送干扰信号之后，等待随机时间，然后再次尝试发送。

5.4.3.2 CSMA/CD 帧格式

IEEE 802.3（以太网）就是 CSMA/CD 的一个例子。这是一个国际标准。更多细节详见以太网部分。

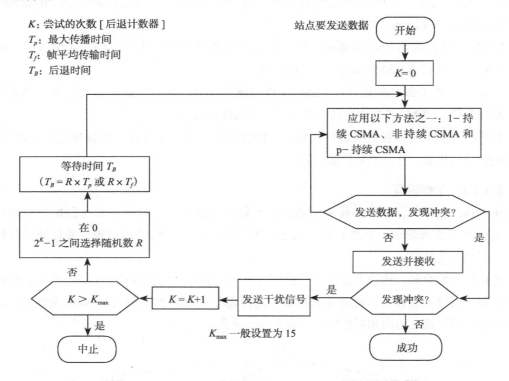

5.4.4 带有冲突避免的 CSMA

对于 CSMA 的另一种改进是冲突避免。这用于改善 CSMA 的性能。CSMA/CA（Carrier Sense Multiple Access/Collision Avoidance）是用于无线网络（IEEE 802.11 网络）的协议，因为无线网络不能检测冲突。

那么，对于无线网络的解决方案是冲突避免。前面我们提到，CSMA/CD 处理的是冲突发生后的传输问题。但是，CSMA/CA 是在冲突发生之前避免冲突。

在 CSMA/CA 中，站点在传输数据之前会发信号表明自己的意图。在这一方案中，站点会侦听到可能发生的冲突，从而帮助它们避免真正传输冲突的发生。

不幸的是，将表达传输数据意图的信号广播出去会增加信道的流量总数，降低网络性能。

CSMA/CA 使用以下三个基本概念来避免冲突。

1）帧间间隔（Inter-frame space，IFS）

2）竞争窗口

3）应答

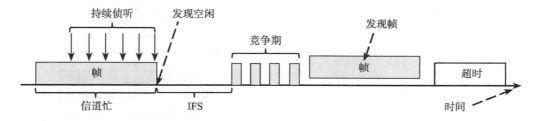

5.4.4.1 帧间间隔（IFS）

当发现信道空闲时，站点并不立即开始传输。站点会等待一段时间，这段时间叫作帧间间隔（IFS）。

当信道空闲时，远程站点有可能已经开始传输，但是远程站点的信号还没有到达其他站点。IFS 时间的目的就在于使传输信号到达其他站点。

在 IFS 时间之后，信道仍然空闲，站点可以发送，但是仍然需要等待一段时间，时长等于竞争时间。IFS 变量也可以用于定义站点或者帧的优先级。

5.4.4.2 竞争窗口

竞争窗口是由一些时间段组成的一段时间。准备发送数据的站点选择一个随机数量的时间段作为等待时间。窗口中时间段的数目根据二进制指数后退策略改变。也就是说，它最初是单个时间段的集合，每次当站点在 IFS 时间后未检测到空闲信道时加倍。

这种方法与 p- 持续方法非常类似，除了站点等待时间的时间段数目由随机数来决定。在竞争窗口中，站点需要在每个时间段后侦听信道。如果站点发现信道忙，它就不重新开始这一过程。站点会停止计时器，当侦听到信道空闲时再重新开始。

5.4.4.3 应答

尽管有很多预防冲突的方法，还是有可能会发生冲突，导致数据被破坏。积极应答和超时计时器能够确保接收者已经接收到帧。

5.4.4.4 工作原理

在 CSMA/CA 中，当站点得到要发送的报文时，会先检查信道是否空闲（此时没有其他节点正在传输）。如果信道空闲，则发送报文。

如果信道不是空闲的，站点等待随机选择的一段时间，然后再次检查信道是否空闲。这段等待时间叫作后退因子，使用后退计数器来计数。

如果当后退计数器到达零时，信道是空闲的，节点传输报文。如果当后退计数器到达零时，信道不是空闲的，则再次设置后退因子，重新开始这一过程。

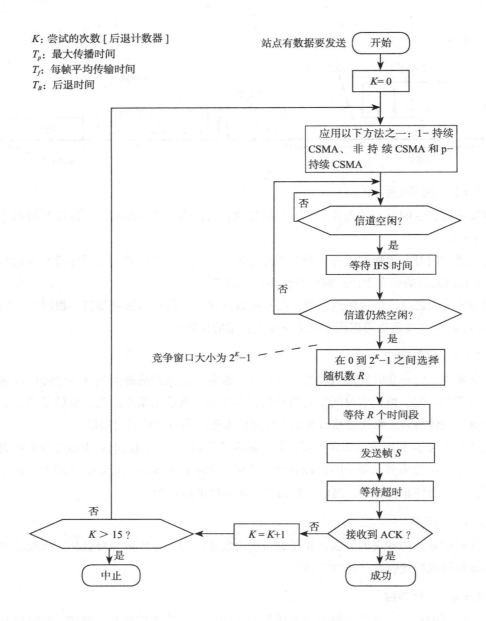

5.5   静态信道化技术

本章前面的部分主要讨论了 ALOHA、CSMA、CSMA/CD 这几个介质访问控制协议。所有的协议都具有随机性质。

信道化技术是一种多路访问方法，可以从时间、频率、使用编码方面实现共享可用带宽。类似于多路复用。这些方法的基本思想可以使用鸡尾酒会理论的简单术语来解释。在一个鸡尾酒会人们会使用以下几种模式交谈：

- □ 频分多路访问（Frequency Division Multiple Access，FDMA）
- □ 时分多路访问（Time Division Multiple Access，TDMA）
- □ 码分多路访问（Code Division Multiple Access，CDMA）

假定鸡尾酒会在一个很大的区域中进行。在这种环境下，有三种可能的选择。

第一种情形是所有人形成了互相独立的小组，每组内互相交谈。这种情况下我们能够看到不同的人有不同的兴趣所在（比如说：老年人），不同的小组位于鸡尾酒会的不同位置，不同位置的小组在鸡尾酒会中相互独立的区域，他们之间互相交谈，每个组内的交谈我们称作FDMA。这就是说，我们为每个小组分配不同的频带，每个小组使用不同的频带交谈。

第二种可能是所有人都在屋子的中央，轮流讲话。假定有很重要的事情，所有人都聚集在中央位置，每个人轮流讲话。因此，在这种情况下，每个人是平等的。这里我们使用了最基本的方法，即共享时间。

现在我们来讨论第三种方法。所有人都在屋子的中央，但是说的是不同的语言。在这个例子中，假定是一个国际会议。来自不同国家的人们到达，当他们聚在一起时，他们会以不同的语言交谈。

假定所有人都聚集在中央区域附近，但是不同的小组讲的是不同的语言，一个小组讲的是英语，一个小组讲的是法语，一个小组讲的是德语，另一个小组讲的是北印度语。我们可以看出，这些小组同时开始交谈；由于他们讲的是不同的语言，尽管讲英语的小组会听到讲北印度语、法语或者德语的人们的声音，但是不会影响他们的讨论。所有人同时都在交谈，但是他们不会被其他人影响，因为他们讲的是不同的语言。这等价于 CSMA。

5.5.1　频分多路访问技术

频率：每单位时间的周期数叫作频率。为方便起见，频率使用周期每秒（cps）或者赫兹（Hz）来度量。赫兹是以 19 世纪德国科学家 H. R. 赫兹命名。

频率表示的是一段给定时间内固定位置通过的波的数目。例如，如果波通过的时间是 1/3 秒，那么频率是 3 周期每秒。如果时间是 1/200 秒，频率是 200 周期每秒。

低频波

5 周期每秒= 5cps = 5Hz

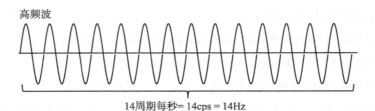

高频波

14周期每秒= 14cps = 14Hz

接下来的重点是 FDM（Frequency Division Multiplexing，频分多路复用）和 FDMA（Frequency Division Multiple Access）的概念。FDM 是物理层多路复用技术。运用 FDM 使多个用户利用相同的带宽，叫作 FDMA。FDM 使用的是物理多路复用器。FDM 在物理层工作，允许多个低带宽频率信号共享高带宽频率范围。

5.5.1.1　频分多路复用

FDM 将单个的高带宽信道（更大的频率范围）划分为较小的带宽信道（子信道）。每个子信道使用不同的频率同时传输数据，拥有自己使用的频率，子信道之间互不影响。

5.5.1.2　工作原理

收音机的例子可以很好地解释 FDM 的工作原理。注意，我们仅使用一个更大范围的无线电频率，而且有许多无线电台在使用不同的频率广播自己的服务。我们所需要做的是调整收音机，获取一个位于特定频率的无线电广播。

FDM 的不足在于，尽管指定的信道并不使用，还是会将频率划分为一些更小的线路。

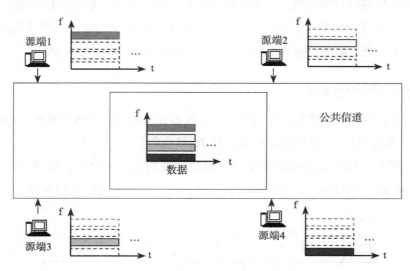

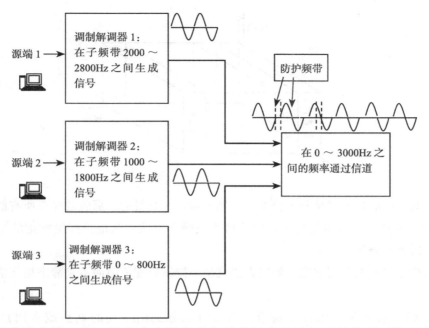

在系统的接收端，使用带通滤波器来为合适的用户通过想要的信号（位于适合的子频带），阻塞不想接收的信号。

设计一个 FDM 系统是十分必要的，这样分配给每个子频带的带宽只会比源端所需要的稍微大一些。额外增加的带宽叫作防护频带。

如图中所示，FDM 将一个信道（频率范围是 0 ～ 3000Hz）划分为许多子信道，其中包括防护频带。防护频带对于每个子信道来说相当于分隔符，这样使得来自其他子信道的干扰最小化。

例如多路复用的线路分为 3 个频带。信道 1（对应源端 1）使用 0 ～ 800Hz 来传输数据，防护频带占 200Hz。信道 2（对应源端 2）使用 1000 ～ 1800Hz 和 200Hz 防护频带，等等。

关于速度，我们简单地在可用子信道之间划分主线路。例如，如果有一条 64kbps 的物理线路，想要使用 4 个子信道，则每个子信道使用 16kbps。

但是，防护频带也要使用这 64kbps 的物理线路，因此这 4 个信道中的每个信道将只使用 15kbps（每个防护信道 1kbps）。这个计算取决于所采用的规范。

5.5.1.3　FDM 和 FDMA

不同信道发送的信号如下面的三维图中所示，其中三维分别是时间、频率和编码。同时也可以看到来自不同信道的信号只有频率不同。然而，突发流量（短期传输的数据）的情况下，可以使用动态共享技术来访问特定频带，改善 FDMA 的效率。

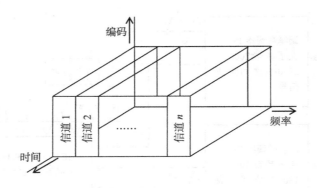

当前这些信道的频率都是静态分配的，如果流量是突发的，那就意味着所有的信道并不总是有数据要发送。在这种情况下，由于信道是静态地或永久地分配给特定的站点或者用户，因此信道未充分使用。

那么怎样才能提高利用率呢？解决方法就是，按需分配信道而不是静态地将信道分配给站点。

也就是说，信道分配依赖于需求；信道可以分配给不同的站点或者用户，来实现FDMA，即频分多路访问。

这意味着，不仅所有的带宽被分为许多信道，而且每个信道被分配给许多站点或用户。如果我们有一些信道，那么可以利用下面的公式来得到可以使用的信道的数目。

$$信道数目\ n = \frac{总可用带宽\ -2\times\ 防护带宽}{分配给每个信道的带宽}$$

这是求得频分多路复用的可用信道数目的计算方法。

如果有 n 个信道，由于每个信道可以被一个以上用户共享，则使用服务的站点数目可能会大于 n。如果是静态分配的，则使用信道服务的站点总数等于 n。

由于信道是按需动态分配，因此站点总数可能会大于信道的数目。这只有在流量是突发的情况下适用，若流量是串流的（持续发送）则这种方法并不适用。

5.5.2   时分多路访问技术

5.5.2.1   时分多路复用

时分多路复用（TDM）的思想是，如果有多个低比特率的数据流（信道），将它们合并成单个的高速比特流。

举例说明，从海德拉巴到德里的信道速度是 192kbps。有三个源端位于海德拉巴，都有64kbps 的数据，想要传输给德里的一个用户。如图所示，高比特率信道可以被划分为许多时间段，这些时间段可以被三个源端轮流使用。

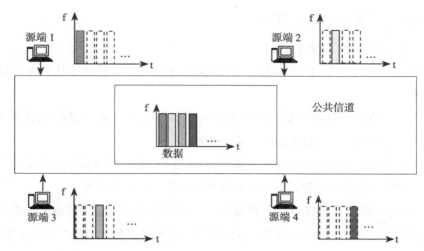

三个源端都可以通过单个共享信道发送各自的数据。显然，在信道的另一端（这个例子中是德里），这个过程是反向的（即系统必须将 192kbps 复用数据流分为三个原始的由不同用户提供的 64kbps 数据流。）这个反向的过程叫作多路分解。

选择合适的时间分段大小必须在效率和延迟之间作出折中。如果时间分段过小（比如，1比特长），那么复用器必须足够快、足够强大，可以不断在源端之间切换（分解器也必须足够快、足够强大，可以不断在源端之间切换）。

如果时间分段设置为大于 1 比特，当其他源端使用信道时，来自源端的数据必须存储起来（缓冲）。这会带来延迟。

如果时间分段设置的过大，那么在源端和其用户之间会产生明显的延迟。

5.5.2.2 同步 TDM

在以上讨论中，每个数据流在复合数据流中的时间段位置是预先定义的，接收者必须知晓每个输入流对应的时间分段。传输端，包括传输者和接收者，必须有完全同步的时间分段。因此，这个技术通常叫作同步 TDM。

5.5.2.3 统计 TDM（异步 TDM）

统计 TDM 是另一种 TDM（也叫作异步 TDM）。统计 TDM 适用于比特率低且随着时间变化的数据流。

例如，在一个活跃的连接会话期间，针对计算机中的单个终端的低比特流在 2kbps 到 50kbps 之间波动（例如，变化的 Internet 连接速率）。

如果为该流量的峰值分配足够的时间段（即 50kbps），则当速率降低到峰值以下时就会浪费时间段。当系统中有许多可变速率的低比特流时会带来更多的浪费。

统计 TDM 的工作方式是统计组合数据流的平均传输速率，使用传输速率等于（或略高于）组合数据流的统计平均值的高速多路复用链路。由于来自每个源端的传输速率是可变的，因此不再为每个数据流分配固定数目的时间分段。

相反，进行动态分配，为每个数据流分配适应当前传输速率的分段数目。由于组合数据流的速率在两个边界值之间不断变化，因此当组合速率超过高速链路的传输速率时，需要将低比特率数据流的输出缓存。

5.5.2.4 TDP 和 TDMA

我们从下面的三维图中可以看到不同信道发送的信号，图中的三维分别是时间、频率和编码。还可以看到来自不同信道的信号只在时间上不同。

动态地为不同的站点或者用户分配时间段是可能的（类似于 FDM）。这就意味着信道分配是动态进行的。如果特定信道静态地分配给单个的站点或者用户，那么这种情况叫作时分多路复用。

如果信道是按需动态分配的，就叫作时分多路访问。也就是说，特定信道可以为多个站点或者用户所共享。我们将信道划分为多个时间分段，每个时间分段都可以为多个站点或者用户共享。这个技术就叫作 TDMA 或者时分多路访问。

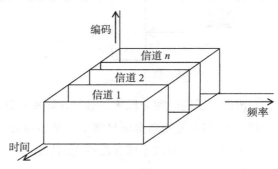

如果有多个信道，可以通过以下公式找到可用信道的数目。

$$信道数目\ n = \frac{每个站点的比特数 \times (总可用带宽 - 2 \times 防护频带)}{分配给每个信道的带宽}$$

这就是在时分多路复用中得到可用信道总数的方法。

5.5.2.5 FDM 和 TDM 的比较

FDM 相对于 TDM 来说有利又有弊。主要的优势在于 FDM 对于传播延迟不敏感,这与 TDM 不同。FDM 的不足之处是需要较昂贵的带通滤波器。另一方面,TDM 更简单,使用成本更低的数字逻辑电路。

5.5.3 码分多路访问技术

从前面对 TDMA 和 FDMA 的介绍中可以看出,不同站点的传输在时间或者频率上分离。数据是通过不同的时间分段发送,或者不同的站点使用不同的频率。

在 CDMA 中,多个用户同时共享相同的频带。每个用户(站点)有自己的码字,与其他的码字正交。这个特点使系统带宽得到更有效的使用,不同的站点之间没有干扰。因为站点分配的码字是唯一的,数据是安全的。

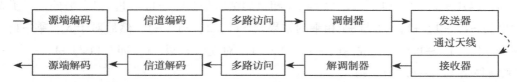

CDMA 系统的框图如上所示。由于人类语音是模拟信号,因此需要首先转换成数字信号。这个功能由源端的编码模块实现。在源端信息编码成数字形式时,需要在数字信息或者数据中添加冗余。这是为了改善通信系统的性能(由于噪声)。

5.5.3.1 码分多路复用

码分多路复用(CDM)在一组源端中同时提取信号,并使用同一频带发送。这个过程通过高频带传输,并使用正交编码(又叫扩频码,码片序列)来传播信号。在接收端,再次使用合适的正交码来恢复特定用户的信号。

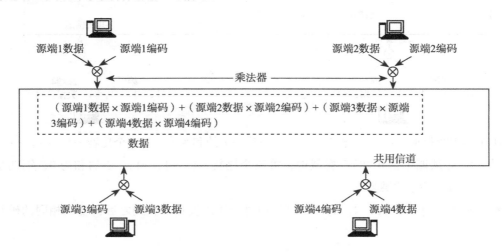

5.5.3.2 CDM 的工作方式

这里不妨通过一个例子来理解 CDM 的工作方式。假设有来自不同源端的二进制数据，分别是站点 1（S_1）、站点 2（S_2）、站点 3（S_3）、站点 4（S_4）。简单起见，用 0 表示 −1，1 表示 +1。如图所示，0 来自 S_1，1 来自 S_1，0 来自 S_3，1 来自 S_4 等等。

数据比特为 0 → −1　　数据比特为 1 → +1　　没有数据（静默）→ 0

每个站点都有唯一的码片序列（也叫作传播码，正交码）。S_1 的正交码是 +1,+1,+1,+1（实际是 1 1 1 1）。S_2 的正交码是 +1，−1，+1，−1，与 S_1 的码片序列不同。S_3 的码片序列是 +1，+1，−1，−1，同样与 S_1 和 S_2 的都不相同。最后，S_4 的码片序列是 +1，−1，−1，+1。可以看出这四个码片序列都不相同。每个都与其他三个不同，二进制输入与码片序列相乘。

S_1	S_2	S_3	S_4
+1, +1, +1, +1	+1, −1, +1, −1	+1, +1, −1, −1	+1, −1, −1, +1

对于 S_1，码片序列 +1，+1，+1，+1 与 −1 相乘的结果是 −1，−1，−1，−1。另外，对于 S_2，码片序列 +1，−1，+1，−1 与 +1 相乘的结果是 +1，−1，+1，−1。然后对于 S_3，乘 −1，码片序列 +1，+1，−1，−1 变成 −1，−1，+1，+1。对 S_4，乘以 +1。即，+1 与 +1，−1，−1，1 相乘结果是 +1，−1，−1，+1。

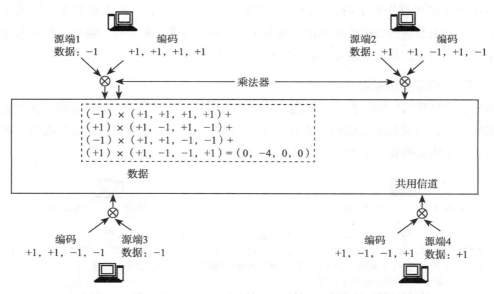

现在逐比特相加，第一个比特 +1，−1，+1，−1 的和为 0。第二个比特 −1，−1，−1，−1 结果是 −4（必须四个都相加）。类似地，第三个比特 −1，+1，+1，−1 的和为 0，第四个比特 −1，−1，+1，+1 结果为 0。

最终的复合信号是 0，−4，0，0，可以通过介质来发送。收到之后，使用相同的码片序列（在传输之前使用的）来解复用。

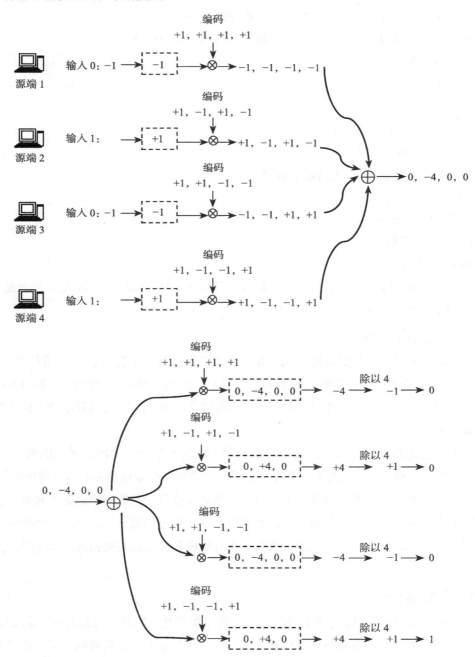

因此，0，-4，0，0 与码片序列相乘可以得出：

❑ 0，-4，0，0 与 +1，+1，+1，+1 相乘得到 0，-4，0，0。

❑ 0，−4，0，0 与 +1，−1，+1，−1 相乘得到 0，+4，0，0。

❑ 0，−4，0，0 与 +1，+1，−1，−1 相乘得到 0，−4，0，0。

❑ 0，−4，0，0 与 +1，−1，−1，+1 相乘得到 0，+4，0，0。

现在，必须执行加法。

❑ 0，−4，0，0 的和为 −4。

❑ 0，+4，0，0 的和为 +4。

❑ 0，−4，0，0 的和为 −4。

❑ 0，+4，0，0 的和为 +4。

然后，对结果除以 4（因为信道总数为 4）。

❑ −4 除以 4 得到 −1。

❑ +4 除以 4 得到 +1。

❑ −4 除以 4 得到 −1。

❑ +4 除以 4 得到 +1。

最后的结果是 −1，+1，−1，+1。因为 −1 只表示 0，1 只表示 1，因此输入的传输数据 0 1 0 1 现在被正确恢复出来。

5.5.3.3　选择扩频码

如果（来自源站点）数据的比特速率是 R，则选定扩频因子使之占用介质的整个频带。换句话说，码片序列中的比特数目已经确定，占用信道的整个频带。因此比特数目取决于介质的带宽，可以是 8、16 或者 128。因此，发出的信号是 m 次，即为码片序列中的比特数除源端数据速率的结果。

在做完乘法之后，产生信号，进行数字调制（类似于 QAM、QPSK 之类的调制），接着通过天线传输。这就是传输的过程，从中可以看出，这里的带宽也是每个信道占用的带宽。

在接收端，来自传输者的信号由天线接收，然后复合信号与数字解调制器相乘。在解调制后得到复合信号，与唯一的伪随机二进制序列相乘。在与伪随机二进制序列相乘后，得到原始的信号。当然，由于干扰和其他原因其中会有噪声存在，但是我们可以从中得到二进制的信息。

5.5.3.4　远近问题

在上面的讨论中，我们假定来自不同站点的信号强度是相同的。那么现在讨论远近问题：如果有一个接收者，在接收来自许多传输者的信号；信号强度与距离密切相关，如果传输者距离近，则来自该传输者的信号强度就相对较强，其他信号相对较弱。

如果信号强度非常弱，则会被接收者无视，认为是 0。同样地，如果信号强度不相等，则噪声会增加，因此干扰也会增加。换句话说，求和与后面的减除操作都是基于它们有同等强度的假定。这就是在蜂窝电话网络中，每个传输者使用某种电源控制机制来解决远近问题的原因。

5.5.3.5　扩频码（码片序列）的特性

现在我们来详细讨论伪随机码片序列。前面提到过，每个站点都被分配了一个唯一的 m 比特码，即码片序列。这是由线性反馈移位寄存器实现的。你应该还记得，使用循环校验码（CRC）进行差错检测，生成循环冗余码，进行检查；这里使用线性反馈移位寄存器生成随机序列。这类线性反馈移位寄存器也可用于生成唯一的伪随机二进制序列。这些唯一的伪随机二进制序列既用于传输者，也用于接收者。

前面提到，我们希望码片序列中的每个比特都是随机的、独立的、等概率的（保证码片序列中 0 和 1 的数目相等）。如果编码遵循以下三点性质即可实现这些特性：

1）平衡性：数字 1 和 0 数目的差值应为 0 或者 1。

2）运行特性：码片序列中 1 和 0 这两类，每种类型的一半应该是 1 比特，四分之一是 2 比特，八分之一是 3 比特，等等。运行特性是比特随机和独立的重要指标。

3）相关性：假定一个 n 比特二进制序列 $b_1 b_2 b_3 \cdots b_n$。可以将这个二进制序列按矩阵形式写成

$$[b] = [b_1 \ b_2 \ b_3 \ \cdots \ b_n]$$

再设一个 n 比特的序列，即 $c_1 c_2 c_3 \cdots c_n$。同样可以写成矩阵的形式

$$[c] = [c_1 \ c_2 \ c_3 \ \cdots \ c_n]$$

我们可以使用矩阵符号来表示两个序列的逐位 $\oplus$（异或）操作：

$$[b] \oplus [c] = [b_1 \oplus c_1 \ \ b_2 \oplus c_2 \ \ b_3 \oplus c_3 \ \cdots \ b_n \oplus c_n]$$

再考虑另一个运算，循环移位。$[b]^n$ 表示 $[b]$ 序列按位右移 n 位。例如，

$$[b] = [b_1 \ b_2 \ b_3 \ \cdots \ b_n]$$

$$[b]^1 = [b_n \ b_2 \ b_3 \ \cdots \ b_{n-1}]$$

$$[b]^j = [b_{n-j+1} \ b_{n-j+2} \ b_{n-j+3} \ b_n \ b_1 \ \cdots \ b_{n-j}]$$

码片序列的第三个理想的性质是 $[b] \oplus [b]^j$ 生成的 n 比特序列在当 j 小于 n 时，非 0 值呈现平衡（当 $1 \leqslant j \leqslant n-1$ 时，$[b] \oplus [b]^j$ 中 1 的数目应该与 0 的数目相差不超过 1）。

为什么这些关联性质能够保证独立性和随机性呢？

因为，当两个比特值相同时，两个比特进行 $\oplus$ 运算的结果是 0（如果两个比特都是 0 或者 1），当两个比特值不同时，结果是 1（如果两个比特之一是 0，另一个是 1）。如果比特序列是随机的、独立的，则对序列循环移动任意位置，与源序列逐位对比，移位序列应该拥有

相同数目的一致（两个比特值相同）和不一致（两个比特值不同）。当然，如果序列中比特数目为奇数，一致和不一致的位数肯定会至少相差 1。

5.5.3.6　生成码片序列

码片序列不是随机选择的序列。我们并不使用随机生成的方法。使用随机生成方法将不能满足正交性的要求。

s_i 表示站点 i 的 m 比特码片序列，$\overline{s_i}$ 表示 s_i 的补码。所有站点的码片序列都是两两正交的。也就是说，任何两个码片的归一化内积结果都是 0。例如，s_1 的码片序列是 +1，−1，+1，−1，s_2 的是 +1，+1，−1，−1。

$$s_1 \text{ 码片序列} \qquad s_2 \text{ 码片序列}$$
$$+1,\ -1,\ +1,\ -1 \qquad +1,\ +1,\ -1,\ -1$$

计算它们的内积，也就是 +1 乘以 +1（第一个比特）结果是 +1。类似地，+1 与 −1 相乘结果是 −1，−1 和 +1 得到 −1，−1 和 −1 得到 +1。然后结果相加得 0。

s_1	s_2	$s_1 \cdot s_2$
+1	+1	+1
−1	+1	−1
+1	−1	−1
−1	−1	+1

$$\text{和} = 0$$

这对于任何两个码片都是有效的。也就是说：

$$s_1 \cdot s_2 = 0$$
$$s_1 \cdot s_3 = 0$$
$$s_1 \cdot s_4 = 0$$

另外，同一码片的积，例如 $s_1 \cdot s_1$，结果是 1。

s_1	s_1	$s_1 \cdot s_1$
+1	+1	+1
−1	−1	+1
+1	+1	+1
−1	−1	+1

$$\text{和} = 4,\ 4/4 = 1$$

上面的计算过程表示，相加的和为 4，除以比特数得到 1。因此，相同的码片序列相乘结果为 1。如果与补码相乘，则得到 0。也就是说，

$$s_i \cdot s_i = 1$$

$$s_i \cdot s_j = 0; \quad \text{如果 } i \neq j$$
$$s_i \cdot \overline{s_i} = 0$$

这就是码片序列所需要满足的正交特性，只有这样，复用和解复用才可能实现。另外，只有满足正交特性，传输和接收端的后续恢复才可能实现。

Walsh 表

现在重点讲述码片序列的生成过程。那么生成码片序列使用的是什么技术呢？

码片序列两两之间正交。可以使用 Walsh 表通过交互的方法来实现。Walsh 表可以通过交互的方法生成正交序列。注意，序列的数目往往是 2 的幂。

W_1 是 +1，是一个一维矩阵；W_2 是有四个元素的二维矩阵。

$$W_1 = [+1] \qquad W_{2N} = \begin{bmatrix} W_N & W_N \\ W_N & \overline{W_N} \end{bmatrix}$$

从上面的表达式中可以看出，可以利用 W_N 计算 W_{2N}。

例如，W_1 是 +1，要计算 W_2，必须先计算 W_1，W_1，W_1 和 $\overline{W_1}$。即 +1，+1，+1 和 −1，然后可以利用 W_2 计算 W_4。如下是计算过程。

$$W_1 = [+1] \qquad W_2 = \begin{bmatrix} +1 & +1 \\ +1 & -1 \end{bmatrix} \qquad W_4 = \begin{bmatrix} +1 & +1 & +1 & +1 \\ +1 & -1 & +1 & -1 \\ +1 & +1 & -1 & -1 \\ +1 & -1 & -1 & +1 \end{bmatrix}$$

$$W_8 = \begin{bmatrix} W_4 & W_4 \\ W_4 & \overline{W_4} \end{bmatrix} = \begin{bmatrix} +1 & +1 & +1 & +1 & +1 & +1 & +1 & +1 \\ +1 & -1 & +1 & -1 & +1 & -1 & +1 & -1 \\ +1 & +1 & -1 & -1 & +1 & +1 & -1 & -1 \\ +1 & -1 & -1 & +1 & +1 & -1 & -1 & +1 \\ +1 & +1 & +1 & +1 & -1 & -1 & -1 & -1 \\ +1 & -1 & +1 & -1 & -1 & +1 & -1 & +1 \\ +1 & +1 & -1 & -1 & -1 & -1 & +1 & +1 \\ +1 & -1 & -1 & +1 & -1 & +1 & +1 & -1 \end{bmatrix}$$

用这种方法，我们就可以通过交互的方法生成下一个比特序列。因此，如果 N 序列的表已知，则 $2N$ 序列就可以被创建，而且也可以证明这些序列满足正交特性。

5.6 LocalTalk

LocalTalk 是苹果公司为 Macintosh 电脑开发的网络协议。旧的电脑可以通过双绞线电缆和适配器串行端口连接。LocalTalk 的主要缺点是速度慢（230kbps）。

尽管 LocalTalk 网络速度慢，但是由于其容易安装和使用，并且价格低廉，因此十分流行。

5.7 以太网

最流行的物理和数据链路层协议是以太网。以太网运行在 OSI 模型的前两层，物理和数据链路层。以太网最初的名称是 Alto Aloha 网络。以太网由 Robert Metcalfe 提出（1973 年）。Metcalfe 认为以太（ether）这个名称很适合，因为用于构建网络的电缆是允许数据传播的被动介质。

相对于其他技术，以太网端口在一个节点上的代价很低。许多厂商在计算机主板中创建了以太网接口，这样不用另外购买网络接口卡（NIC）。

在以太网中，数据链路层和物理层都参与帧的创建和传输。物理层与 LAN 电缆类型以及数据如何在电缆中传输和接收有关。以太网将数据链路层又分为两层：

❑ 逻辑链路控制层（Logical Link Control（LLC）layer）
❑ 介质访问控制层（Medium Access Control（MAC）layer）

MAC 子层地址即为源和目的端计算机的物理硬件地址。LAN 中的所有设备都分配有一个唯一的 MAC 地址。子层控制计算机设备发送和接收数据，允许 NIC 与物理层通信。另一层是 LLC 子层。LLC 子层负责识别和向网络层协议传送数据。

5.7.1 以太网工作原理

以太网使用 CSMA/CD（Carrier Sense Multiple Access with Collision Detect）协议。当计算机想要传输时，首先检查是否有其他节点正在使用线路。如果线路空闲，计算机用一个 MAC 地址标记要发送的数据，并加载到网络中。

MAC 地址表示的是目的接收者，这样拥有唯一 MAC 地址的机器将接收数据，网络中的其他机器会忽略这个数据。

如果传输线路忙，计算机等待。如果两台计算机同时试图传输，它们都会对冲突作出反应，等待随机时间后尝试重新发送。

上述过程很简单，但是它受到的限制也很多。多个冲突会迅速降低大型网络性能。例如，在网络使用假的 MAC 地址窃听网络流量是十分容易的。网络不够强健。网络中任何电缆的损坏都会导致整个系统瘫痪。

5.7.2 以太网和 IEEE 802.3

DEC、Intel 和 Xerox 公司在 1982 年创建了以太网规范 2.0 版本。以太网 2.0 版本是 802.3

标准的基础。尽管这两个技术有细节处的不同，但通常以太网和 802.3 使用中并不区分。

实际上，在物理层使用的是 802.3 标准，在数据链路层，以太网 2.0 和 802.3 的实现是相同的。

🔍 **注意**　以太网 2.0 和 802.3 主要的不同之处是帧的格式。

5.7.3　以太网技术选择

以下是已实现的以太网选项：

❑ 半双工和全双工以太网

❑ 10-Mbps 以太网

❑ 100-Mbps 以太网

❑ 1000-Mbps（1-Gbps 或者千兆比特）以太网

❑ 10-Gbps 以太网

OSI	以太网		
数据链路层	逻辑链路控制（LLC）		
	介质访问控制（MAC）		
物理层	标准以太网： 10Base5 10Base2 10BaseT 10BaseFX	快速以太网： 100BaseT 100BaseFX 100BaseSX 100BaseBX	千兆位以太网： 1000BaseT 1000BaseTX 1000BaseFX 1000BaseSX 1000BaseBX

例如，10BaseT 以太网协议的传输速度是 10，即每秒 10 兆比特（Mbps），base 表示基带（即对单个频率线路的完全控制），T 表示双绞线电缆。

快速以太网标准：

100BaseT	100Mbps，双绞线类型 5	100BaseSX	100Mbps，多模光缆
100BaseFX	100Mbps，光缆	100BaseBX	100Mbps，单模光缆

千兆位以太网标准：

1000BaseT	1000Mbps，两对双绞线类型 5	1000BaseSX	1000Mbps，多模光缆
1000BaseTX	1000Mbps，两对双绞线类型 6	1000BaseBX	1000Mbps，单模光缆
1000BaseFX	1000Mbps，光缆		

以太网技术的选择取决于以下参数：用户通信的位置和规模、带宽以及 QoS 要求。

5.7.3.1　半双工和全双工以太网

以太网最初的定义是多个站点使用 CSMA/CD 共享介质。CSMA/CD 算法规定了帧的发送，并且在两个节点同时发送帧时检测冲突。

在共享以太网中，站点发送数据之前需要侦听。如果信道已经在使用，站点延迟自己的传输，直到介质空闲。共享以太网是半双工的，也就是说，站点或者在传输数据或者在接收数据，但是不能同时传输和接收。

支持同时传输和接收的点对点以太网链路叫作全双工以太网。例如在交换机端口和单个站点之间的链路上，无论交换机还是站点都可以同时传输。

这种技术是非常有用的，比如，站点是处理许多用户的查询请求的服务器。交换机发送下一条查询和服务器对上一条作出回应可以同时进行。全双工以太网的优势是传输速度理论上可以达到半双工链路的两倍。

全双工操作需要两条布线，分别用于传输和接收。全双工操作在只有一条路径的电缆（例如，同轴电缆）上是不能运行的。

5.7.3.2　10-Mbps 以太网

尽管 100-Mbps 开始取代 10-Mbps 以太网，10-Mbps 以太网仍旧在网络设计中发挥作用，尤其是访问层。对于一些用户而言，10-Mbps 的容量是足够的。对于那些带宽需求低、预算少的用户，如果不久的将来网络不需要扩展到 100-Mbps，那么 10-Mbps 以太网是一个合适的解决方案。

升级到 100-Mbps 以太网，许多商业应用并不能从中获益。在 100-Mbps 以太网中，一些低效的应用会发送许多容量较小的帧，从而引发更多的冲突降低吞吐量。

	10BASE5	10BASE2	10BASE-T
拓扑	总线	总线	星形
电缆类型	粗电缆	细电缆	UTP
最大电缆长度（米）	500	185	100（从集线器到站点）
每根电缆附件的最大数目	100	30	2（站点和集线器或者集线器和集线器）
最大冲突域（米）	2500	2500	2500
冲突域最大拓扑	5 个分段，4 个中继，只有 3 个分段有终端系统	5 个分段，4 个中继，只有 3 个分段有终端系统	5 个分段，4 个中继，只有 3 个分段有终端系统

	10BASE-FP	10BASE-FB	10BASE-FL	旧 FOIRL
拓扑	星形	主干网或中继系统	中继-中继链路	中继-中继链路
最大电缆长度（米）	500	2000	2000	1000
允许端系统连接？	是	否	否	否
允许级联的中继？	否	是	否	否
最大冲突区域（米）	2500	2500	2500	2500

5.7.3.3　100-Mbps 以太网

100-Mbps 以太网（又叫快速以太网、100BASE-T 以太网），最初是 IEEE 802.3u 标准规范，现在合并到 IEEE 802.3 的 2002 版本中。它与 10-Mbps 以太网类似。与之相比，100-Mbps 以太网是简单的标准以太网，只是速度快 10 倍。

在大多数情形下，100-Mbps 以太网的设计参数与 10-Mbps 以太网相同，只是乘以或者除以 10。

5.7.3.4　千兆以太网

千兆以太网最初是由 IEEE 802.3z 规范定义的，现在合并到 IEEE 802.3 的 2002 版本中。它的工作方式与 100-Mbps 以太网类似，除了速度快 10 倍之外。它使用标准的 802.3 帧格式和帧大小。

5.7.3.5　10-Gbps 以太网

在进行校园网络设计时，以太网是一个很好的选择，原因之一是它与带宽需求同时增加。2002 年，IEEE 在 802.3ae 规范中标准化了 10-Gbps 以太网。其中 10-Gbps 以太网的帧格式是相同的。也就是说，使用以太网的应用无需修改。

5.7.4　以太帧

前面提到，在以太网中数据链路层和物理层都参与帧的创建和传输。物理层与 LAN 电缆的类型以及比特在电缆中的传输和接收方式有关。数据链路层分为两个子层，逻辑链路控制（LLC）和介质访问控制（MAC）层。

MAC 子层的地址是源端和目的端计算机的物理硬件地址。处理的下一层是 LLC 子层。它负责认证，并将数据传递给网络层协议。

最初，几家公司 DES、Intel 以及 XEROR 创建了 DIX 标准，定义了 DIX 帧（也叫作以太网 II）。后来，电气电子工程师协会（Institute of Electrical and Electronic Engineers，IEEE）定义了 IEEE 802.3 规范和 IEEE 802.3 帧。这两个帧规范之间有略微的不同。

5.7.4.1　DIX 帧（以太网 II）格式

前导码	目的地址	源地址	类型	数据	帧检验序列
Preamble	DA	SA	Type	Data	FCS
8	6	6	2	46-1500	4

大小（字节）

帧区域	描述
前导码	表示新帧的开始，在设备之间建立同步条件。最后一个字节，或者开始帧的定界符，总是 10101011 这种模式。这个字节表示帧的开始
目的地址（DA）	目的地址是接收设备的硬件（MAC）地址
源地址（SA）	表示发送设备的硬件（MAC）地址

（续）

帧区域	描述
类型	类型域表示用于发送帧的网络层协议，例如 TCP/IP
数据	数据域存放的是从设备到设备传输的实际数据。同时包含用于网络层和表示连接类型的信息
帧检验序列	包括 CRC 差错检查信息

5.7.4.2 IEEE 802.3 帧格式

前导码 Preamble	帧开始定界符 SFD	目的地址 DA	源地址 SA	长度 Length	数据和填充 Data/Pad	帧检验序列 FCS
7	1	6	6	2	46-1500	4

大小（字节）

帧区域	描述
前导码	表示新帧的开始，在设备之间建立同步条件。最后一个字节，或者开始帧的定界符，总是 10101011 这种模式。这个字节表示帧的开始（与 DIX 帧相同）
帧开始定界符	帧开始定界符（Start Frame Delimiter，SFD）拥有与 DIX 前导码中相同的 10101011 比特序列。这两个帧格式使用相同的字节数实现信号的同步
目的地址（DA）	目的地址可能是 2 个或者 6 个字节。无论是 2 个还是 6 个字节，同一网络中的设备必须使用相同的帧。IEEE 协议规定 10Mbps 网络必须使用 6 字节。2 字节长度已被废弃
源地址（SA）	与 DA 相同
长度	表示数据域中的字节数。如果数据域少于所要求的 46 字节，就需要在数据帧中增加填充区域。为了填充而增加的比特通常都是 0
数据和填充	数据域存放的是从设备到设备传输的实际数据。同时包含用于网络层和表示连接类型的信息
帧检验序列	包括 CRC 差错检查信息（与 DIX 帧相同）

需要注意的是，如果一个设备使用 IEEE 802.3 NIC，而其他设备使用 DIX 以太网 NIC，那么它们之间不能够彼此通信。为了兼容性，设备必须创建相同的以太帧格式。有一个方法可以区分它们，DIX 帧有类型区域，定义了帧使用的协议，而 IEEE 802.3 在此位置定义了一个长度区域，IEEE 802.3 还有一些 DIX 格式中不适用的额外的区域。

5.7.4.3 IEEE 802.3 LLC 格式

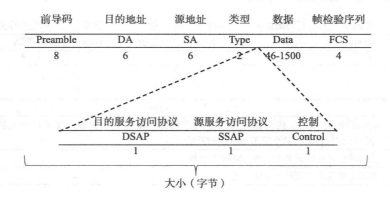

前导码 Preamble	目的地址 DA	源地址 SA	类型 Type	数据 Data	帧检验序列 FCS
8	6	6	2	46-1500	4

目的服务访问协议 DSAP	源服务访问协议 SSAP	控制 Control
1	1	1

大小（字节）

帧区域	描述
目的服务访问协议（DSAP）	数据要发送到的协议处理层
源服务访问协议（SSAP）	用于在源端封装数据的协议
控制（Control）	定义 LLC 帧类型的区域

5.7.4.4　802.2 的 SNAP 格式

SNAP（Sub-Network Access Protocol）由 IEEE 所创建，用来标识所使用的网络层协议。在创建 IEEE 802.3 标准时，最初的以太网版本 2.0 类型区域被重新用作长度区域。

SNAP 中定义了长度区域，允许在数据区域的前 40 比特定义厂商和协议。同时，这两个区域（公司和以太类型）叫作协议 ID。

目的服务访问协议	源服务访问协议	控制	公司	以太类型
DSAP (AA)	SSAP (AA)	Control	Organization	EtherType
1	1	1	3	2

大小（字节）

帧区域	描述
目的服务访问协议（AA）	DSAP 区域中的 AA 表示 LLC 区域在使用 SNAP 格式
源服务访问协议（AA）	DSAP 区域中的 AA 表示 LLC 区域在使用 SNAP 格式
控制（Control）	定义了 LLC 帧的类型
公司	公司区域表示以太类型区域中标识的创建协议的公司，但是一般来说，大多数公司都编码为全 0
以太类型	帧类型是一个 2 字节的用于封装数据的协议标识符。例如，IP 协议被标识为 0x08-00，ARP 标识为 0x08-06
控制（Control）	定义了 LLC 帧的类型

5.7.4.5　帧类型

有三种帧的类型，每一个都有不同的目的。

❑ 单播帧

❑ 多播帧

❑ 广播帧

如果帧的第一个比特位是 0，则是单播；如果是 1，则是多播。广播帧的第二个比特还是 1。

单播帧的目的地是单个网络设备。换句话说，帧只可以被与目的地址匹配的设备读取。所有其他设备接收到帧的副本，但是由于目的地址不匹配而丢弃。这里使用的地址是网络设备的 MAC 地址。

多播帧是要发送给多个但不是全部的设备。指定组内的全部设备都会读取这个帧。多播地址与通常的硬件地址不同。例如，分配一组设备访问网络中指定的服务器。只有它们接收到帧，并且认为服务器可用。其他不属于这个组的设备将会无视或者丢弃这些帧。

广播帧是要发送给网络中所有的设备读取和处理。广播地址是唯一的用于广播帧的地址，不是一个硬件地址。广播帧通过网桥和交换机传输；但是，路由器会终止广播帧。

5.7.5 以太网的物理设备

以太网硬件有以下三部分：

❏ 以太网卡（也叫作适配器，网络接口卡）

❏ 以太网电缆

❏ 以太网路由器和集线器

网络接口卡（NIC）是允许计算机加入 LAN 网络的设备。以太网接口卡安装在计算机的可用插槽上，一般位于主板上。NIC 为机器分配唯一的介质访问控制（MAC）地址，用于网络中计算机间的流量的定向。

以太网电缆有许多类型（参考以太网技术选择章节）。

以太网集线器和以太网路由器就像以太网中的调度员，因为它们把数据转发给正确的接收者。集线器和路由器可以与其他设备相连，而不只是计算机，并且根据不同的连接方式可以形成许多不同的以太网拓扑。

5.8 令牌环

局域网（LAN）令牌环技术是一个局域网协议，在 OSI 模型中位于网络数据链路层。

令牌环是在 1970 年由 IBM 开发的，是运用于 LAN 中的一种流行的技术（在以太网之前）。现在已经很少看到基于令牌环的网络的踪迹，这是由于以太网凭借其低成本和灵活性占据了市场。令牌环致力于提供简单的布线结构（即双绞线电缆），使计算机连接到网络中。

与令牌环相关的 IEEE 802.5 规范几乎是相同的，与 IBM 的令牌环网络实现完全兼容。IEEE 802.5 规范是在 IBM 令牌环规范之后开发的。

如同令牌环这个名字的含义一样，节点（计算机）以环状的形式布置，一个令牌在计算机之间持续传递。

当计算机想要向另一台计算机发送数据时，需要等待令牌的到来，然后将数据添加到令牌上。令牌在环中逐个计算机传递，直到到达目标计算机。接收者向令牌中添加 2 比特数据位，通知发送者数据已经接收。其他计算机只有当环再次空闲时才能发送数据。

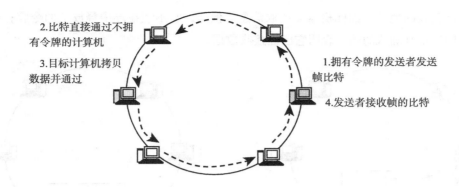

2.比特直接通过不拥
有令牌的计算机

3.目标计算机拷贝
数据并通过

1.拥有令牌的发送者发送
帧比特

4.发送者接收帧的比特

5.8.1 工作原理

初始时，一个没有信息的帧在环中循环传递。机器要使用网络，首先得到空的令牌，并
且用自己的消息填充数据。

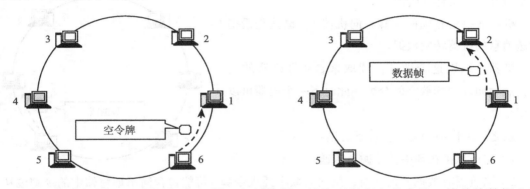

在上面的例子中，机器 1 想向机器 4 发送数据，首先要得到空的令牌。接着将数据和接
收者的地址写到令牌中。

数据包发送到机器 2，机器 2 读取地址，发现不是自己，因此传递到机器 3。

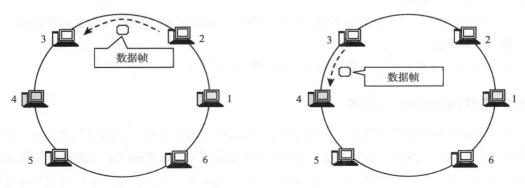

类似地，机器 3 将令牌传递给机器 4。

现在是正确的地址，因此机器 4 读取消息。但是，它不能在环中释放空的令牌；必须先向机器 1 回送带有确认的帧，表明它已经接收数据。

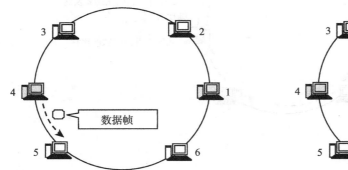
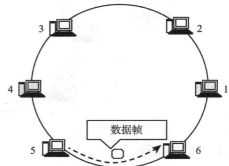

确认消息接着发送到机器 5，机器 5 检查地址，与自己的地址不匹配，因此向环中的下一个机器，即机器 6 转发。

机器 6 执行相同的步骤，向机器 1，也就是最初发送消息的机器转发数据。

机器 1 识别这个地址，读取来自 4 号机器的确认，然后向环中释放空的令牌，此时下一个机器可以使用令牌。

总之，工作原理可以作如下总结：

1）空信息帧在环中持续循环传递。

2）当机器有数据要发送时，则向空帧中插入令牌（可能包含简单地将帧中的令牌位从 0 修改为 1），并向帧中插入消息和目的地标识。

3）帧被接下来的每个机器检查。如果某个工作站发现自己是消息的目的地，复制帧中的消息，将令牌修改为 0。

4）当帧再次到达最初的发送者时，可以看到令牌修改为 0，消息已经被复制和接收。接着从帧中移除消息。

5）帧持续以空帧循环，准备好给发送数据的机器使用。

5.8.2 带有集线器的令牌环

典型的令牌环网络结构都是一个物理的环，但这并不是必需的。在 IBM 的实现中，它是一个星形的有线环，网络中的计算机都连接到中心的集线器上。逻辑环代表的是计算机间的令牌的路径。电缆的实际物理环是在集线器上。机器是环的一部分，但是它们之间是通过集线器连接。

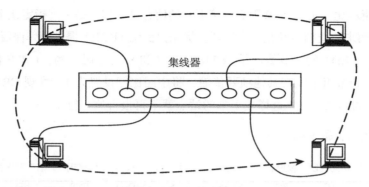

令牌仍然还是在网络中循环，受相同的方式控制。使用集线器或者交换机可以极大地改善可靠性，因为集线器能够自动绕开失去连接或者有线缆故障的端口。

5.8.3　令牌和数据帧

在令牌环中，帧是基本的传输单元。简单地说，令牌环网络中的令牌帧就是 3 比特的数据，持续在网络中传递。当节点（机器）表明准备好要传输的数据，它将令牌帧切换为数据帧。

接着数据帧在网络中传输，直到到达接收节点，再次转换为令牌帧。

令牌环和 IEEE 802.5 支持两种基本帧类型：令牌和数据／命令帧。数据／命令帧大小不等，这取决于信息域（其中包含要传输的数据）的大小。

数据帧携带来自上层协议的信息，命令帧包含控制信息，没有来自上层协议的数据。

5.8.3.1　令牌帧

令牌的长度是 3 个字节，包含开始定界符、访问控制比特，以及结束定界符。

开始定界符	访问控制	结束定界符
SD	AC	ED
1	1	1

大小（字节）

帧区域	描述
开始定界符	表示帧的开始
访问控制	表示帧的优先级，以及是令牌还是数据帧
结束定界符	表示帧的结束

开始定界符（SD）表示帧或者令牌的开始。这个字段是有意设置为违反曼彻斯特编码，用以区别来作为定界符。这个字节编码是 JK0JK000，J 和 K 比特是故意违反曼彻斯特编码法。这个故意的违规特意将令牌从正常数据流中区分出来。J 违反编码的 1，K 违法编码的 0。

访问控制（AC）的字节编码是 PPPTMRRR。优先级比特（PPP）提供 8 个优先级（从 000

到 111）。令牌指示比特（T）是 0 则表示接下来的信息是令牌，是 1 则指定接下来的信息是帧。监视器位（M）用来防止帧不断在环中循环。优先保留位（RRR）提供令牌保留环站点。

结束定界符（ED）的字节编码是 JK1JK1IE，J 和 K 是编码违例，I 和 E 位分别是中间帧和差错检测位。如果组中没有其他帧要传输，将中间比特设置为 1。发现 CRC 错误的站点将帧中的差错检测位设置为 1，这样接下来的站点就不再报告这一错误。

5.8.3.2　数据 / 命令帧

开始定界符	访问控制	帧控制	目的地址	源地址	数据	帧检查序列	结束定界符	帧状态
SD	AC	FC	DA	SA	Data	FCS	ED	FS
1	1	1	6	6	>=0	4	1	2

大小（字节）

帧区域	描述
开始定界符	表示帧的开始
访问控制	表示帧的优先级，以及是令牌还是数据帧
帧控制	包含所有计算机的介质访问控制信息或者某计算机的端站点信息
目的地址	表示接收帧的计算机地址
源地址	表示发送帧的计算机
信息或数据	包含发送的数据
帧检查序列	包含 CRC 差错检查信息
结束定界符	表示帧的结束
帧状态	表示帧是否被确认、复制或者目的地址是否可用

开始定界符（SD）：与令牌帧中相同。

访问控制（AC）：与令牌帧中相同。

帧控制（FC）区域有 8 个位，编码是 TT00AAAA。帧类型位（T）表示帧的类型。第 2、3 个位是保留的，通常是 0。第 4 到 8 个位是注意编码，提供了到来的 MAC 地址的令牌环适配器。该 MAC 信息可以复制到令牌环适配器中的指定快速缓冲区中。

目的地址（DA）：接收帧的站点。目的地址可以是指定站点，或者一组站点。

源地址（SA）：源地址是发送站点的 MAC 地址。

数据：MAC 帧数据区域包含令牌环管理信息，非 MAC（LLC）数据区域包含用户数据。

帧检查序列（FCS）：32 比特循环校验码（CRC）为数据帧的全部数据提供检查。每个站点复制帧时，计算 CRC，与 FCS 帧中的值比较，验证帧数据是否正确。

结束定界符（ED）：与令牌帧中相同。

帧状态（FS）提供在环中循环时，有关帧的发送站点的信息。帧状态区域编码是 AF00AF00。帧状态区域位是冗余的，因为这个区域不属于帧检查序列字节的 CRC 检查。

如果目的站点确认接收帧，那么将地址认证指示（ARI）设置为 1。如果目的站点能够复制帧到本地适配器缓冲内存中，那么将帧复制指示（FCI）设置为 1。

5.8.4　令牌环自我维护

当令牌环网络建立时，所有的机器都参加协商由谁来控制环，或者成为活动监视器给它赋予适合的意义。最终的结果是在竞争过程中 MAC 地址最大的机器胜出，其他机器则成为备用监视器。

活动监视器的主要任务是确保网络中的机器不会出现问题，或者在中断或错误发生时重新建立环。在一个物理令牌环中有且只有一个活动监视器。活动监视器每七秒执行一次环轮询，当发生故障时重置环。环轮询允许网络中的每个机器找出环中的其他机器，得到距离最近的活动上游邻居（Nearest Active Upstream Neighbour，NAUN）的地址。

在数据丢失或者中断的报告之后环重置。每个机器都知道 NAUN 的地址。这是令牌环的重要函数，当机器加入或离开环时，就更新自身重建所需的信息。

当机器加入环时，执行测试来验证自己的连接是否正常工作，如果测试通过，发送电压信号到集线器，操作中继点将它插入到环中。如果环中任何位置出现故障，发生错误节点的下一台机器将停止接收信号。如果这种情形持续一小段时间，则认为其 NAUN 发生错误，开启恢复过程，这个过程的结果要么是从环中移除其邻居，要么是移除自身。

如果活动监视器从环中移除，或者不再执行主动监视器的功能，环中的任意备用监视器将接替成为活动监视器。

5.8.5　令牌插入选择：操作模式

当站点要传输数据时，站点获取令牌，并修改令牌作为报文的头部，向其他站点表示环当前不是空闲的。报文中的数据量可以是任意的。传输站点负责从环中移除报文，在传输结束时生成新的空闲的令牌。新的空闲令牌可以多次生成。变化是：多令牌、单令牌和单报文操作。

5.8.5.1　多令牌

在多令牌模式中，传输机器生成新的空闲令牌，置于正在传输的数据之后。这种类型的操作允许环中同时存在多个工作令牌和一个空闲令牌。

5.8.5.2　单令牌

在单令牌操作中，传输机器必须要等到将工作令牌清空，然后生成一个新的空闲令牌。如果发送数据包的时间长于一次令牌循环延时，那么机器可能会在自己传输完数据之前接收到（并擦除）工作令牌。

在这种情况下，机器必须持续不断地传输数据并且保证只有在完成最后一比特数据传输之后再生成新的空闲令牌。这与多令牌操作的情况相同。因此单令牌与多令牌操作唯一的区别在于数据包的长度是否小于一次令牌循环延时所对应的长度。

5.8.5.3 单报文

在单报文操作中，传输机器必须等到令牌已经完成在环中循环并且所传输的整个报文被删除之后才会生成新的令牌。这种类型的操作在保证传输不会互相干扰方面是上述三种方法中最保守的一种。

单报文和单令牌操作都保证任意时刻只有一个令牌在环中，但是不同之处在于单报文操作需要在生成新的空闲令牌之前完整地清除报文。

5.8.6 令牌环网络的物理设备

令牌环连接需要三种不同的设备。

多站点访问单元（Multistation Access Unit，MAU）：MAU 是类似于集线器的设备，连接所有的令牌环站点。尽管令牌环站点以物理的星形拓扑连接到 MAU 上，但真正的环在 MAU 内维护。

与以太网集线器不同的是，MAU 由物理或电子继电器构成，这样可以使每个站点保持环回状态，直到有站点向 MAU 发送电压信息。由于电压不影响数据通信，因此叫作幻象电压。当 MAU 接收到幻象电压，继电器激活，向环中插入令牌环站点。

令牌环叶电缆：令牌环叶电缆将令牌环站点连接到 MAU。这个电缆通过四条线通信：两条用于传输，两条用于接收。电缆可以是屏蔽双绞线（Shielded Twisted Pair，STP）或者非屏蔽双绞线（Unshielded Twisted Pair，UTP）。

令牌环适配器卡：令牌环适配器卡是站点用于连接令牌环网络的物理接口。令牌环适配器卡用于几乎所有的计算机总线类型。

5.8.7 机器插入令牌环的过程

一台机器插入令牌环的过程有以下五个阶段：

❑ 阶段 0：叶介质检查
❑ 阶段 1：物理插入
❑ 阶段 2：地址认证
❑ 阶段 3：参与环轮询
❑ 阶段 4：请求初始化

阶段 0：叶介质检查

插入过程从叶测试开始。这一阶段测试令牌环适配器的传输器和接收器，测试适配器和 MAU 之间的电缆。MAU 物理封装从电缆传输线回到接收线的连接。

其效果是，适配器可以通过电缆向上传输介质测试 MAC 帧到 MAU（被封装）然后返回。在此期间，适配器发送叶介质测试 MAC 帧到目的地址 00-00-00-00-00-00（源地址是适配器的地址），并向电缆发送冗余地址测试（Duplicate Address Test，DAT）MAC 帧（包含适配器的地址，同时作为源地址和目的地址）。如果叶测试通过，这一阶段完成。

阶段 1：物理插入

在第二阶段，当中枢继电器打开站点并加入到环中，会立刻发送幻象电流来打开中枢继电器。接着站点通过以下这些帧来检查活动监视器（AM）是否正在工作。

□ 活动监视器状态（Active Monitor Present，AMP）MAC 帧

□ 备用监视器状态（Standby Monitor Present，SMP）MAC 帧

□ 环清除 MAC 帧

如果 18 秒以内没有检测到以上帧，则站点认为目前没有活动监视器，开启监视器竞争过程。通过监视器竞争过程，MAC 地址最大的站点成为活动监视器。如果竞争在 1 秒内没有完成，适配器将打开失败。如果适配器成为 AM，开启清除，清除过程不能在 1 秒内完成，适配器打开失败。如果适配器接收到信标 MAC 帧或者移除站点 MAC 帧，那么适配器打开失败。

阶段 2：地址认证

作为冗余地址检查阶段的一部分，站点传输一些冗余地址 MAC 帧来定位自身。如果站点接收到两个返回的帧，其地址识别指示符和帧复制指示符设置为 1，然后判断在这个环中该地址是冗余的，分离自身，并报告打开失败。

由于令牌环允许本地管理地址（Locally Administered Address，LAA），因此这一阶段是有必要的，如果没有检查，则可以使用两个相同 MAC 地址的适配器。如果这个阶段在 18 秒内没有完成，站点会报告错误并从环中分离自身。

🔍 **注意**　如果在另一个环中有冗余的 MAC 地址，且该环是允许源路由桥接的令牌环网络，那么将不会检测该地址。冗余地址检查只在本地有效。

阶段 3：参与环轮询

在环轮询阶段，站点知晓它的 NAUN 的地址，并使自己的地址被最近的下游邻居所知。这个过程创建了环地图。站点必须等待，直到接收到 AMP 或者 AMP 帧，且 ARI 和 FCI 位被置为 0。当接收完成时，如果有足够的可用资源，站点将这两个位（ARI 和 FCI）置为 1，排队传输 SMP 帧。

如果在 18 秒内没有接收到这种类型的帧，则站点报告打开失败，插入到环中。如果站点成功加入到环轮询中，那么执行插入的最后一个阶段，请求初始化。

阶段 4：请求初始化

在请求初始化阶段，站点向环参数服务器（Ring Parameter Server，RPS）的功能地址发送四个请求初始化 MAC 帧。如果目前环中没有 RPS，那么适配器使用自己的默认值，并报告插入过程成功完成。如果适配器接收到上述四个请求初始化 MAC 帧之一的返回，且 ARI 和 FCI 位置为 1，则等待响应 2 秒。如果没有响应，则重传，上限是 4 次。此时，如果仍然没有回应，则报告请求初始化错误，从环中解除插入。

下面是功能地址的列表：

C000.0000.0001	活动监视器	C000.0000.0080	NetBIOS
C000.0000.0002	环参数服务器	C000.0000.0100	桥
C000.0000.0004	网络服务器波动信号	C000.0000.0200	IMPL 服务器
C000.0000.0008	环错误监视器	C000.0000.0400	环认证服务器
C000.0000.0010	配置报告服务器	C000.0000.0800	LAN 网管
C000.0000.0020	同步带宽管理器	C000.0000.1000	环连线集中器
C000.0000.0040	本地目录服务器	C000.0000.2000	LAN 管理器

5.8.8　令牌环网络的效率

在令牌环网络中，不需要担心竞争的问题。用以下公式来定义利用率：

$$U = 100 \times \frac{\text{发送帧的时间}}{\text{发送帧的时间} + \text{发送令牌的时间}}$$

通常发送令牌的时间相比发送帧的时间是很小的，因此利用率接近 100%。

5.9　差错检测技术

当帧中的某个比特传输的是 1 时，节点的接收器有可能错误地当作 0，反之亦然。信号衰减和电磁噪声会引入这种比特错误。转发存在错误的数据报是非常不必要的，因此许多链路层协议提供了一种机制，来检测是否有一个或更多错误的存在。这种机制通过传输节点在帧中设置差错检测位来实现，接收节点进行差错检测。差错检测是数据链路层协议中的常见服务。

差错有可能出现在一个位或者多个位。单比特错误指的是给定数据单元（例如字节、字符或者报文）中只有 1 个比特从 0 变成 1 或者从 1 变成 0。

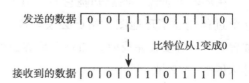

在一个单比特错误中，数据中只有 1 个比特改变。

考虑上图中的例子。图中是数据单元中单比特错误的情况。为了更好地理解改变的后果，想象每个 8 比特分组是一个在左侧添加了 0 比特位的 ASCII 字符。在图中，发送的字符是 00110110，接收到的却是 00010110。

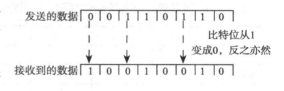

突发错误（或者多比特错误）指的是数据单元中有 2 位或更多位从 1 变成 0 或者从 0 变成 1。图中是数据单元中突发错误的情况。

突发错误指的是数据单元中有 2 个或更多比特已经改变。

在这个例子中，发送的是 00110110，接收到的却是 10010010。注意突发错误并不一定意味着连续的位发生错误。测量突发错误的长度时是从第一个损坏位到最后一个损坏位。中间的一些位不一定是损坏的。

5.9.1 冗余

监测或者校正错误的基本思想是冗余。为了监测或者校正错误，需要在我们的数据之外发送额外的位。这些冗余的位由发送者添加，接收者移除。它们的存在使得接收者得以监测或者校正被破坏的位。

5.9.2 检测和校正

校正错误比检测更加困难。在错误检测中，我们要做的只是查看是否有错误发生。答案为是或者否。甚至不需要知道错误的数量。单比特错误和突发错误对我们来讲是相同的。在差错校正中，我们必须知道被破坏的位的数目和在消息中的位置，后者更加重要。

错误的数量和消息的大小是重要的因素。如果我们要校正 8 比特数据单元中的单比特错误，需要考虑八个可能的错误位置；如果我们要校正同样数据单元中的两个错误，则需要考虑 2^8 种可能。那么想象一下在 1000 比特的数据单元中查找 10 个错误的困难有多大。

5.9.3 汉明距离

两个码字之间的汉明距离（Hamming distance）指的是这两个码字不同位的个数。例如，码字 1001 和 0101 之间的汉明距离是 2。计算两个码字的汉明距离，可以先计算两个码字按位异或的结果，再计算结果中 1 的位数：1001 xor 0101 = 1100。

编码是在给定长度的前提下所有码字的集合。它是通过某种方式在若干数据位中添加一个校验位来构建的。一个编码的最小汉明距离是该编码所有可能码字对中的最小汉明距离。

下表给出了在一个 4 位的二进制编码中的最小汉明距离。

4 位二进制编码中不同码字之间的汉明距离。

	0000	0011	0101	0110	1001	1010	1100	1111
0000	–	2	2	2	2	2	2	4
0011	2	–	2	2	2	2	4	2
0101	2	2	–	2	2	4	2	2
0110	2	2	2	–	4	2	2	2
1001	2	2	2	4	–	2	2	2
1010	2	2	4	2	2	–	2	2
1100	2	4	2	2	2	2	–	2
1111	4	2	2	2	2	2	2	–

因为任意两个码字之间的最小汉明距离是 2，所以该编码的汉明距离是 2。

5.9.4　单奇偶校验

错误检测最简单的形式就是使用一个奇偶校验位。假定要发送的信息 D，大小为 d 位。在偶数奇偶校验方法中，发送者增加一个位，使得 $d+1$ 位（最初的信息加上奇偶校验位）中 1 的个数是偶数个。对于奇数奇偶校验法，选择奇偶位的值使之有奇数个 1。

奇偶校验就是计算数据位的和模 2 的结果。如果发生单比特传输错误，在接收到的帧中有一个比特位翻转，帧中所有位的和模 2 的结果就变成 1，从而检测到错误。事实上，单奇偶校验能够检测出接收帧中的任意奇数个传输错误。

5.9.5　二维奇偶校验

基于奇偶校验的另一个简单方法是将数据比特串放到二维数组中，在数据的每行和每列附加一个奇偶位，并在右下角添加一个奇偶位，如图所示。

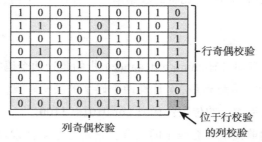

对于一个 $n=pq$ 位的数据，共附加 $p+q+1$ 位。与单奇偶检测类似，任意行或者列的奇数个

错误都会被对应的行或者列的奇偶校检检测到。另外，在单个行或者列中的偶数个错误会被对应的列或者行的奇偶位检测到。然而，如图所示，两行和两列的四个错误将不会被检测到。

5.9.6 校验和

校验和用来检查事物有效性的数值。检查有各种形式，取决于传输的性质以及所需的可靠性。例如，最简单的校验和就是计算传输中的字节的和。这个值附加到传输比特的最后。

思想是计算前 $n-1$ 字节的和，看结果是否与最后一字节相等。由于这种方法有点笨拙，它的变型是，在传输中计算所有的字节，在传输之前将校验和（把这个字节当作有符号的 8 比特的数值）求反。因此，这 n 个字节的和应该为 0。

这些技术并不十分可靠，例如，如果报文的长度是 64 位，并接收到 64 个 0 字节，和为 0，就认为结果一定是正确的。当然，如果有简单地发送数据字节失败的硬件故障（尤其是同步传输中很容易发生，因为其并不涉及起始位），则接收到校验和结果为 0 的 64 字节的报文是一种误导；接收端认为接收到的报文是正确的，实际上并不是这样。

对于这个问题的解决方法是做类似于校验和求反操作，用它减去 1，然后检查接收的 n 字节的校验和是否为 0xFF（-1，有符号 8 比特值）。这样，0 丢失的问题得以解决。

另一个例子，报文的校验和长度是 1 字节。一个字节由 8 个比特位组成，每个比特位有两种状态，总共有 256 种不同的可能组合。因为第一种组合等于 0，一个字节的最大值是 255。

- 如果报文中其他字节的和是 255 或者更小，那么校验和就是计算结果。
- 如果其他字节的和大于 255，则校验和是和值除以 256 剩下的部分。

以下是校验和的计算例子：

$$字节和 = 1151$$

$$\frac{1151}{256} = 4.496 \quad （4 轮）$$

$$4 \times 256 = 1024$$

$$1151 - 1024 = 127（校验和）$$

5.9.7 循环冗余校验

循环冗余校验（CRC）是一个差错检测的国际标准方法。它保护带有校验和或者循环冗余校检的数据。CRC 是由 CCITT（Comite Consultatif International Telegraphique et Telephonique）首先开发的，该组织现在叫作 ITU-T（(International Telecommunications Union - Telecommunications Standards Sector)）。

目前广泛应用于计算机网络的差错检测技术是基于 CRC 编码。CRC 编码也被称作是多项式编码，这是因为比特串是以多项式的形式发送，比特串中的 0 和 1 是系数值，对比特串的操作可以理解为多项式算术运算。

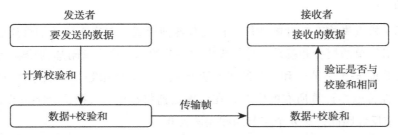

循环冗余校验是最强大的冗余校验技术。CRC 基于二进制除法。在 CRC 中，一个冗余比特序列，称作 CRC 或 CRC 余数，被附加到数据流的末尾。得到的结果数据被第二个数整除，第二个数是预定义的二进制数。

在目的端，到来的数据除以同一个数。如下表所示是使用 CRC 发生的事件序列。

CRC 技术也应用于数据存储设备，例如磁盘驱动器。在这种情况下，磁盘中的每个块都会有校验比特位，在检测到错误时硬件可能会自动启动重新读取块，或者向软件报告错误。

工作过程

最流行的数字信号差错检测方法之一是循环冗余校验（CRC）。CRC 做如下操作。CRC 的主要思想是将消息串当作单个的二进制字 D（D 表示数据），除以一个关键字 k，传输者和接收者都知道 k 的值。

D 除以 k 得到的余数 r 构成了给定消息的检查字。传输者发送消息串 D 和检查字 r，接收者检查数据，重新计算，用 D 除以关键字 k，验证余数是不是 r。CRC 计算过程中唯一新颖的部分是它使用了算术的简化形式，下面我们将详细介绍除法的计算过程。

另外，这种检查错误的方法显然不是万无一失的，这是因为许多不同的消息串除以 k 会得到相同的余数 r。实际上，大约 k 分之 1 随机选择的字符串将得到任意给定的余数。因此，如果消息串是乱码传输，那么乱码版本与校验字相同的概率大约是 $1/k$（假定损坏的消息是随机的）。在这种情形下，错误是不能够被检测到的。但是，如果 k 足够大，随机错误不会被检测到的概率会变得很小。这的确是可以做到的。接下来简单介绍如何对这一基本概念的完善，以提高其有效性。

讨论 CRC 时，习惯性地以生成多项式的形式来呈现关键字 k，其中多项式的系数是 k 的二进制比特位。例如，假定我们的 CRC 关键字 k=37。转换成二进制是 100101，以多项式形式表示是 x^5+x^2+1。

为了实现基于多项式的 CRC，传输者和接收者都必须事先协定将要使用的关键字。因此，可以理解为已经同意使用生成多项式 100101。

此外需要注意的是，除以任意 6 比特位的字所得的余数最多只能有 5 个比特，因此基于多项式 100101 的 CRC 字将始终小于等于 5 比特位。所以，基于该多项式的 CRC 系统可以叫作 5 比特 CRC。一般来说，k 比特的多项式会得到 k-1 比特的 CRC。

假如我现在想要向你发送一条消息，包括比特串 D=0010 1100 0101 0111 0100 011，我还需要发送额外的一些信息，保证你能够检查接收到的串的正确性。

使用之前协定的关键字 k=100101，用 D 除以 k，得到余数 r，r 称为 CRC 检查字。但是，我们将对除法进行简化，使其更适合二进制形式，因为数字数据是以二进制表示的。如果将 k 表示成普通的整数（37），它的二进制表示是 100101，可以简写成以下形式

$$（1）2^5+（0）2^4+（0）2^3+（1）2^2+（0）2^1+（1）2^0$$

每个整数都可以用这种方式表示成唯一的形式，也就是说，基于 2 的多项式系数是 1 或者 0。这是一种非常强大的表示方法，实际上有比我们需要的数据检查目的更强大的功能。

另外，操作这样的数字是有些困难的，因为它们涉及借位和进位，来保证系数总是 0 或者 1。（同样适用于小数运算，不同的是所有的数字取值范围是 0 到 9。）

为了更加简单明了，不妨这样来解释消息 D、关键字 k 以及余数 r，不把它们当作实际的数字，而是将它们当作虚拟变量 x 的抽象多项式（并不是二进制数字或者十进制数字的、明确的基于 2 或者 10 的定义）。

此外，我们将进一步进行简化，仅仅关注系数的奇偶性，也就是说，如果系数是一个奇数，我们只是将它看作 1，而如果是一个偶数，则看作 0。

这是一个巨大的简化，现在执行运算时不必担心借位和进位的问题。这是因为，每个整数系数不是奇数，就是偶数，因此自动变成 0 或者 1。

举个简单的例子来说明，考虑两个多项式 x^2+x+1 和 x^3+x+1。如果用普通的代数规则将这两个多项式相乘，可以得到

$$（x^2+x+1）（x^3+x+1）=x^5+x^4+2x^3+2x^2+2x+1$$

但是根据简化方法，将其中的每一个偶数的系数置为 0，因此相乘的结果是 x^5+x^4+1。你可能想知道，这种简化方法是否是自相容的。

例如，我们将乘积 x^5+x^4+1 除以它的一个因子，比如 x^2+x+1，可以得到另一个因子吗？答案是肯定的，而且要比普通的长除法更简单。多项式 110001 除以 111（这是多项式的简写方式），我们简单地重复应用逐位的异或运算，如下所示

```
111 )110001
     111
      0010
      000
      0100
       111
       0111
        111
        000
```

这与普通的长除法类似，但是更加简单，因为在每一个阶段，只需要检查当前三个位的第一位是 0 还是 1。如果是 0，我们在商数上置 0，当前位与 000 进行异或运算。如果是 1，则在商位置 1，当前位与除数，即 111 做异或运算。

从上面的过程可以看出，110001 除以 111 的结果是 1011，也就是另一个因子，x^3+x+1，余数是 000。（这种算术称作带有参数的多项式运算，系数是整数字段模 2。）

现在继续讨论消息串 D、关键字 k 的 CRC 计算。只需要用 D 除以 k，使用前面讨论的简化多项式运算。

实际上计算是更加简单的，因为我们并不需要记录商数，只需要余数。所以，我们从消息串的最左的一个位开始，将 6 比特序列与关键字 k 做异或运算即可，每一步之后右移比特位，直到 6 比特字与消息串的 1 对齐。全部的计算过程如下：

CRC 字只是余数，即最后 6 比特位异或计算的结果。当然，这个结果的前导位始终是 0，因此只需要最后 5 个比特位。这就是 6 比特位关键字的结果是 5 比特位 CRC 的原因。在这种情况下，这个消息串的 CRC 字是 00010，所以当传输消息字 D 时，也要发送对应的CRC 字。

```
00101 )001011000101011101000011
       100101
       ─────────
      00100101
      100101
      ─────────────
      000000 0101110
             100101
             ─────────
            00101110
            100101
            ─────────
            00101100
            100101
            ─────────
            00100111
            100101
            ─────────
            000010          余数=CRC
```

当接收到消息时，重复上面的计算过程，使用 D 和协议的生成多项式 k，来验证结果余数是不是与传输中的 CRC 字相同。

上述过程是完整的 CRC 计算过程，许多实际工作也是采用这种方式实现，但是在这种方法中有潜在的缺点。从上面的计算过程可以看出，计算过程中忽略消息中任何在第一个"1"之前的"0"位。实际应用中有许多数据串很可能以一长串"0"开始。所以，这是一个麻烦的问题，在这种情形下，这种算法是不太适用的。

为了避免这个问题，可以在计算 n 比特位 CRC 之前提前协商，我们将始终以通过异或门的、带有 n 个"1"的 n 比特位消息串开始。基于惯例（传输者和接收者提前协定），前面的例子计算过程如下

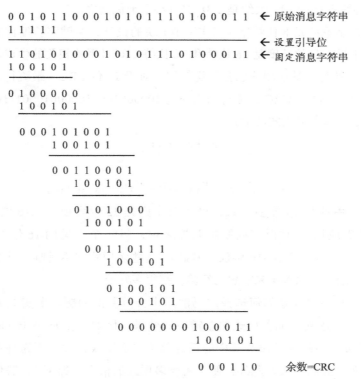

```
0 0 1 0 1 1 0 0 0 1 0 1 0 1 1 1 0 1 0 0 0 1 1   ← 原始消息字符串
1 1 1 1 1
                                                 ← 设置引导位
1 1 0 1 0 1 0 0 0 1 0 1 0 1 1 1 0 1 0 0 0 1 1   ← 固定消息字符串
1 0 0 1 0 1

  0 1 0 0 0 0 0
  1 0 0 1 0 1

    0 0 0 1 0 1 0 0 1
            1 0 0 1 0 1

      0 0 1 1 0 0 0 1
          1 0 0 1 0 1

        0 1 0 1 0 0 0
        1 0 0 1 0 1

          0 0 1 1 0 1 1 1
              1 0 0 1 0 1

            0 1 0 0 1 0 1
            1 0 0 1 0 1

              0 0 0 0 0 0 0 1 0 0 0 1 1
                        1 0 0 1 0 1

                  0 0 0 1 1 0      余数=CRC
```

因此，有了这个前导零修复方法，这条消息串的基于生成多项式 100101 的 5 比特 CRC 字是 00110。这也是所有计算 CRC 以及许多商业应用程序的工作流程。人们有时会使用各种查表程序，来加快除法运算，但是这并没有改变基本的计算，也并不能改变结果。此外，人们有时会同意各种非标准约定，例如解释反序的位，但是必要的计算仍旧是相同的。（当然，对于传输者和接收者来说，事先协定全部遵守的约定是十分必要的。）

前面讨论的是给定关键字多项式计算 CRC 的过程，很自然会想到一个问题，是否一些

关键多项式比其他的更好呢（更好的健壮性检查）。从一方面来说，答案显然是对的，因为关键字越大，被破坏的数据未被检测到的概率就越小。在消息串后附加 n 比特的 CRC，由于 2^n 因子增加了字符串的总数目，但是并没有增加自由度，每个消息串都有唯一的 CRC 字。因此，我们建立起一个场景，只有 2^n 分之 1 的串（消息 +CRC）是有效的。如果我们将 CRC 字附加到消息后，结果是生成多项式的倍数。所有可能的组合字符串，只有生成多项式的倍数是有效的。

那么，如果我们假定数据的任何破坏都是以随机的方式产生影响，也就是说，损坏的字符串与原始字符串是完全不相关的，则已损坏的字符串未被检测到的概率是 $1/(2^n)$。这是为什么人们说 16 比特位的 CRC，数据中的错误未被检测到的概率是 $1/(2^{16})$=1.5E-5 而 32 比特位的 CRC 的概率是 $1/(2^{32})$，大约是 2.3E-10（小于十亿分之一）。

由于大多数数字系统是 8 比特字（叫作字节）块的设计，关键字长度比较常见的是 8 比特的倍数。实际中最常见的长度是 16 比特和 32 比特 CRC（因此相关的生成多项式对应的是 17 和 33 比特）。一些特定的多项式已被广泛使用。对于 16 位 CRC，最流行的关键字之一是 10001000000100001，32 位 CRC 最流行的之一是 100000100110000010001110110110111。这些关键字可以表示成以下多项式的形式

$$x^{16}+x^{12}+x^5+1$$

以及

$$x^{32}+x^{26}+x^{23}+x^{22}+x^{16}+x^{12}+x^{11}+x^{10}+x^8+x^7+x^5+x^4+x^2+x+1$$

X25 标准中使用的是 16 位多项式，以太网中则是 32 位多项式，16 位和 32 位多项式都广泛应用于各类应用。（对很多调制解调器来说，另一个常见的 16 位关键字多项式是 11000000000000101，这是 CRC-16 协议的基础。）这些多项式并不是唯一适合 CRC 计算的，但是使用既定的标准，采取多年来积累的经验，有很多好处。

尽管如此，这些多项式是如何选择的仍然是十分重要的问题。事实上可以使用一定程度上的任意多项式，达到标准多项式的差错检测效果。例如，在 m 小于 n 时，任何 n 位的 CRC 都可以检测 m 个连续翻转比特位中的任意单个突发错误，这是因为基本上较小的多项式不可能是较大多项式的倍数。此外，使用校验多项式的倍数，即 $x+1$，我们能够保证任意奇数位的检测。简化形式的多项式是 $x+1$ 的倍数，当且仅当有偶数个项时。

有趣的是，标准的 16 位多项式同时包含奇偶校验，但是标准 32 位 CRC 则不然。这似乎是标准 32 位 CRC 的不足之处，其实不然，因为包含奇偶校验会带来其他期望特性的开销。更重要的是两个分离的单比特错误的检测，而标准 CRC 多项式的选择也是保证在检测这类双错误时更加健壮。注意，基本错误字 E 表示两个差错位由 j 位分离，形式为 x^j+1，或者等价于 x^j-1。另外，差错 E 叠加在消息 D 上不会被检测到，当且仅当它是关键字多项式 k

的倍数。因此，对于 $t=1$，2，$\cdots m$，如果选择的关键字不是任何 x^t-1 形式的多项式的除数，那么我们确信可以检测到任何发生两个差错位的情况，发生错误的位置距离在 m 以内。

怎样找到这样的多项式呢？为此我们使用本原多项式。例如，我们想要保证距离 31 以内的比特位的错误。那么先将差错多项式 $x^{31}-1$ 表示成不可约的因子（使用简单的运算，将系数模 2）。可以得到分解成以下因子

$$x^{31}-1=(x+1) \times (x^5+x^3+x^2+x+1) \times (x^5+x^4+x^2+x+1) \times (x^5+x^4+x^3+x+1) \times (x^5+x^2+x+1) \times$$
$$(x^5+x^4+x^3+x^2+1) \times (x^5+x^3+1)$$

除了校验因子 $x+1$，这些都是本原多项式，表示 $x^{31}-1$ 的原根，因此当 j 小于 31 时，它们不可能是任何 x^j-1 形式多项式的除数。注意，x^5+x^2+1 是 100101 的生成多项式，是第一个例子中的 5 位 CRC。

另一种寻找方式是通过递推公式。例如，多项式 x^5+x^2+1 对应于递推关系 $s(n)=(s(n-3)+s(n-5))$ 模 2。计算初始值是 00001。

|--> 重复循环

0000100101100111110001101110101000001

注意序列重复的周期是 31，事实上这是基元 x^5+x^2+1 的另一个结果。从中也可以看出，五个连续位的设置是从 1 到 31 的数字重复运行。相反地，多项式 x^5+x+1 对应的递推关系是 $s(n)=(s(n-4)+s(n-5))$ 模 2，有以下过程

|--> 重复循环

00001000110010101111100001

注意，重复周期是 21，意味着多项式 x^5+x+1 除 $x^{21}-1$。实际上，x^5+x+1 可以分解为 $(x^2+x+1)(x^3+x^2+1)$，这两个因子都可以整除 $x^{21}-1$。因此，可以认为多项式 x^5+x+1 的健壮性要弱于 x^5+x^2+1，至少从最大化两个分离的差错位距离来保证不被检测到这个观点来看是这样的。

另一方面，有些差错模式可以被 x^5+x+1 检测到，而 x^5+x^2+1 不能检测到。如前面指出的，任何 n 位 CRC 以 2^n 增加了串占用的空间，因此完全任意的差错模式被差的多项式检测到差错的可能性小于较好的多项式。好的和不好的生成多项式之间的差别的前提是，现实生活中最可能出现的差错模式并不是完全随机的，更可能是数目非常小（比如一个或者两个）的比特位。我们想要一个可以将翻转位数最大化的生成器，这样可以从有效的字符串得到另一个。我们可以覆盖所有 1 位错误，并且选择合适的生成器，有效覆盖几乎所有的 2 位错误。

习题与解答

1. 什么是早期令牌发布？

解析：在标准的令牌环运行中，发送信息的站持有令牌直至发送的数据环绕整个环。在发送站收到环上的数据后，该站释放令牌。

在早期令牌发布中，在发送站发送完数据帧后，令牌被立即释放。而这就有了性能提高的可能，因为在下行的邻居等待令牌的过程中没有延迟。早期令牌发布只适用于 16 兆位的环。

2. 以太网和令牌环网络之间的区别是什么？

解析：令牌环网是单次访问，这意味着只有一个令牌。因此，在任何给定时间只有一个站可以使用局域网。以太网是一个共享的访问媒介，所有的站在同一时间有同等的网络访问权利。

3. 令牌环的运行速度是多少？

解析：令牌环的运行速度为 4 Mbps 和 16 Mbps。

4. 什么是信标帧？

解析：信标帧是由不检测接收信号的一个或多个站点发送的。站点会播报这些信标 MAC 帧直到接收信号被恢复。

5. 介质访问方法分为随机法、最大化法和最小化法。

解析：错误

6. ALOHA 是一种早期的要求帧确认的多路随机访问方法。

解析：正确

7. 在载波侦听多路访问（CSMA）中，站点在发送数据前必须对介质进行侦听。

解析：正确

8. 在载波侦听多路访问（CSMA）中，服务器会告知设备发送数据的时间。

解析：错误

9. 控制访问方法包括：预约、轮询和令牌传递。

解析：正确

10. 载波侦听多路访问 / 碰撞避免（CSMA/CA）是在碰撞发生之后进行纠正的载波侦听多路访问。

解析：错误

11. 载波侦听多路访问 / 碰撞检测（CSMA/CD）是有碰撞解决机制的载波侦听多路访问。

解析：正确

12. 频分多址（FDMA）、时分多址（TDMA）和码分多址（CDMA）是控制访问方法。

解析：错误

13. 信道化是一种网络上站点之间在时间、频率或编码共享可用带宽的多路复用方法。

解析：正确

14. 在预约接入方式中，一个站点通过控制发送和接收二级站点的信息为数据保留空间。

解析：错误

15. 多路访问协议包括：

A）随机访问协议　　　　　　　　　　B）信道化协议
C）控制访问协议　　　　　　　　　　D）以上全部

解析：D

16. ALOHA 是一种最早的_____。

A）随机访问方法　　　　　　　　　　B）信道化协议
C）控制访问方法　　　　　　　　　　D）以上全部

解析：A

17. 轮询是以拓扑为工作原理, 一个设备作为_____站点, 其他的设备作为_____站点。

    A) 从属、主要　　　　B) 主要、从属　　　　C) 永久、临时　　　　D) 物理、虚拟

    解析: B

18. 当_____时, 选择模式被启用。

    A) 发送方有数据要格式化　　　　　　　　B) 接收方有数据要接收

    C) 主设备有数据要发送　　　　　　　　　D) 从属设备有数据要发送

    解析: C

19. 当_____时, 轮询方法中的从属设备开始工作。

    A) 主设备向从属设备请求传输数据　　　　B) 从属设备向主设备请求传输数据

    C) 从属设备想要重写主设备　　　　　　　D) 主设备处于弹性模式

    解析: A

20. 轮询是一种_____。

    A) 随机访问方法　　　　　　　　　　　　B) 控制访问方法

    C) 信道化方法　　　　　　　　　　　　　D) 以上都不是

    解析: B

21. 在预约方法中, 一个站点需要在_____前进行预约。

    A) 发送数据　　　　B) 接收数据　　　　C) A 与 B　　　　D) 以上都不是

    解析: A

22. 在信道化方法中, 一条链路的可用带宽通过_____共享。

    A) 时间　　　　　　B) 频率　　　　　　C) 编码　　　　　　D) 以上都是

    解析: D

23. 访问控制相比随机访问有什么优势?

    解析: 在随机访问方法中, 没有站点来控制信道, 因此所有站点都有机会来访问信道。然而, 如果有超过一个站点发送数据, 就会发生访问冲突, 然后帧就会被破坏或者修改。如果可能的话, 为了避免冲突的发生或者解决冲突事件, 我们就需要一些机制来解决这些因冲突而产生的问题。这些随机访问方法包括 ALOHA 和 CSMA。

    在控制访问中, 站点通过询问其他站点来知道哪个站点有权发送数据。一个站点除非经过其他站点的授权否则无权发送数据。以下三个是流行的访问控制方法: 预留、轮询、令牌传递。

24. n 个站点共享 64kbps 的纯 ALOHA 信道。每个站点每隔 100 秒发送 1000b 的帧。那么最大允许的 n 值是多少 (最多能连接多少个站点)?

    解析: 纯 ALOHA 的最大吞吐量是 18.4%。

    因此可用信道的速率等于 $0.184 \times 64\text{kbps} = 11.77\text{kbps}$。

    每个站点每秒输出的比特数为 1000b / 100s = 10bps。

    n 个站点以 10bps 的速率共享 11.77kbps 的可用信道, 所以 $n = 11.77 \times 10^3 / 10 = 1177$。

25. 考虑 2 个相距 2km 的站点。一个站点以 2Mbps 的速率来传输 200b 的帧。传播的速度是 3×10^8 m/s。假设两个站点都以每秒 10000 帧的速率来产生数据。那么对于纯 ALOHA 来说, 产生冲突的概率是多大?

    解析: 在解决这个问题前, 让我们先来定义传播时间和传输时间的术语。

    传输时间: 传输时间是指从数据开始发送直至数据发送完成的时间。对于一条数字信息, 是指从第一个比特开始发送直到消息的最后一个比特离开传输节点的时间。数据包的传输时间可以通过

包大小和传输的比特速率求得，如下：

包的传输时间 = 包大小 / 比特速率 或者 消息大小 / 带宽

例如，一个100Mbps（或者100 000 000bps）的以太网传输最大的1526字节的包需要的最大传输时间 = 1526 × 8 b / 100 000 000 = 122μs

传播时间：传播时间是指信号头从发送方传递到接收方所花费的时间。它可以通过链路的距离和特定介质的传播速度的比值计算得到。

传播时间 = 距离 / 传播速度

由问题的说明可知，我们有了G值：104（10000个帧每秒）。

那么总时间 T = 传输时间 + 传播时间 = $2 \times 10^3 / (3 \times 10^8) + 200 / (2 \times 10^6) = 66.7 \times 10^{-6}$s

纯ALOHA冲突的可能性为：

$$= 1 - e^{-2GT}$$
$$= 1 - e^{-2 \times 10^4 \times 66.767 \times 10^{-6}}$$
$$= 1 - e^{-1.334}$$
$$= 1 - (2.718)^{-1.334} = 1 - 0.27 = 0$$

26. 考虑在低负载的情况下，纯ALOHA和分段式ALOHA协议，哪一个效率更低？请说明理由。

    解析：单从数据来看，纯ALOHA协议比分段式ALOHA协议低效（在普通负载或者在竞争信道下碰撞发生时）。然而，如果信道负载低，那么纯ALOHA协议可以达到分段式ALOHA协议的效率。但是，如果再将分段式ALOHA协议的发送数据包的延时考虑在内，那么我们可以说分段式ALOHA协议的延时要比纯ALOHA协议的长，因为纯ALOAH协议是直接发送数据包的。

27. 为了防止在第一个比特到达网络的最远端时和别的帧发生碰撞，需要设定一个64B的最小帧长度。那么如果网络速度加快了，最小帧长度该如何调整？

    解析：当网速加快，最小帧长度必须增大或者最大传输距离必须减小，只有这样发送才可以得出帧已经成功发送而没有发生碰撞的结论。

28. 现有不同速率的TDM发送源，考虑将三条数据流：8kbps，16kbps，24kbps，结合成一条高速率的TDM流，该怎么做？

    解析：在这种情形下高速流的传输速率须为三个源的速率之和，即48kbps。为了得出在多路复用下分配给各个源的时隙数目，我们需要将比例8:16:24进行约分，得到1:2:3。约分得到的比例和为6，这正是在多路复用时循环时隙分配的最小长度。因此，在每一轮循环的6个时隙中，我们分配一个时隙给源A（8kbps），两个时隙给源B（16kbps），三个时隙给源C（24kbps）。图7-4解释了这种分配，a表示从源A发出，b表示从源B发出，c表示从源C发出。

29. 考虑一个有四个低速源的系统，速率分别为20kbps，30kbps，40kbps和60kbps，如果使用TDM将其结合成一条链路，该如何分配？

    解析：速度比例20:30:40:60，约分后得到2:3:4:6。循环的长度因此为2 + 3 + 4 + 6 = 15个时隙。在每15个时隙中，我们分配2个给10kbps的源，3个给15kbps的源，4个给20kbps的源，6个给30kbps的源。

30. 解释为什么隐藏终端的问题可以通过CSMA/CA协议解决。

    解析：在无线局域网中，如果我们使用CSMA协议会发生隐藏站点的问题。假设站点A、B、C、D从左到右排成一条直线。设想A要发送数据给B，然而C无法感知到传输信号，因为这在A的范围之外，它会认为发送给B是安全的。而这会在B站点处发生碰撞，这种竞争非常难检测到，因此被称作隐藏站点问题。

产生这个问题的主要原因是发送方不能正确了解到接收方的活动。CSMA 只能知道周边是否有活动，然而，如果使用 CSMA/CA 协议，发送方可以通过握手得到接收方的状况。例如，站点 C 可以收到 B 的 CTS 然后得知 A 传送数据所需要的时间，它会停止传输直到 A 传输完毕。

31. 给出以下信息，请计算出需要的最小带宽：
   - FDM 多路复用
   - 5 个设备，每一个需要 4000Hz
   - 每个设备间需要 200Hz 的保护带宽

   解析：
   设备数目 = 5
   需要的保护带宽数目 = 4
   因此需要的总带宽 =（4000 × 5）+（200 × 4）= 20.8 kHz。

32. 一个小型的本地局域网（LAN）有四台设备 A、B、C 和 D，它们按照下图方式连接：

   A）节点 A 使用通用数据报协议（UDP）同时向节点 B、C 和 D 单播一个 10 MB 的图像文件。假设每一个帧能传送 1024 字节的 UDP 数据，每一秒能够传送 50 个数据报到各个目的地，请计算局域网 1 的带宽。

   B）计算局域网 2 的带宽。

   解析： 参见 TCP 和 UDP 章节。

33. 考虑一个有 n 个节点的组共享纯 ALOHA 信道，每一个站点每 100 秒都有新的数据包到达，每个包的大小为 1000 b。那么 n 值最大为多少？

   解析： 传输速率应为：$n × $（1000 b 每个包）×（1 个包 /100 秒）= $10n$ bps。因为在纯 ALOHA 中效率 = 18%，有效速率为 $0.18 × 64\,000$ bps = 11 520 bps。

   $$需要速率 = 可达速率$$

   $$\rightarrow 10n = 11$$

   $$\rightarrow 520n \leqslant 1152 \text{ 个站点}$$

34. 假设在一个无环的 1 km 链路以 10 Mbps 速率实行 CSMA/CD 协议，信号传播的速度为 200 000 km/s。计算以下值：

   A）端端延时

   B）最差情形下的碰撞检测时间

   C）最小帧长度

   D）假设将带宽从 10 Mbps 提高到 100 Mbps，以上三个值会发生什么变化？

35. 以下表述是否正确：对于一个 p2p 的文件共享应用，在通信时没有服务器端和客户端的概念。

   解析： 不对。所有通信都有客户端与服务器端。在一个 p2p 的文件共享应用中，接收文件的用户就是典型的客户端，而发送文件方就是服务器端。

36. 当碰撞发生时，CSMA/CD 如何解决？
    A）网络中所有系统均阻塞，之后再次重新开始传输
    B）碰撞中的主机发送一个 RTS 信号指出重传需要的时间
    C）碰撞中的主机发送一个阻塞信号，然后在重传前执行某一算法
    D）碰撞在 CSMA/CD 中不会发生
    解析： C

37. 在面向碰撞的环境中（例如以太网），如何保证公平的访问网络？
    A）主机通过令牌的循环流转来得到公平的网络访问，只有当主机拿到令牌时它才能传输数据
    B）主机根据它们的 MAC 地址来决定访问网络的顺序
    C）主机通过在给定的时隙中传输数据来得到平等的网络访问
    D）主机通过发送一个传输意愿来表达
    E）主机在尝试发送前检查网络的状况；如果碰撞发生了，它们就会等待一个随机的时间然后再重新传输
    解析： E

38. 直通转发路由器比存储转发路由器的端端延迟要短，是否正确？
    解析： 正确。只要数据报的头到达，直通路由器便开始进行传输；而存储转发路由器只有当收到了完整的一个包之后才会进行转发。

39. 3 个用户 X、Y 和 Z 通过共享链路连接到互联网。在给定时间中 X、Y 和 Z 只有一方可以使用链路。链路带宽为 1 Mbps。有以下两种使用共享链路的策略：
    - TDMA：每一个时隙为 0.1 秒
    - 轮流：每一次增加 0.05 秒的延时，然后用户只要还有数据传输就可以一直使用链路，只有当用户需要时才请求传输。
    在以下两种情形，你会选择哪一种策略，为什么？
    A）X、Y 和 Z 每秒发送一个 40 KB 的文件
    B）X 每秒发送 80 KB 的文件，而 Y 和 Z 每秒发送 10KB。
    解析：
    A）TDMA。原因：每一个用户需要 40 KBps = 0.32 Mbps，而当对 TDMA 进行信道分割时，每个用户分配 0.33 Mbps，则能够完全传输。另外，轮流发送文件并不能满足要求：$3 \times 0.32 + 3 \times 0.05 = 1.11\,s > 1\,s$，会造成超时。
    B）轮流。原因：首先，如果使用 TDMA，X 没有足够的信道来传输，80 KBps = 0.640 Mbps > 0.33 Mbps。其次，使用 TDMA，Y 和 Z 会浪费 3/4 的信道。另一方面，若采用轮流发送，就会有足够的信道进行传输数据：$0.64 + 0.05 + 0.08 + 0.05 + 0.08 + 0.05 = 0.95\,s$。

40. 比较纯 ALOHA 和时隙 ALOHA，当传输负载很低时，哪一个延迟更小？为什么？
    解析： 纯 ALOHA 的延时更小，因为它不用等待下一个时隙的到来。

41. 在不同的局域网中，为了达到高效率和高传输速率，我们使用了许多不同的信号编码技术。是否正确？
    解析： 正确

42. 在 CSMA 中，当站点发现介质繁忙时，应当有一个具体的应对算法来指明具体需要做的事。是否正确？
    解析： 正确

43. 在很宽的负载范围内，使用二进制回退的 p- 持续算法的效率高。是否正确？

解析： 错误

44. 以太网包括介质访问控制层和物理层。是否正确？

解析： 正确

45. 全双工站点可以同时发送和接收数据。是否正确？

解析： 正确

46. _____ 将时隙分割成统一的帧传播时间大小，且传输只能在时隙的边界进行传输。

A）以太网　　　　　　　B）ALOHA　　　　　　C）边界依赖　　　　　　D）CSMA

解析： B

47. 以太网的速率包括_____。

A）100 Mbps，1 Gbps，10 Gbps 和 100 Gbps

B）10 Mbps，100 Mbps，1 Gbps 和 10 Gbps

C）1 Gbps，10 Gbps，100 Gbps 和 1000 Gbps

D）10 Mbps，100 Mbps，1000 Mbps 和 10 Gbps

解析： B

48. _____ 的一个问题是，即使有多于一个站点等待传送数据，介质仍会在传送结束时有一定的空闲，而这造成了带宽的浪费。

A）1- 持续 CSMA　　　　　　　　　B）时隙持续 ALOHA

C）p- 持续 CSMA　　　　　　　　　D）非持续 CSMA

解析： D

49. CSMA/CD 中有一条规则是"在收到忙信号后，等待一个随机的时间，然后再重新传输"。这个随机时间是_____。

A）前驱　　　　　　B）回退　　　　　　C）累计　　　　　　D）载波时间

解析： B

50. 以下哪一个使用了两条光纤，其中一条用于发送，另一条用于接收，并使用了强度调制的技术。

A）100BASE-T4　　　　　　　　　B）10BASE-F

C）100BASE-FX　　　　　　　　　D）10BASE-T

解析： C

51. 为什么 802.11（无线）网络使用了确认机制？

解析： 与可以检测到碰撞的以太网不同，在无线网环境中检测碰撞非常困难，因为在发送处的信号强度比接收处的强得多。由于检测不到碰撞，发送方就不能确定数据是否已发送到目的地，因此就必须被使用确认机制了。

52. 为什么将网线做成双绞线的样子？

解析： 将网线绞成一对能够减少电磁干扰。例如，它能减少捆绑成一个电缆的线之间的串扰。

53. 以下哪一个以太网框架被用于 TCP/IP 和 AppleTalk 中？

A）以太网 802.3　　　　　　　　　B）以太网 802.2

C）以太网 II　　　　　　　　　　　D）以太网 SNAP

解析： D。以太网 802.3 通过 3.11 在 NetWare 2 中使用，以太网 802.2 在 NetWare 3.12 和后 OSI 路由中被使用，以太网 II 在 TCP/IP 和 DECnet 中被使用，以太网 SNAP 在 TCP/IP 和 AppleTalk 中被使用。

54. 以太网是不确定的，是出于以下哪一个原因？

A）无法确定从一个设备发送帧到另一个设备的时间

B）无法确定在发送帧时是否发生了错误

C）无法确定另一个设备是否想要发送数据

D）无法确定一个设备等待发送数据所需的最大时间

解析：D

55. 多路复用创建的帧所包含的数据只来自于那些有需要发送_____多路复用的输入源。

A）频分   B）数据时分   C）同步时分   D）密集波分

解析：B

56. 一条串行通信链路使用异步传输机制，有1个开始位，8个数据位和1个奇偶校验位，如果以波特率为9600的速度传输，那么每秒能传输多少个8位字符？

A）600   B）800   C）876   D）1200

解析：B。波特是链路传输速度的单位，波特率 = 9600 位，18 位字符的波特大小为 12，因此，字符的数目 = 9600/12 = 800。

57. A 和 B 是以太网上仅有的两台设备，每一个都有一串待发送的帧。A 和 B 都尝试发送一个帧，发生了冲突，然后 A 赢得了首轮回退赛。而当 A 即将要传输完成时，A 和 B 又尝试发送数据，发生了碰撞。那么 A 赢得第二轮回退赛的概率是_____。

A）0.5   B）0.625   C）0.75   D）1.0

解析：B。A 赢得第一轮的条件是（0，1），而后，在第二轮中的条件为（0，1，2，3）。那么概率 = 1/2 × 3/4 + 1/2 × 1/2 = 3/8 + 1/4 = 0.625。

58. 在一个由网桥互相连接的局域网中，数据包通过中间网桥从一个局域网传输到另一个局域网。由于在两个局域网中有可能存在不止一条路径，数据包有可能路由经过多个网桥。那么为什么在网桥路由时，使用了生成树算法？

A）为了找到局域网间的最短路径

B）为了避免在路由路径中产生环

C）为了差错控制

D）为了减少冲突

解析：B。生成树算法能够在一个图中找到无环树，在网络中应用生成树算法的原因就是为了在路由路径中除去环。

第 6 章

ARP 和 RARP

6.1　地址解析协议

6.1.1　什么是地址解析协议

地址解析协议（Address Resolution Protocol，ARP）是用于将 IP 地址转换成 MAC 地址的网络层协议。每一块网络接口卡（Network Interface Card，NIC）都拥有一个硬件地址，或与之相关的 MAC 地址。虽然应用程序能够理解 TCP/IP 的寻址过程，但是网络硬件设备（比如 NIC）却并不了解。

例如，两块正在通信的以太网卡对于所使用的 IP 地址并不了解。相反，它们使用分配给每块网卡的 MAC 地址来为数据帧寻址。ARP 用于提供从 32 比特的逻辑 TCP/IP 地址到 48 比特的物理 MAC 地址的映射。

ARP 将基于 TCP/IP 的软件所使用的 IP 地址解析为 LAN 硬件所使用的介质访问控制地址。

6.1.2　为什么需要 ARP

Internet 由多个物理网络通过互联设备（例如路由器、网关等）连接而成。来自源主机的报文可能会通过不同的物理网络才能最终到达目的主机。

位于网络层的主机和路由器是通过它们各自的逻辑地址标识的。逻辑地址就是因特网地址。逻辑地址是全局唯一的。之所以称作逻辑地址，是因为它通常在软件中使用。每个涉及互联网络的协议都需要逻辑地址。在 TCP/IP 协议簇中，逻辑地址对应为 IP 地址，长度是 32 比特。

然而，报文是通过物理网络送达主机与路由器的。在物理层，主机与路由器是通过各自的物理地址而被识别的。物理地址是一种本地地址。它的范围是本地网络。物理地址要求本地唯一，但不必全局唯一。之所以叫作物理地址，是因为它通常（并不总是）在硬件中使用。物理地址的例子有以太网使用的 48 比特 MAC 地址，以及主机与路由器的网络接口卡上标记的令牌环协议。

物理地址和逻辑地址是两种不同的标识。二者都是必需的。这是因为一个物理网络（例如 Ethernet）在网络层可能会同时被两种不同的协议使用，例如 IP 和 IPX（Novell）；类似地，网络层报文（例如 IP）会经过不同的物理网络，比如 Ethernet 和 LocalTalk。

也就是说，将报文传输至主机或路由器需要两个层次的寻址：逻辑寻址与物理寻址。

因此，我们需要解决的主要问题是：一方面，IP 数据报包含的是 IP 地址，而主机与路由器上的硬件接口只理解物理网络的寻址方式；另一方面，这些硬件接口又是在 IP 数据报传输过程中必须使用的。

6.1.3 地址映射和解析

我们需要为一个逻辑地址和对应的一个物理地址建立映射，反之亦然。这些工作可以采用静态或者动态的映射方法。

静态映射是指创建一张逻辑地址与物理地址相关联的表格。这张表格存储在网络中的每一台主机上。例如当一台主机知道另一台主机的 IP 地址，却不知道其物理地址时，就需要查询这张表格。这种方法是有局限性的。物理地址会由于以下原因而发生改变。

一台机器更换了它的网络接口卡，会产生一个新的物理地址。在一些局域网中，比如 LocalTalk，计算机每次启动时物理地址都会改变。一台可移动计算机会从一个物理网络移动至另一个物理网络，从而导致物理地址的改变。为了应对这些改变，静态映射表必须周期性地更新。因此，这种方法会产生巨大的网络开销。

在动态映射中，每当主机知道两个地址（逻辑的或物理的）中的一个时，便可使用协议去查询对应的另一个地址。

地址解析是指在网络中查找主机地址的过程。在这种情况下，使用协议来解析地址是通过广播的方式向一台远程主机发出请求信息。远程主机在接收到请求报文后，将合理的地址信息包含其中并转发。一旦源主机接收到地址信息，地址解析的过程就完成了。

有两个协议可用于实现动态映射：地址解析协议（Address Resolution Protocol，ARP）与逆向地址解析协议（Reverse Address Resolution Protocol，RARP）。ARP 是将一个逻辑地址映射到一个物理地址，RARP 则是将一个物理地址映射到一个逻辑地址。

ARP 的目标是让网络中的每一台主机都建立起一张从 IP 地址到链路层地址（MAC 地址）的映射表。由于映射关系会随时改变，因此映射表中的每一项会被定期移除。ARP 的优势在于许多链路层网络技术（例如，Ethernet 与令牌环）都支持广播。如果一台主机想要发送 IP 数据报给另一台处于同一网络上的主机，它首先会检查缓存中的映射表。

　　ARP 协议维护了地址的转换规则，并在 OSI 的层次间提供了双向的地址转换，如上图所示。这些功能用于显示和修改 ARP 表中的项目。

　　总之，ARP 将 IP 地址转换为 MAC 地址，而 RARP 用于根据 MAC 地址来查找 IP 地址。

6.1.4　ARP 的四种情况

　　当一台主机或者路由器需要查找网络中另一台主机或者路由器的物理地址时，它会发送一个 ARP 请求报文。该报文包含了发送者的物理地址与 IP 地址，以及接收者的 IP 地址。由于发送者并不知道接收者的物理地址，因此会在网络中广播请求报文。

　　网络中的每一台主机或路由器会接收并处理该 ARP 请求报文，但是只有特定的接收者才会识别此 IP 地址并回送一个 ARP 应答报文。应答报文包含了接收者的 IP 地址与物理地址。根据请求报文中发送者的物理地址，接收者将应答报文以单播的方式直接送达发送者。至此，发送者就可以根据应答报文中接收者的物理地址来向这一台目的主机发送报文了。

　　以下是 ARP 服务适用的 4 种情形：

　　1）发送者是一台主机，想要向同一个网络中的另一台主机发送报文。在这种情况下，逻辑地址，即数据报头中的目的 IP 地址，需要与一个物理地址建立映射关系。

　　2）发送者是一台主机，想要向另一个网络中的一台主机发送报文。在这种情况下，主机查询路由表，找到目的主机对应的下一跳的 IP 地址。如果没有路由表，则查询默认路由器的 IP 地址。此时，路由器的 IP 地址成为必须映射到物理地址的逻辑地址。值得注意的是，IP 地址仍然是目的地址，而物理地址是通往目的主机的路径上下一跳路由器的 MAC 地址。

　　3）发送者是一台路由器，并且接收到一个目的地址是处于其他网络主机的数据报。发送者会检查路由表，查询下一跳路由器的 IP 地址。下一跳路由器的 IP 地址成为必须映射到物理地址的逻辑地址。值得注意的是，IP 地址仍旧是目的地址，但是物理地址是通往目的主机的路径上下一跳路由器的 MAC 地址。

　　4）发送者是一台路由器，并且接收到目的地址是同一网络主机的数据报。数据报的目的 IP 地址成为必须映射到物理地址的逻辑地址。

6.1.5　ARP 如何为本地流量解析 MAC 地址

　　在下面的例子中，有两个配置有 TCP/IP 协议的节点，节点 1 和节点 2。它们处于同一个物理网络。节点 1 与节点 2 的 IP 地址分别为 10.0.0.69 和 10.0.0.70。

　　当节点 1 尝试与节点 2 通信时，会通过以下步骤将节点 2 的软件分配地址（10.0.0.70）解析为它的硬件分配介质访问控制地址：

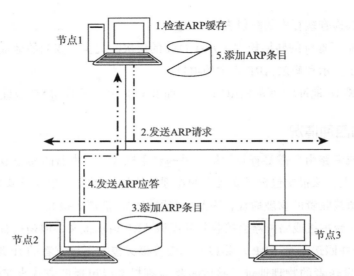

1）根据节点 1 的路由表信息确定与节点 2 通信时需要转发的 IP 地址为 10.0.0.70。然后，节点 1 检查其本地 ARP 缓存，查询是否有与节点 2 相匹配的硬件地址。

2）如果节点 1 在缓存中没有找到匹配的硬件地址，则向本地网络中的所有主机广播一个 ARP 请求帧，询问 "IP 地址 10.0.0.70 所对应的硬件地址是多少？"节点 1 作为发送者，它的硬件与软件地址都会包含在 ARP 请求中。

3）本地网络中的每一台主机都会接收到 ARP 请求，并检查自己的 IP 地址是否与之匹配。如果一台主机发现自己的 IP 并不匹配，则会丢弃该 ARP 请求。

4）节点 2 发现 ARP 请求中的 IP 地址与自己的 IP 地址相匹配，然后在本地 ARP 缓存中添加一条针对节点 1 的硬件 / 软件地址映射关系。

5）节点 2 直接向节点 1 发送一条包含自己硬件地址的 ARP 应答消息。

6）当节点 1 接收到来自节点 2 的 ARP 应答消息后，利用节点 2 的硬件 / 软件地址映射来更新自己的 ARP 缓存。

一旦节点 2 的介质访问控制地址被确定，节点 1 即可通过寻址节点 2 的介质访问控制地址，向节点 2 发送 IP 流量。

6.1.6 ARP 如何为远程流量解析 MAC 地址

ARP 可用于向本地路由器转发 IP 报文。这些 IP 流量的目的主机并不在本地网络中。在这种情形下，ARP 能够解析出本地网络中路由器接口的介质访问控制地址。

在下图中，两台主机处于不同物理网络中。它们之间通过一台路由器相连。ARP 能够根据这两台主机的 IP 地址解析出对应的硬件地址。

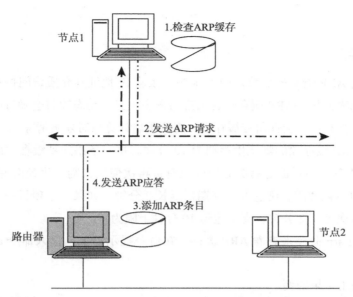

在上图的例子中，节点 1 和节点 2 所分配的 IP 地址分别为 10.0.0.69 和 192.168.0.69。路由器的接口 1 与节点 1 处在同一个物理网络中，IP 地址为 10.0.0.1。路由器的接口 2 与节点 2 处在同一个物理网络中，IP 地址为 192.168.0.1。

当节点 1 尝试与节点 2 通信时，会通过以下步骤将路由器接口 1 的软件分配地址（10.0.0.1）解析为硬件分配介质访问控制地址：

1）根据节点 1 的路由表信息，IP 协议能够确定通往节点 2 的转发地址为 10.0.0.1，即默认网关的 IP 地址。然后，节点 1 检查本地 ARP 缓存，查找与 10.0.0.1 匹配的硬件地址。

2）如果节点 1 未在缓存中找到匹配的映射项，则向本地网络中的所有主机广播 ARP 请求消息，询问"IP 地址 10.0.0.1 所对应的硬件地址是多少？"节点 1 作为发送者，它的硬件与软件地址都会包含在 ARP 请求中。

3）本地网络中的每一台主机都会接收到 ARP 请求，并检查自己的 IP 地址是否匹配。如果一台主机未发现匹配项，则丢弃该 ARP 请求。

4）路由器发现自己的 IP 地址与 ARP 请求消息中的 IP 地址相匹配。它将在本地 ARP 缓存中添加一条针对节点 1 的硬件 / 软件地址映射关系。

5）路由器直接向节点 1 发送包含自己硬件地址的 ARP 应答消息。

6）当节点 1 接收到来自路由器的 ARP 应答消息后，利用路由器接口 1（10.0.0.1）的硬件 / 软件地址映射来更新自己的 ARP 缓存。

一旦路由器接口 1 的介质访问控制地址被确定，节点 1 可通过寻址路由器接口 1 的介质访问控制地址向路由器接口 1 发送 IP 流量。然后，路由通过相似的 ARP 解析过程将 IP 流量转发给节点 2。

6.1.7   ARP 缓存

为了减少广播 ARP 请求的次数，ARP 维护一张从 IP 地址到介质访问控制地址映射关系的缓存表，以备未来使用。ARP 缓存包含动态与静态项目。动态项目会随着时间的推移而自动地添加与删除。静态项目会保留在缓存中，直到重启计算机时才被清除。

每一个动态 ARP 缓存项的默认生存期为 10 分钟。每一条添加到缓存中的新项都设有时间戳。如果一个动态项在添加之后 2 分钟内没有被再次使用，则产生超时并从 ARP 缓存中被移除。如果该项目被使用，则它的生存期再延长 2 分钟。如果一个项目一直被使用，那么它的生存期会被多次延长 2 分钟，直至达到 10 分钟上限为止。

我们可以利用 arp 命令来查看 ARP 缓存。在命令提示符下，键入命令 arp –a 即可查看 ARP 缓存。

以下是一个输出结果的例子：

接口：192.168.1.2 --- 0xf

Internet地址	物理地址	类型	Internet地址	物理地址	类型
192.168.1.1	00-08-5c-8d-4f-8f	动态	224.0.0.252	01-00-5e-00-00-fc	静态
192.168.1.255	ff-ff-ff-ff-ff-ff	静态	255.255.255.255	ff-ff-ff-ff-ff-ff	静态

要提高 ARP 解析的效率，缓存是必需的。ARP 缓存维护了最近的从 Internet 地址到硬件地址的映射关系。通常，缓存中每一项的超时时间是从该项创建起的 20 分钟。

6.1.8   ARP 代理

ARP 代理使得路由器能够为其所处任何一个网络的 ARP 请求做出响应，而这些 ARP 请求的目的主机往往处在路由器连接的另一个网络中。这种情况使得 ARP 请求的发送者认为这台路由器是目的主机，而事实上目的主机位于路由器连接的另一端网络中。此时，路由器充当了目的主机的代理，将其他主机发送的报文转发给目的主机。

6.2   逆向地址解析协议

6.2.1   什么是逆向地址解析协议

逆向地址解析协议（Reverse Address Resolution Protocol，RARP）是一个将给定的物理地址转换为 IP 地址的网络层协议。RARP 是 ARP 的补充。

如前面的章节所述，ARP 允许设备节点声明"我是节点 1，我知道节点 2 的 IP 地址，请节点 2 告诉我你的硬件地址是多少？"

正相反，RARP 被节点 1 用来声明"我是节点 1，我将使用我的硬件地址发送广播消息，有谁能告知我的 IP 地址是多少？"

RARP 报文格式与 ARP 报文几乎相同。RARP 请求以广播方式发送出去，并且通过发送者的硬件地址来进行区分。该请求报文要求其他任何节点回复发送者的 IP 地址。而应答报文通常是以单播的形式传输的。

6.2.2　为什么需要 RARP

当一台 IP 主机恰好是一台无盘机时，在初始时它将无法获得自身的 IP 地址。然而，它知道自己的 MAC 地址。因此，许多无盘系统在自启动时需要使用 RARP 来获取 IP 地址。

RARP 使得无盘计算机预先获取 IP 地址，来加载其他的高级操作系统。历史上，RARP 曾用在类似于 Unix 的无盘工作站中（也使用 RARP 获取引导映像的位置），也被公司用于向新购置的 PC 推出预配置的客户端（例如 Windows）安装。

6.2.3　RARP 服务器

RARP 通过发送一个包含无盘机 MAC 地址的报文来查询与这个 MAC 地址相匹配的 IP 地址。一台特定的 RARP 服务器负责响应这一请求。

接下来问题则变为：如果节点 1 都不知道自己的 IP 地址，谁会知道呢？答案是这台特殊的 RARP 服务器。通过配置，RARP 服务器能够侦听 RARP 请求并做出应答。在每一个使用 RARP 的物理网络中，至少应该有一台主机运行 RARP 软件。

6.2.4　RARP 的工作方式

节点 1 根据 RARP 声称"我是节点 1，我将要使用我的硬件地址发送广播消息，请大家告诉我的 IP 地址是多少？"在这种情况下，节点 1 提供了自身的硬件地址，并询问其所使用的 IP 地址。

网络中任何充当 RARP 服务器的设备都会对源节点发出的广播消息做出响应。RARP 服务器会生成一个 RARP 应答。

以下列出了 RARP 解析过程的一些关键步骤：

1）发送者生成 RARP 请求消息：源节点生成一条 RARP 请求消息，将发送者 MAC 地址与目的 MAC 地址都设置为自己的 MAC 地址。另外，将发送者 IP 地址与目的 IP 地址都设置为空。这是由于源节点并不知道这些 IP 地址。

2）发送者广播 RARP 请求消息：源节点在本地网络中广播 RARP 请求消息。

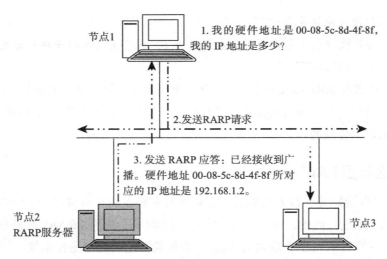

3）本地节点处理 RARP 请求消息：本地网络中的每一个节点都会接收并处理这条消息。没有被配置为 RARP 服务器的主机会忽略这个 RARP 请求。

4）RARP 服务器生成 RARP 应答消息：本地网络中的充当 RARP 服务器的节点会对来自源节点的广播做出响应。它生成一条 RARP 应答消息，并将应答消息中的发送者 MAC 地址与 IP 地址设置为自己的 MAC 地址与 IP 地址。显而易见，它就是 RARP 应答消息的发送者。然后，它将目的端的 MAC 地址设置为初始源节点的硬件地址。服务器在表中查询源节点的硬件地址，寻找对应设备所分配的 IP 地址，并将其填充到应答消息的目的 IP 地址域中。

5）RARP 服务器发送 RARP 应答消息：RARP 服务器以单播的形式将 RARP 应答消息发送给查询 IP 地址的源节点。

6）源节点处理 RARP 应答消息：源节点处理来自 RARP 服务器的应答消息。它将 RARP 服务器填充在应答消息中的目的 IP 地址作为自身的 IP 地址进行配置。

6.2.5　RARP 的相关问题

RARP 的相关问题包括使用广播、阻止路由器转发 RARP 请求以及返回最少的信息（只包含系统的 IP 地址）。

虽然 RARP 的概念比较简单，但是 RARP 服务器的实现是依赖系统的。因此并不是所有运行 TCP/IP 协议栈的主机都能够充当 RARP 服务器。

近年来，RARP 已停止使用。它已经被引导程序协议（Boostrap Protocol，BOOTP）与动态主机分配协议（Dynamic Host Configuration Protocol，DHCP）所取代。这两个协议均支持比 RARP 更丰富的功能。

　　RARP 的主要限制在于每一台中心服务器的 MAC 地址必须手动配置，并且协议只能返回一个 IP 地址。这就使得子网、网关以及其他信息的配置需要另外的协议或用户来承担。

　　与 BOOTP 或 DHCP 相比，RARP 的另一个限制在于它是一个非 IP 协议。这就意味着像 ARP 一样，它不能被客户端的 TCP/IP 协议栈所处理，而只能单独处理。

　　与 RARP 相比，BOOTP 是一个 UDP 网络协议，用于帮助网络客户端自动地获取 IP 地址。它通常被主机的引导程序或操作系统所执行。BOOTP 服务器从一个地址池中为每个客户端分配 IP 地址。

🔍 **注意**　关于 DHCP 的介绍，请参考应用层协议一章。

习题与解答

1. 假定存在以太网：

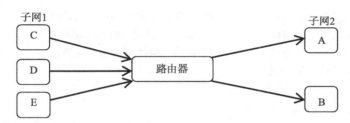

每一台主机与路由器的 IP、MAC 地址如下表所示：

主机	IP地址	MAC地址	主机	IP地址	MAC地址
路由器 1	125.100.15.10	e:f:g:h	C	135.22.12.15	q:r:s:t
路由器 1	135.22.12.10	a:b:c:d	D	135.22.12.20	u:v:w:x
A	125.100.15.15	i:j:k:l	E	135.22.12.25	y:a:b:c
B	125.100.15.20	m:n:o:p			

假定 ARP 表已完全填充，列出主机 E 的 ARP 表。

解析：主机 E 只会看到 135.22.12.0/24 网络中的其他主机（此处不考虑 TTL 值）：

主机	IP地址	MAC地址	主机	IP地址	MAC地址
C	135.22.12.15	q:r:s:t	路由器 1	125.100.15.10	e:f:g:h
D	135.22.12.20	u:v:w:x			

2. 继续问题 1，如果主机 E 向主机 C 传输以太帧，那么源、目的 IP 地址与 MAC 地址分别是多少？

解析：

主机	IP地址	MAC地址	主机	IP地址	MAC地址
源（E）	135.22.12.25	y:z:a:b	目的（C）	135.22.12.15	q:r:s:t

3. 继续问题 1，如果主机 C 向主机 B 传输帧，当该帧离开主机 C 时，源、目的 IP 地址与 MAC 地址分别是多少？当该帧到达主机 B 时呢？

解析：

离开主机 C 时：

主机	IP地址	MAC地址	主机	IP地址	MAC地址
源	135.22.12.15	q:r:s:t	目的	125.100.15.20	a:b:c:d

到达主机 B 时：

主机	IP地址	MAC地址	主机	IP地址	MAC地址
源（E）	135.22.12.15	e:f:g:h	目的（C）	125.100.15.20	m:n:o:p

4．ARP 的主要用途是什么？

A）将 URL 转换为 IP 地址　　　　　　B）将 IPv4 地址解析为 MAC 地址

C）为网络设备提供动态 IP 配置　　　　D）将 internet 私有地址转换为外部公有地址

解析： B

5．ARP 与 RARP 的区别是什么？

解析： ARP 是将一台设备的 MAC 地址解析为对应的 IP 地址。RARP 是将一台设备的 IP 地址解析为对应的 MAC 地址。

6．ARP 是＿＿＿＿＿。

A）被第三层使用的第三层协议　　　　B）被第二层使用的第二层协议

C）被第二层使用的第三层协议　　　　D）被第三层使用的第二层协议

E）被第一层使用的第二层协议　　　　F）被第二层使用的第一层协议

G）被第一层使用的第一层协议

解析： D

第 7 章

IP 寻址

7.1 简介

首先，我们来讨论一个基本问题：什么是协议？其实，协议就是一套通信规则的集合，用于连接网络中的多台计算机。例如，一个人去到某个不熟悉的地方，希望找到自己的目的地。那么此时需要有一些标准模式来使这些人通过对话彼此交流。这些标准模式是一些规则的集合。借助它们，我们才能够将数据发送到遥远的地方并与其他人进行交流。因此，在互联网中也有类似的一套协议。没有它，我们将无法实现通信。这些协议被称作通信协议。

只有当网络上的主机可以识别彼此时，它们才能够进行通信。毫无疑问你肯定听说过 IP 地址这个术语。除非你是一个技术员，否则你可能不会理解 IP 地址到底是什么或者它是如何工作的。让我们借助真实世界中的场景来探究这些概念。

互联网是一个连接几十亿设备的全球网络。每台设备都使用协议来与网络上的其他设备通信。这些协议管理了互联网上所有设备间的通信。

1969 年，BBN 科技公司开始为 ARPANET 建造接口消息处理器（Interface Message Processors，IMP）以及网络中被忽略的一个重要部分：管理计算机通信的软件。1969 年在美国国防部高级研究计划署（DARPA）的资助下，来自不同组织机构的研究生负责开发这些之前忽略掉的通信协议。它们成立了一个非正式的网络工作组（network working group）。他们的任务是连接上 ARPANET，并为其开发技术协议。此外，为了影响互联网上人与人之间的通信，他们还尝试建立一些非正式的协议。

从 1973 年至 1974 年，Cerf 在斯坦福的网络研究组完成了上述想法的细节，从而产生了最初的 TCP 的规范。此后，DARPA 联合了 BBN 科技公司、斯坦福大学以及伦敦大学学院在不同的硬件平台上开发了多个可运行协议版本，其中包括 4 个已开发的版本：TCP v1、TCP v2、TCP v3 / IP v3，以及 TCP/IP v4。

1975 年，两个网络间的 TCP/IP 通信测试在斯坦福和伦敦大学学院（UCL）之间进行。1977 年 11 月，三个网络间的 TCP/IP 通信测试在美国、英国和挪威的三个站点进行。1978 至 1983 年间，多个研究中心研发了其他几个 TCP/IP 的原型。

1981 年，网际协议第四个版本（IPv4）出现，其目前仍控制着大多数的内部网和互联网通信。它是处理远距离计算机通信的第一个可行的协议。之前的版本很难将数据路由到远距离并且保持高可靠性。之前许多没有解决的问题，IPv4 都给出了答案。

随后的十年，IPv4 的有用性很快浮出水面。IPv4 的前辈们没有考虑到大型通信的需求。IPv4 由互联网工程任务组（IETF）于 1981 年 9 月研发。1981 年 9 月，IP 首次被标准化，该规范要求每个连接到基于 IP 网络的系统需要被分配一个唯一的 32 位互联网地址值。

7.2 IP 地址

就像你的家有邮寄地址一样，任何连接到互联网的计算机或者设备也有一个邮寄地址，这个地址称作互联网协议地址。IP 地址是互联网协议（Internet Protocol，IP）地址的简称。IP 地址是 TCP/IP 网络上一台计算机或设备的标识。网络使用 TCP/IP 协议根据目的地的 IP 地址路由消息。

IP 地址由 32 比特组成，用以 "."分隔的十进制数表示：每 8 比特分别对应从二进制转换成十进制数，再将转换得到的 4 个十进制数以 "."分隔开。

IP 地址举例：

```
122.169.236.244
78.125.0.209
216.27.61.137
```

IP 地址可以是静态的也可以是动态的。如果是静态的，每次连接到网络时它都会保持不变，如果是动态的，每次连接到网络时本地的 DHCP 服务器都会为其分配一个新的 IP 地址。

🔍 **注** 更多关于 DHCP 的细节，请参考应用层协议一章。

7.3 理解 IP 地址

如前面看到的，32 个二进制比特被分成四个字节（1 字节 =8 比特）。每个字节被转换成十进制数并且用 "."分隔。由于这个原因，一个 IP 地址可以被认为是用点分十进制格式表示的（例如：172.16.81.100）。每个字节的值的范围是 0 ～ 255 的十进制数，或者是 00000000 ～ 11111111 的二进制数。

以下是一个字节的 8 位二进制数如何转换成一个十进制数：一个字节的最右位比特，或者称最低位比特对应值为 2^0。其左边比特的值为 2^1。向左依次类推，直至最左位比特，或者称最高位比特，其值为 2^7。

x	2^x	2^x（十进制）	x	2^x	2^x（十进制）
0	2^0	1	5	2^5	32
1	2^1	2	6	2^6	64
2	2^2	4	7	2^7	128
3	2^3	8	8	2^8	256
4	2^4	16			

所以如果所有比特均为 1，那么十进制数等于 255，如下所示：

1	1	1	1	1	1	1	1	
128	64	32	16	8	4	2	1	（128+64+32+16+8+4+2+1=255）

下面是一个字节转换的例子，该例子中并非所有比特都是 1。

0	1	0	0	1	0	0	1	
0	64	0	0	8	0	0	1	（0+64+0+0+8+0+0+1=73）

下面是一个 IP 地址的例子，该 IP 地址同时用二进制和十进制表示。

```
      10.         1.          22.        19        （十进制）
  00001010.   00000001.   00010110.   00010011   （二进制）
```

分解这些字节可以提供一种编址方案来使 IP 地址容纳大型网络和小型网络。有五种不同类别的网络，即 A ～ E。这里重点关注 A 类地址、B 类地址和 C 类地址，因为 D 类地址和 E 类地址是被保留的 IP 地址，对于它们的讨论超出了本书的范围。

7.4 IP 地址的重要性

例如，很多台电脑在一个房间里，想象一下，每台电脑都是一个人。每个人都被粘在一点并且不能移动。如果 Ram 想要和 Mary 交谈，他喊出"你好，Mary"并且 Mary 回应他，这样对话就开始了。这样看起来很好！是吗？

在一个小规模网络上，该方式会工作得很好，并且实际上在两个（或几个）设备间，该方式在一些网络协议下被有规律地使用。可是，互联网（正如我们今天所知道的）并非只有两个或几个人要互相交谈。不夸张地说，互联网有数十亿台设备。如果它们都被放置在同一间房间里（网段），想象一下如果 Ram 想要和 Mary 交谈会发生什么。Ram 呼喊"你好，Mary"，然后 Ram 的声音在人群中消失。当然，建造一间房间装下数十亿个人更是荒唐可笑的。

由于这个原因，网络被分隔成更小的若干段（更小的若干房间），这样在同一个网段（同一房间）的设备可以互相直接交谈。但是，对于外网段的设备，我们需要某种路由器将消息从一间房间传递到下一间房间。但是，巨大的网段（房间）数目意味着我们需要某种寻址方案，这样中间各种各样的路由器才能知道如何获得一个 Ram 给 Mary 的消息。

有了 IP 协议，他们可以给每个网段（房间）分配一个子网，并且路由器已经得知如何将一个消息从一个网段（房间）传递给下一个。例如，如果 Ram 的地址是 1.1.1.1，且 Mary 的地址是 2.2.2.2，Ram 的子网是 1.1.1.0/24（也就是说他的 IP 地址的前 3 字节必须与其所处的网段相匹配），Ram 需要将他要发送的消息传递给路由器，以便它能被传递到 Mary 的网段。Ram 知道他的路由器的地址是 1.1.1.2，所以他将消息传递给路由器，然后路由器又将消息传递给其他中间路由器，直至消息到达 Mary 的路由器 2.2.2.1，该路由器将消息直接交付给 Mary，并且 Mary 可以以相同方式发送回复给 Ram。

注　更多关于子网的细节，请参考子网一节。

实际上，同一子网内的计算机可以使用 MAC 地址彼此直接交流。真实情况是它先发送 ARP 请求（ARP= 地址解析协议），也就是说它会喊出"哪台计算机的 IP 地址是 X.X.X.X？"，拥有该 IP 地址的计算机发送响应，并且从那时起，它们直接开始互相交谈。

注：更多关于 ARP 的细节，请参考 ARP 与 RARP 一章。

7.5　IPv4 与 IPv6

今天正在使用的 IP 地址标准有两个。IPv4 标准更为人们所熟知，并且在互联网的任何地方都得到了支持。但是，IPv6 新标准正在缓慢地替代 IPv4 标准。IPv4 标准的地址包含 4 个字节（32 比特），而 IPv6 标准的地址有 16 个字节（128 比特）。

7.5.1　IPv4 地址记法

正如我们在之前几节所讨论的。一个 IPv4 地址包含 4 个字节（32 比特）。这些字节被称为 8 位字节。为了易读，人们通常使用以点分十进制记号法表示的 IP 地址。这个记号法在 4 个十进制数（8 位字节）之间放置句点（圆点或者"."），由此组成 IP 地址。例如，一个 IP 地址看上去是这样

$$00001010\ 00000000\ 00000000\ 00000001$$

写成点分十进制则为

$$10.0.0.1$$

7.5.2　IPv6 地址记法

IPv6 地址有了极大的改变。IPv6 地址有 16 字节（128 比特）长，而不是 4 字节（32 比特）。这个更大的尺寸意味着 IPv6 支持多于 300 000 000 000 000 000 000 000 000 000

000 000 个可能的地址！随着手机电话和其他用户设备数量的增长，网络规模也在扩大且需要更多的地址。较小的 IPv4 地址空间最终会被用光，那么 IPv6 将被强制使用。IPv6 比 IPv4 拥有更大的地址空间。

IPv6 地址一般写成以下这种十六进制格式：

$$hhhh:hhhh:hhhh:hhhh:hhhh:hhhh:hhhh:hhhh$$

对于 IPv6 的记号法，每隔 2 个字节之间用冒号分隔开，每个字节依次被表示成一个 2 位十六进制数，如下面的例子：

$$E3D7:0000:0000:0000:51F4:9BC8:C0A8:6420$$

如上所示，IPv6 地址通常会包含很多值为 0 的字节。IPv6 地址速记法在其表示中去掉了这些值（尽管在实际 IPv6 地址中这些字节是存在的），表示如下：

$$E3D7::51F4:9BC8:C0A8:6420$$

最终，许多 IPv6 地址是 IPv4 地址的扩展。这些情况下，IPv6 地址的最右四个字节（实际上是最右两对字节）会被重写成 IPv4 地址的写法。将上面的例子转化成混合记法

$$E3D7::51F4:9BC8:\textbf{192.168.100.32}$$

综上所述，IPv6 地址可以被写成全记法、速记法或者混合记法。

7.5.3 关于 IPv5

今天大多数计算机网络使用的网际协议（IP）版本是第 4 版，称作 IPv4。IPv6 版本被期待有一天成为下一个全世界标准。你可能很好奇 IPv5 这个中间版本发生了什么。

至今，网际协议都被认为只有 IPv4。协议自身开发和实验阶段会使用到版本 0 至 3。所以，我们可以假定在把一个协议变成成果前很多背景工作仍然在积极展开。版本 5 被用来试验互联网的流协议。我们都知道因特网流协议，该协议使用 IPv5 来封装它的数据报。IPv5 是一个 IP 层协议，其提供网络上的端到端保证服务。也就是说，其与 IP 在网络层兼容，并且被用来提供对于流服务的服务质量保证（QoS）。

简言之，由于开销问题，IPv5 从未成为一个官方协议。许多年前，因特网流协议（Internet Stream Protocol，ST）被业界研究人员认为是 IPv5，但是，ST 在成为一个标准，或者是被接受为 IPv5 之前就被放弃了。关于 ST 和 IPv5 的工作并没有重新开始。尽管没有被推广给公众使用，但是它确实曾被使用过。

7.6 分类编址：IPv4 地址的类别

为了适应支持不同大小的网络，设计者认为 IP 地址空间应该分为几个类别。IPv4 地址

空间可以被细分为 5 类：A 类、B 类、C 类、D 类和 E 类。每一类地址都代表一个子网。它所包含的地址在整个 IPv4 地址空间中是连续的。由于将地址空间划分入 3 个预定义的类别中，因此这种方法被称作分类编址。

32 位二进制比特被分成 4 个字节（1 字节 =8 比特）。这种按字节分解的编址方案是为了同时适应大型网络和小型网络。有 5 类不同的网络，即 A 至 E，重点在于 A 类、B 类、C 类。因为 D 类和 E 类地址是被保留的，对于这两类地址的讨论超出了本书的范围。

IP 地址的第一部分标识出该主机所处于的网络，第二部分则指定网络中的某台特殊主机。网络号字段被称作网络前缀、网络号或者网络 ID（网络标识符）。网络号字段已经被称为网络前缀，因为每个 IP 地址的前部都确定了其网络号。

网络ID	主机ID
或者	
网络前缀	主机号
或者	
网络号	主机号

给定一个网络，其中所有的主机共享相同的网络号，但是必须有唯一的主机号。类似地，不同网络上的两台主机必须拥有不同的网络前缀，但是可以拥有相同的主机号。

7.6.1　A 类地址

每个 A 类地址由 8 比特网络标识和 24 比特主机号组成，网络标识的最高位比特指定为 0，其余的 7 比特作为网络号。A 类网络被称为 /8（发音为 h eight），因为它们拥有 8 比特网络前缀。

0	1 2 3 4 5 6 7	0 1 2 3 4 5 6 7	0 1 2 3 4 5 6 7	0 1 2 3 4 5 6 7
0	网络标识 8 比特		主机标识 24 比特	

因为 7 比特二进制能表示的最大十进制数是 128，所以 A 类地址有 128 种可能。在 128 种可能的地址中，其中有两个是被保留的特殊地址。所以，最多可以定义 126（2^7-2）个网络。

需要减去 2 个网络是因为 0.0.0.0 被保留用作默认路由，并且 127.0.0.0（也被写成 127/8 或者 127.0.0.0/8）被保留用作环回功能。每个 /8 网络可以最多容纳 16 777 214（$2^{32}-2$）台主机。计算主机数量时，需要减去 2 台主机，因为主机号全 0（本网络）和全 1（广播地址）不可以被分配。

由于 /8 地址块包含 2^{31}（2 147 483 648）个独立地址，并且 IPv4 地址空间包含 2^{32}（4 294 967 296）个地址，所以 /8 地址空间是全部 IPv4 单播地址空间的 50%。

7.6.2　B 类地址

每个 B 类网络地址拥有 16 比特网络标识和 16 比特主机号，网络标识的最高 2 位比特指定为 10，其余的 14 比特表示网络号。B 类地址被称为 /16，因为它们拥有 16 位网络标识。

		网络标识 16 比特	主机标识 16 比特
1 0			

B 类地址最多可以定义 16 384（2^{14}）个网络，每个网络最多可以容纳 65 534（$2^{16}-2$）台主机。由于 /16 地址块包含 2^{30}（1 073 741 824）个地址，也就是全部 IPv4 单播地址空间的 25%。

7.6.3 C 类地址

每个 C 类网络地址拥有 24 比特网络标识和 8 比特主机标识，网络标识的最高 3 位比特指定为 110，其余的 21 比特表示网络号。C 类地址被称为 /24，因为它们拥有 24 比特网络标识。

		网络标识 24 比特	主机标识 8 比特
1 1 0			

C 类地址最多可以定义 2 097 152（2^{21}）个网络，每个网络最多可以容纳 254（2^8-2）台主机。由于 /24 地址块包含 2^{29}（536 870 912）个地址，也就是全部 IPv4 单播地址空间的 12.5%。

7.6.4 D 类地址

D 类地址的前 4 比特指定为 1110，D 类地址用于支持 IP 多播。IPv4 网络标准定义 D 类地址被保留用作多播。

多播定义了一种机制，该机制对网络节点进行分组，并将 IP 消息发送给某一个组，而不是局域网上的所有节点（广播）或是仅仅一个节点（单播）。

多播主要用于研究网络。比如 D 类地址和 E 类地址不应该被因特网上的普通节点使用。

D 类地址的前 4 比特一定是 1110。因此，D 类地址的第一个字节范围是 11100000 至 11101111，也就是 224 至 239。一个 IP 地址，若其第一字节的值属于 224 至 239 之间，那么该地址就是 D 类地址。

7.6.5   E 类地址

E 类地址已经被定义。可是，IPv4 网络标准保留了一些地址，这些地址用于 IPv4 本身的研究。因此，因特网中并没有 E 类地址被发布使用。

0 1 2 3 4	5 6 7 0 1 2 3 4 5 6 7 0 1 2 3 4 5 6 7 0 1 2 3 4 5 6 7
1 1 1 1 0	
	保留作未来使用（27 比特）

E 类地址的前 4 比特总是 1。因此，E 类地址的第一字节范围是 11110000 至 11111111，也就是 240 至 255。

7.6.6   小结

IP地址分类	比特数（网络标识/主机标识）	IP地址第一字节	网络标识中用于区分类别的比特数	网络标识中可用的比特数	可能的网络数量	每个网络中可能的主机数量
A 类	8/24	0xxx xxxx	1	8−1=7	$2^7−2 = 126$	$2^{24}−2 = 16\,277\,214$
B 类	16/16	10xx xxxx	2	16−2=14	$2^{14}−2 = 16\,384$	$2^{16}−2 = 65\,535$
C 类	24/8	110x xxxx	3	24−3=21	$2^{21}−2 = 2\,097\,152$	$2^8−2 = 254$

注   对于 D 类地址和 E 类地址，我们不使用网络标识这个概念。

7.7   IPv4 寻址种类

7.7.1   单播

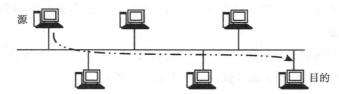

这种模式下，数据只会被发送到一台目的主机。目的地址字段包含目的主机的 32 比特 IP 地址。此处，源主机发送数据给目标主机。

7.7.2   广播

这种模式下，数据包被寻址到同一网段内的所有主机。目的地址字段包含特殊的广播地址，如 255.255.255.255。当一台主机在网络上探测到这个数据包时，它必然要处理该数据包。此处，源主机发送数据包，该数据包会被所有节点接收。

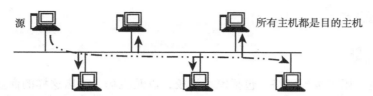

广播表明源和目的之间是一对全部的关系。大多数广播数据包受限于局域网（LAN），并且需要特殊的规则来跨越路由器。

7.7.3　多播

这种模式是前两种模式的混合体，如数据包的目的既不是单一主机也不是网段上的所有主机。数据包中的目的地址包含特殊地址，该特殊地址形如 224.x.x.x，并且会被多台主机接收。

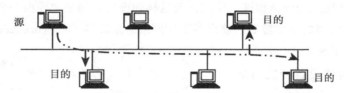

此处，源主机发送数据包，该数据包被多个节点接收。每个网络都有两个保留 IP 地址，其中一个用于表示本网络，另一个用于表示广播。

7.8　保留的 IPv4 地址

有一些 IPv4 地址被保留了，不能在因特网中使用它们。这些地址有特殊的用途，且在局域网（LAN）外无法路由到。

7.8.1　环回地址

127.0.0.1 是 IP 中的环回地址。环回是网络适配器的一种测试机制。发送给 127.0.0.1 的消息并不会被送到网络中，而是由适配器拦截下所有的环回消息并且重新交给应用层。IP 应用程序经常使用这一特性来测试网络接口的行为。

IP 官方保留了从 127.0.0.0 至 127.255.255.255 的全部地址，用于环回目的。因特网上的节点不应该使用这个范围内的地址，并且其不应该被认为是标准 A 类地址范围的一部分。

7.8.2　零地址

类似环回地址的范围，从 0.0.0.0 至 0.255.255.255 也不应该被认为是标准 A 类地址范围的一部分。0.x.x.x 地址在 IP 中并没有提供特别的功能，而试图使用该地址的节点将不能在因特网上正确地交流。

7.8.3   私有地址

私有地址通常用于本地网络，包括家、学校，以及机场、酒店这样的商业局域网。IPv4
网络标准定义了包括 A 类、B 类和 C 类
地址范围内的一些特定地址，这些特定
地址被保留用于私有网络（内部网）。下
面的表格列出了这些保留地址的范围。

分类	私有地址起始	私有地址结束
A	10.0.0.0	10.255.255.255
B	172.16.0.0	172.31.255.255
C	192.168.0.0	192.168.255.255

IPv4 网络标准创造了私有 IP 地址，以防止互联网服务提供商和用户可使用的公有 IP 地
址的短缺。使用私有 IP 地址的设备不能直接与互联网相连。同样，本地网络外的计算机不能
直接与使用私有 IP 地址的设备相连。反之，与这样的设备通信必须要由一个路由器控制，或
是由一个与路由器相似的设备控制，该设备支持网络地址转换（Network Address Translation，
NAT）。NAT 隐藏了私有 IP 地址，但是
又能有选择地向这些设备转发消息，为
本地网络提供了一个安全层。

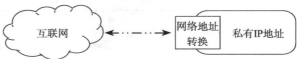

所以，一个 IP 地址可以是私有的（局域网使用），或者是公有的（互联网或广域网使用）。
IP 地址可以是静态的（由系统管理员分配），或者是动态的（需要时由网络上另一台设备
分配）。

一个 IP 地址如果不在 IPv4 网络标准保留的私有地址范围之内，我们就认为其是公有的。
公有 IP 地址被互联网服务器所使用，包括那些网站站点和域名服务器（DNS），还会被网络
路由器以及任何通过调制解调器直接连接到互联网的计算机所使用。每个公有 IP 被分配一个
范围或是一块地址。互联网编号分配机构（IANA）控制着这些 IP 范围的所有权，并且将每
一块分配给一些组织，比如互联网服务提供商（ISP），提供商依次为用户分配个人 IP 地址。

家庭电脑或公司电脑使用私有 IP 地址可以提高网络安全性，并且可以节省公有地址
空间。

7.9   IPv4 网络的数据包流

处于 IPv4 环境的所有主机都会被分配唯一的逻辑 IP 地址。当一台主机向局域网内的另
一台主机发送一些数据时，它需要知道目的主机的物理地址（MAC）。为了获得 MAC 地址，
该主机广播一个 ARP 消息，询问哪台主机是目的 IP 地址的拥有者，并要求这台主机返回其
物理地址。

网段内所有主机都会收到 ARP 数据包，主机会将自己的 IP 地址与 ARP 数据包中的请求 IP 地址进行匹配，只有匹配成功的主机才会响应并回复其 MAC 地址。一旦发送者收到接收者回复的 MAC 地址，数据就被发送到物理链路上。

如果 IP 不属于局域网（LAN），那么数据会由子网的网关发送到目的地。要理解数据包的流动，我们先要理解以下概念：

- ❑ MAC 地址：介质访问控制地址是一台可被唯一识别的网络设备的 48 比特厂家硬编码物理地址。这个地址由设备制造商分配。

- ❑ 地址解析协议（ARP）：ARP 用于请求已知 IP 地址主机的物理地址。ARP 广播一个数据包，该数据包会被网段内的所有主机收到。但是，只有一台主机会响应并将自己的 MAC 地址回复给发送者，该主机的 IP 地址与 ARP 数据包中的 IP 地址要匹配。

- ❑ 动态主机配置协议（DHCP）：DHCP 服务从预先定义的地址池中分配一个 IP 地址给一台主机。DHCP 服务器还提供必要的信息，比如网关的 IP 地址、DNS 服务器地址、被分配 IP 的租期等。网络管理员可以使用 DHCP 服务很轻松地管理 IP 地址的分配。

- ❑ 域名系统（DNS）：这很像一个用户不知道他要连接的远程服务器的 IP 地址，但是他知道该服务器的名字。例如，CareerMonk.com。当用户输入远程主机的名字时，用户这台主机实际上发送了一个 DNS 查询，这是我们看不到的。域名系统提供了通过已知域名获取 IP 地址的方法。

- ❑ 网络地址转换（NAT）：几乎计算机网络中所有的设备都被分配了一个私有 IP 地址，该地址是不可路由的。只要一台路由器收到一个包含私有 IP 地址的 IP 数据包，它就会把该数据包丢掉。为了访问公有私有地址的服务器，计算机网络使用一种地址翻译服务，该服务在公有地址和私有地址之间进行翻译，被称为网络地址转换。当一台 PC 发送数据包到私有网络外时，NAT 会将私有 IP 地址改变成公有 IP 地址，反之亦然。

现在，我们就可以来描述数据包的流动了。假定一个用户想要从他的个人计算机上访问 www.CareerMonk.com，他已经通过 ISP 和互联网保持着连接。系统会进行如下几个步骤来帮助他访问目的网站。

Step1：获取 IP 地址（DHCP）

当用户计算机启动时，它搜索一个 DHCP 服务器来获取 IP 地址。同样，计算机发送一个 DHCPDISCOVER 广播，该广播可以被子网上一台或多台 DHCP 服务器接收，它们都会以 DHCPOFFER 作为响应，DHCPOFFER 包含所有必要的信息，如 IP、子网、网关、DNS 等。计算机发送 DHCPREQUEST 数据包请求 IP 地址。最终，DHCP 发送 DHCPACK 数据包告知计算机它可以拥有该 IP 的时间，即 IP 租期。

或者，一台计算机也可以手动设置 IP 地址，不借助 DHCP 服务器的帮助。当一台计算机配置好 IP 地址信息后，它就可以与整个 IP 网络中的其他计算机通信。

Step2：DNS 查询

当一个用户打开浏览器并且输入 www.CareerMonk.com 这个域名，计算机不知道如何用域名与服务器通信。计算机发送 DNS 查询到网络上来获取属于该域名的 IP 地址。预先配置好的 DNS 服务器以指定域名的 IP 地址回应查询。

Step3：ARP 请求

计算机发现目的 IP 地址不属于它的子网，它不得不将请求发送给网关。这种场景下，网关可以是一台路由器或是一台代理服务器。尽管客户端计算机知道网关的 IP 地址，但是计算机并不通过 IP 地址交换数据，而是需要知道计算机的硬件地址，硬件地址就是链路层厂家硬编码的 MAC 地址。

为了获取网关的 MAC 地址，客户端计算机广播一个 ARP 请求："哪台主机是这个 IP 地址的拥有者？"网关会响应这个 ARP 请求并发送其 MAC 地址。收到网关的 MAC 地址后，计算机将数据包发送给网关。

一个 IP 数据包同时包含源地址和目的地址，基于 IP 地址的连接是逻辑上的连接，也就是说源主机逻辑上连接到了一台远程主机。然而，单一网段下主机间传输真实数据借助的是 MAC 地址。特别重要的是，数据包跨越互联网（逐个网段）时，源和目的 MAC 地址不断改变，而源和目的 IP 地址从不改变。

7.10   IPv4 数据报首部格式

一个 IP 数据报包含首部部分和数据部分。

首部包含 20 字节的固定部分，还有可变长度的可选部分。数据报按照大端序发送（在小端序的主机上，需要软件进行字节序转换）。

IP 头（20 字节）
数据（可变长度）

00 至 03	04 至 07	08	09	10	11	12	13	14	15	16	17	18	19 至 31
版本	首部长度（IHL）	服务类型（ToS）			D	T	R	M	RO	总长度			
IP 标识（IPID）										RO	DF	MF	片偏移
生存时间（TTL）			协议							首部校验和			
源 IP 地址													
目的 IP 地址													
选项或者填充（可变长度，通常不需要）													

版本：4 比特

标识生成数据报的 IP 版本。对于 IPv4，版本号是 4。这个字段的目的是为了保证运行不同 IP 协议的设备间能够相互兼容。

首部长度：4 比特

首部长度（IHL）指定了 IP 头部的长度，是占 32 比特字的数目，包括任何选项和填充长度。普通 IP 数据报（没有任何选项）字段值是 5（5 个 32 比特字 =5×4=20 字节）。相比之下，总长度（Total Length）会更长。

服务类型：8 比特

服务类型（ToS）字段提供服务质量特征的相关信息，例如 IP 数据报优先交付。当传输一个数据报通过一个特定网络时，这些参数用于指导真实服务参数的选择，也就是说这些参数指定了需要哪些真实服务类型。

它包含一个 3 比特的优先权子字段（现在已被忽略），4 比特 ToS 子字段和 1 比特未用位。4 比特 ToS 字段的可能取值如右表所示：

此处暗示了物理层使用的特征。在大多数实现中都没有支持服务类型。可是，一些实现在路由表中包含了额外的字段，这些字段指出时延、吞吐量、可靠性和费用。

1000	最小时延
0100	最大吞吐量
0010	最高可靠性
0001	最小费用

总长度：16 比特

总长度字段是指整个 IP 数据报的长度，以字节为单位。由于该字段长为 16 比特，所以 IP 数据报最长可达 65 535 字节，尽管大多数 IP 数据报会更短。

标识：16 比特

标识字段唯一地标识主机发送的每一份数据报。通常每发送一份报文它的值就会加 1。一个报文的所有分片包含相同的标识字段值。这样，目的主机可以知道哪些分片属于某个数据报。

它是一个标识值，发送者分配它用于装配报文的分片。这个字段被接收者用来重组报文，以防止意外地将不同报文的分片组合到一起。这个字段是有必要的，因为多个报文的分片可能会混在一起，这是由于 IP 数据报被任何设备接收时都可能是乱序的。

标志：3 比特

这个字段用于分片。DF 标志意味着不分片，它要求路由器不要对报文分片，因为目的端无法将分片重组成完整报文。

MF 意味着还有更多的分片。除了最后一个分片外，所有分片都有 MF 标志。如果想要知道是否报文的所有分片都已到达，MF 标志是必需的。

片偏移：13 比特

当报文发生了分片，这个字段指出分片中的数据相对于整个数据的偏移或位置。它被指定以 8 字节（64 比特）为单位。第一个分片的偏移是 0。

生存时间：8 比特

生存时间字段设置了数据报在网络上的存活时间，也就是路由器跳数。一旦经过一个处理它的路由器，其值就减 1。当该字段值为 0 时，数据报被以为已经走了很长的路，然后被丢弃。

协议：8 比特

协议字段告知 IP 是上层哪个协议向它发送数据，以及要交给哪个上层协议。通常使用的协议有：

十六进制	十进制	协议	十六进制	十进制	协议
00	0	被保留	06	6	TCP（传输控制协议）
01	1	ICMP（互联网控制报文协议）	11	17	UDP（用户数据协议）
02	2	IGMP（网际组管理协议）			

首部校验和：16 比特

首部校验和是根据 IP 首部计算的校验和码，以提供基本的保护，防止传输过程中的错误。它并不像 CRC 码那样复杂，CRC 码通常用于数据链路层技术，如以太网，而它只是 16 比特的校验和码。将整个首部看成是一串 16 比特的字（一个字是两个字节），对首部中每个 16 比特进行二进制反码求和，校验和字段就是这样被计算出来的。

它不对首部后面的数据进行计算，只对首部计算校验和。数据报经历每一跳时，设备都会对报文进行相同的计算校验和工作，如果计算校验和错误，就丢弃该报文。

源地址：32 比特

源地址是数据报发送者的 32 比特 IP 地址，注意，即使路由器这样的中间设备会处理数据报，它们也不会将自己的地址加入该字段。它总是最初数据报发送者的地址。

目的地址：32 比特

目的地址是数据报接收者的 32 比特 IP 地址。再次强调，即使路由器这样的设备可能会成为数据报的中间目标，这个字段也总是最终目的主机的 IP 地址。

选项：可变长度

选项字段可能不会在数据报中出现。一个确定的 IP 数据报中，在标准首部之后可能会包括一些选项类型中的一个或多个。

填充：可变长度

如果数据报包括了一个或多个选项，并且它们占用的比特数不是 32 的整数倍，首部就会被加入足够的比特数，来填充到 32 比特（4 字节）的整数倍，这些比特的值设置为 0。

7.11　IPv4 分片

想象一下，100 人想要一起去参加游戏，我们很容易知道一辆车肯定不能装下这些人。如果考虑一辆车可以装下 5 人，那么我们需要 20 辆车来运输整个队伍。互联网传输模型也是这样做的。假设我们要从一台主机（网站服务器）下载一篇 2MB 大小的文档，实际上，它不可能全部容纳在一个单独的 IP 中，也就是我们所知道的数据包或者数据报，这是由于下层传输机制带来的限制。这个限制被称为最大传输单元（Maximum Transmission Unit，MTU）。

MTU 类似于一辆车最多可以装下多少人的限制。如此，文档需要被分解（也称分片）成一些更小的单元，这些单元可以放进数据包中。每个数据包由目的地址和源地址标记，然后这个数据包被路由跨越互联网直至目的地。由于 IP 交付机制被假定是不可靠的，所以任何数据包都有可能在传输过程中丢失。因此，当数据包对应的计时器超时，数据包就会被重传。另一个重要内容是，数据被分片成更小的数据包，一旦分片到达目的地，在交付给上层之前它们需要被重新组装（也称消除分片），重组必须按照正确的顺序。

IP 首部的总长度字段长是 16 比特，也就是说 IP 数据报最大可以是 65 535 字节。但是，物理层并不能支持这么多字节大小的数据包（例如，以太网支持最大数据包是 1500 字节）。所以，不同的网络硬件可能使用不同的 MTU。因此，IP 有时必须将数据包分片。当 IP 数据报被分片时，每个分片就被看成是一个单独的数据报。

分片被单独发送，并且在目的地（不是路由器）被重组。这样做的原因是路由器可能会对一个分片再次进行分片。每个分片都有自己的首部。标识号被复制到每个分片中。标志字段由 1 比特来说明还有更多的分片即将到来，如果该比特是 0，表示该分片是最后一片。分片在数据包内的偏移标识了其大小。

一个例子

假定物理层可以传输的数据包最大是 660 字节，并且假设 IP 需要发送 1460 字节的数据。也就是说，IP 数据报总长度为 1480 字节，包括 20 字节首部：

路由器 1 发送：

1）第一个数据包：这个数据包中，分片标志是 1，片偏移是 0。

20 字节 IP 首部	640 字节数据（MTU）

2）第二个数据包：这个数据包中，分片标志是 1，片偏移是 80（80×8=640），所以，从数据偏移 640 开始的 640 字节数据放进数据包中。注：IP 首部的其他字段与第一个数据包相同（只有校验和不同）！

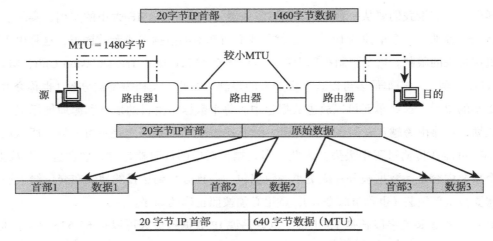

3）第三个数据包：这个数据包中，分片标志是 0，片偏移是 160（160×8=1280），所以，从数据偏移 1280 开始的 1280 字节数据放进数据包中。注：IP 首部的其他字段与第一个数据包相同（只有校验和不同）。

20 字节 IP 首部	180 字节数据

这样，另外两台路由器会认为是 3 个独立的数据包。最终目的主机会重组成完整数据包并交付给上层协议。

7.12　IPv4 分类编址的局限性

IP 编址的设计者从未想过互联网会发展到现在这样庞大的规模，今天互联网面临的许多问题都可以追溯到在其形成期做出的早期决定。

❑ 在互联网早期，看似无限的地址空间允许根据一个组织的要求而不是实际需求来为其分配 IP 地址。这样导致了地址被慷慨地分配给了申请者，却没有考虑到 IP 地址空间最终也会枯竭。

❑ 将 32 比特地址空间标准化的决定意味着可用的 IPv4 地址只有 2^{32}（4 294 967 296）个。支持更大地址空间的决定使得地址数量指数增长，因此消除了目前地址短缺的问题。

❑ A、B、C 类地址的字节边界是易懂的，也是易实现的。为了促进增长，它们没有按照有限地址空间进行有效配置。

互联网编址随后的发展聚焦在采取一系列措施来克服这些编址问题，并且要支持全球互联网的快速发展。这些努力的结果就是 IPv6。

7.13　子网掩码和子网划分

在讨论子网划分之前，有必要先熟悉子网掩码的基本概念。

由于 IP 编址操作在 OSI 模型的网络层（第 3 层），因此 IP 地址不仅要能够寻址到个体主机（如一台计算机、打印机、路由器等），还要能够寻址到个体网络。这点可以通过将 32 比特 IP 地址分解成两部分来实现：一部分是初始网络标识又称网络号，用于标识出个体网络，另一部分是主机标识又称主机号，用于标识出特定网络中的个体主机。所以，IP 地址有以下规范：

I. 一个 TCP/IP 网络由 IP 地址的网络号部分来标识。

II. 网络上的主机由 IP 地址的主机号部分来标识。

7.13.1　MAC 地址与 IP 地址的区别

让我们从理解数据链路层（第 2 层）MAC 地址与网络层（第 3 层）IP 地址的不同开始讨论。MAC 地址唯一地标识了每个网络适配器（NIC 或网络接口卡），MAC 地址是一个 48 比特二进制串。

每个 MAC 地址包含两部分：第一部分唯一地标识了 NIC 厂商，第二部分唯一地标识了特定厂商生产的 NIC。一台通过 NIC 连接到 TCP/IP 网络的设备称为 TCP/IP 主机。需要注意的是，MAC 编址方案不提供识别个体网络的方法，只可识别个体主机。

7.13.2　子网掩码

有了 IP 编址，个体主机可以被唯一地识别，但方式不同。主机通过指定以下两点而被识别：

1）主机所在的网络（网络号）

2）该网络上唯一的主机号

所以，第 3 层设备既可以处理个体网络（使用网络号），也可以处理个体主机（使用网络号和主机号，如整个 IP 地址）。

网络层（第 3 层）软件和设备必须可以将 IP 地址拆分成网络号和主机号两部分。这点可以借助另一个 32 比特二进制串来实现，该 32 比特二进制串称为子网掩码。子网掩码的使用是为了区分开 IP 地址的网络号部分和主机号部分。

由于网络号总是在 IP 地址的前部，而主机号总是在尾部，那么可以使用一个简单的掩码方案。A、B、C 类地址均有默认掩码，也称为固有掩码，如下：

IP地址分类	默认掩码	网络号比特数	主机号比特数
A 类	255.0.0.0	8	24
B 类	255.255.0.0	16	16
C 类	255.255.255.0	24	8

无子网划分：

一个子网掩码总是包含一连串比特 1，后面接着一连串比特 0。子网掩码的两部分（全 1 与全 0）对应于 IP 地址的两部分。

子网掩码的全 1 部分与 IP 地址的网络号匹配，全 0 部分与主机号匹配。查看子网掩码，就能轻易知道 IP 地址的哪部分代表网络号，哪部分代表主机号。

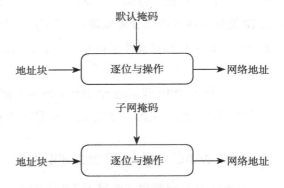

有子网划分：

下面的例子描述了子网掩码的使用，将一个 B 类地址拆分成网络号和主机号两部分。对于 B 类地址来说，IP 地址前两字节表示网络号，后两字节表示主机号：

```
32 比特 IP 地址:  10010010 10101000 00000000 00000111
32 比特子网掩码: 11111111 11111111 00000000 00000000
```

注意子网掩码是如何包含 2 字节全 1 串（表示对应 IP 地址的网络号部分）与 2 字节全 0 串（表示对应 IP 地址的主机号部分）的。使用子网掩码，我们可以轻易将 IP 地址拆分成两部分：

```
网络号: 10010010 10101000
主机号: 00000000 00000111
```

虽然在二进制表示下子网掩码的功能很容易理解，但是二进制记法通常来说很难，而且容易混乱。所以 IP 地址和子网掩码通常被写成点分十进制记法，其中每个字节被转换成十进制数，并且转换出的四个十进制数之间使用圆点（即"."）分隔。上面例子中 IP 地址和子网掩码以点分十进制表示：

```
IP 地址:  146.168.0.7
子网掩码:  255.255.0.0
网络号:   146.168
主机号:   0.7
```

要注意的是，网络号通常被表示成 4 字节（在网络号的尾部附加上必要的 0 字节，像子网掩码限制的那样），并且，主机号的前若干 0 字节可以省略不表示，如：

```
网络号: 146.168.0.0
主机号: 7
```

7.13.3 子网划分

最后，让我们来讨论子网划分的基本概念。想象一下，CareerMonk 组织已经从互联网服务提供商（ISP）获得了一个官方的公有网络地址，并在互联网上使用这个地址。可以同样想象该组织已经选择了一个私有 IP 地址，这个私有 IP 地址在内部 TCP/IP 网络使用，内部网络不会连接到公共互联网（即内部网）。

在这两种情况下，有着同样的问题：一个组织有足够数量的主机，但是它们不能共存于同一 TCP/IP 网络。网络必须被分解成若干独立的子网。

将初始网络分段，我们必须设计一种编址方案，该方案能够识别出大型网络中的每个子网。这样就需要使用额外的子网号，子网号伴随初始网络号使用。一台特定主机可以通过以下三项被唯一地标识：

1）网络号唯一地指定主机所在网络（如果网络是公共互联网，网络号就是标识网络的地址，包括了其所有的子网）。

2）子网号唯一地指定了一个子网（初始网络内部的子网），一个子网内部包含若干主机。

3）主机号唯一地指定了子网内的某台主机。

一个 IP 地址已经容纳了网络号和主机号，所以，最需要的是一种创建子网号字段的方法。由于我们不能扩展 IP 地址（IPv4，32 比特）的长度，所以必须在已有的地址中借用一些比特用于标识子网号。我们不能从 IP 地址的网络号部分中借用比特，因为它是被互联网服务提供商（ISP）预先设计分配的，唯一地标识了这个组织的网络。因此，我们将注意力放在主机号上，也就是说，从主机号中借用比特来创建子网号。

网络号	子网号（从主机号借用的若干比特）	主机号

从主机号借用比特来形成子网号的过程称为子网划分。该过程如下表所示：

网络号	3比特子网号	主机号（减少3比特）
10010010 10101000	000	00000 00000111

注意到当我们从主机号借用比特来形成子网号时，原始的子网掩码不再是正确的。如下表所示，原始子网掩码的 0 比特部分与新子网号的 0 比特部分相匹配。由于原始子网掩码的 0 比特部分表示主机号，那么新创建的子网号好像仍然属于原始的主机号字段。

	网络号	3比特子网号	主机号（减少3比特）
IP地址：	10010010 10101000	000	00000 00000111
原始子网掩码：	11111111 11111111	000（0 比特使得子网号好像是主机号的一部分）	00000 00000000

为了消除哪些比特属于原始主机号字段、哪些比特属于新子网号字段这一困惑，我们必须扩展原始子网掩码中的全 1 比特，使得有足够的全 1 比特来与新子网号字段相匹配（相对减少用来标识主机号的全 0 比特，以保证子网掩码位数不变）。新的子网掩码称为自定义子网掩码。如此调整后，自定义子网掩码的总比特数仍然是 32，但是全 1 比特数增加了子网号比特数的长度，于是全 0 比特数相应减少了。自定义子网掩码操作如下表所示：

	网络号	子网号比特	缩短的主机号
IP地址：	10010010 10101000	000	00000 00000111
原始子网掩码：	11111111 11111111	000	00000 00000000
自定义子网掩码：	11111111 11111111	111（1 比特表明子网号字段属于网络号字段）	00000 00000000

7.13.4　子网划分过程

当从主机号字段借用比特来创建子网号字段时，一个重要的问题是需要准确地确定以下这些信息：

1）需要有多少个子网。

2）需要使用多少比特来创建子网号字段，以适应所需的子网个数。

3）一个给定子网内的最多主机数量是多少。

4）主机号字段需要保留多少比特，以适应最多主机数量的需求。

这些疑问明确了在子网划分过程开始前需要经过精心仔细的规划。一旦前期的规划完成，子网划分过程包括以下几个步骤：

1）确定需要的子网个数。

2）确定一个子网内可能的最多主机数量。

3）确定从主机号字段借用的比特数，用于创建子网号字段。

4）确定主机号字段需要保留的比特数（不能被子网号字段借用的比特数）。

5）确定原始网络号字段和主机号字段的比特数。

6）检查以确保被借用的比特数没有超过被保留的比特数（即检查子网划分问题是可解决的）。

7）设置子网号字段的最佳长度，包括为未来增长预留空间。

8）创建一个修改（自定义）的子网掩码。

9）确定有效的子网号。

10）确定每个子网的 IP 地址有效范围。

7.13.5　子网划分过程举例

为了更清楚地理解子网划分的过程，让我们一步一步跟踪这个过程。

1. 确定需要的子网个数

估计子网的个数（用 S 表示），需要考虑的不仅是当前子网的需要，还要考虑到未来的增长。如果有任何可用的历史数据，借助历史数据来预测一年、两年、三年等之后需要的子网个数。随后的几个步骤中，假定 $S=5$。

2. 确定任何一个子网内最多的主机数量

TCP/IP 协议中，一台主机就是通过网络接口连接到网络的任何一台设备。最多主机数量反映了一个子网中网络接口数量的最大值。记住，不仅包括计算机的网络接口，还有打印机、路由器或其他任何网络设备的网络接口。一些计算机可能拥有不只一块 NIC，每一块 NIC 都要被单独计算一次。我们用 H 表示最多主机数量。

与步骤 1 相同，不要忘记考虑未来的增长。如果可能的话请参考历史数据，但是也要寻找即将到来的变化，这些变化会引领重要的发展，是历史数据无法反映的。随后的几个步骤中，假定 $H=50$。

3. 计算从主机号字段借用的比特数

此步骤计算子网号字段需要的比特数。我们用 s 表示它。也就是说，s 是满足 $2^s-2 \geqslant S$ 的最小整数值。

如下表所示，子网号字段的比特数是 s，最多可以有 2^s 个不同的子网。可是，子网号不允许是全 0（依据 TCP/IP 标准，全 0 表示当前子网，因此不能被一个真实子网所使用），也不允许是全 1（依据 TCP/IP 标准，全 1 表示广播地址，因此不能被一个真实子网所使用）。因此，虽然子网号字段包含 s 比特，但实际有效的可编址子网个数是 2^s-2，如下表所示。

子网号比特数（s）	可编址子网数（2^s-2）	有效子网号（全0和全1非有效，被划掉）
1（无法产生合法子网）	$2^1-2 = 2-2 = 0$	~~0~~ ~~1~~
2	$2^2-2 = 4-2 = 2$	~~00~~ 01 10 ~~11~~
3	$2^3-2 = 8-2 = 6$	~~000~~ 001 010 011 100 101 110 ~~111~~

如果将不等式 $2^s-2 \geqslant S$ 改写成 $2^s \geqslant S+2$，计算 s 会更加容易。如果你对上表的表项很熟

悉，你可以很快找到满足 $2^s \geq S+2$ 不等式的最小 s 值。例如，如果 $S=5$，s 值应该是 3。同样，$S=7$，s 值应该是 4。

4. 确定主机号字段必须保留的比特数（不能被子网号字段借用）

该步骤计算 IP 地址中用于主机号字段的比特数 h，类似于步骤 3。我们用 h 表示比特数，也就是说，找到满足 $2^h-2 \geq H$ 不等式的最小整数值 h。

实际上，TCP/IP 标准声明主机号不能是全 0，由于主机号为 0 指的是当前主机（不能被任何一台特定主机使用）；也不能是全 1，由于全 1 指明是一个广播地址（不能被任何一台特定主机使用）。因此，计算子网号比特数的方法也适用于计算主机号比特数。类似于步骤 3，寻找满足 $2^h-2 \geq H$ 不等式的最小整数 h。例如，如果 $H=50$，h 值应该是 6。同样，$H=30$，h 值应该是 5。

5. 确定原始网络号和主机号字段的比特数

该步骤确定在标准子网掩码下一个地址类别的主机号总比特数。我们用字母 T 表示主机号比特数。下表显示了 A 类、B 类、C 类三个主要类别 IP 地址的对应标准主机号比特数。为了找到一个网络号对应的地址类别，查看点分十进制记法的第一字节值即可。

一旦我们知道了地址类别，依据下表很容易确定主机号的比特数。例如，如果被分配了 B 类地址，那么 T 是 16，如果被分配了 C 类地址，那么 T 是 8。

地址类别	网络号的开始字节（十进制）	标准子网掩码下的网络号比特数	标准子网掩码下的主机号比特数（T）
A	1–126	8	24
B	128–191	16	16
C	192–223	24	8

例如，假定官方的网络号是 146.168.0.0，依据上表，这是一个 B 类地址（由于 146 属于 128 和 191 之间），并且在标准子网掩码下，主机号比特数 T 是 16。

6. 检查以确保被借用比特数不会超过被保留的比特数

如果 $s+h > T$，表明我们需要更多的主机号比特数，多于相应地址类别的可用比特数。我们不能满足子网划分的要求，也就是说，使用被分配的地址类别无法解决子网划分的那些问题。这种情况下，由官方分配的网络号需要的比特数是固定的，所以没有剩余足够的比特来满足子网号和主机号的总比特数要求。简言之，对于被分配的地址类别来说，子网划分的需要 S 与 H 加在一起太大了。

我们可以减小 S 与 H 的值，或者申请一个新的网络号，该网络号包含更少的比特数，并且剩余更多的比特数用于主机号（即将 C 类地址改成 B 类地址，或将 B 类地址改成 A 类地址）。如果 $s+h > T$，需要改变后从步骤 1 重新开始。

在我们的例子中，T=16，s=3，h=6。因此，$s+h$=9，不大于 T=16。因此，可以继续到下一步骤。

7. 为子网号字段设置一个最佳长度，包括为未来增长预留的空间

如果 $s+h=T$，跳过下一步骤（步骤 8）。如果正好有足够的比特数来满足子网划分的要求，就跳过步骤 8，继续步骤 9。在我们的例子中，$s+h$=9，且 T=16，所以我们必须继续步骤 8。

8. 如果 $s+h < T$，那么我们在 s 和 h 之间有 $T-s-h$ 个多余比特可以分配，并且是对于未来无法预料的增长提供最佳分配。计算 r，$r=T-s-h$，我们可以将 r 比特作为额外的子网号比特分配，或是作为额外的主机号比特分配，相应地增大 s 或 h。

在 s 和 h 之间我们有 r 比特可以分配。增大 s 或者 h，直到用光全部 r 比特（此时 $T=s+h$，如步骤 7）。

由于我们有很大的可能用光所有子网，先于用光一个子网内的所有主机号，也许更安全的是，在增加 h 之前确保 s 已经足够大。假定步骤 8 开始时，T=16，s=7，h=6，在 s 和 h 之间我们有 $T-s-h$=16-7-6=3 比特可以分配。由于增加 s 可能更安全，你也许给 s 分配 2 比特（使 s=9），给 h 分配 1 比特（使 h=7）。如果分配正确，s 和 h 的新值之和等于 T（9+7=16）。

继续之前步骤提到的例子，$r=T-s-h$=16-3-6=7 比特，即在 s 和 h 之间有 7 比特可以分配。我们将 s 增加 1（使 s 新值为 4），且将 h 增加 6（使 h 新值为 12）。由于通常增加 s 比增加 h 更重要，我们应该仔细考虑只将 s 增加 1 的决定是否正确。我们假定对于原始 S 的估计很精确，但对于原始 H 的估计的精确性较低。因此，在这个步骤中格外更注重 h，而非 s。

9. 确定网络的自定义子网掩码

相应地址类别的默认（标准）子网掩码如下所示：我们可以扩展默认子网掩码的网络号部分，方法是用一个新值替代其最左边的 0 字节（表中以粗体显示）。

地址类别	默认子网掩码	最左0字节
A	255.0.0.0	255.0.0.0
B	255.255.0.0	255.255.0.0
C	255.255.255.0	255.255.255.0

计算标准子网掩码中最左 0 字节的新值，方法如下：

$$256-2^{8-s}$$

例如，如果将 s 调整为 4，计算 $256-2^{8-4}=256-2^4=256-16=240$。此值将替代我们使用的地址类别对应的标准子网掩码中的最左 0 字节，因此形成自定义子网掩码。由于在步骤 5 中我们已经确定了使用 B 类地址，因此可知其默认子网掩码是 255.255.0.0，用 240 替代最左 0

字节（粗体显示），得到自定义子网掩码 255.255.240.0。

10. 确定新子网的有效网络号

下一步要确定新子网的网络（和子网络）号。先要识别出原始网络的最左 0 字节，该字节对应标准子网掩码中的最左 0 字节（即表中以粗体显示的字节）。对于我们例子中的原始子网掩码来说，是左边的第三字节（粗体显示）：14.168.0.0。对于 A 类网络来说，是第二字节（如 13.0.0.0），对于 B 类网络来说，是第三字节（如 146.168.0.0），对于 C 类网络来说，是第四字节（如 193.200.17.0）。

请注意这个特殊的字节，被扩展成子网号的部分（从原始主机号借用的比特部分）总是全 0 的，所以其并不是一个有效的子网号（回想一下，一个网络号或子网号不允许是 0 值）。

为了获取第一个有效的子网号，将原始网络地址的最左 0 字节（如上面标识出的）加上 2^{8-s}。计算出第一个子网的地址后，在相同字节上加上 2^{8-s}，就得到了第二个子网的地址，继续加上 2^{8-s}，可以得到第三个子网的地址，等等。这样一直继续下去，直至我们得到 2^s-2 个子网地址，或者说等于自定义的子网掩码的值。需要注意的是，自定义子网掩码值本身并不是一个有效的网络号，因为其子网号部分是全 1 的（被保留的广播地址）。

在我们的例子中，原始网络号是 146.168.**0**.0（最左 0 字节以粗体显示），将 s 更新为 4，且 $2^{8-s}=2^{8-4}=2^4=16$。我们期望有 $2^s-2=2^4-2=16-2=14$ 个子网，如下：

第一个子网号由原始网络地址的最左 0 字节加上 2^{8-s}（即 16）得到，即将 146.168.**0**.0 的第三字节（粗体显示）加上 16，形成第一个子网地址。

146.168.**16**.0（第一个有效子网号）

在第一个有效子网号（上图所示）的基础上，在相同字节（粗体显示）上加上 2^{8-s}（16），就得到了第二个有效子网号，即在 146.168.**16**.0 的第三字节（粗体显示）上加上 16。

146.168.**32**.0

为了形成第三个有效子网号，继续在第二个有效子网号（上图所示）的基础上，在相同字节（粗体显示）上加上 2^{8-s}（16），即在 146.168.**32**.0 的第三字节（粗体显示）上加上 16。

146.168.**48**.0

重复以上过程，直至得到期望的 14 个子网地址（或者直到步骤 9 的自定义子网掩码）。结果如下表所示：

原始网络号（非有效子网地址）	146.168.**0**.0
子网 1	146.168.**16**.0
子网 2	146.168.**32**.0
子网 3	146.168.**48**.0
子网 4	146.168.**64**.0
子网 5	146.168.**80**.0

（续）

原始网络号（非有效子网地址）	146.168.**0**.0
子网 6	146.168.**96**.0
子网 7	146.168.**112**.0
子网 8	146.168.**128**.0
子网 9	146.168.**144**.0
子网 10	146.168.**160**.0
子网 11	146.168.**176**.0
子网 12	146.168.**192**.0
子网 13	146.168.**208**.0
子网 14	146.168.**224**.0
自定义子网掩码值（非有效子网地址）	146.168.**240**.0

11. 确定每个子网内的有效 IP 地址

子网划分的最后一步是确定每个子网内部的有效 IP 地址，为了生成一个给定子网的有效 IP 地址，以子网的地址为基础，在其最右字节上加 1，就得到了该子网的第一个有效 IP 地址。例如：

第一个子网的网络地址	146.168.16.**0**
该子网的第一个有效 IP 地址	146.168.16.**1**

继续在最右字节上加 1，直至满足以下三个条件之一：

1）正在增长的字节等于 255。当字节增长到 255 时，不要继续加 1（等于 256），而是重置为 0，并且将左边字节的值加 1。该操作类似于一般十进制运算中的进位运算。例如，假定你刚刚在 146.168.16.254 基础上加上 1，得到了 146.168.16.255。下一步并非继续加 1 来得到 146.168.16.256（不是一个有效的 IP 地址），而是将 255 重置成 0，并且在左边字节（16）上加 1，结果是 146.168.17.0。以此地址为基础，继续加 1 就可以获得当前子网的其他 IP 地址。

2）随着加 1 过程的进行，迟早会到达一个网络地址，该网络地址如果继续加 1，则会得到下一子网网络地址的前一地址。这种情况下，你已经得到了当前子网的所有有效 IP 地址，此时你必须开始下一子网的计算（以其子网地址为基础，重复最右字节加 1 的过程）。

3）对于一个给定子网，我们已经得到了总共 2^h-2 个 IP 地址。等同于上面的条件 2，实际上是同一种情况的另外一种说法。如条件 2 描述的，我们已经得到了当前子网的所有 IP 地址，跳到下一子网，在其子网地址基础上，重复最右字节加 1 的过程。

对于所有子网都重复此过程，每个子网都可以得到全部的有效 IP 地址。

在我们的例子中，从地址 146.168.16.0 开始，即第一个子网的网络地址。在最右字节加 1 来得到该子网的第一个有效 IP 地址，也就是 146.168.16.1。继续在最右字节加 1 来得到该子网的第二个有效 IP 地址，也就是 146.168.16.2。继续这种操作直至达到 146.168.16.254，该地址是 146.168.16.255 的前一个地址。请注意 146.168.16.255 也是该子网中的一个有效 IP 地址。下一个有效 IP 地址是 146.168.17.0，此地址通过将 255 重置成 0 并且在左边字节加 1 产生。

继续加 1 直至达到地址 146.168.17.255，该地址是 146.168.18.0 的前一地址。继续相同的操作直至达到地址 146.168.18.255，该地址是 146.168.19.0 的前一地址。该操作会一直继续下去，直至达到地址 146.168.30.255，该地址是 146.168.31.0 的前一地址。我们继续增加，直至达到地址 146.168.31.254，该网络地址如果继续加 1，则会得到下一子网网络地址的前一地址（即如果我们继续加 1，会得到地址 146.168.31.255，此地址继续加 1 会得到下一子网的网络地址，146.168.32.0）。

此时，我们已经获得了第一个子网的所有有效 IP 地址。对于第二个子网以及其他子网，我们可以重复整个过程。下表列出了第一个子网中的所有有效 IP 地址：

第一个子网的有效IP地址（网络地址146.168.16.0）	第一个子网的有效IP地址（网络地址146.168.16.0）
146.168.16.1 至 146.168.16.255	146.168.21.0 至 146.168.21.255
146.168.17.0 至 146.168.17.255	…
146.168.18.0 至 146.168.18.255	146.168.30.0 至 146.168.30.255
146.168.19.0 至 146.168.19.255	146.168.31.0 至 146.168.31.254
146.168.20.0 至 146.168.20.255	

在点分十进制的形式下不要对于某些以 0 或 255 结尾的 IP 地址是有效地址感到困惑。这在子网划分过程中是很普遍的，而且没有违背网络地址、子网地址或主机地址不能是全 0 或全 1 的规则，因为只是一个字节是全 0 或全 1。该规则约束的是网络地址、子网地址或主机地址，而不是针对字节的。为了理解这点，我们在下表中考虑 IP 地址是 146.168.17.0，且我们例子中的自定义子网掩码是 255.255.240.0。

	IP地址的标准网络号部分	从主机号借用的比特形成IP地址的子网号	缩短后的IP地址主机号部分
IP地址146.168.17.0	10010010 10101000	0001	0001 00000000
自定义子网掩码 255.255.240.0	11111111 11111111	1111	0000 00000000

请注意尽管主机地址的最右字节由全 0 组成，但整个主机地址的比特数是 12，且并非全 0（唯一的 1 比特以粗体显示）。

在下表的例子中，考虑 IP 地址是 146.168.21.255，尽管最后的字节是 255（8 位二进制比特 1），下面的分析表明整个主机地址并非是全 1 的（其中 2 个 0 比特以粗体显示）。

	IP地址的标准网络号部分	从主机号借用的比特形成IP地址的子网号	缩短后的IP地址主机号部分
IP地址146.168.21.255	10010010 10101000	0001	0101 11111111
自定义子网掩码 255.255.240.0	11111111 11111111	1111	0000 00000000

7.13.6　C 类地址的子网划分举例

假设网络服务提供商（ISP）将一个 C 类地址 193.200.35.0 分配给一个组织（称其 CareerMonk、Inc 或 CMonk）。我们将依次执行上面提到的 11 个步骤，来将此 C 类网络进行子网划分。

1）假设 CMonk 当前需要 2 个子网，实际上，未来不太可能添加其他的子网。因此，我们设置 S 为 2。

2）并且，假设 CMonk 当前任何子网至多需要 25 台主机，未来子网内的主机数不会超过 30 台。因此，我们设置 H 为 30。

3）为了求满足 $2^s-2 \geqslant S$ 的最小整数 s，我们先将不等式重写成 $2^s \geqslant S+2$。由于 $S=2$，使得 $2^s \geqslant 2+2$ 或 $2^s \geqslant 4$。

4）为了求满足 $2^h-2 \geqslant H$ 的最小整数 h，我们先将不等式重写成 $2^h \geqslant H+2$。由于 $H=30$，使得 $2^h \geqslant 30+2$ 或 $2^h \geqslant 32$。

5）CMonk 被分配到的网络地址是 193.200.35.0，第一字节是 193。因此 CMonk 被分配到的是一个 C 类网络地址，也就是 $T=8$。

6）现在我们可以计算出 $s+h=2+5=7$，该值没有超过 T 的值（$T=8$）。因此，我们的子网划分问题是可解决的，可以继续进行步骤 7。

7）由于 $s+h=2+5=7$，不等于 8（T 值），所以必须继续进行步骤 8。

8）由于 $s+h=2+5=7$，小于 $T=8$，我们可以有 $r=T-s-h=8-2-5=1$ 比特用来增加 s 或 h 的值。由于通常情况下 CMonk 更可能耗尽子网数而不是一个子网中的主机数，所以我们将多余的 1 比特分配给 s，那么此时 $s=3$。请注意，此时 $s+h=3+5=8=T$。

9）为了确定 CMonk 网络的自定义子网掩码，从 C 类（CMonk 的网络地址类别）地址的标准（默认）子网掩码开始，即从默认子网掩码 255.255.255.0 开始。原始子网掩码的左边第一个 0 字节（即 255.255.255.0 中的 0），我们用一个新值替代此 0 字节，该值包括子网号和主机号。以 $256-2^{8-s}$ 计算这个新值，这里是 $256-2^{8-3}$ 或 $256-2^5$ 或 $256-32$ 或 224。因此，CMonk 网络的自定义子网掩码是 255.255.255.224。

10）现在我们要确定这些新子网的有效网络地址，由于网络服务提供商（ISP）分配的原始网络地址是 193.200.35.**0**，左边第一个 0 字节（唯一的 0 字节）也是最右 0 字节（以粗体显示）。将 $2^{8-s}=2^{8-3}=2^5=32$ 加到该 0 字节上，就得到了第一个子网的网络地址：32+0=32。因此，第一个子网的网络地址是

193.200.35.32

继续在此字节上加上 2^{8-s}，直至等于自定义子网掩码（255.255.255.224）对应字节的值（即 224），或者已经得到了 2^s-2 个子网网络地址（这两个条件是等同的，所以同时发生）。在

我们的假设下，有 $2^s-2=2^3-2=8-2=6$ 个子网，所以继续执行 5 次 2^{8-s} 加法（总共 6 次）。如下表所示：

原始网络地址（非有效子网地址，由于网络号全 0）	193.200.35.**0**
子网 1 地址	193.200.35.**32**
子网 2 地址	193.200.35.**64**
子网 3 地址	193.200.35.**96**
子网 4 地址	193.200.35.**128**
子网 5 地址	193.200.35.**160**
子网 6 地址	193.200.35.**192**
自定义子网掩码（非有效子网地址，由于网络号全 1）	193.200.35.**224**

11）为了确定每个子网内的有效 IP 地址，我们从该子网的网络地址开始。让我们先从第一个子网开始，其地址是 193.200.35.32，为了获得该子网内的第一个有效 IP 地址，在最右字节上加 1，32+1=33，因此子网 1 的第一个有效 IP 地址是

193.200.35.33

我们继续加 1，直至等于 255，或者直至下一次加 1 会等于下一子网地址的前两个地址，或者我们已经得到了 2^h-2 个 IP 地址（后两个条件是等同的，总是同时发生）。由于我们假设 $h=5$，所以每个子网内可以有 $2^5-2=32-2=30$ 个 IP 地址。子网 1 的全部有效 IP 地址如下表所示：

子网1内主机序号	IP地址	子网1内主机序号	IP地址
1	193.200.35.33	16	193.200.35.48
2	193.200.35.34	17	193.200.35.49
3	193.200.35.35	18	193.200.35.50
4	193.200.35.36	19	193.200.35.51
5	193.200.35.37	20	193.200.35.52
6	193.200.35.38	21	193.200.35.53
7	193.200.35.39	22	193.200.35.54
8	193.200.35.40	23	193.200.35.55
9	193.200.35.41	24	193.200.35.56
10	193.200.35.42	25	193.200.35.57
11	193.200.35.43	26	193.200.35.58
12	193.200.35.44	27	193.200.35.59
13	193.200.35.45	28	193.200.35.60
14	193.200.35.46	29	193.200.35.61
15	193.200.35.47	30	193.200.35.62

注意，如果我们在第 30 个 IP 地址（表中）的最后字节上加 1，结果是 63，该地址是下一子网地址的前一个地址。因此，193.200.35.62 确实是子网 1 内的最后一个有效 IP 地址。其余 5 个子网的有效 IP 地址可以通过相同方式获得。

7.14　超网与无类别域间选路

随着互联网的快速发展，人们已经越来越熟知它，然而互联网面临的许多问题也越来越清晰。这些问题包括：

1）*B 类地址的缺乏*：B 类地址缺乏这个问题已经出现了，原因很简单，因为 B 类地址对于一些中型组织来说太大了，但是 C 类地址又不足以实现网络的需求。问题出现时，只剩下一半的 B 类地址（总共有 16 384 个）是可用的。总共有 200 多万个 C 类地址，并且只有少数已经被服务提供商分配出去。一个 B 类地址最多包含 65 534 台主机，而一个 C 类地址最多只能包含 254 台主机。互联网的地址分类是不切实际的，因为很少的组织会拥有上万台主机，但是，大多数的组织拥有的主机数量比 254 多。

2）*路由信息过载*：随着互联网的发展，路由表增长速度也越来越快，并且普遍来说，路由器技术和计算机技术还落后于这个发展速度。1990 年 12 月路由器的数量是 2190 台，而两年之后数量是 8500 多台。1995 年 7 月路由器的数量是 29 000 台，每台路由器需要 10MB 空间来维护一条路由信息。

3）*IP 地址的最终枯竭*。

7.14.1　无类别域间选路

无类别域间选路（CIDR）尝试解决前两个问题，CIDR 定义了一种方法，该方法可以减慢路由表的增长、减少分配新 IP 网络地址的需要。但它并不尝试解决第三个问题。20 世纪 90 年代，CIDR 作为互联网上路由的替代方案得到了发展。

CIDR 抛弃 A、B、C 类网络地址的概念（因此称"无类别"），并且使用网络前缀的概念。它使用网络前缀替代 IP 地址中的 3 比特，来确定网络号和主机号之间的分界点。CIDR 支持任意大小的网络（网络号和主机号之间的虚线表示它的位置是不断变化的），而不是标准的 8、16 或 24 比特网络号。

网络号	主机号

CIDR 也称为超网（supernetting），因为其考虑到多个子网成组被路由的情况。

超网（supernetting）这个术语指的是多个同类别的网络地址组合到一起，创建超网（supernet）的过程称为路由聚合（route aggregation）。如果 IP 网络是连续的，我们可以使用一个超网。如果 IP 网络不是连续的，我们就无法使用一个超网。

子网划分时，我们从主机号部分借用若干比特，将这些比特分配给网络号部分，增加了网络号部分的比特数。而超网恰恰相反，我们从网络号部分取出若干比特并将这些比特分配给主机号部分。

网络号	超网号（从网络号借用的比特）	主机号

超网概念主要是针对聚合 C 类地址的。若将两个 C 类地址聚合，那么第一个地址的第三字节必须可以被 2 整除。如果我们想将 8 个网络聚合成超网，那么掩码必须是 255.255.248.0，且第一个地址的第三字节应该可以被 8 整除。

例如，198.41.15.0 与 198.41.16.0 就不可以被聚合成一个超网，但是 198.41.18.0 与 198.41.19.0 就可以。

一般地，C 类 IP 地址的子网掩码是 255.255.255.0，使用超网后，子网掩码使用的比特数可以减少。例如，使用 23 比特掩码（255.255.254.0——网络号 23 比特，主机号 9 比特），我们有效地创建了一个独立的 IP 网络，该网络有 512 个地址。

7.14.2　有类型子网划分与无类型子网划分

将一个网络进行子网划分，有两种选择：有类型与无类型。

7.14.2.1　有类型子网划分

有类型子网划分是最简单的方法。它会造成最多的浪费，因为它使用的地址比必需的地址更多。在有类型子网划分中，对于每个子网我们使用相同的子网掩码（默认子网掩码），且所有的子网都包含相同数量的地址。无类型编址允许我们使用不同的子网掩码，并且可以根据组内用户数来定制子网。

在有类型编址中，所有的 IP 地址都有网络号和主机号部分，网络号部分以地址中某一个分隔符 "." 结尾（一个字节边界）。有类型编址将 IP 地址按字节边界拆分成网络号部分和主机号部分。

有类型编址系统中，所有可用的 IP 地址被分成五类：A、B、C、D、E，且 A、B 与 C 类地址被频繁使用，因为 D 类地址用于多播且很少被使用，E 类地址被保留，目前不被使用。

A 类：

0 1 2 3 4 5 6 7 0 1 2 3 4 5 6 7 0 1 2 3 4 5 6 7 0 1 2 3 4 5 6 7

0																															

网络号 （8 比特）	主机号 （24 比特）

B 类：

0 1 2 3 4 5 6 7 0 1 2 3 4 5 6 7 0 1 2 3 4 5 6 7 0 1 2 3 4 5 6 7

1	0																														

网络号 （16 比特）	主机号 （16 比特）

C 类：

| 0 1 2 3 4 5 6 7 | 0 1 2 3 4 5 6 7 | 0 1 2 3 4 5 6 7 | 0 1 2 3 4 5 6 7 |

1 1 0

| 网络号（24 比特） | 主机号（8 比特） |

D 类：

| 0 1 2 3 4 5 6 7 | 0 1 2 3 4 5 6 7 | 0 1 2 3 4 5 6 7 | 0 1 2 3 4 5 6 7 |

1 1 1 0

多播组号（28 比特）

E 类：

| 0 1 2 3 4 5 6 7 | 0 1 2 3 4 5 6 7 | 0 1 2 3 4 5 6 7 | 0 1 2 3 4 5 6 7 |

1 1 1 1 0

被保留作未来使用（27 比特）

每个 IP 地址都属于一个特定的地址类别，所以称这些地址是有类型的，早期这个编址系统没有任何名字，但是当无类型编址系统出现时，其被对应命名为有类型编址系统。有类型编址的主要缺点是失去了灵活性且限制了可分配给任何设备的地址数量。

7.14.2.2　无类型子网划分

无类型编址使用的网络号和主机号部分的比特数是可变的。

它将 IP 地址视为 32 位 0 与 1 组成的比特流，网络号和主机号部分之间的分界可以在第 0 比特和第 31 比特之间的任意位置，无类型编址系统被称为 CIDR（无类型域间选路）。与原始的网际协议（IP）地址类别系统相比，无类型编址的方式使得域间选路中的互联网地址分配有更好的灵活性。

下图是目前正在使用的选路协议。

有类型选路协议	无类型选路协议
RIP 版本 1（路由信息协议版本 1）	RIP 版本 2（路由信息协议版本 2）
IGRP（内部网关路由协议）	EIGRP（增强内部网关路由协议）
EGP（外部网关协议）	OSPF（开发最短路径优先）
BGP3（边界网关协议 3）	IS-IS（中间系统到中间系统）
	BGP4（边界网关协议 4）

注　更多关于这些协议的细节，请参考 IP 路由一章。

7.14.3　为什么使用 CIDR

在发展 CIDR 技术之前，互联网中的路由器基于 IP 地址的类别管理网络中的流量。在这个系统下，IP 地址的值决定了其用于路由的子网。CIDR 是传统 IP 子网划分的替代，它将 IP 地址划分成子网的过程不依赖地址本身的值。

7.14.4　CIDR 记法

CIDR 通过使用 IP 地址和与它相关的网络掩码的组合，指定一个 IP 地址的范围。CIDR 记法使用以下格式：

$$xxx.xxx.xxx.xxx/n$$

在这里，n 是网络掩码中值为 1 的比特数。

以上记法称为 CIDR 块或 CIDR 掩码。例如，192.168.12.0/23 将网络掩码 255.255.254.0 应用到 192.168 网络，起始于 192.168.12.0。这个记法代表了地址范围是从 192.168.12.0 至 192.168.13.255。

与传统的基于地址类别的网络相比，192.168.12.0/23 代表了两个 C 类子网 192.168.12.0 和 192.168.13.0 的聚合，其中两个子网的子网掩码都是 255.255.255.0。也就是说，

$$192.168.12.0/23 = 192.168.12.0/24 + 192.168.13.0/24$$

此外，CIDR 支持互联网地址申请和消息路由，并不依赖一个给定 IP 地址范围的传统类别。例如，10.4.12.0/22 代表了地址范围 10.4.12.0 至 10.4.15.255（网络掩码是 255.255.252.0）。其在一个更大的 A 类地址空间中申请了一个等同四个 C 类网络大小的超网。

7.14.5　超网过程举例

让我们来看看一个中型组织的典型联网问题。在本例中，CareerMonk 需要为 1000 台主机来安排 IP 地址。但是，没有可用的 A 类、B 类地址，所以 CareerMonk 申请并且得到一个包含四个 C 类地址的块。现在 CareerMonk 可以使用以下三个选项之一来运用这些地址：

- □ 地址块被用来创建四个独立的 C 类网络
- □ 这些地址可以被子网划分，创建多于四个子网
- □ 这些地址可以被聚合成一个超网

下图显示了以下 C 类子网内部的 IP 地址：

1）192.168.64.0

2）192.168.65.0

3）192.168.66.0

4）192.168.67.0

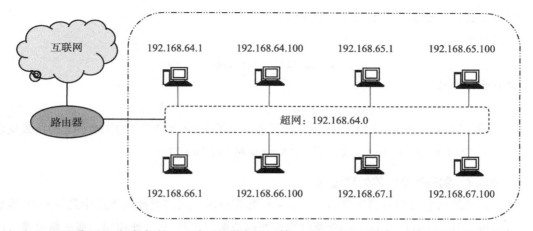

这些地址满足了先决条件，它们是连续的且第一个 IP 地址的第三字节可以被 2 整除（64 mod 2=0）。这四个小型网络可以被聚合成 192.168.64.0 这个超网，C 类超网地址通常假定成最低子网的 IP 地址，这里是 192.168.64.0。

7.14.5.1　创建超网掩码

在开始讨论创建一个超网掩码之前，我们应该先掌握一些关于规则 C 类子网掩码的重要知识。C 类网络的默认子网掩码是 255.255.255.0，二进制格式如下：

$$11111111.11111111.11111111.00000000$$

掩码中的全 1 代表 IP 地址的网络号，全 0 代表主机号。当一个子网被创建时，我们首先将主机号部分的一些 0 比特改变成 1，来创建一个子网掩码。

例如，从一个 C 类网络创建四个独立的子网，我们可以简单地给默认子网掩码中的全 1 部分加上两个比特（2^2=4），下面的例子显示了这一过程。

原始子网掩码：

网络号	主机号
11111111.11111111.11111111.	00000000

新子网掩码：

网络号	主机号
11111111.11111111.11111111. 11	000000

有了新子网掩码，网络从一个最多拥有 254 台主机的 C 类网络转变成了四个独立的子网，每个子网拥有 64（2^6=64）台主机。可是，由于主机号部分全 0 和全 1 这两个 IP 地址被保留，所以实际上每个子网被限制最多拥有 62 台主机。

创建一个超网的过程刚好相反。记住，我们正在尝试做的是创建一个地址空间来聚合若干网络，也就是创建一个地址空间以容纳很多台主机。为了实现这一目的，我们以默认子网掩码 255.255.255.0（C 类网络）为基础，使用网络号部分中若干比特来表示主机号。下面的例子显示了将四个独立子网创建成一个超网。

新超网掩码：

$$11111111.11111111.11111100.00000000$$

原始子网掩码：

$$11111111.11111111.11111111.00000000$$

该超网可以容纳 2^{10} 或 1024 台主机，如果第一个子网 IP 地址是 192.168.64.0，那么其余的三个子网 IP 地址是 192.168.65.0、192.168.66.0 和 192.168.67.0。

7.14.5.2　到来数据包的处理过程

现在，当超网中的路由器接收到一个到来的数据包时，新超网掩码被应用到目的 IP 地址上，进行逐位与（AND）操作。如果逐位与操作的结果与最低 IP 地址相同，那么路由器可以判断数据包要被路由到该超网内的一台主机。

逐位与操作就是将 IP 地址与掩码相与，得出结果来判断数据包要被路由到哪个网络上。

7.14.5.3　逐位与（AND）操作

逐位与（AND）操作的原理很简单：如果第一个操作数为 1（true）且第二个操作数为 1（true），那么结果就是 true。否则结果是 false（0）。

让我们举例来看看这个过程。如果到达路由器的数据包目的 IP 地址是 192.168.64.48，超网掩码 255.255.252.0 被应用到目的地址上。

	11000000.10101000.01000000.00110000	（目的 IP 地址）
与	11111111.11111111.11111100.00000000	（超网掩码）
结果	11000000.10101000.01000000.00000000	

在这个例子中，逐位与操作的结果值是 192.168.64.0，是超网内的最低可用 IP 地址。该路由器会使用这个信息将一个到来的数据包转发到新建超网内的一台主机。

让我们来看看超网的另一个例子：两个 C 类网络 198.41.78.0 和 198.41.79.0，这两个地址满足了创建超网的先决条件，它们是连续的且第一个地址的第三字节可以被 2 整除（78 mod 2=0）。为了进一步理解，让我们看看地址的二进制形式。

第一个地址的第三字节（78）二进制表示是 01001110，第二个地址的第三字节（79）二进制表示是 01001111，它们的二进制表示只有最后 1 比特（IP 地址的第 24 比特）不同，则第一个网络（78）是超网 0，第二个网络（79）是超网 1。

该超网的掩码是 23 比特，或 255.255.254.0，该网络中的所有设备一定要使用该掩码，不使用该掩码的任何设备都是不可达的。

该超网中所有设备的广播地址是 198.41.79.255，大多数现代化设备不要求我们填写广播地址，因为广播地址可以由 IP 地址和子网掩码推测出来。广播地址是一个特殊的目的地址，表明目的端是网络内的所有主机。

在任何 IP 网络中，地址范围内的第一个地址（C 类网络中是 .0）都有特殊的意义，其不能被分配给任何主机，被称为网络号。反之，地址范围内的最后（最高）地址（C 类网络是 .255）被称为广播地址，同样不能被分配给任何主机。

由于这样的地址很独特，也许明智的做法是不使用 198.41.78.255 和 198.41.79.0（上面例子中的地址）这两个地址，即使对于超网内的主机来说这些地址是合法的。

7.15 变长子网掩码

使用经典子网划分时，子网的大小是相同的。使用变长子网掩码（VLSM）时，子网的大小可以不同。根据这个概念，我们可以将已划分成子网的网络再划分成多个子网，这些子网都有自己的变长子网掩码，然后在原始网络内分配它们。

VLSM 允许一个组织在同一网络地址空间内使用多个子网掩码，实现 VLSM 也被称为子网再划分，它可以最大化编址效率。

7.15.1 VLSM 分配策略

下面的过程显示了 VLSM 是如何分配 IP 地址的。

1）根据子网大小要求排序，最大子网优先。

2）对于每个有需求的子网，分配地址空间参照满足需求的最小可用子网。

7.15.2 VLSM 过程举例

本例假定管理员拥有 192.168.1.0/24 这个网络，后缀 /24（读作斜杠 24）表示网络号部分的比特数。

而且，假定该组织拥有四个部门，每个部门的主机数不同。技术部有 100 台计算机，销售部有 50 台计算机，财务部有 25 台计算机，HR（人力资源部）有 5 台计算机。CIDR 中，子网大小是固定的。若使用相同的方法，管理员无法实现网络的所有需求。

下面的过程显示了 VLSM 可以用于为上面提到例子中的各部门分配 IP 地址。

1）可用子网的列表。

子网掩码	斜杠记法	子网内主机数	子网掩码	斜杠记法	子网内主机数
2.55.255.255.0	/24	254	2.55.255.255.240	/28	14
2.55.255.255.128	/25	126	2.55.255.255.248	/29	6
2.55.255.255.192	/26	62	2.55.255.255.252	/20	2
2.55.255.255.224	/27	30			

2）按降序（从高到低）排序 IP 需求。

3）给最高需求分配 IP，所以我们将 192.168.1.0/25

技术部	100
销售部	50
财务部	25
HR（人力资源部）	5

（255.255.255.128）分配给技术部。该 IP 子网的网络地址是 192.168.1.0，拥有 126 个有效 IP 地址，满足了技术部的需求。该子网的子网掩码最后字节是 10000000。

4）给第二个需求分配 IP，所以我们将 192.168.1.128/26（255.255.255.192）分配给销售部。该 IP 子网的网络地址是 192.168.1.128，拥有 62 个有效 IP 地址，足够分配给销售部的所有计算机。该子网的子网掩码最后字节是 11000000。

5）给第三个需求分配 IP，即财务部。子网 192.168.1.192/27（255.255.255.224）包含 30 个有效 IP 地址，可以满足 25 个 IP 地址的需求。财务部的网络地址是 192.168.1.192，该子网的子网掩码最后字节是 11100000。

6）给第四个需求分配 IP，即 HR（人力资源部）。HR 包含 5 台计算机，子网 192.168.1.224/29 包含 6 个有效 IP 地址，其子网掩码是 255.255.255.248。所以，将其分配给 HR，该子网的子网掩码最后字节是 11111000。

使用 VLSM，管理员可以将 IP 子网再划分，并且最少数量的 IP 地址被浪费。本例中，即使是为每个部门分配 IP 地址之后，管理员仍剩余大量 IP 地址可用，这一点是使用 CIDR 不可能做到的。

7.16   IPv6

大约在 1992 年，IETF（互联网工程任务组）意识到 IPv4 地址的全球性短缺问题，以及由于 IPv4 强加的限制而带来的发展新协议的技术性问题。

7.16.1   IPv6 简介

IPv6 代表网际协议版本 6，与 IPv4 类似，它也工作在网络层（第 3 层）。IPv6 是由 IETF 设计的下一代协议，用来代替当前的 IPv4。

今天的互联网多数都使用 IPv4，其历史已经近 20 年了。由于互联网的飞速发展，已经出现了 IPv4 地址的短缺，加入到互联网的所有新机器都需要 IPv4 地址。

IPv6 解决了 IPv4 中的很多问题，比如可用 IPv4 地址数量的限制。IPv6 对 IPv4 做出了很多优化，比如路由和网络自动配置。人们预期 IPv6 将逐渐替代 IPv4。

7.16.2   为什么需要新的 IP 版本

IPv4 设计于 20 世纪 80 年代初，并且以后没有发生任何主要的改变。在设计 IPv4 时，互联网还仅限用于一些大学的研究和美国国防部。IPv4 总共 32 比特长，提供了大约 4 294 967 296（2^{32}）个地址，那时这个地址空间被认为足够大。下面是一些主要观点，这些观点对于 IPv6 的出现起到了重要的作用。

- □ 互联网呈指数性增长，且 IPv4 允许的地址空间正接近饱和。因此需要一个协议来满足未来互联网地址的需求，该需求以不可预期的方式增长。
- □ IPv4 本身没有提供安全特性，和互联网上的数据一样脆弱。IPv4 是一个公共域，是不安全的，数据在发送到互联网之前，不得不经过一些安全性应用的加密。
- □ 服务质量（QoS）：服务质量在 IPv4 中是可用的，它取决于 IPv4 中的 8 比特服务类型（ToS）字段和负载的标识。IPv4 服务类型（ToS）字段的功能被限制，并且如果 IPv4 数据包的负载被加密了，那么负载标识（使用 TCP 或 UDP 端口）是无法知晓的。

7.17　IPv6 的特征

新的 IP 编址并不是为了以后与 IPv4 兼容而设计，IPv6 是完全重新设计的，它有以下特征。

7.17.1　巨大的地址空间

与 IPv4 相比，IPv6 使用 4 倍的比特数（128 比特）来为互联网上的一台设备编址，可以提供 300 000 000 000 000 000 000 000 000 000 000 000 000（大约 3.4×10^{38}）个不同的地址。IPv6 可以满足为世界上所有东西分配地址的需求，根据研究估计，地球上每平方米可以分配到 1564 个地址。

7.17.2　简化的首部

IPv6 的首部已经被简化，将所有不必要的信息和选项（IPv4 首部中存在的）放到 IPv6 首部的后面，IPv6 的首部只有 IPv4 首部两倍大，而 IPv6 地址长度是 IPv4 的四倍。

7.17.3　端到端的连通性

现在每个系统都有唯一的 IP 地址，可以在互联网中通信而不使用 NAT（Network Address Translation，网络地址转换），在 IPv6 完全被实现之后，每台主机可以直接与互联网上的其他主机通信。

7.17.4　自动配置

IPv6 支持主机设备的国家性自动配置和非国家性自动配置模式，以这种方式，即使没有

DHCP 服务器也不会阻止互联网上的通信。

7.17.5　更快的转发 / 路由

IPv6 的简化首部将所有不必要的信息放到首部的后面，首部中第一部分的所有信息已经足够一台路由器进行路由决策，这使得在查看强制首部时路由决策能很快地进行。

7.17.6　IPSec（IP 安全）

IPv6 架构的设计中包括了网络安全部分，网际协议安全（IPSec）原先就是为了 IPv6 而发展的，但是首先在 IPv4（IPv4 中是后台实现的）中成为可选部署。

IPv6 规范指明 IPSec 的实现是一个基本的互操作性需求。

7.17.7　不支持广播

IPv6 不提供任何广播的支持，它使用多播来与多台主机通信。

7.17.8　支持任播

这是 IPv6 的另一个特性，IPv6 引入了数据包路由的任播模式。在任播模式下，互联网上的多个接口被安排相同的任播 IP 地址。路由器进行路由时，将数据包发送给最近的目的端。

7.17.9　移动性

设计 IPv6 时考虑到了移动特性，这一特性使得主机（像手机一样）可以在不同的地理区域间漫游，但仍然使用相同的 IP 地址保持连接。

IPv6 的移动性利用了自动 IP 配置和扩展首部。

7.17.10　支持提高优先级

IPv4 使用 6 比特 DSCP（区分服务码点）和 2 比特 ECN（显示拥塞通告）来提供服务质量（QoS），但是只有端到端设备支持时才可使用，也就是说，源设备、目的设备和下层网络都要支持它。

在 IPv6 中，Traffic 类别和 Flow 标签用于告知下层路由器如何更有效地处理数据包并路由它。

7.17.11　平稳过渡

IPv6 更大的地址空间使得设备可以申请一个全球唯一的 IP 地址，这确定了节省 IP 地址的机制（比如 NAT）是不需要的。因此，设备之间可以发送 / 接收数据，例如 VoIP 或任何流媒体可以被更有效地使用。另一个事实是，首部是低负载的，所以路由器可以做出转发决策并且在数据包到达时就将其转发出去。

7.17.12　可扩展性

IPv6 首部的一个主要优点是可扩展，从而可向选项部分添加更多的信息，IPv4 只为选项部分提供了 40 字节，而 IPv6 的选项部分可以像 IPv6 数据包本身一样大。

7.18　十六进制计数系统

在介绍 IPv6 地址格式之前，我们先来研究十六进制计数系统。除了基数是 16 而不是 10 之外，十六进制（基数是 16）计数系统操作机制与十进制（基数是 10）计数系统相同。这里有 16 个十六进制数字，其中 0 至 9 部分与十进制相同，此外还有字母 A、B、C、D、E、F 来取代十进制数 10 至 15：

十六进制	二进制	八进制	十进制	十六进制	二进制	八进制	十进制
0	0	0	0	8	1000	10	8
1	1	1	1	9	1001	11	9
2	10	2	2	A	1010	12	10
3	11	3	3	B	1011	13	11
4	100	4	4	C	1100	14	12
5	101	5	5	D	1101	15	13
6	110	6	6	E	1110	16	14
7	111	7	7	F	1111	17	15

7.19　IPv6 编址记法（IPv6 地址结构）

从 IPv4 到 IPv6 最引人注目的改变就是网络地址的长度，有三种用文本串的方式来表示 IPv6 地址。

1）IPv6 地址有 128 比特长，但是通常写成八个组的形式，每组由 4 个十六进制数字组成。例如，下面就是一个有效的 IPv6 地址。

```
3ffe:6a88:85a3:08d3:1319:8a2e:0370:7344
ABCD:EF01:2345:6789:ABCD:EF01:2345:6789
2001:DB8:0:0:8:800:200C:417A
```

2）IPv6 地址中的某些组包含长串 0，为了进一步简化 IPv6 地址的表示，在冒号分十六进制的格式中，连续 16 比特为 0 的组可以被压缩为 ::，称为双冒号（double-colon）。也就是说，如果一个组的 4 个十六进制数字都是 0，这个组会被省略。

例如，

$$3ffe:6a88:85a3:0000:1319:8a2e:0370:7344$$

可以写成：

$$3ffe:6a88:85a3::1319:8a2e:0370:7344$$

按照这个规则，如果由于省略产生多于两个连续冒号，它们也会被减少成两个冒号，只要在这个地址中仅出现一组连续 2 个冒号的情况即可。下面列出的 IPv6 地址都是有效的。

```
2001:2353:0000:0000:0000:0000:1428:57ab
2001:2353:0000:0000:0000::1428:57ab
2001:2353:0:0:0:0:1428:57ab
2001:2353:0::0:1428:57ab
2001:2353::1428:57ab
```

类似地，地址 FE80:0:0:0:2AA:FF:FE9A:4CA2 可能被压缩为 FE80::2AA:FF:FE9A:4CA2，而地址 FF02:0:0:0:0:0:0:2 可能被压缩为 FF02::2。

例如：

0 压缩只可以用于压缩冒号分十

IPv6地址	压缩表示
2001:DB8:0:0:8:800:200C:417A	2001:DB8::8:800:200C:417A
FF01:0:0:0:0:0:0:101	FF01::101
0:0:0:0:0:0:0:1	::1
0:0:0:0:0:0:0:0	::

进制记法表示中的一个单一连续 16 比特 0 串，我们不能将 0 压缩使用在 16 比特串的内部。例如，我们不能将 FF02:30:0:0:0:0:0:5 表示为 FF02:3::5，正确的表示是 FF02:30::5。

为了确定有多少 0 比特被表示成 ::，我们可以计算压缩表示地址的组数，用 8 减去这个组数，然后乘以 16 就得到结果。例如，地址 FF02::2，有两个组（FF02 和 2），被表示成 :: 的比特数是 96（96=（8−2）×16）。对于一个给定的地址，0 压缩只能使用一次，否则，我们不能确定每个 :: 实例所表示的 0 比特数。

所有以若干数字 0 为首的组，0 也可以被省略，因此

$$2001:2353:02de::0e13$$

等同于

$$2001:2353:2de::e13$$

3）当处理 IPv4 和 IPv6 混合的环境时，一种可选择的地址表示形式有时更加方便，这种表示形式是 x:x:x:x:x:x:d.d.d.d，x 是地址的高六个 16 比特组对应的十六进制值，d 是地址的低四个 8 比特组对应的十进制值（标准 IPv4 表示）。例如：

```
0:0:0:0:0:0:13.1.68.3
0:0:0:0:0:FFFF:129.144.52.38
```

或者以压缩形式表示：

$$::13.1.68.3$$

```
::FFFF:129.144.52.38
```

IPv6 可选择的格式

1. 映射到 IPv4 的 IPv6 地址

这些地址用于将 IPv4 地址嵌入 IPv6 地址中，这个地址类型用于以 IPv6 地址表示 IPv4 地址，它允许 IPv6 应用直接与 IPv4 应用通信。例如，0:0:0:0:0:ffff:192.1.56.10 和 ::ffff:192.1.56.10/96（缩短格式）。

2. 兼容 IPv4 的 IPv6 地址

这个地址类型被用于隧道（tunnelling），它允许 IPv6 节点通过 IPv4 结构通信。例如，0:0:0:0:0:0:192.1.56.10 和 ::192.1.56.10/96（缩短格式）。下图显示了不同子网的两个节点的配置，使用兼容 IPv4 的地址来通过 IPv4 路由器进行通信。

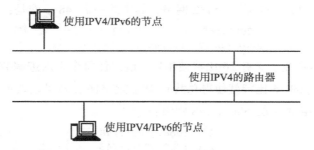

兼容 IPv4 的地址源于 IPv4 公有地址，在现有的 IPv4 互联网结构上提供了连接 IPv6 主机或站点的方法。当使用兼容 IPv4 的地址时，IPv6 的数据并不要求 IPv6 路由器，它的数据会被封装上 IPv4 首部。

7.20　IPv6 前缀

前缀是地址的一部分，用来指明拥有固定值的比特或是网络标识的比特。IPv6 地址的高位比特指定了网络，而剩下的比特指定了该网络中的特定地址。所以，同一网络中的所有地址拥有相同的前 n 个比特，那些比特被称为前缀，我们使用 /n 来表示前缀有 n 比特长。例如，我们写出一个网络，网络中所有地址的起始 32 比特是 2001:0db8:

```
2001:db8::/32
```

无论何时我们讨论一个网络，都可以使用这个记法，且不用担心其中的个别地址。上面提到的也可以被理解为所有地址的起始 32 比特是 00100000000000010000110110111000，但是十六进制更加易读。如果我们讨论一个指定地址，前缀有时并不重要，因为我们已经指定了地址中的每个比特。所以，这里是一个没有必要指明前缀的地址：

```
2001:db8::6:1
```

可是，地址通常被写成如下指明前缀的形式：

```
2001:db8::6:1/64
```

/64 指明这个地址的前缀是 64 比特，以这种方式表示地址会导致困惑。因此，如果你写出的一个地址包含了前缀长度，应确保在上下文中将其表示清楚。

> 🔍 **注** IPv4 的实现通常使用点分十进制来表示网络前缀（即子网掩码），IPv6 中并不使用子网掩码，只支持前缀长度记法。

7.21 IPv6 子网

我们可以将任何网络划分成更小的若干网络（称为子网），划分子网要在前缀后面定义若干比特。例如，2001:db8::/32 是一个 /32 网络，其中的一个 /48 子网是：

```
2001:db8::/32 is a /32 network
2001:db8:0001::/48 is /48 network
```

注意，二者的不同在于又有 16 比特被指定（请记住每个十六进制数字代表 4 比特）。原始的 32 比特加上附加的 16 比特就使得总共有 48 比特。16 比特可以表示出 65 536 个不同值，所以任何一个 /32 网络都有 65 536 个 /48 网络：

```
2001:db8:0000::/48
2001:db8:0001::/48
     [...]
2001:db8:FFFE::/48
2001:db8:FFFF::/48
```

7.21.1 子网与网络

一个网络和一个子网的不同只在于便利性和用法，没有技术上的不同。一个 ISP 的 /32 网络可能是一个更大网络的子网，就像 /32 网络中的那些 /48 网络一样。

前缀更长意味着网络更小（包含更少的主机），一个 /96 网络的大小等于现在的整个 IPv4 互联网，因为 /96 网络拥有 32 比特来表示主机地址（96+32=128）。一个 /120 网络只有 8 比特用来表示主机地址，所以其大小等于一个 IPv4 的 C 类网络大小：256 个主机地址。

7.21.2 计算子网

一个 /48 网络中包含多少个 /64 子网呢？为了计算出结果，只需要将子网的比特数减去网络的比特数，再用得到的结果对 2 求幂。64-48=16，且 2^{16} 是 65 536，所以 /48 网络中有 65 536 个 /64 子网。

一个 /60 网络中包含多少个 /64 子网呢？同样的方法进行计算，将子网的比特数减去网络的比特数，64-60=4，且 2^4 是 16，所以 /60 网络中有 16 个 /64 子网。

该方法适用于任何大小的前缀和子网，/91 网络中有多少个 /93 子网？93-91=2，所以有 4 个 /93 子网。/9 网络中有多少个 /12 子网？12-9=3，所以有 8 个 /12 子网，等等。

7.22　IPv6 寻址种类

IPv4 中，包含单播、广播和多播地址。IPv6 中，包含单播、多播和任播。IPv6 中不再使用广播地址，因为它们被多播地址所取代。

7.22.1　单播

一个单播网络的拓扑包含源和目的之间的一对一关系。

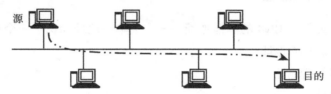

一个单播地址标识了单播地址范围内的单一接口。在合适的单播路由拓扑中，一个以单播地址为目的地的数据包被传递到唯一的接口。为了适应负载平衡系统，RFC 2373 考虑到同一地址的多接口情况。在 IPv6 的实现中，它们以单一接口形式出现。

7.22.2　多播

一个多播地址标识了多个接口。在合适的多播路由拓扑中，以一个多播地址为目的地的数据包被传递到该地址标识的所有接口上。

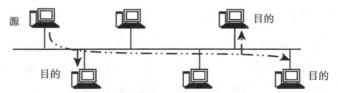

多播机制中，源和目的之间是一对多的关系。

7.22.3　任播

任播是一种网络拓扑类型，就像前面提到的单播、多播和广播一样。

任播是一种基于 IPv6 的新的类型，通信通常发生在一个单一发送者和一些最近接收者之间。任播技术机制增强了互联网命名系统的速度和安全性。因此，整个互联网通过为数据在多个位置创建许多副本实现了世界范围的跨越。数据的许多副本在世界范围内的多个位置。

一个任播地址标识了多个接口。在合适的路由拓扑中，以任播地址为目的地的数据包被传递给一个单一接口，即地址标识的最近接口，最近的接口是根据路由距离最近来定义的。一个多播地址被用于一对多的通信，传递给多个接口。一个任播地址被用于一个对多个中一个的通信，传递给一个单一接口。

路由器中的路由表被 IPv6 更新，且将数据包传递给最近的目的地，使得传递更快。IPv6自动地确定哪些目的地是最近的，并像单播一样将数据包发送给它们。然后该目的地继续将数据包转发给它的最近主机，直至所有目的地都收到数据包。

很多内容分发网络（CDN）使用这一特性来提高速度。

7.23   单播 IPv6 地址

单播 IPv6 地址类似于 IPv4 的单播地址————一个单一地址标识了一个单一接口。下面这些地址的类别是单播 IPv6 地址：

1）可聚合全球单播地址

2）链路本地地址

3）站点本地地址

4）特殊地址

7.23.1   可聚合全球单播地址

可聚合全球 IPv6 地址等同于公有 IPv4 地址，它可以在互联网上公开进行路由。任何希望在互联网上通信的设备或站点都必须被一个可聚合全球地址唯一地标识。

7.23.2   链路本地地址

链路本地 IPv6 地址只被用于一个单一链路（子网），任何一个包含链路本地源地址或目的地址的数据包都不会被路由到另一个链路上。主机（或路由器）上每个支持 IPv6 的接口都会被分配一个链路本地地址，这个地址可以手动分配或自动配置。

7.23.3   站点本地地址

站点本地 IPv6 地址等同于私有 IPv4 地址，站点本地地址可以在一个站点或组织内被路由，但是不能在互联网上被全球路由。一个站点内的多个私有子网是允许的。

7.23.4　特殊地址

一个被保留或是特殊的 IPv6 地址的首段总是以 00xx 起始。可用 IPv6 地址空间的 1/256 是被保留的。存在各种不同的预留地址，包括下面提到的。

7.23.4.1　未指定地址

未指定地址（0:0:0:0:0:0:0:0 或 ::）只是被用于指明一个不存在的地址，它等同于 IPv4 的未指定地址 0.0.0.0。未指定地址通常用作数据包的源地址，该数据包试图验证一个暂定地址的唯一性。未指定地址不会被分配一个接口或是被用作目的地址。

7.23.4.2　环回地址

环回地址（0:0:0:0:0:0:0:1 或 ::1）被用于标识一个环回接口，类似于 IPv4，它允许一个节点将数据包发送给自身。它等同于 IPv4 的环回地址 127.0.0.1，目的是环回地址的数据包从不会被发送到一条链路上，或是被 IPv6 路由器转发。

7.24　多播 IPv6 地址

多播 IPv6 地址等同于 IPv4 多播地址，接口可以属于一个或多个多播组，只会接收所属多播组的多播数据包。多播提供了一个比广播更有效的机制，因为广播要求链路上每台主机都接收和处理每个广播数据包。

7.25　任播 IPv6 地址

任播地址标识了多台主机上的一组接口。因此，多台主机被一个相同的地址配置。发送到一个任播地址的数据包被发送给最近（最少跳数）的主机。任播地址与其他任何 IPv6 单播地址没有区别。

任播寻址的实际应用是有点难以洞察清楚的，一个可能的应用是一个服务器群提供一个相同的服务或功能，这种情况下任播寻址允许客户端连接到最近的服务器。

7.26　IPv6 数据报首部格式

与 IPv4 相比，IPv6 的数据报首部更简单，它只包括了转发数据报所必需的信息。IPv4 数据报的首部长度固定为 20 字节，固定长度的 IPv6 首部使得路由器可以更有效地处理 IPv6 数据报。

7.26.1　IPv6 数据报结构

下图显示了 IPv6 数据报的结构。

IPv6 首部	扩展首部	上层协议数据

IPv6 数据报首部被分解成三个部分：

1）IPv6 数据报首部

2）扩展首部

3）上层协议数据

　　IPv6 数据报也包括变长的扩展首部，如果 IPv6 数据报中存在扩展首部，那么下一首部字段指向第一个扩展首部。每个扩展首部都包含下一首部字段，指向下一个扩展首部。IPv6 数据报的最后一个扩展首部指向上层协议首部（传输控制协议（TCP）、用户数据报协议（UDP）或互联网控制报文协议（ICMPv6））。IPv4 首部中存在选项字段，而 IPv6 首部中没有。

7.26.2　IPv6 数据报首部

00 ～ 03	04 ～ 07	08 ～ 15	16 ～ 23	24 ～ 31
版本	流量类型		流标签	
载荷长度			下一首部	跳数限制
IPv6 源地址				
IPv6 目的地址				

7.26.2.1　版本

版本字段长度为 4 比特，该字段表示 IP 的版本号，IPv6 的该字段值是 6。

7.26.2.2　流量类型

流量类型字段长度是 8 比特，该字段类似于 IPv4 的服务类型（ToS）字段，指明了 IPv6 数据报的类别和优先级。

7.26.2.3　流标签

流标签字段的长度是 20 比特，该字段提供了对实时数据报传递的额外支持和服务质量特性，该字段指明了一个数据包属于源和目的之间的一个特定数据包流，可以用于为一些服务优先传递数据包，如语音服务。

7.26.2.4　载荷长度

载荷长度字段的长度是 16 比特，该字段表示 IPv6 数据包载荷的长度，包括扩展首部和上层协议数据。

7.26.2.5　下一首部

下一首部字段的长度是 8 比特，该字段表示第一个扩展首部（如果有任一扩展首部是可用的）的类型，或是上层的协议，如 TCP、UDP 或 ICMPv6。

7.26.2.6　跳数限制

跳数限制字段的长度是 8 比特，该字段表示一个 IPv6 数据包可以经过的最多路由器数量，类似于 IPv4 的生存时间（TTL）字段。

该字段通常用于距离向量路由协议，如路由信息协议（RIP），以避免网络层的环（路由环）。

7.26.2.7　源地址

源地址字段的长度是 128 比特，该字段表示数据包源端的 IPv6 地址。

7.26.2.8　目的地址

目的地址字段的长度是 128 比特，该字段表示数据包目的端的 IPv6 地址。

习题与解答

1. 一个到达数据包的起始 8 比特如下所示：

$$0100\ 0010$$

目的端将该数据包丢弃，原因是什么？

解析：数据包中包含错误，高 4 位比特（0100）表示的版本是正确的，低 4 位比特表示首部长度，即（$2 \times 4 = 8$），这个值是错的。首部的最小字节数是 20，该数据包在传输过程中发生了错误。

2. 一个数据包的起始十六进制数值如下所示：

$$4\ 5\ 00\ 0028\ 00010000\ 01\ 02\ldots\ldots\ldots$$

上图给出的数据包在被丢弃之前经过的跳数是多少？上层协议是什么？

解析：在数据包中查找生存时间字段，跳过 8 个字节（16 个十六进制数值），生存时间字段是第 9 个字节，即 01，意味着数据包只可经过一个跳步。下一个字节（02）表示了协议字段，意味着上层协议是 IGMP。

3. 假设一个 IP 数据报包含 256 字节数据，且被分解成两片，每片包含 128 字节数据。分别填写下表中两个分片的首部字段值，首部长度以 4 字节为单位。

首部字段	数据报	第1片	第2片	首部字段	数据报	第1片	第2片
首部长度	5			MF	0		
总长度	276			片偏移	0		
标识	3						

解析：一个 IP 数据报包含 256 字节数据，被分解成两片，每片包含 128 字节数据，首部长度是 20

字节，且以 4 字节为单位。总长度是首部长度与数据长度的和，标识值在两个分片中是一样的，表明这两个分片同属于一个原始的数据报。MF 标志的值在所有分片中总是 1，除最后一个分片外。片偏移表明分片中的数据在原始数据报数据中的偏移位置，以 8 字节为单位。

首部字段	数据报	第1片	第2片	首部字段	数据报	第1片	第2片
首部长度	5	5	5	MF	0	1	0
总长度	276	148	148	片偏移	0	0	16
标识	3	3	3				

4. 当目标路由器接收了一个 IP 分片时，它会将分片放到缓冲区中，直至其他的分片都被收到。路由器要为 IP 数据报的重组分配多少缓冲区空间？

   解析：通常当一个 IP 分片到达时，目的主机并不知道需要多大的缓冲区，除非这个分片是最后一个分片（MF=0）。

5. 假设目标路由器接收了四分之三的分片，但是重组计时器发生超时，且路由器丢弃了这些分片。有时，最后的第四个分片会迟一些到达，路由器如何处理这个分片？

   解析：当重组计时器发生超时，路由器会丢弃到目前为止接收的 3 个分片，当最后一个分片到达时，路由器会将其视为一个新的数据报且开始另一个重组计时器，当这个计时器发生超时，第四个分片也同样被丢弃。

6. 为什么每台路由器都会重新计算 IP 首部校验和？

   解析：每台路由器都会重新计算 IP 首部校验和，这是因为 IP 首部的一些字段会发生改变，比如 TTL、总长度（如果发生了分片）、MF 标志和片偏移。

7. 假设一个 TCP 报文包含 2048 字节数据和 20 字节 TCP 首部，该报文被交给 IP 层在两个网络间传递。第一个网络使用 14 字节首部且 MTU 为 1024 字节，第二个网络使用 8 字节首部且 MTU 为 512 字节。每个网络的 MTU 决定了链路帧中的 IP 数据报大小的最大值，目的主机的网络层可以得知分片的大小和片偏移。假设所有 IP 首部均为 20 字节。注意：IP 层要求分片以 8 字节的整数倍为界。

   解析：考虑第一个网络，数据包有 1024-20=1004 字节的空间来携带数据，由于 1004 不是 8 的整数倍，所以每个分片最多包含 1000 字节数据，我们需要传输 2048+20=2068 字节数据，所以分片的大小分别是 1000、1000 和 68。

分片	大小	偏移	分片	大小	偏移
1	1000	0	3	68	2000
2	1000	1000			

考虑第二个网络，68 字节的数据包不需要再进行分片，但是 1000 字节的数据包需要再次被分片，如下所示。IP 首部是 20 字节，剩下 512-20=492 字节来携带数据，再一次考虑携带的数据需要是 8 字节的整数倍，所以每个分片最多包含 488 字节数据，因此 1000 字节数据包被分片后的大小分别是 488、488 和 24。

分片	大小	偏移	分片	大小	偏移
1	488	0	5	488	1488
2	488	488	6	24	1976
3	24	976	7	68	2000
4	488	1000			

8. 一个组织拥有 C 类网络地址 196.10.10.0，需要划分出 5 个子网来分配给五个部门，每个部门包含的主机数如下所示：

1）55 台主机

2）50 台主机

3）45 台主机

4）25 台主机

5）20 台主机

总共有 195 台主机，设计一个可行的子网分配方案，使得每个部门拥有不同的子网，对于每个子网，给出子网掩码和 IP 地址范围。

解析：C 类网络 196.10.10.0

部门	子网掩码	子网号	地址范围
1：55 台主机	255.255.255.192	196.10.10.0	196.10.10.0 – 196.10.10.63
2：50 台主机	255.255.255.192	196.10.10.64	196.10.10.64 – 196.10.10.127
3：45 台主机	255.255.255.192	196.10.10.128	196.10.10.128 – 196.10.10.191
4：25 台主机	255.255.255.224	196.10.10.192	196.10.10.192 – 196.10.10.223
5：20 台主机	255.255.255.224	196.10.10.224	196.10.10.224 – 196.10.10.255

9. 节点 A 需要发送 1400 字节的负载（数据）到节点 B，如下图所示。数据会被分片，因为负载对于最小 MTU（620 字节）来说是很大的。

在每个分片中，分别给出数据长度、MF 标志和片偏移的值。

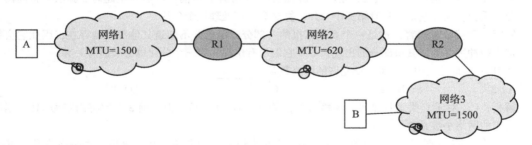

解析：

1）确定传输的实际数据大小：需要被传输的数据大小是 1400 字节，我们假设 IP 首部的长度为 20 字节。

$$MTU \ \text{帧} = \text{首部} + \text{数据}$$
$$620 = 20 + \text{数据}$$
$$\text{数据} = 620 - 20 = 600$$

所以，每一帧携带的 IP 数据报中包含 20 字节长的首部和 600 字节长的数据。注意，600 可以被 8 整除，否则，我们要选择一个最接近该值的数据长度，且这个数据长度是 8 的整数倍，原因在于片偏移必须是 8 的整数倍。

2）传输 1400 字节数据需要的分片数量

定义：

n：分片数

d：网络层传输数据的总长度 = IP 数据 = 1400

m：网络中允许的最大数据长度 = 600

$$n = \left[\frac{d}{m}\right] = \left[\frac{1400}{600}\right] = [2.33] = 3$$

所以，我们需要 3 个分片，前 2 个分片均包含 600 字节数据，最后一个分片包含（1400 − 2 × 600）= 200 字节数据。

请注意片偏移是以 8 字节为单位的。

分片号	数据长度	片偏移（8字节）	MF标志
1	600	0	1
2	600	600/8 = 75	1
3	200	75+75 = 150	0

片偏移和 MF 标志都被用于重组分片，除最后一个分片外，MF 标志为 1，最后一个分片的 MF 标志为 0，意味着没有更多的分片。

10. 给出 IP 地址，其十六进制表示为 C0A8000D。

　　解析：11000000.10101000.00000000.00001101 = 192.168.0.13.

11. 根据上面这个 IP 地址，可以知道哪些信息？

　　解析：该地址是一个私有 IP 地址，且主机位于一个私有网络，即从公有网络不可直接到达。

12. 一个 IP 数据报的重组算法使用计时器来避免丢失片无限期地占用缓冲区，假设一个数据报被分解成三个分片，前两个分片已经到达，且在最后一个分片到达前计时器发生超时。算法会将前两个分片丢弃，现在它最终只有第三个分片。算法会如何处理这个分片？

　　解析：对接收者而言，这是一个新数据报的一部分，由于并不知道其他部分的存在，因此它会被加入缓冲区并等待其余部分的出现，如果它们没有出现，第三个分片也会被超时丢弃。

13. 在 IPv4 编址格式中，C 类地址允许的网络数是_____。
　　A）2^{14}　　　　　　B）2^7　　　　　　C）2^{21}　　　　　　D）2^{24}

　　解析：C。对于 C 类地址来说，网络号字段的长度是 24 比特，但是前 3 个比特固定为 110，因此可用的网络个数是 2^{21}。

14. 在一个 IPv4 数据报中，M 的值是 0，HLEN 的值是 10，总长度的值是 400，片偏移的值是 300。该数据报的位置、负载的第一字节序号和负载的最后字节序号分别是_____。
　　A）最后分片，2400 和 2789　　　　　　B）第一分片，2400 和 2759
　　C）最后分片，2400 和 2759　　　　　　D）中间分片，300 和 689

　　解析：C。由于 M 的值是 0，所以该分片后没有其他分片，因此该分片是最后一个分片。

HLEN 定义了数据报首部的长度，由于 HLEN 的值是 10，那么首部的长度是 10 × 4 = 40 B。

$$数据长度 = 总长度 - 首部长度 = 400 - 40 = 360\ B。$$

片偏移是以 8 B 为单位的，为了找到该分片的第一字节，

$$\frac{第一字节}{8} = 片偏移$$

$$第一字节 = 300 \times 8 = 2400\ B$$

由于数据长度是 360 B，所以最后字节是 2759。

15. 假设一个公司获得了一个 IP 地址块，形式为 128.119.152.0/21，该公司被分配到了多少个 IP 地址？现在这个公司想要创建 4 个子网，每个子网都包含相同数量的 IP 地址，且 4 个子网要用光所有被分配的 IP 地址。4 个子网的地址空间是什么？每个子网的子网掩码是什么？

    解析：该公司被分配了 2^{32-21}=2048 个 IP 地址。

    四个子网分别是：128.119.152.0/23，128.119.154.0/23，128.119.156.0/23 和 128.119.158.0/23。每个子网包含 512 个 IP 地址，每个子网的子网掩码都是 255.255.254.0。

16. 考虑将一个 2400 字节的数据报发送到链路上，且该链路的 MTU 是 700 字节，假设原始数据报中的标识号是 422。那么，原始数据报会产生多少个分片？在分片后产生的多个 IP 数据报分片中，发生改变的字段的值是什么？

    解析：每个分片中数据的最大长度是 680 字节（因为 IP 首部长度为 20 字节），因此产生的分片数为

    $$\left\lceil \frac{2400-20}{680} \right\rceil = 4$$

    每个分片都会包含标识号 422，除了最后一个分片外，其他分片的大小都是 700 字节（包含 IP 首部），最后一个分片是 360 字节（包括 IP 首部）。4 个分片的偏移分别是 0、85、170 和 255，前 3 个分片中的 MF 标志为 1，最后一个分片中的 MF 标志为 0。

17. 关于一个包含 TCP 报文段的 IP 数据包的 40 字节剖析如下图所示。

    45 20 03 c5 78 06 00 00 34 06 ca 1f d1 55 ad 71 c0 a8 01 7e
    00 50 9a 03 3e 64 e5 58 df d0 08 b3 80 18 00 de 00 02 00 00

    说明 IP 首部和 TCP 首部的所有字段。

    解析：IP 首部：IP 版本 =4，首部长度 =20 字节，ToS = 20，总长度 =0x03c5=965 字节，标识 =0x7806，标志 =0，片偏移 =0，TTL=0x34=52，协议 =TCP，首部校验和 =0xca1f，源 IP 地址 =209.85.173.113，目的 IP 地址 =192.168.1.126。

    TCP 首部：源端口号 =80，目的端口号 =39427，序号 =0x3e64e558，ACK 序号 =0xdfd008b3，首部长度 =8 × 4=32 字节，未使用 =0，标志：URG=0，ACK=1，PSH=1，RST=0，SYN=0，FIN=0，接收窗口 =0x000de，校验和 =0x0002，紧急指针 =0。

18. 考虑一个路由器连通了三个子网：子网 1、子网 2 和子网 3。假设三个子网中的所有接口都要求前缀是 223.1.17/24，且子网 1 需要支持 63 个接口，子网 2 需要支持 95 个接口，子网 3 需要支持 16 个接口。给出满足这些限制的三个子网地址（形式为 a.b.c.d/x）。

    解析：223.1.17.0/26　　223.1.17.128/25　　223.1.17.192/28

19. 考虑一个子网的前缀是 128.119.40.128/26，给出一个可以分配给该网络的 IP 地址例子（形式为 xxx.xxx.xxx.xxx）。假设 ISP 拥有地址块 128.119.40.64/26，想要从这个地址块中划分出四个子网，且每个子网包含相同的 IP 地址数量。这四个子网的前缀（形式为 a.b.c.d/x）是什么？

    解析：128.119.40.128 至 128.119.40.191 范围内的任何一个 IP 地址即可。

    四个相同大小的子网：128.119.40.64/28，128.119.40.80/28，128.119.40.96/28，128.119.40.112/28。

20. ISP 分配给 CareerMonk Inc. 四个地址块，每个地址块包含 256 个地址，207.16.204.[0-255]，207.16.205.[0-255]，207.16.206.[0-255]，207.16.207.[0-255]。

    A）在基于类别的编址中，这些地址的类别是什么？子网掩码是什么？

B）这种情况下，出现在 ISP 以外路由器中的相关网络前缀是什么？

C）如果 ISP 使用无类型域间选路（CIDR）给 Bears Inc. 分配地址，出现在 ISP 以外路由器中的掩码和相关网络前缀是什么？

解析：

A）这些地址是 C 类地址，子网掩码：11111111 11111111 11111111 00000000。

B）207.16.204.0/24，207.16.205.0/24，207.16.206.0/24，207.16.207.0/24。

C）掩码：11111111 11111111 11111100 00000000（207.16.204.0/22）。

21. CIDR 分配 IP 地址的效率比有类型编址低，这种说法是否正确？

    解析： 错误。CIDR 允许细粒度的地址分配，因此相对于有类型编址，CIDR 提高了地址分配效率。

22. IP 不保证被传输的所有数据包能够按序到达，这种说法是否正确？

    解析： 正确

23. 在 IPv6 数据包的传输路径中，IPv6 分片只会发生在路由器中，这种说法是否正确？

    解析： 错误

24. 下列哪个选项的主要特征是它可以加密且认证 IP 层的所有通信？

    A）报文   B）层   C）数据包   D）子网

    解析： A

25. 下一代 IP 协议提供了更长的地址长度和更多的功能，该 IP 协议是什么？

    A）IPv3   B）IPv4   C）IPv5   D）IPv6

    解析： D

26. 事实上，所有的协议数据都是以块的形式被传输，该块是什么？

    A）报文   B）PDU   C）段   D）NSAP

    解析： B

27. 下列哪个选项不属于 IPv6 对于 IPv4 的优化？

    A）改进的错误恢复 B）扩大的地址空间   C）地址的自动配置   D）支持资源分配

    解析： A

28. 一个网络的地址是 160.10.184.0/21，该网络可以容纳多少台主机？

    解析： 主机号由 32-21=11 比特组成，可容纳 2^{11}=2048 台主机（实际上是 2046 台主机，因为主机号不能是全 0 或全 1）。

29. 如之前的问题，给出上题的网络中的一个主机 IP 地址例子。

    解析： 可以有很多个答案，比如地址是 160.10.184.3。

30. 一台主机被分配到的 IP 地址是 140.16.79.19/21，掩码是什么？

    解析： 掩码由最左边的 21 位 1 比特和剩下的 0 比特组成：255.255.248.0。

31. 如之前的问题，上题中的网络的 IP 地址是什么？

    解析： 将掩码 255.255.248.0 与 IP 地址 140.16.79.19 进行与（AND）操作，得到该网络的 IP 地址 140.16.72.0/21。

32. 考虑一台路由器连通了三个子网：子网 1、子网 2 和子网 3。假设三个子网中的所有接口的前缀都要求是 223.1.17.0/24，且每个子网要求支持 60 个接口，给出满足这些限制的三个子网地址（形式为 a.b.c.d/x，24＜x≤32）。

    解析： 使用第 4 字节的起始 2 比特作为子网号，则三个子网的地址是：223.1.17.64/26，223.1.17.128/26 和 223.1.17.192/26。第 4 字节的最右 6 位比特留作主机号，且 2^6＞60。

33. 请查看本章给出的 IPv4 首部的示意图，为什么每一跳都要重新计算 IP 首部校验和？

     解析： 无论何时一个数据包到达了一台路由器，TTL（生存时间）都要减 1，因为首部被改变，所以校验和需要被重新计算，请查看 traceroute 一节的内容。

34. 请查看本章给出的 IPv6 首部的示意图，需要注意的是其中不包括校验和，为什么 IPv6 选择不使用校验和？

     解析： 主要的原因在于性能。计算和改变校验和要花费时间，因此会减慢路由器的处理速度。由于性能的原因，IPv6 选择取消校验和字段。

     然而，IPv6 觉得可以这样做是因为校验和也会被上层的传输层和下层的链路层（即局域网）所确定。

35. 一个组织拥有一个 C 类网络 196.10.10.0，需要为五个部门分配出五个子网，每个部门的主机数量如下所示：

     A 部门：55 台主机　　　　　　　　　　　　B 部门：50 台主机

     C 部门：45 台主机　　　　　　　　　　　　D 部门：25 台主机

     E 部门：20 台主机

     总共有 195 台主机，设计一个可行的子网分配方案，使得每个部门拥有不同的子网。对于每个子网，给出子网掩码和 IP 地址范围。

     解析： C 类网络，196.10.10.0。

部门	子网掩码	子网号	地址范围
A: 55 台主机	255.255.255.192	196.10.10.0	196.10.10.0 – 196.10.10.63
B: 50 台主机	255.255.255.192	196.10.10.64	196.10.10.64 – 196.10.10.127
C: 45 台主机	255.255.255.192	196.10.10.128	196.10.10.128 – 196.10.10.191
D: 25 台主机	255.255.255.224	196.10.10.192	196.10.10.192 – 196.10.10.223
E: 20 台主机	255.255.255.224	196.10.10.224	196.10.10.224 – 196.10.10.255

36. 我们要为一个公司的 4 座建筑分配子网地址，每座建筑中连接到网络的计算机（PC）数量如下表所示。假设我们已经拥有了 131.155.192.0/19 地址块，在下表中给出我们为四个子网分配的地址。

建筑	PC数量	子网地址（CIDR形式）	建筑	PC数量	子网地址（CIDR形式）
1	2200		3	550	
2	1620		4	500	

     解析：

建筑	PC数量	子网地址（CIDR形式）	建筑	PC数量	子网地址（CIDR形式）
1	2200	131.155.192.0/20	3	550	131.155.216.0/22
2	1620	131.155.208.0/21	4	500	131.155.220.0/23

37. 下图是路由器 R 的转发表，使用了无类型域间选路（CIDR）。

目的网络	下一跳	目的网络	下一跳
139.179.222.0/25	R1	139.179.216.0/21	R4
139.179.128.0/17	R2	139.179.0.0/16	R5
139.179.120.0/21	R3		

假设包含以下目的 IP 地址的数据包到达路由器 R，请确定这些数据包的下一跳是什么（每个目的 IP 地址只给出一个答案）。

I. 139.179.60.1

II. 139.179.226.4

III. 139.179.124.55

IV. 139.179.223.18

V. 139.179.127.222

解析：

I. 139.179.60.1 → R5

II. 139.179.226.4 → R2

III. 139.179.124.55 → R3

IV. 139.179.223.18 → R4

V. 139.179.127.222 → R3

38. 将 CIDR 前缀为 139.179.0.0/17 的网络划分成若干 /20 子网，给出每个子网的 CIDR 形式。

解析：因为我们需要从 /17 网络中划分出 /20 子网，所以有 8（20−17=3，且 2^3=8）个 /20 子网。

$$\left.\begin{array}{l} 139.179.0.0/20 \\ 139.179.16.0/20 \\ 139.179.32.0/20 \\ 139.179.48.0/20 \\ 139.179.64.0/20 \\ 139.179.80.0/20 \\ 139.179.96.0/20 \\ 139.179.112.0/20 \end{array}\right\} 139.179.0.0/17$$

39. 假设将以下四个子网聚合成一个单一的子网：139.179.192.0/20，139.179.208.0/20，139.179.224.0/20，139.179.240.0/20。给出聚合后子网的 CIDR 前缀。

解析：

$$\left.\begin{array}{l} 139.179.192.0/20 \\ 139.179.208.0/20 \\ 139.179.224.0/20 \\ 139.179.240.0/20 \end{array}\right\} 139.179.192.0/18$$

40. 以下哪些地址是有效的主机地址？

A) 201.222.5.17　　　　　　B) 201.222.5.18　　　　　　C) 201.222.5.16

D) 201.222.5.19　　　　　　E) 201.222.5.31

解析：ABD。在这种情况下，子网地址都是 8 的整数倍，本例中，201.222.5.16 是一个子网，201.222.5.31 是广播地址，其余的地址都是子网 201.222.5.16 中的有效主机地址。

41. 你是一名网络管理员，被分配了 IP 地址 201.222.5.0，你需要拥有 20 个子网，且每个子网内包含 5 台主机，你使用的子网掩码是什么？

A) 255.255.255.248　　　　　B) 255.255.255.128

C) 255.255.255.192　　　　　D) 255.255.255.240

解析：A。从最后一个字节借用 5 比特，就可以产生 30 个子网，如果只借用 4 比特，那么只能拥有 14 个子网，公式为 2^n-2。借用 4 比特，$2^4-2=14$，借用 5 比特，$2^5-2=30$。为了获得 20 个子网，我们应该借用 5 比特，且子网掩码应该是 255.255.255.248。

42. 你被分配到 IP 地址 172.16.2.160，子网掩码是 255.255.0.0，网络地址的二进制表示是什么？

    A）10101100 00010000   B）00000010 10100000

    C）10101100 00000000   D）11100000 11110000

    解析：A。为了求出网络地址，将 IP 地址转换成二进制形式——10101100 00010000 00000010 10100000，然后将其与子网掩码 11111111 11111111 00000000 00000000 进行与（AND）操作。结果是 10101100 00010000 00000000 00000000，十进制形式是 172.16.0.0，通过第一个字节的数值可以确定该地址的类别。

43. 下列哪些选项中的地址范围与地址类别对应有误？

    A）128 至 191，B 类   B）192 至 223，B 类

    C）128 至 191，C 类   D）192 至 223，C 类

    解析：BC。地址类别是：1 至 126，A 类；128 至 191，B 类；192 至 223，C 类；224 至 239，D 类；240 至 255，E 类。通过第一个字节的数值可以确定一个地址的类别。

44. 下列哪些选项中的地址范围与地址类别对应有误？

    A）1 至 126，A 类   B）128 至 191，A 类

    C）1 至 126，B 类   D）128 至 191，B 类

    解析：BC。

A 类	1 至 126	C 类	192 至 223	E 类	240 至 255
B 类	128 至 191	D 类	224 至 239		

通过第一个字节的数值可以确定一个地址的类别。

45. 下列哪些选项中的地址范围与地址类别对应有误？

    A）240 至 255，D 类   B）240 至 255，E 类

    C）224 至 239，D 类   D）224 至 239，E 类

    解析：AD。地址类别：

A 类	1 至 126	C 类	192 至 223	E 类	240 至 255
B 类	128 至 191	D 类	224 至 239		

46. 下列哪个选项中的地址类别与相应地址范围对应有误？

    A）A 类地址包含 192.0.0.0 至 223.255.255.0

    B）A 类地址包含 1.0.0.0 至 126.0.0.0

    C）B 类地址包含 128.0.0.0 至 191.255.0.0

    D）C 类地址包含 192.0.0.0 至 223.255.255.0

    E）D 类地址包含 224.0.0.0 至 239.255.255.0

    解析：A。

A 类地址包含 1.0.0.0 至 126.0.0.0	C 类地址包含 192.0.0.0 至 223.255.255.0
B 类地址包含 128.0.0.0 至 191.255.0.0	D 类地址包含 224.0.0.0 至 239.255.255.0

47. 下列哪个 IP 地址类别可以包含 1600 万个网络，但是每个网络中只能容纳 254 台主机？

A）C 类　　　　　B）A 类　　　　　C）B 类　　　　　D）D 类

解析： A。

IP地址类别	可能包含的网络数	可能包含的主机数
A	254	16M
B	64K	64K
C	16M	254

48. 下列哪个 IP 地址类别可以包含 64 000 个网络，且每个网络可以容纳 64 000 台主机？

A）B 类　　　　　B）A 类　　　　　C）C 类　　　　　D）D 类

解析： A。

IP地址类别	可能包含的网络数	可能包含的主机数
A	254	16M
B	64K	64K
C	16M	254

49. 一个网络的地址是 172.16.2.120，且子网掩码是 255.255.255.0，可以容纳多少台主机？

A）254　　　　　B）510　　　　　C）126　　　　　D）16 372

解析： A。172.16.2.120 是一个标准的 B 类地址，根据子网掩码判断出可以容纳 254 台主机。如果你是一个网络管理员，且拥有 IP 地址 201.222.5.0，你需要划分出 20 个子网，每个子网拥有 5 台主机，那么子网掩码是 255.255.255.248。

50. 下列哪个 IP 地址可以被分配给一个互联网接口？

A）10.180.48.224　　　　　　　　B）9.255.255.10

C）192.168.20.223　　　　　　　　D）172.16.200.18

解析： B。可以被分配给一个互联网接口的 IP 地址是一个公共 IP 地址，以下这些范围内的地址是私有 IP 地址：

- 从 10.0.0.0 至 10.255.255.255
- 从 172.16.0.0 至 172.31.255.255
- 从 192.168.0.0 至 192.168.255.255

而且一些特殊 IP 地址（如环回地址 127.0.0.1、多播地址）也不能被分配给一个互联网接口，本题的四个选项中只有 B 不是私有 IP 地址。

51. 如果一个连接到 ISP 的公共接口被分配了一个私有 IP 地址，会发生下列哪种情况？

A）在互联网主干网中，私有地址范围内的地址不会被路由到

B）只有 ISP 路由器有能力访问公共网络

C）使用 NAT 将地址转换成一个有效 IP 地址

D）一些自动的方法在私有网络中是必要的

E）发生 IP 地址冲突，因为其他公共路由器使用了相同的地址

解析： A。

52. 下列哪种情况下，一个路由接口必须使用公共 IP 地址？

A）连接一个局域网上的路由器

B）连接一台路由器到另一台路由器

C）网络间允许路由项分发

D）转换一个私有 IP 地址

E）连接一个网络到互联网

解析：E。

53. 一个已知地址是 192.168.10.19/28，下列哪些选项是在该网络上有效的主机地址?（有两个正确选项）

A）192.168.10.29　　　　　B）192.168.10.16　　　　C）192.168.10.17

D）192.168.10.31　　　　　E）192.168.10.0

解析：AC。地址 192.168.10.19/28 属于 192.168.10.16 网络，该网络的掩码是 255.255.255.240，该网络提供了 192.168.10.17—30 范围内的 14 个可用 IP 地址。如果你对此解析感到困惑，请复习之前的内容。

54. 将以下 IP 地址的十进制形式转换成二进制形式。

130.85.65.38

解析：10000010.01010101.01000001.00100110

55. 根据 IP 地址 130.85.0.0/20，回答以下三个问题。

每个子网中可用 IP 地址的数量是多少?

解析：4094。

56. 根据 55 题给出的 IP 地址，一共包含多少个子网?

解析：16。

57. 根据 55 题给出的 IP 地址，广播地址是什么?

解析：130.85.15.255。

58. 根据 IP 地址 130.85.0.0/23，回答以下三个问题。

每个子网中可用 IP 地址的数量是多少?

解析：510。

59. 根据 58 题给出的 IP 地址，一共包含多少个子网?

解析：128。

60. 根据 58 题给出的 IP 地址，该子网的最后一个可用地址是什么?

解析：130.85.1.254。

61. 根据 IP 地址 130.85.8.0/22，回答以下四个问题。

每个子网中可用 IP 地址数量是多少?

解析：1022。

62. 根据 61 题给出的 IP 地址，一共包含多少个子网?

解析：64。

63. 根据 61 题给出的 IP 地址，子网掩码是什么?

解析：255.255.252.0。

64. 根据 61 题给出的 IP 地址，IP 地址 130.85.12.231 是否属于该子网?

解析：否。

65. 根据 IP 地址 65.20.0.0/14，回答以下四个问题。

每个子网中可用 IP 地址数量是多少?

解析：262142。

66. 根据 65 题给出的 IP 地址，该子网的第一个可用地址是什么？

    解析：65.20.0.1。

67. 根据 65 题给出的 IP 地址，该子网的广播地址是什么？

    解析：65.23.255.255。

68. 根据 65 题给出的 IP 地址，子网掩码是什么？

    解析：255.252.0.0。

69. 根据 IP 地址 130.85.28.32/27，回答以下四个问题。

    每个子网中可用 IP 地址的数量是多少？

    解析：30。

70. 根据 69 题给出的 IP 地址，该子网的第一个可用地址是什么？

    解析：130.85.28.33。

71. 根据 69 题给出的 IP 地址，广播地址是什么？

    解析：130.85.28.63。

72. 根据 69 题给出的 IP 地址，IP 地址 130.85.28.65 是否属于该子网？

    解析：否。

73. 根据 IP 地址 68.32.20.8/29，回答以下五个问题。

    每个子网中可用 IP 地址的数量是多少？

    解析：6。

74. 根据 73 题给出的 IP 地址，该子网的第一个可用地址是什么？

    解析：68.32.20.9。

75. 根据 73 题给出的 IP 地址，子网掩码是什么？

    解析：255.255.255.248。

76. 根据 73 题给出的 IP 地址，广播地址是什么？

    解析：68.32.20.15。

77. 根据 73 题给出的 IP 地址，IP 地址 68.32.20.16 是否属于该子网？

    解析：否。

78. 根据 IP 地址 130.85.33.177/26，回答以下四个问题。

    该子网的网络号是什么？

    解析：130.85.33.128。

79. 根据 78 题给出的 IP 地址，该子网的第一个可用地址是什么？

    解析：130.85.33.129。

80. 根据 78 题给出的 IP 地址，子网掩码是什么？

    解析：255.255.255.192。

81. 根据 78 题给出的 IP 地址，广播地址是什么？

    解析：130.85.33.191。

82. 根据 IP 地址 130.85.68.33/18，回答以下四个问题。

    该子网的网络号是什么？

    解析：130.85.64.0。

83. 根据 82 题给出的 IP 地址，该子网的第一个可用地址是什么？

    解析：130.85.64.1。

84. 根据 82 题给出的 IP 地址，子网掩码是什么？

解析：255.255.192.0。

85. 根据 82 题给出的 IP 地址，广播地址是什么？

解析：130.85.127.255。

86. 根据 IP 地址 68.120.54.12/12，回答以下四个问题。

该子网的网络号是什么？

解析：68.112.0.0。

87. 根据 86 题给出的 IP 地址，该子网的第一个可用地址是什么？

解析：68.112.0.1。

88. 根据 86 题给出的 IP 地址，子网掩码是什么？

解析：255.240.0.0。

89. 根据 86 题给出的 IP 地址，广播地址是什么？

解析：68.127.255.255。

90. 地址 192.5.48.3 属于下列哪个类别？

A）A 类　　　　　　B）B 类　　　　　　C）C 类　　　　　　D）D 类

解析：C。192.5.48.3 是 C 类地址。

91. 与 IPv4 不同，IPv6 的基础头中不包括下列哪个字段？

A）下一首部字段　　　　　　　　B）分片信息字段

C）流标签　　　　　　　　　　　D）类型字段

解析：B。与 IPv4 不同，IPv6 的基础头中不包括分片信息字段。

92. 127.0.0.1 是下列哪种地址？

A）受限的广播地址　　　　　　　B）直接广播地址

C）多播地址　　　　　　　　　　D）环回地址

解析：D。127.0.0.1 是一个环回地址。

93. 下列哪种地址的前缀是 1110？

A）A 类地址　　　　　　　　　　B）多播地址

C）B 类地址　　　　　　　　　　D）保留地址

解析：B。以 1110 为前缀的地址是一个多播地址。

94. 生存时间（TTL）字段是 IP 数据报首部中的一个字段，以下哪个选项是对这个字段的正确分析？

A）它可能被用于有优先级的数据包

B）它可能被用于降低时延

C）它可能被用于最大化吞吐量

D）它可能被用于防止环的形成

解析：D。只要生存时间（TTL）字段为 0，我们就丢弃数据包，所以能够防止环的形成。

第 8 章

IP 路由

8.1　简介

路由器的目的是检测到来的数据包，为它们选择通过网络的最佳路径，然后将它们转到合适的输出端口。路由器是大型网络中最重要的通信控制设备。

路由器是在网络间转发数据包的网络设备，它利用头部和转发表来决定转发数据包的最佳路径。路由器在 TCP/IP 模型的网络层或者 OSI 模型的第三层工作。

假设我们想要只靠人名（最少的信息）来发送明信片。例如，Bill Gates（美国），Sachin Tendulkar（印度）或 Albert Einstein（美国），由于他们名声很大，不需要列出地址或城市名称，明信片就会被寄给他们。邮递系统可以只根据他们的名字来找到这些著名的人物。

在互联网中，可能有类似的讨论：在不知道站点目前在何处的情况下到达世界上任何一个网站。不仅如此，还需要非常有效率的，只在几秒之内完成。这就是网络路由协议需要解决的问题。

8.1.1　什么是网络路由

这在通信网络中怎么可能实现？而且怎么能做到如此快速？这个问题的答案就是网络路由。网络路由是能够通过从源到目的发送的一个信息单元，为其找到通过网络的途径，并且高效、迅速地完成这些工作。

8.1.2　什么是寻址

首先，我们从一个关键且必需的因素——寻址开始。在许多方面，网络中的寻址和邮递系统中的寻找通信地址类似。因此，我们会以一个简短的与之类似的邮件寻址系统的讨论开始。

我们写在明信片上的典型邮件地址有几个组成成分——人的姓名，接着是街道地址和门牌号（住所地址），然后是城市、州名和邮政编码。

如果我们想要将明信片送到正确的人手里，实际上需要倒过来考虑所列的地址，即从邮政编码开始，然后是城市或州名，再后是住所地址，最后是人的姓名。

你可能注意到我们可以从某种程度上减少信息，也就是说，你可以只用邮政编码，而省去城市和州的名字这些冗余的信息。这意味着邮政地址所需要的信息有三个主要部分：邮政编码、街道名称（和门牌号）以及姓名。

在邮政通信网中一个基本的路由问题如下：

1）明信片首先会被路由到城市或者邮政编码所在的地理区域。

2）一旦卡片到达了邮政编码的位置，会根据地址指定一个合适的邮局将卡片送到那里。

3）然后，邮递员会将明信片送到该地址，毫不犹豫地交付给卡片上所写的那个人。

4）当然，一旦卡片到达目的地址，在地址处居住的人就有义务将其交付给地址上所写的那个人。

邮递系统中的路由过程可以被分解为三个组成部分：

❑ 怎样将卡片送到特定的邮政编码处（以及接下来的邮局）

❑ 怎样将卡片寄送到目的地址

❑ 怎样将它交付给地址上真正的那个人

如果我们换个角度看，事实上最开始不需要知道街道和名字信息的细节，邮政编码就已经足够决定这个卡片要送到哪座城市或哪个地理区域了。因此，我们可以看到，邮政路由用的是层次地址来做路由决策。

这个方法的好处是，可以将路由决策分解为多个层次，比如顶端是邮政编码，然后是街道地址等等。这种层次视图有一个要求是，必须由一种方法来将整个地址分解成多个可分辨的部分，来帮助做路由决策。

现在，考虑一个电子通信网络。例如，现代最重要的通信网络：互联网。本质上，第一个出现的问题是：寻址是怎样将一个信息单元从一个点路由到另一个点的，并且这与我们刚刚讨论的邮政中的层次地址有何关联？第二，邮递是怎样提供服务的？在下一节中，我们来解决这些问题。

8.1.3　寻址和因特网服务：概览

因特网中的寻址是指因特网协议（Internet Protocol，IP）地址。一个 IP 地址由两部分定义：一部分类似于邮政编码，另一部分类似于住所地址；在因特网术语中，它们被称为网络号（netid）和主机号（hostid），以此来分别决定网络和主机地址。一台主机是互联网中通信开始的一端（例如，一台网络服务器、一台电子邮件服务器、台式机、笔记本或其他用来访问因特网的计算机）。一个网络号决定了一个连续的地址块。

网络号	主机号

> 🔍 **注**　更多关于寻址的内容，请参见 IP 地址一章。

　　像任何服务递送系统一样，因特网也需要一个递送模型。比如，在递送系统中，人们可以通过支付额外的费用来请求一个有保障的递送。因特网的概念框架（被称为 TCP/IP——传输控制协议 / 因特网协议）依赖的递送模型中，TCP 负责保证信息的传输，IP 负责路由。

　　IP 协议不需要担心信息是可靠地递送到了地址处，还是在传输过程中丢失了。这就像是邮递系统会把明信片送到居住地址处，而房屋里的居民（不是邮政部门）负责保证卡片上所写的人收到它。这一开始会看起来很奇怪，但是这个范例在实践中很有效，就像因特网所展现出的成功一样。

　　因特网和邮件系统相比一个关键区别是，发送主机一开始会向目的地址（主机）发送一个测试信号（beacon），来检测目的地址是否可达，并且在发送真实消息之前等待确认。既然 beacon 使用相同的传输机制（IP），因此它也可能到达不了目的地。为了将这种不确定因素计算在内，我们使用另外一种被称作计时器的机制。即发送的主机发送一个 beacon 后，等待一定的时间长度来看是否收到任何回复。

　　如果没有听到回复，它会再试着发送几次 beacon，在每次尝试前等待一定的时间，直到达到尝试的最大上限才停止尝试。基本的概念要求接收主机也需要知道发送者的地址。这样它才能回复确认收到了 beacon。如你所见，这意味着当发送主机发送它的 beacon 时，必须包含自己的源地址。

　　一旦连接通过 beacon 过程建立，真正内容的传输就开始了。类似的例子并未出现在邮递系统中，而在交通网络中却有一个更好的例子来描述。如果我们想象一下有 100 个朋友想要去看一场比赛，显然一辆小汽车不能将他们全部装下。如果一辆小汽车可以容纳 5 人，那我们需要 20 辆车来运输所有人。因特网传输模型也采用这个模式。

　　假设我们想从一台主机（网络服务器）下载一个 2MB 大小的文档。事实上，由于受到底层传输系统的严格限制，它不可能整体装进一个 IP 基本单元（也被称为数据包或数据报）中。这个限制被称为最大传输单元（Maximum Transmission Unit，MTU）。MTU 类似于限制一辆车能容纳多少人。因此，文件需要被分成适合数据包的更小单元。

　　然后每个数据包会被标记目的地址和源地址，接着会朝着目的地址在因特网中被路由。既然 IP 传送机制被定为是不可靠的，任何数据包都可能在传输过程中丢失，因此需要在这个数据包的计时器到期时重传。因此另一个重要的部分是，内容被分为较小的数据包后，一旦它们达到了目的地，需要按照在传输文档之前的顺序重组。

注 更多关于分片的内容，请参见 IP 地址一章。

8.1.4 网络路由：概览

在上一节中，我们概述了因特网通信服务中的寻址和数据的传输机制。简而言之，我们能够看出最终数据包是从源端路由到目的端的。这些数据包可能需要穿过很多交叉点，类似于道路交通网络中的交通十字路口。因特网中的交叉点被称作路由器。

路由器读取进来的 IP 数据包的目的地址，检查它的内部信息来确定一个数据包将会被转发的外向链路，然后转发数据包。类似于道路中的车道数目和速度限制，连接两个路由器之间的网络线路受限于在一个单位时间中它能够传送数据的多少，一般指的是带宽。它通常由数据速率来代表，比如 1.54 兆比特每秒（Mbps）。然后，网络会在它的线路上传输通信流量，并且通过路由器，最终到达目的地。网络中的通信指的是由不同应用，比如网页或电子邮件，产生的数据包。

假设通信突然增长，例如，由于许多用户都在尝试从相同的网站上下载数据，那么产生的数据包可能会在路由器中排队，甚至被丢弃。由于路由器维持一个有限的空间（称作缓冲区）来处理暂时积压的数据包，就可能出现缓冲区达到上限的情况。

由于 TCP/IP 的基本原理允许 IP 数据包有不被送达的可能性，所以路由器设置一个有限的缓冲区就没有问题。另一方面，从有效递送的角度看，传输过程中没有任何丢包的情况是可期待的，这是由于可靠传输的概念是在重传和确认原则基础上工作的，任何的丢包都会导致重传，也意味着延迟的增长。

此外，在传输过程中，附在数据包上的内容可能会被破坏，比如由于通信链路上电信号的问题。这会导致数据包的错乱。从端到端通信的角度看，错乱的数据包和丢失的数据包是一样的。

因此，为了有效地递送数据包，需要考虑几个关键因素：

1）路由器有一个合理大小的缓冲区空间；

2）链路有合适的带宽；

3）实际传输中产生最少的错误；

4）路由器能够有效地将包交换到一个合适的对外链路上。

我们已经简单讨论了为什么前两个因素很重要。第三个因素，无错传输系统，本身就是一个巨大的课题。因此，我们现在来讨论第四个因素。

为什么第四个因素很重要？数据包根据目的主机的 IP 地址进行路由。但是，像邮递系统中的街道地址信息一样，有太多可能的主机了；每个路由器记录所有主机的地址是不可能也是不现实的。例如，一个 32 位的地址，理论上最多有 2^{32} 个可能的主机。路由器需要考虑粗级别的地址信息，即和主机相关的网络号，因此对外链路可以通过查找网络号来很快地确定。之前说过网络号很像邮政编码，但有一个关键区别——网络号不像邮政编码一样具有任何地理邻近关联性。例如，美国的邮政编码有 5 位长度，被称为是 ZIP（Zonal Improvement Plan）码。密苏里州的堪萨斯市的 ZIP 码以 64 开头，比如 64101，64102 等，因此，明信片可以被路由到密苏里州的堪萨斯市（"64"），进而才能被路由到特定的 ZIP 码。这个概念在 IP 地址中是不可能的，因为网络号没有任何地理位置信息。事实上，IP 网络号地址 134.193.0.0 可以在地理上离相邻的 IP 网络号地址 134.192.0.0 很远。因此，在网络号级别上，IP 地址是平行的，而不是分层的。

你可能想知道为什么 IP 地址的数字是没有地理特征的。简单来说就是，无地理特征地址的一个优点是，如果一个组织注册了一个 IP 地址块，即使该组织搬到了其他地理位置，或者想用别的服务提供商来连接到因特网，它仍然可以用之前注册的 IP 地址块。一个基于地理位置的地址系统通常会在提供与位置无关的灵活性上受到限制。

为了提供灵活性，那些数字看起来挨在一起的网络号实际上地理位置可以离得很远。因特网中的核心路由器需要维持一个所有有效网络号的详细的列表，以及明确的对外链路，以便当数据包到达路由器的时候知道向哪条路引导数据包。有效网络号的列表很大，目前有 196 000 条记录。因此，为了最小化路由器的交换时间，需要一个有效的机制来很快地查找地址，确定合适的外向链路（方向），并处理数据包，这样处理延迟时间才能尽可能的小。

然而，另一个重要的阶段需要和路由器的查找过程串联起来工作，就是更新路由器中的表单（路由表），包含给定目的网络号的下一个路由器的标识符（下一跳步）。路由表事实上会提前更新，为了更新这个表，路由器需要储存所有它目前学习到的网络号；第二，如果下层链路故障或拥塞，或者网络号由于某些原因不可达，这就需要尽可能地决定替换路径。这意味着需要一种解决通信拥塞、链路失效或者网络不可达的机制。这种机制被称为路由协议机制。通过路由协议学习的信息来提前产生路由表。

如果通过路由协议学习的新信息是关于链路或节点的状态，或者是网络号的可达性，路由算法就会被路由器触发，为每个目的网络号决定可能的最佳下一跳步，以更新路由表。为了有效地处理数据包，路由表产生转发表，来决定对外链路的接口。转发表也叫作转发信息基础（Forwarding Information Base，FIB）。我们会交替地使用转发表和 FIB 的说法。

需要注意的是，路由算法可能需要考虑一个或更多的关于链路的因素，比如延迟导致的遍历整个链路，或者可获得的带宽，来决定众多路径中可能的最好路径。为了最小化延迟，一个被称为流量工程的重要功能被实施。流量工程与提高网络的运算性能有关，并且提前决定了应该落实的程序和操作，以获得良好的网络性能。

最后，有另一个通常与网络，特别是网络路由有关的术语：架构。架构这个词来自于建筑学中的架构，在此有两种合适的解释：（1）合理地组织建筑物中的地板使其被有效分割，这样就可以通过柔性分区来为不同大小的办公区创建空间，而不需要拆除任何墙壁；（2）它提供了标准化的接口，例如电源插座，这样需要充电的设备就能通过标准化的插头很容易地连接，而不需要改变建筑、地板以及设备。

相似地，网络架构这个词也有几种用法：例如，从协议的角度来看，不同的功能被分割开，因此每个功能可以分别被实现，并且一个功能可以通过一个明确定义的关系来依靠于另一个功能。从路由器的角度，架构一个网络指的是不同的功能在内部是怎样组织的，从处理路由协议到处理数据包。从网络的角度来看，这意味着网络拓扑结构是怎样组织的，路由器应该放置在何处，以及为了实现高效的流量工程链路的带宽该如何决定等等。在后面我们会详细地介绍架构。

总而言之，就广义范围来说，网络路由包括寻址路由算法、路由协议，以及为实现有效路由而考虑多个不同方面的架构。

8.2　什么是路由算法

网络层的主要功能是从源端向目的端路由数据包。网络层主要设计用于选择路径以及所用数据结构的算法。

路由算法是网络层软件的一部分，负责决定到来的数据包应该从哪条线路传输出去。如果在子网内部使用数据报，这个决定就必须在每次数据包到来时做出，因为最佳路径在上次做出决定之后还会改变。在使用虚电路的子网中，这种决定在一个会话中只需做出一次。

8.3　路由算法的分类

路由算法可以基于以下标准进行分类：

1）静态与动态（非适应性的与适应性的）

2）单路径与多路径

3）域内与域间

4）平面与层次

5）链路状态与距离向量

6）主机智能与路由器智能

8.3.1　静态与动态路由算法

这种分类是基于怎样且何时去建立、修改路由表做出的。适应性路由也被称为动态路由，非适应性路由也被称为静态路由。

静态路由算法不基于依靠测量的路由决策或者对当前流量和拓扑的估算。从源到目的的路由选择是提前（离线）计算好的，在网络引导启动时装载到路由器上。

静态路由系统不能对网络变化做出反应，它们通常被认为并不适合于当今大型的、持续变化的网络。当今大多数主要的路由算法都是动态路由算法。

动态路由算法通过分析到来的路由更新消息，针对网络的变化情况进行调整。如果消息显示网络发生了变化，路由软件就会重新计算路由，并且发出新的路由更新消息。

静态和动态路由的区别

❑ 静态路由手动设置源和目的计算机之间的最优路径。而动态路由使用动态协议来更新路由表，寻找源和目的计算机间的最优路径。

❑ 使用静态路由算法的路由器没有任何控制机制去处理路由路径中发生的故障。这些路由器在寻找与网络中的计算机或路由器之间的路径时，察觉不到路径上设备故障的发生。

动态路由器使用动态路由算法，这些路由器能够感知网络中路由器的故障。此外，动态路由器会排除出现故障的路由器，并且寻找其他可能的从源到目的的最优路径。如果任何路由器由于某些原因失效或是发生故障，这一故障会通知整个网络。

❑ 静态路由适合很小的网络，不能用在大型网络中。与之相反，动态路由适用于大型网络。手动的静态路由没有特别的路由算法。

❑ 静态路由是网络中从源端到目的端路由数据包最简单的方法。动态路由使用复杂的算法来路由数据包。

❑ 静态路由有个优点是，它只需要很小的存储空间。而动态路由器需要消耗相当多的存储空间，这要根据它使用的路由算法而定。

8.3.2　单路径与多路径

在单路径路由中，两个网络间只存在一条路径。这些协议不支持负载平衡的通信。一个单路径协议的例子是标准边界网关协议（Border Gateway Protocol，BGP）。单路径路由很容易配置。在单路径算法中，路由表中只存储单条路径。

在多路径路由基础结构中，网络之间存在多条路径。这些协议能更好地实现负载平衡。多路径路由配置起来更复杂。在多路径算法中，路由表存储多条路径。

8.3.3　域内与域间

域内路由协议只在域内工作，域内协议的例子有 RIP 和 OSPF。

域间路由协议在域间工作，域间协议的例子有 BGP。

8.3.4　平面与层次

在平面路由中，路由表中每个网络号都被独立列出。网络 ID 不包括"网络 / 子网"结构，并且不能被分类汇总。

在层次路由中，一组网络 ID 可以通过路由汇总，表示为一条路由记录。层次互联网络中的网络 ID 有"网络 / 子网 / 子子网"结构。路由表的一条关于最高层（网络）的记录也是网络中子网和子子网的路由。

层次路由简化了路由表，并且减少了交换的路由信息的总数，但是它们需要更多的计划。IP 实施层次网络地址，IP 互联网络可以使用层次路由结构。

在层次路由中，互联网络可以被划分成路由域（也被称为区域或地区）。一个路由域是由分享域内路由信息的路由器连接起来的相邻网络的集合。

各路由域由一个被称为主干网的共同路由域连接起来。域内路由通过域内的路由器完成。域间路由通过由主干网连接的域路由器来完成。

8.3.5　链路状态与距离向量

距离向量路由之所以这样命名，是因为它包含两个因素：到目的地的距离（开销），和到那里的向量（方向）。路由信息只在直接相连的邻居中交换。

这意味着路由器只知道自己是从哪个邻居中学到了这条路由信息，但是不知道该邻居是从哪里学习到这条路由信息的。一个路由器看不到它自己邻居范围外的信息。距离向量路由的这一方面有时被称为谣传路由。

链路状态路由需要所有路由器知道到达网络中所有其他路由器的路径。链路状态信息通过链路状态域进行洪泛，来确保所有路由器都能获得一个该区域的链路状态数据库的同步副本。

从这个共同的数据库中，每台路由器构建出自己的最短路径树，并将自己作为根，可到达所有已知的路由器。

8.3.6　主机智能与路由器智能

这种分类是根据源端是知道整个路由还是只知道要转发数据包的下一跳步来划分的。一些路由算法假定源端节点会决定整个路由，这通常被称为源路由。在源路由系统中，路由器作为存储转发设备。

它们只将数据包发送到下一跳步，这种算法也被称为主机智能路由，即整个路由都由源节点来确定。在这种路由形式中，主机有路由的智能性。

另一种算法假定主机对路由线路一无所知，在这种算法中，路由器根据它们自己的策略来决定通过网络的路径。这种路由形式中，路由器有路由智能性。

8.4　路由算法的度量标准

交换软件使用路由表中包含的信息来选择一条最佳路径。在这个选择过程中，我们将讨论它们所含信息的不同性质，以及它们判断一条路径比其他路径更优的方法。

路由算法使用许多不同的计量标准来决定一条最佳路径。高效路由算法根据多个标准来选择路由。以下所有标准都会被使用。

8.4.1　路径长度

路径长度是最基本的路由度量标准。一些路由协议允许网络管理员给每个网络连接分配任意的开销。在这种情况下，路径长度是路由经过的每条链路的开销之和。

其他路由协议定义了跳步数。跳步数是一种度量标准，它定义了数据包从源端到目的端路由中必须经过的、诸如路由器的互联网络设备的个数。

8.4.2　延迟

路由延迟是指将数据包从源端移动到目的端所需要的时间。延迟依赖于许多因素，包括中间网络连接的带宽、路径途中每个路由器的端口队列（路由器中含有接收和传输队列）、所有中间网络连接的网络拥塞以及传输的物理距离。

8.4.3　带宽

带宽是链路的可用通信能力。虽然带宽描述的是链路中可获得的最大吞吐量，但是通过高带宽链路的路径不见得会提供比经过稍慢链路的路径更好的路由。例如，如果快的链路更忙碌，则向目的地发送数据包所需的实际时间会更长。

8.4.4　负载

负载是指网络资源，比如路由器的忙碌程度。负载可以通过很多方式计算，包括 CPU 的占用率和每秒处理数据包的数目。

8.4.5　通信开销

通信开销是另一个重要的度量标准，特别是因为有些公司比起关注绩效，可能更关注他们的运营开支。虽然连接延迟可能更长，它们还是会从自己的线路而不是通过会产生使用费用的公共线路来发送数据包。

8.4.6　可靠性

路由算法的可靠性是每一条网络链路的可靠性（通常用误码率来描述）。一些网络链路可能比其他的网络更容易发生故障。网络失效后，某些网络可能比另一些恢复起来更容易或更快速。

任何可靠性的因素都会在可靠度评估的工作中被考虑，可靠度可以是任意的数值，通常由网络管理员来分配给链路。

8.5 洪泛路由算法

洪泛路由是一个非常简单的路由策略，几乎不需要硬件配置。这种路由算法的基本思想是，从一个节点接收到一个数据包后，就将其复制，并且向除了该数据包到来的节点以外的所有对外链路进行传输。

第一次传输过后，所有在第一跳步内的路由器都会收到该数据包。在第二次传输后，所有在第二跳步内的路由器都会收到该包，以此类推。除非有什么机制阻止了传输，否则该过程会一直继续下去，最终通信总量会随着时间而增加。

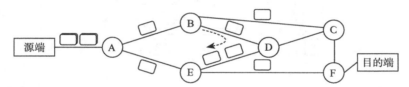

在上图中，两个数据包从源端到达了 A。第一个数据包被复制并发送给 B 和 E，在节点 B 和 E，数据包的副本又被复制给了它们的邻居节点。

在洪泛中，源端和目的端之间所有可能的路径都会被尝试。如果路径存在，一个数据包总能到达目的地。由于所有路径都被尝试过，至少一个数据包走的是最短路径。所有节点，直接或间接相连的，都会被访问到。洪泛的主要限制是会产生大量的数据包副本。

使用适当的机制来解决这个限制是很必要的。一个简单的方法是使用跳步数。一个跳步计数器包含在数据包头部，每过一跳步减 1，当计数器值变为零时将数据包丢弃。发送者初始化跳步数。如果不知道估计值，则设置为子网的直径。

另一个方法是追踪数据包路径并记录，这是针对使用序列号以防重复发送数据包的洪泛机制。一种略微更实际的变化形式是选择洪泛。路由器不需要将每个进入的数据包向每条链路发出，只需要向大约在目的端方向的线路发出即可。洪泛的一些重要功能有：

❑ 洪泛有很高的鲁棒性，可以用于发送紧急消息。

❑ 洪泛总是能选择出最短路径，因为它平行地开发每条可能的路径。

❑ 在向所有节点散播重要消息时很有用（例如路由信息）。

8.6 互联网架构

互联网就是把不同的自治系统通过如下图所示的核心网络连接在一起。

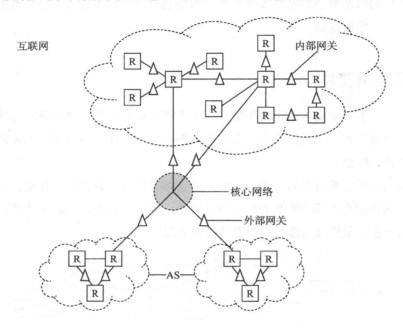

8.6.1 自治系统

互联网是横跨整个世界各个网络的网络，因此它不受某一个组织或个体的控制。人们不可能想出用单一规则来在整个互联网范围内路由。为此，我们来看自治系统的概念。

自治系统（Autonomous System，AS）是网络和子网络的集合。一个 AS 独立于另一个AS。一个 AS 可以有自己的路由算法，并且可以被独立地管理。在 AS 中，一个网络与另一个网络通过内部网关连接。

被内部网关用来在自治系统内部路由数据包的协议被称为内部网关协议（Interior Gateway Protocol，IGP）。一个自治系统中使用的 IGP 可以与另一个自治系统不同。在通信域中，一个自治系统通常被称为接入网。

8.6.2 核心网络

将自治系统以网络的形式连接在一起，我们称这种网络叫核心网络或骨干网络。将所有自治系统与中心网络连接的网关称为外部网关，这些外部网关使用的路由协议被称为外部网关协议（Exterior gateway Protocol，EGP）。

不像 IGP，不同的外部网关不能使用不同的 EGP，它必须是互联网标准的。

8.7 路由协议

在互联网中，路由器需要交换路由信息。互联网是承担不同责任的网络的互联，通常被称为域（也被称为 AS）。一个 AS 可以是只管理一栋建筑中几个路由器的小企业，或者是在不同的地方有几百个路由器的大企业，又或者是管理上千个路由器的网络服务提供者（Internet Service Provider，ISP）。

为了高效地交换路由信息，这些域中使用两类路由协议：

1）内部网关协议（IGP）或域内路由协议

2）外部网关协议（EGP）或域间路由协议

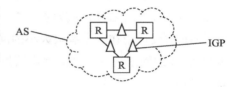

8.7.1 IGP

在小规模且缓慢变化的网络中，网络管理员可以手动地建立或修改路由。管理员维持一个网络的表并且当网络加入或离开自治域时更新该表。手动系统的缺点很明显，这样的系统既不可扩展也不能适应变化。

必须使用自动的方法来提高可靠性和对错误的反应力。为了使该任务自动化，内部路由器（在自治系统内）通常和其他路由器通信，交换网络路由信息来推断可达性。这些路由方法被称为内部网关协议（IGP）(也被称为域内路由协议)。

路由信息协议（Routing Information Protocol，RIP）是使用最广泛的 IGP 之一。这个协议使用了距离向量算法的技术。链路状态（Link State，LS）和开放最短路径优先（Open Shortest Path First，OSPF）是内部网关协议中其他几种常用协议。

8.7.2 EGP 和 BGP

为了使整个网络中隐藏在自治系统后的网络可达，每个自治系统都同意向其他自治系统通告网络可达信息。

一个自治系统使用边界网关协议（Border Gateway Protocol，BGP）(也被称为域间路由协议)向其他自治系统分享路由信息。在此之前，使用的是外部网关协议（EGP）。

BGP 在现代 TCP/IP 中被使用。BGP 很重要，它被用在目前的互联网中，以及其他大型的互联网络中。

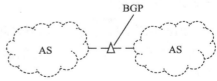

EGP 是一个被废弃的协议，它曾用于没有中心路由器的通信中，以及早期互联网的中心路由器中。

目前 BGP、BGP4 只能为 IPv4 携带路由信息。一些扩展已经被加入到这个协议中，使它可以用于其他网络层协议，比如 IPv6。这种新协议被称为 BGP4+。

8.8　路由信息协议

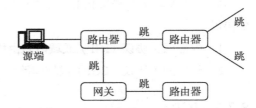

路由信息协议（Routing Information Protocol，RIP）是一个距离向量路由协议。它使用跳步数作为计量标准来决定通向目的端的最优路径。

如果我们有另一条可选路径，有相同数量的路由器，但是有更高的带宽，此时 RIP 方法并不适用，因为它是距离向量而不是链路状态协议。链路状态协议可以不基于跳步数来计算最快的链路，而 RIP 限制在 15 跳步内。

RIP 被设计用在一个有限大小的网络内交换信息，例如一个含 250 个路由器或者最大跳步数为 15 的网络。一个 RIP 路由器维持一个路由表，并且定期向网络内它可达的 RIP 路由器发送通告。

RIP 在不能到达之前可达的网络时也会发送通告。RIP v1 使用 IP 广播数据包来发送通告，做出一点改进的 RIP v2 也允许使用 IP 多播数据包来发送通告。

8.8.1　路由更新

RIP 每隔一定时间以及每当网络的拓扑结构发生变化时发送路由更新消息。当一台路由器收到的路由更新消息中包含对路由表的记录做出更改，路由器就更新自己的路由表，使其重定向到一个新的路由。该路径的开销值加 1，并且将发送者作为下一跳步。

RIP 路由器只维持到目的地的最优路由（拥有最低开销值的路由）。更新完路由表后，路由器立刻开始传输路由更新消息来通知其他网络路由器发生的改变。

这些更新都是按照 RIP 路由器发送的定期时间表独立发送的。

8.8.2　路由开销

RIP 决定了目的端和路由器之间的跳步数，一个跳步就是一个条链路。这里的跳步数被称为 RIP 开销。对于一个给定的路由选择，RIP 采用开销最低的路由，即有最少跳步数的路由。

如果多条路由有相同的跳步数，RIP 选择它找到的第一条路由。RIP 将路由限制在 15 个跳步数之内。如果一个网络超出了 15 跳步的范围，RIP 将不把这条路由放在路由器的路由表中。

RIP 很适合星形的拓扑结构，而并不太适合网状的（多连通的）网络，因为在网状网络中，会学习到一条路由有多个不同度量值的副本。

8.8.3 邻居

为了维持自己的 RIP 路由表，RIP 路由器定期从邻居路由器处接收广播的路由信息，这样的邻居路由器被称为 RIP 邻居。相似地，路由器也会定期向邻居广播自己的路由信息。如果邻居路由器不告诉它们最新的信息（更新它们），则路由器会将邻居路由器从路由表中删除。

每个路由器接口的 RIP 邻居必须与它的接口在同一子网。

8.8.4 RIP 计时器

RIP 使用很多计时器来调节性能。这其中包括路由更新计时器、路由超时和路由刷新计时器。路由更新计时器在周期性路由更新的间隙打卡计时。

通常情况下，计时器设置成 30 秒，在每次重置时都会加一个随机数值的秒数来防止冲突。

每个路由表记录都有一个与之有关的路由超时计时器。当路由超时计时器到期时，该路由就被标记为无效，但是仍会被放在路由表中，直到路由刷新计时器到时。

8.8.5 RIP 稳定性

RIP 规定了一些特性来适应网络拓扑结构的快速变化。例如，RIP 采用水平分割和保持失效机制来避免不正确的路由信息被传播。

此外，RIP 的跳数限制也避免了路由陷入无尽的循环中。RIP 典型的特征有：跳数限制、保持失效、水平分割和毒性逆转更新。

8.8.5.1 跳数限制

RIP 允许的最大跳步数是 15。任何比 15 跳远的目的地都会被标记为不可达。RIP 的最大跳步数很大程度上限制了它在大型互联网络中的使用，但是也避免了由无限网络路由循环导致的计数到无穷大问题。

计数到无穷大问题

经典的距离向量收敛问题被称作计数到无穷大问题，这是由异步通告机制直接引起的。

当 IP 路由器的 RIP 基于其他路由器广播的路由信息为其路由表添加路由时，它们在路由表里只保存一条最优路径并且仅当同一个源端声明目前这条路由有更低的开销时，才用低开销的路由代替高开销的路由。

在某些情况下，如下图所示，会产生计数到无穷大问题。

假设图中的互联网络是收敛的。为了简化，假设网络 1 的路由器 1 和网络 3 的路由器 2 发送的通告不包含在内。

现在假设由路由器 2 到网络 3 的连接失败，并且被路由器 2 所感知。如图所示，路由器 2 改变了向网络 3 路由中的跳步数，以显示网络 3 是不可达的，即是无穷远的。

在 IP 的 RIP 中，16 即为无穷大。

然而，在路由器 2 在定期公告中通知通向网络 3 的新跳步数之前，它收到了来自路由器 1 的通告。

路由器 1 的通告包含了通向网络 3 的路由，有 2 跳步的距离。

由于 2 跳步的距离比 16 跳步近，路

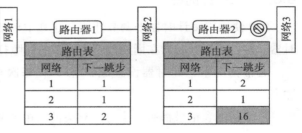

由器 2 就更新了自己通向网络 3 的路由器记录，将 16 跳改为 3 跳，如图所示。

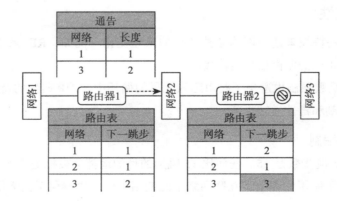

当路由器 2 通告它的新路由时，路由器 1 发现网络 3 是可达的，在距离路由器 2 有 3 跳步远的距离处。

由于路由器 1 中关于网络 3 的路由一开始就是从路由器 2 处学到的，路由器 1 便将自己通向网络 3 的路由更新为 4 跳步。

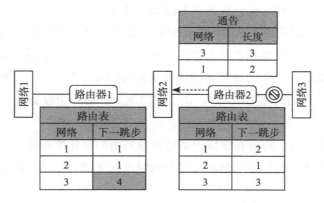

当路由器 1 通告它的新路由时，路由器 2 注意到网络 3 是距离路由器 1 有 4 跳步远的可达距离。

由于路由器 2 中关于网络 3 的路由一开始就是从路由器 1 处学到的，路由器 2 便将自己通向网络 3 的路由更新为 5 跳步。

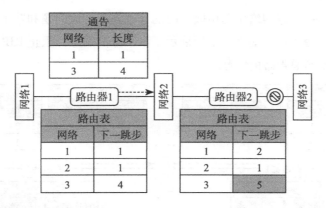

两个路由器继续通告路由，它们通向网络 3 的跳步数会越来越多，直到达到无穷大（16）。然后，网络 3 才被认为是不可达的并且通向网络 3 的路由最终会因为超时而从路由表中删除。这就是计数到无穷大问题。

计数到无穷大问题是 IP 网络中 RIP 将最大跳步数设为 15（16 即为不可达）的原因之一。越大的最大跳步值就会使计数到无穷发生时的收敛时间越长。

同时要注意的是，在上例中的计数到无穷期间，从路由器 1 到网络 3 的路由是通过路由器 2 的，路由器 2 到网络 3 的路由是通过路由器 1 的。在路由器 1 和 2 通向网络 3 的路由间存在路由循环，因而产生了计数到无穷大问题。

8.8.5.2   保持失效

保持失效用来避免定期更新的消息因为已经失效的路由而产生不恰当的恢复。当路由失效时，邻居路由器会检测到这点。这些路由器就会计算新的路由并且发出路由更新消息来通知它们的邻居路由变化的发生。这个活动会引起一系列通过网络的路由更新。

被触发的更新并不会立即到达网络中的所有设备。因此，一个还没有被通知某网络已经失效的设备，有可能会向一个已经被通知该网络失效的设备发送一个常规更新信息（显示通向刚刚失效的网络的路由还是有效的）。在这种情况下，后一个设备就会包含不正确的路由信息。

保持失效告诉路由器，将所有会影响最近删除路由的变化维持失效一段时间。保持失效时间通常被设为比需要更新整个网络路由变化的时间长度稍长一些。保持失效避免了计数到无穷大问题。

8.8.5.3   水平分割

水平分割不允许路由器向网络的来源方向通告该网络的信息，有助于缩短收敛时间。RIP 通告中的信息只发送给那些往相反方向去的超出邻居路由器以外的网络，不包括从邻居路由器学习到的网络。

水平分割避免了在单路网络中路由收敛时的计数到无穷大问题和路由循环，并且减少了多路网络中计数到无穷大的可能性。下图展示了水平分割是怎样阻止 RIP 路由器向它们学习到路由信息的网络方向通告路由信息的。

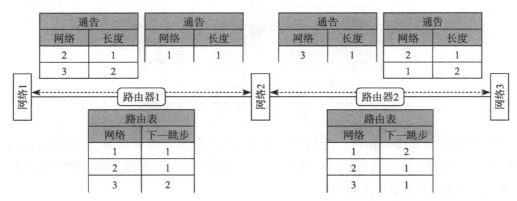

8.8.5.4   带毒性逆转的水平分割

带毒性逆转的水平分割会通告全网，因此它与普通的水平分割不同。然而，那些针对特定方向的网络的跳步数被通告为 16，表示网络不可达。在单路径互联网络中，带毒性逆转的水平分割与普通的水平分割相比体现不出优势。

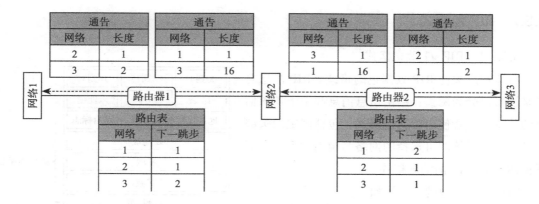

然而，在多路径互联网络中，带毒性逆转的水平分割可以很大程度上减少计数到无穷大和路由循环。计数到无穷大仍然可能出现在多路径网络中，因为到某网络的路由可以从多个源端学习到。

在上图中，带毒性逆转的水平分割向其学习网络的方向通告的该方向网络的路由均为不可达。由于整个网络都会被通告，因此带毒性逆转的水平分割的确有会产生多余 RIP 消息开销的缺点。

8.8.6　路由表格式

RIP 路由表中的每条记录都提供了不同的信息，包括最终目的端、通向目的端路上的下一跳步和开销。开销表明了前往目的地所需的跳步数。路由表中还有其他信息，包括与路由相关的不同计时器。一个典型的 RIP 路由表如下图所示。

目的网络	跳步数	距离	计时器	标志位
网络 1	路由器 3	3	t_1, t_2, t_3	x, y
网络 2	路由器 5	6	t_1, t_2, t_3	x, y
网络 3	路由器 1	2	t_1, t_2, t_3	x, y
…	…	…	…	…

RIP 只维持通往目的端的最佳路由。当新的信息提供了一个更好的路由时，这条信息会代替原先的路由信息。网络拓扑变化会引发路由的变化，例如，导致一个新的路由成为通往特定目的端的最优路由。

当网络拓扑变化发生时，它们会反映在路由更新信息中。例如，当路由器检测到一个链路失效或路由器失效时，它会重新计算自己的路由并且发送路由更新信息。每个路由器收到一个包含变化的路由更新信息后，都会更新自己的路由表并且传播该变化。

8.8.7 RIP 包格式

8.8.7.1 RIP v1 消息格式

本节重点关注 RIP 数据包的格式。RIP 消息总的来说可以分为两类：路由信息消息和用于请求信息的消息。二者使用相同的格式，包括固定的头部信息，以及后续的可选择的网络与距离对列表。下图描述了 RIP v1 的消息格式。

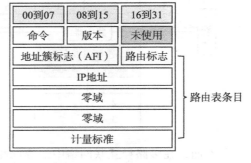

RIP v1 数据包的各个域如下：

1. 命令

命令域表明了数据包是一个请求还是一个回复。请求命令请求回复系统发送其路由表的全部或部分内容。请求回复的目的端会在包的后面内容中列出。回复命令表明它是一个对请求的回复，或者更普遍地是未经请求的常规路由更新。

在回复数据包中，一个回复系统包含了其全部或部分路由表内容。常规路由更新消息包括整个路由表。这是一个 1 字节的域，内容为 0x01 或 0x02。0x01 表明 RIP 请求邻居路由器的部分或全部路由表。0x02 表明该 RIP 回复了包含全部或部分邻居路由器的路由表。

2. 版本号

版本号域确定了 RIP 采用的版本。由于互联网络中存在许多潜在的 RIP 实现版本，这个域用于标明不同之处、可能的不兼容以及各种实现。

这是一个 1 字节的域，RIP v1 的值为 0x01。

3. 地址簇标志

地址簇标志域在 16 位的全零域之后，确定了使用的特定地址簇。

在互联网（一个大型的互联网络，连接了科研机构、政府机构、大学和私人企业）中，这个地址簇是典型的 IP（值为 2），但是其他类型的网络也可以被表示出来。

这是个 2 字节的域，表征了协议簇。IP 协议簇的值是 0x00-02。

4. 地址

地址在另一个 16 位的全零域之后。在互联网 RIP 应用中，这个域通常为 IP 地址。

5. 零域

未使用。

6. 计量标准

计量标准域在另两个 32 位的全零域之后，确定了跳步数。跳步数表明了在到达目的端之前必须要穿过多少个互联网络跳步（路由器）。

这是一个 4 字节的域来表明跳步数，在 IP 中，值的范围从 1 到 16。若在一般 RIP 请求中或者在 RIP 回复（通告）中表明网络不可达，则将计量标准设为 16。

8.8.7.2　RIP v2 消息格式

大多数的缓慢收敛问题都可以通过平行分割、毒性逆转和触发更新解决。然而，RIP 不能扩大网络的直径，或者传播能正确解释路由所需的网络位掩码，因此对于现代网络来说并不是一个合适的选择。RIP 的一个更新版本 RIP v2 解决了这个问题。

RIP v2 在原始 RIP 包中加入了网络掩码和下一跳步地址域，并且保持与 RIP 的完全兼容性。因此 RIP v2 路由器可以毫无问题地与 RIP 路由器共存。

子网掩码域包含与目的端相关的网络位掩码，它也允许采用 CIDR 地址。

这使得 RIP 能够在不同环境下使用，比如可能在一个网络中采用不同的子网掩码。

下一跳步地址域提供了网关的地址，因而允许在使用多重路由协议的环境下优化路由，因此能够理解其他能够提供一条通往目的地更优路径的路由协议。

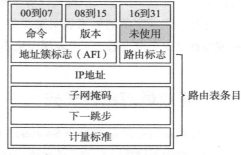

下图描述了 RIP v2 的消息格式。

RIP v2 数据包的各个域如下：

1. 命令

命令域表明了数据包是一个请求还是一个回复。请求命令请求回复系统发送其路由表的全部或部分内容。请求回复的目的端会在包的后面内容中列出。回复命令表明它是一个对请求的回复，或者更普遍地是未经请求的常规路由更新。

在回复数据包中，一个回复系统包含了其全部或部分路由表内容。常规路由更新消息包括整个路由表。

这是一个 1 字节的域，内容为 0x01 或 0x02。0x01 表明 RIP 请求邻居路由器的部分或全部路由表。

0x02 表明该 RIP 回复了包含全部或部分邻居路由器的路由表。

2. 版本号

版本号域确定了 RIP 采用的版本。由于互联网络中存在许多潜在的 RIP 实现版本，这个域用于标明不同之处、可能的不兼容以及各种实现。

这是一个 1 字节的域，RIPv2 的值为 0x02。

3. 地址簇标志

地址簇标志域在 16 位的全零域之后，确定了使用的特定地址簇。

在互联网（一个大型的互联网络，连接了科研机构、政府机构、大学和私人企业）中，这个地址簇是典型的 IP（值为 2），但是其他类型的网络也可以被表示出来。

这是个 2 字节的域，表征了协议簇。IP 协议簇的值是 0x00-02。

4. 地址

地址在另一个 16 位的全零域之后。在互联网 RIP 应用中，这个域通常为 IP 地址。

5. 子网掩码

子网掩码包含着记录的子网掩码。如果该域为 0，则没有为这条记录规定子网掩码。

6. 下一跳步

下一跳步域表明了这条记录下数据包应该被转发到的下一跳步的 IP 地址。

7. 计量标准

计量标准域在另两个 32 位的全零域之后，确定了跳步数。跳步数表明了在到达目的端之前必须要穿过多少个互联网络跳步（路由器）。

这是一个 4 字节的域来表明跳步数，在 IP 中，值的范围从 1 到 16。若在一般 RIP 请求中或者在 RIP 回复（通告）中表明网络不可达，则将计量标准设为 16。

8.9　开放最短路径优先

开放最短路径优先（Open Shortest Path First，OSPF）是一个链路状态路由协议。OSPF 是另一种内部网关协议。它被设计在单一自治域（AS）上作为内部网关协议（IGP）运行。

互联网工程任务组（Internet Engineering Task Force，IETF）于 1988 年成立，希望为互联网设计一个基于最短路径优先（Shortest Path First，SPF）算法的 IGP。OSPF 被设计出来是因为在 20 世纪 80 年代中期，路由信息协议（RIP）不能服务于大型多样的互联网络。基于 SPF 算法的 OSPF 在性能上比 RIP 更好。

作为一个链路状态路由协议，OSPF 与 RIP 和 IGRP 这些距离向量路由协议形成鲜明对比。运行距离向量算法的路由器在路由更新信息中发送它们的全部或部分路由表，但是只发送给它们的邻居。

8.9.1　OSPF 概述

1. OSPF 术语

邻居

邻居是使用分配到同一区域的相邻接口运行程序的相邻路由器。

邻接

它是路由器和指定路由器（Designated Router，DR）以及备份指定路由器（Backup

Designated Router，BDR）之间的逻辑连接。

链路

一个被分配到任何网络的网络或路由器接口。在算法中，OSPF 链路和接口相同。

接口

接口是指路由器上的物理接口。如果链路是连通的，接口就是连通的。

状态

这是接口的基础层，决定了是否允许完整的邻接接口模式。

链路状态（LS）

这是对路由器接口（链路）的描述。它包括以下数据。

❑ 一个单独的 IP 接口地址和接口掩码（除非网络是一个未标号的点对点网络）。

❑ 输出花费：在接口处发送数据包的花费，用链路状态开销表示（以接口链路花费通告）。接口的开销必须大于零。

❑ 邻居路由器列表：其他与该链路连接的路由器。

链路状态通告（LSA）

LSA 是一个包含链路状态和路由信息的 OSPF 数据包，能够与其他路由器共享。

链路状态 PDU

❑ 这是一个描述路由器接口和邻接的本地状态的数据单元。

❑ 每个 LS PDU 在路由域中洪泛。

❑ 所有路由器和网络的 LS 通告集合起来构成 LSDB。

链路状态数据库（LSDB）

❑ 每个路由器在其连接的每个区域上都有一个逻辑上分离的 LSDB。

❑ 连接相同区域的两个路由器一定有（在该区域上）相同的 LSDB。

❑ LSDB 是所有该区域路由器产生的 LS PDU 的集合。每个路由器通过 LS PDU 广播直接连接网络。每个路由器都有自己对网络的视角，并以此建立拓扑数据库。

最短路径计算

这在链路状态数据库中实现，为的是产生路由器的路由表。每个路由器都有一个相同的 LSDB，可以推出一个相同的网络拓扑图表示。

每个路由器都通过计算最短路径树从这个图中产生一个路由表，最短路径树的根就是本地路由器。

最短路径树（SPT）

最短路径树由收集到的 LS PDU 用 Dijkstra 算法生成。最短路径树以本地路由器作为根，给出了通向任何 IP 目的网络或主机的最短路径（转发过程中只用到通向目的地址的下一跳步）。

路由表

路由表由最短路径树产生。该表的每条记录都按目的地址检索，并且包含了目的地的开销和用于将数据包转发到目的地的一系列路径（用它的类型和下一跳步表示）。

指定路由器（DR）

指定路由器（DR）只在 OSPF 路由器连接到一个广播（多路访问）域时使用。它用来最小化邻接的数量。DR 被用来向 / 从其他路由器推送 / 接收路由信息。

备份指定路由器（BDR）

备份指定路由器（BDR）用来作为 DR 的一个热备份。DBR 也会接受所有路由更新，但是并不洪泛 LSA。

OSPF 区域

这类似于 EIGRP 自治系统（Autonomous Systems，ASes）。OSPF 区域用来建立一个层级网络。

区域边界路由器

区域边界路由器（Area Border Router，ABR）是含有被分配到多个区域的接口的路由器。一个接口只能被分配到一个区域，但是一个路由器可以有多个接口。如果接口被分配到不用的区域中，该路由器可以被认为是 ABR。

自治系统边界路由器

自治系统边界路由器（Autonomous System Boundary Router，ASBR）是含有连接到外部网络或不同 AS 接口的路由器。例如一个连接到某一个 EIGRP 自治网络的接口，ASBR 负责获得从 EIGRP 网络学习到的路由，并将它们插入到 OSPF 路由协议中。

非广播多路访问

NBMA（Non-Broadcast Multi-Access，非广播多路访问）是像帧中继、X.25 和 ATM 之类的网络。当这些网络允许多路访问时，它们没有像以太网一样的广播能力。用 OSPF 配置 NBMA 时需要做特别的考虑。

广播（多路访问）

以太网允许广播和多路访问。它需要选择一个指定路由器和备份指定路由器。

点对点

这类配置不需要 DR 和 BDR。

路由器 ID

路由器 ID 是所有被配置的回送接口中 IP 地址最高的。它用来代表路由器。如果没有回送接口配置，路由器 ID 就用任何被配置接口中 IP 地址最大的。

2. OSPF 特征

OSPF 有以下特征：

☐ 协议是开放的，这意味着它的规范在公共区域里。即任何人都能实现它，而不需要支付任何版权费用。

☐ OSPF 基于 SPF 算法（也被称为 Dijkstra 算法，以发明它的人命名）。

☐ 快速收敛：OSPF 可以比 RIP 更快地检测并且传播拓扑变化。OSPF 中不会出现计数到无穷。

☐ OSPF 是一个链路状态协议，需要向同层级域中的所有路由器发送链路状态广播（LSA）。连接接口、使用的开销以及其他变量都会包含在 OSPF LSA 信息中。作为一个链路状态路由协议，OSPF 与使用距离向量路由协议的 RIP 不同。运行距离向量算法的路由器只向邻居发送包含自己的全部或部分路由表的路由更新信息。

☐ 支持认证：OSPF 规定，所有路由器间交换的信息必须是经过认证的。它允许很多认证方法。不同的区域可以选择不同的认证方法。认证背后的思想是，只有认证过的路由器才被允许通告路由消息。

☐ OSPF 包括服务类型的路由。它可以为不同服务类型（Type of Service，ToS）计算单独的路由，例如，它可以基于跳步数和高吞吐量来维持向一个目的地的单独路由。

☐ OSPF 提供负载平衡。当存在几个通向同一目的地的开销相同的路由时，通信在它们之间平均分配。

☐ OSPF 使用不同的消息格式来区别从网络内（内部资源）获得的信息和从外部路由器（外部资源）获得的信息。

☐ 无环路路由：用 OSPF 计算的路由总是无环路的。

☐ 可扩展性：在 OSPF 里，AS 可以再向下划分为几个相邻的网络组，称为区域。区域中的路由可以被简化到最少的路由表记录。区域可以配置为缺省路由，即概括了 AS 或区域之外的所有路由。

每个区域都是自足的；区域里的拓扑结构对其他自治系统（AS）以及 AS 中的其他区域是隐藏的。因此，OSPF 可以扩展到大型和超大型的互联网络。相反，IP 互联网的 RIP 就不能被再次划分，除了将网络 ID 聚合为子网之外没有其他的路由汇总。

3. OSPF 基本原理

如果每个路由器都知道怎么到达与之直接相连的邻居，一个路由器就能够将自己对每个路由器的了解情况分发给其他所有路由器，这样每个路由器都能够建立一个加权图。

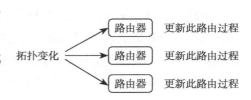

4. OSPF 基本操作

OSPF 是一个很复杂的路由协议，但是它的基本操作很简单。操作步骤如下：

1）每个路由器向所有启用 OSPF 的接口发送所谓的问候包。通过这种方法，启用 OSPF 的路由器能够发现直接相连的也运行 OSPF 的路由器。如果问候包中的某些参数和邻居路由器的匹配，它们就构成邻接关系。

2）然后，每个路由器都会与它的邻居（邻接路由器）交换被称为链路状态广播（LSA）的数据包。在 OSPF 术语中，链路这个词等同于接口。LSA 包括如下细节：地址／链路上配置的网络掩码（当然是允许 OSPF 的接口）、开销、链路状态（和剩下的网络有关），以及与链路相连接的邻居列表。

3）每个路由器在它的链路状态数据库（LSDB）中存储 LSA，这些 LSA 随后会洪泛到所有 OSPF 邻居处。LSA 洪泛的结果是该区域中的所有路由器都有相同的 LSDB。就好似某个国家的所有司机都用相同的道路地图一样。他们旅途的起始点不同，但是地图仍然是一样的。

4）每个路由器都运行 Dijkstra 算法来从拓扑数据库（LSDB）中选择最优路径。通过这种方法，每个路由器都会创建一个无环路的图来显示通往每个网络／子网的最优（短）路径。最优路径最终呈现在路由表中。

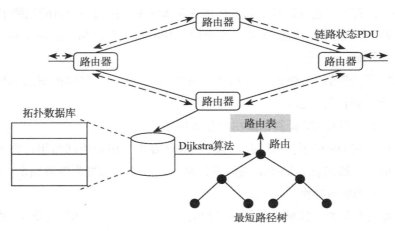

5. SPF 算法

SPF 路由算法是 OSPF 操作的基础。当一个 SPF 路由器启动时，它会初始化路由协议数据结构，随后等待较低层协议表明它的接口是可用的。

当路由器确保了自己的接口可用后，它使用 OSPF 问候协议来获得邻居。邻居是有连接相同网络的接口的路由器。路由器向它的邻居发送问候包，并且接收它们的问候包。为了帮助其获得邻居，问候包会保持活跃，以便让路由器知道其他路由器仍然是可用的。

在多路访问网络（支持两个以上路由器的网络）中，问候协议选出一个指定路由器和备份指定路由器。指定路由器除了本身功能以外，还负责为整个多路访问网络产生 LSA。指定路由器可以缩小网络通信和拓扑数据库的大小。

当两个邻居路由器的链路状态数据库同步时，路由器被称为是邻接的。在多路访问网络中，指定路由器决定哪些路由器应该是邻接的。拓扑数据库在邻接路由器对之间同步。邻接控制路由协议数据包的分发。这些数据包只在邻接路由器间发送和接收。

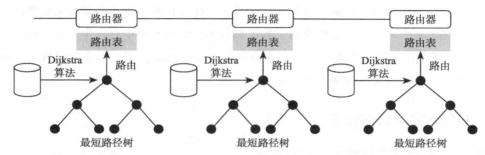

每个路由器都会定期发送 LSA，LSA 也会在路由器状态变化的时候被发送。LSA 包括路由器邻接的信息。通过比较建立的邻接和链路状态，失效的路由器可以被很快检测出来，网络的拓扑也会适当的改变。从通过 LSA 产生的拓扑数据库中，每个路由器都会以自己作为根，计算最短路径树。最短路径树会依次给出路由表。

6. OSPF 中的路由层次

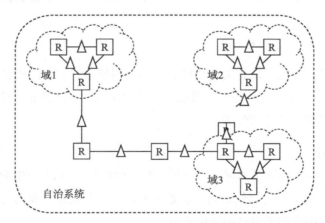

OSPF（不像 RIP）可以在一个层级制度下运行。层级中最大的实体是自治系统（AS）。一个 AS 是同一个管理部门下的网络的集合，共享同一个路由策略。OSPF 是一个 AS 内路由（内部网关）协议，尽管它可以接受来自于其他自治系统的路由并且向其他自治系统发送路由。

一个 AS 可以被分为很多区域。一个区域是一个相邻网络和相连主机的组。有多个接口的路由器可以参与到不同区域中去。这些路由器被称为区域边界路由器，维持着每个区域各自的拓扑数据库。一个拓扑数据库本质上是网络和路由器关系的概貌。拓扑数据库包含着从相同域中的所有路由器处收到的所有 LSA 集合。因为相同区域中的路由器分享相同的信息，它们有相同的拓扑数据库。

域这个术语有时用来描述所有路由器都有相同拓扑数据库的一部分网络。域通常可以和 AS 互换使用。一个区域的拓扑对区域外的实体是不可见的。通过保持区域拓扑的分离，OSPF 比不划分 AS 的情况下的路由通信量要少。

根据源和目的端是否在相同的区域，区域分割产生了两种不同类型的 OSPF 路由。当源和目的在相同区域中时发生区域内路由，当源和目的在不同区域中时发生区域间路由。一个 OSPF 主干负责在区域间分发路由信息。它由所有区域边界路由器、不完全包含于任何一个区域中的网络以及它们相连的路由器组成。

8.9.2   OSPF 邻居状态机制

总共有 8 种 OSPF 邻居状态，它们是：

8.9.2.1   Down
在这个状态下，路由器还没有听到来自任何 OSPF 邻居的问候包。

8.9.2.2   Attempt
这种状态只在 NBMA 环境中手工配置邻居的情况下有效。邻居不会被动态地发现，必须手动配置。

8.9.2.3   Init
这个状态表明路由器已经从它的邻居接收到一个问候包，但是问候包不包含接收者路由器的 ID。这意味着路由器确实从一个邻居那收到了问候包，但是该邻居没有接收者的路由器 ID，即自己并不是发送者的已知邻居。

8.9.2.4   2-Way
这意味着路由器确实收到了邻居的问候包，并且问候包中有自己的路由器 ID。这意味着两个路由器都能够看到对方的问候消息，也意味着它们现在建立了双向的通信。一个路由器在来自邻居的问候包中看到了自己的路由器 ID。

8.9.2.5   ExStart
在这个状态下，交换数据库描述数据包所需的主从关系被建立。既然所有数据包都有它们的序列号来让路由器判断哪个是更新的消息，这个状态下会协商出一个初始序列号。拥有最高路由器 ID 的路由器成为主路由器。

8.9.2.6 Exchange

在这个 OSPF 邻居状态中，DBD 数据包被交换。这些数据包只包含 LSA 头信息。这个信息被路由器用来看自己有哪些 LSA 以及没有哪些 LSA。

路由器会发送数据库描述数据包（描述 LDSB）。请求最新 LSA 的链路状态请求数据包也会在这个状态下发出。

8.9.2.7 Loading

这是真正发生 OSPF 数据库信息交换的状态。以上述步骤获得的信息为基础，产生请求丢失的 LSA 的链路状态请求（LSR），并且请求会通过链路状态更新（LSU）数据包完成。

LSR 数据包在 Loading 状态下发送给邻居。它们请求在 Exchange 状态中所发现的更新的 LSA。链路状态更新作为 LSR 的回复被发出。

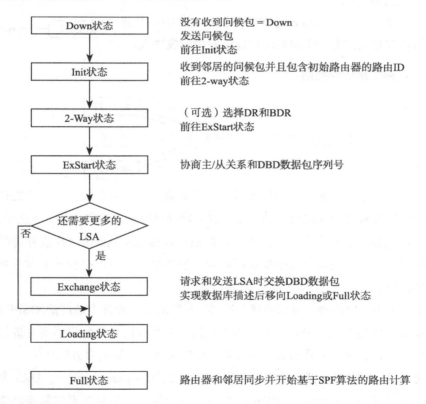

8.9.2.8 Full

当 LSR/LSU 交换过程结束，路由器都有了同步的数据库后，它们相互交换 LSA Ack 来确认，然后转移至 Full 状态。OSPF 邻居是完全邻近的。所有关于网络和子网的信息都被交换并确认。

8.9.3　OSPF 网络类型

邻接关系需要 OSPF 路由器共享路由信息。一个路由器会尝试至少与其所连接 IP 网络中的一台其他路由器建立邻接或邻居关系。有些路由器可能尝试和与它相邻的所有路由器建立邻接关系。也有些路由器可能仅尝试和一个或两个相邻路由器建立邻接关系。

OSPF 路由器将和哪个路由器邻接是由它们连接的网络类型决定的。一旦邻接关系在相邻的路由器之间形成，链路状态信息将会相互交换。OSPF 接口可识别三种类型的网络：

1）点对点网络

2）广播多路访问网络，如以太网

3）非广播多路访问网络（Non-broadcast multi-access，NBMA）

8.9.3.1　点对点网络

点对点网络是单独两个路由器之间的连接。从其中一个路由器发送的数据包将始终有一个确切的本地链路中的收件人。

8.9.3.2　广播多路访问网络

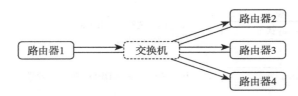

点对点链接不能很好地扩展。连接大量设备的有效方式之一是设置一个多路访问段。多路访问段是一个能够被多个端点访问的网段。以太网网段就是此种网络的一个例子。

以太网支持广播。由一个设备发送单个数据包可以通过中间媒介（在这种情况下，以太网交换机）而复制，从而使每个其他端点都收到一份副本。这不仅有利于节省带宽，而且能够方便自动邻居发现。

在上面的例子中，路由器 1 可以向链路组播（只针对特定收件人的广播）OSPF 的问候包，并且已知所有链路中的其他 OSPF 路由器将收到这个消息并用自己的组播消息进行回复。因此，邻居们可以快速识别对方并形成邻接关系，尽管事先并不知道对方的地址。

在多路访问段 OSPF 路由器会选出一个指定路由器（designated router，DR）和备份指定路由器（backup designated router，BDR），所有非指定路由器会与其形成邻接。这是为了确保维持邻接关系的数量不会增长太大。

8.9.3.3　非广播多路访问网络（NBMA）

遗憾的是，并非所有的多路访问技术都支持广播传输。帧中继和 ATM 可能是最常见的非广播传输的例子，需要在端点之间配置单独的永久虚拟电路（permanent virtual circuits，PVC）。

在右图中，注意到路由器 1 必须发送单独的数据包给每一个目标路由器。此外，考虑到带宽以及路由器只有知道邻居的地址才能和它们进行通信，这种方式是低效的。

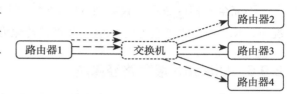

8.9.4　链路状态通告

路由器的链路状态数据库中包含链路状态通告（Link State Advertisements，LSA），共有五种不同类型的 LSA。

8.9.4.1　LSA 类型一

路由器链路状态通告（Router Link Advertisement，RLA）。这种类型的通告用于相同区域中的路由器之间的。它包含路由器通往其所连接区域的状态。

8.9.4.2　LSA 类型二

网络链路状态通告（Network Link Advertisement，NLA）由指定路由器（DR）生成。指定路由器使用类型二的 LSA 发送有关同个网络中其他路由器的状态的信息。类型二的 LSA 仅发送给包含在特定的网络区域内的路由器。

8.9.4.3　LSA 类型三和四

汇总链路状态通告（Summary Link Advertisement，SLA）由区域边界路由器产生。它们能将区域内部的路由通告到区域 0，也能将区域内部和区域间路由通告到非骨干区域。

8.9.4.4　LSA 类型五

自治系统外部链路状态通告（Autonomous System External Link Advertisement）通常由自治系统边界路由器（Autonomous System Boundary Router，ASBR）发送。这些路由器被用来通告 OSPF 自治系统外部的路由。

8.9.5　OSPF 区域类型

区域类型用于减少路由器的中央处理器的负载。

8.9.5.1　末梢区域

末梢区域不接收类型五的 LSA，使用缺省路由。

8.9.5.2　完全末梢区域

完全末梢区域不接收类型五的 LSA 和汇总 LSA（类型三和类型四）。这是思科独有的特征。

8.9.5.3 不完全末梢区域（NSSA）

不完全末梢区域不接收类型五的 LSA，但必须在有限的基础上利用外部路由。在这种情况下，NSSA 接收类型七的 LSA，并将其转化为类型五的 LSA。

8.9.6 Dijkstra 最短路径算法

一个著名的针对最短路径问题的解决方案是由 Dijkstra 给出的。让我们来理解这个算法是如何实现的。在这里，我们用到了距离表。这个算法通过保持距离表内顶点 v（即路由器）到源 s 的最短距离来实现。

Distance[v] 的值表示 s 到 v 的距离。源到其本身的最短距离为零。距离表中，所有其他的顶点都被设置为 −1 来表征这些顶点尚未被处理。

顶点	Distance[v]	前一个已经给出Distance[v]的顶点	顶点	Distance[v]	前一个已经给出Distance[v]的顶点
A	−1	-	E	−1	-
B	−1	-	F	−1	-
C	0	-	G	−1	-
D	−1	-			

当算法完成后，距离表会给出从源到其他的每个顶点 v 的最短路径。为了便于理解 Dijkstra 算法，我们假设给出的顶点属于两个组。初始情况下，第一组中仅有源顶点，第二组中包含所有剩下的顶点。

在 k 次迭代后，第一组包含 k 个与源最近的顶点。对于这 k 个顶点，我们已经完成了它们到源的最短路径计算。

通过例子我们能更好地理解这个算法，例子将演示每一步的具体执行和距离的计算方法。下面的加权图中包含 A ～ E，5 个顶点。

两个顶点之间的值被称为两点之间路径开销。例如，A 和 C 之间的路径花费为 1。Dijkstra 算法能够用于找出从源 A 到图中剩余其他点的最短路径。

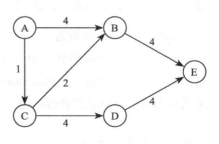

初始的距离表为：

顶点	Distance[v]	前一个已经给出Distance[v]的顶点	顶点	Distance[v]	前一个已经给出Distance[v]的顶点
A	0	-	D	−1	-
B	−1	-	E	−1	-
C	−1	-			

第一步以后，从 A 点出发，我们可以到达 B 和 C。因此，我们更新它们在距离表中的可达性和路径长度，如下图所示。

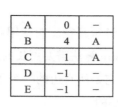
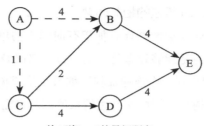

从A到B、C的最短距离

现在，我们选择表中最短的距离。距离最短的顶点是 C。也就是说，我们必须从这两个顶点（A 和 C）出发到达其他的顶点。例如，为达到 B，既可以从 A 出发，也可以从 C 出发。在这种情况下，我们需要从中选择花费最低的点。

因为给出的经过 C 到达 B 的最短距离为（1+2），我们更新距离表中 B 的距离为 3 以及我们得到这一开销的顶点为 C。

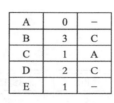
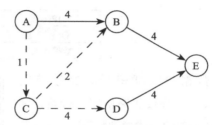

C作为中转点时，到B、D的最短距离

唯一剩下的点为 E。为到达 E，我们需要观察所有可以到达 E 的路径，并选择其中之一从而给出最短距离。可以看到如果我们经过 C 选择 B 作为中间顶点，就可以得到最短距离。

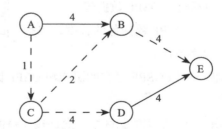

Dijkstra 算法生成的最终的最短路径树为：

8.9.6.1　Dijkstra 算法的不足

❏ 由上述讨论可见，该算法的主要缺点在于，它的搜索比较盲目，因此浪费时间和必需的资源。

❏ 另一个缺点是，该算法不能处理负开销的边，会导致无环图并且经常无法获得正确的最短路径。

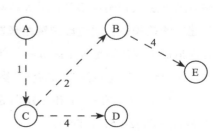

8.9.6.2　Dijkstra 算法的相关问题

☐ Bellman-Ford 算法能够计算加权有向图中的单源最短路径。它使用和 Dijkstra 算法相同的概念，但是能够处理负开销的边。它比 Dijkstra 算法需要更长的运行时间。

☐ Prim 算法能找到一个连通加权图的最小生成树。它是所有边的一个子集，这个子集能够构成一棵树且该树中所有边的权值加起来是最小的。

8.9.7　OSPF 数据包类型

OSPF 发送数据包给邻居从而建立和维持邻接关系，发送和接收请求，确保邻居间可靠的链路状态通告（Link-state advertisement，LSA）交付以及描述链路状态数据库。链路状态数据库来源于该区域路由器发送和接收的所有 LSA。

OSPF 直接运行在 IP 网络层：

所有的 OSPF 数据包共享相同的 24 字节的 OSPF 头部。这个头部允许接收路由器进行验证和处理数据包。OSPF 头部的格式通常如下：

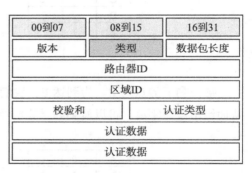

版本：数值 2 和 3 分别表示 OSPF 的版本号为 2 和 3。

类型：区别 5 种不同的 OSPF 数据包。

数据包长度：一个 OSPF 数据包的长度，包括 LSA 头部和内容，以字节计。

路由器 ID：唯一标识 OSPF 报文的源或源 OSPF 路由器。这个路由器 ID 不必是可达的或存在于路由表中。

区域 ID：标识 OSPF 报文的源区域，允许接收路由器将该数据包关联到 OSPF 层次结构中合适的层次并确保 OSPF 层次结构配置一致。邻居路由器接口必须属于同一个子网和区域来建立邻接关系。通过虚拟链路来发送的 OSPF 报文的区域 ID 为 0.0.0.0（骨干区域 ID），因为虚拟链路被视为是骨干区域的一部分。

校验和：特指包括头部的整个数据包的标准 IP 校验和。

认证类型：值 0、1 和 2 分别表示 Null（无认证）、简单密码（纯文本）和消息摘要 5（Message Digest 5，MD5）。

共有五种不同的 OSPF 数据包：

1）Hello 包

2）数据库描述包

3）链路状态请求包

4）链路状态更新包

5）链路状态确认包

8.9.7.1　Hello 包

Hello 包会被周期性地从各个接口发出，用来
建立和维护邻居关系。在支持组播的网络上，Hello
包通过组播发送，从而能够动态地发现相邻路
由器。

00到15	16到23	24到31
IP头部		
OSPF通用头部（20个字节）		
网络掩码		
Hello间隔	可选项	路由器优先级
路由器失效时间		
指定路由器		
备份指定路由器		
邻居		

网络掩码（4 个字节）：OSPF 通告接口的子网
掩码。对未编号的点对点接口和虚拟链路，它被设
置为 0.0.0.0。

Hello 间隔：发送 Hello 包的时间间隔。缺省
情况下：点对点链路为 10 秒，NBMA/ 广播链路为
30 秒。

可选项：本地路由器在该字段通告自己的能力。

路由器优先级：本地路由器的优先级。它用于 DR/BDR 选举。若设置为 0，表明该路由
器不参与 DR/BDR 选举。

路由器失效时间：通告路由器所要求的失效时间。缺省情况下：点对点链路为 40 秒，
NBMA/ 广播链路为 120 秒。

指定路由器（4 个字节）：当前 DR 的 IP 地址。设置为 0.0.0.0，表示还未选择 DR。

备份指定路由器（4 个字节）：当前 BDR 的 IP 地址。设置为 0.0.0.0，表示还未选择
BDR。

邻居（4 个字节）：能够在网络中看到其 Hello 包的所有 OSPF 路由器的路由器 ID。

8.9.7.2　数据库描述包

当邻接关系初始化后，便开始交换这些数据包。这些数据包描述了拓扑数据库的内容。
这些数据库可能需要通过多个数据包来进行描述。使用多个数据包进行描述时，会使用轮询
响应程序。

在路由器中，一个被指定为主机，另一个被指定为从机。在主机发送数据库描述包之

后，从机将发送数据库描述包。

接口 MTU（2 个字节）：包含输出接口的 MTU 值。对于虚拟链路，这个字段设置为 0x0000。

可选项（1 个字节）：和 Hello 包中的可选项字段一样。

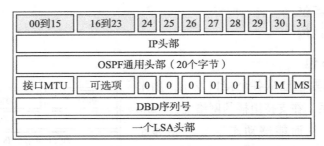

I（Initial bit，*初始位*）：表明这是一系列 DBD 数据包中的第一个。

M（More bit，*更多位*）：表明该 DBD 数据包是否是一系列数据包中的最后一个。若是最后一个，则值为 0；而之前的数据包值为 1。

MS（Master/Slave bit，*主 / 从机位*）：主机 =1，从机 =0。

DBD 序列号：用于 DBD 数据包集合的排序。初始值应该是唯一的。该序列号会逐步增 1，直至整个数据库描述都发送完毕。

LSA 头部（长度可变）：这个字段包含描述本地路由器的数据库的 LSA 头部。

注意：在 DBD 数据包互相交换时，主从关系将在邻居之间建立。拥有最高路由器 ID 的路由器成为主机，并发起 DBD 数据包交换。接口 MTU 应该与邻居相一致，否则无法达到完全的邻接状态。

8.9.7.3　链路状态请求包

在和邻居路由器进行数据库描述包交换以后，路由器可能发现部分本地拓扑数据库已经过期。链路状态请求包用于请求邻居的数据库中最新的片段。可能用到多个链路状态请求包。

链路状态类型（4 个字节）：请求的 LSA 类型。

链路状态 ID（4 个字节）：取决于请求的 LSA 类型。

通告路由器（4 个字节）：请求的路由器的 ID。

8.9.7.4　链路状态更新包

链路状态通告的洪泛是由这种数据包来实现的。离开起始点后的每一个跳步，链路状态通告集合会被每一个链路状态更新包所携带。一个数据包可能包含多个链路状态通告。

　　# LSAs（4 个字节）：一个 LSU 数据包内的
LSA 数量。

00到31
IP头部
OSPF通用头部（20个字节）
LSAs
LSAs
……

　　LSAs：完整的 LSA 在这个字段被编码。一个
LSU 中可能包含单个或者多个 LSA。

8.9.7.5　链路状态确认包

　　洪泛链路状态通告的可靠性通过被确认的洪泛
通告来确定。这种确认的实现通过发送和接收链路
状态确认包来完成。单个链路状态确认包可用于确
认多个链路状态通告。

　　LSA 头部：被确认的 LSA 头部列表。

00到31
IP头部
OSPF通用头部（20个字节）
一个LSA头部

8.10　边界网关协议

　　边界网关协议（Border Gateway Protocol，BGP）是用于通过互联网交换路由信息的路由
协议。它使 ISP 相互连接，终端用户得以连接到多个 ISP。BGP 是唯一专门用于处理互联网
规模网络的协议，也是唯一能够很好地处理多个连接到不相关的路由域情形的协议。

　　在 1989 年，BGP 首次成为互联网标准。当前版本 BGP4 于 1995 年被采用。

8.10.1　什么是 BGP

　　边界网关协议是一种自治系统间的路由协
议。BGP 是一种标准化的外部网关协议（Exterior
Gateway Protocol，EGP），与 RIP、OSPF 和 EIGRP
这些内部网关协议相反。BGP 版本 4（BGPv4）是
当前的标准部署。

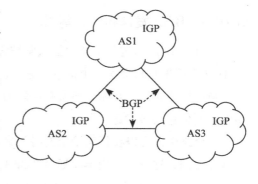

　　BGP 是一种路径向量路由协议。BGP 不是为在
一个自治系统（Autonomous System，AS）内路由
而建立的，而是为了在 AS 之间路由。BGP 拥有一
个单独的路由表。这个路由表基于最短 AS 路径和多种其他属性，不同于 IGP 的指标，如距
离或开销。BGP 是有关互联网上的选择策略的路由协议。从本质上讲，互联网是互相连接的
自治系统的集合。

　　BGP 自治系统会被分配一个 16 位的在 1 ～ 65535 范围内的数字，称为自治系统号

（Autonomous System Number，ASN）。特定子集 64512 ~ 65535 已预留给私人（或内部）使用。

BGP 使用 TCP 进行数据包的可靠传输，端口号为 179。

8.10.2　内部和外部 BGP

AS 内部路由协议（即 Interior Gateway Protocol（IGP），例如路由信息协议（RIP）、开放式最短路径优先（OSPF）等）在一个自治系统内部提供路由服务。

在某些情况下，BGP 用于 AS 内部交换路由。在这种情况下，它被称为内部 BGP（Internal BGP，I-BGP）。与之相反，外部 BGP（External BGP，E-BGP）用于自治系统之间。

BGP 路由器可以与在自己的 AS 内或在其他 AS 内的 BGP 路由器进行通信。I-BGP 和 E-BGP 在实现 BGP 协议时都拥有一些不同的规则。所有在同一个 AS 内的 I-BGP 发言路由器必须在一个完全连接的网络内互相对等。

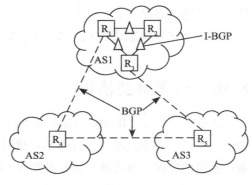

它们并不要求一定是物理邻居，只需互相保持 TCP 连接作为可靠的传输机制。由于 I-BGP 具有无环路检测机制，因此所有的 I-BGP 发言路由器禁止转发任何第三方的路由信息给它们的对等体。相比之下，E-BGP 的路由器在默认情况下能够通告第三方的信息给它们的 E-BGP 对等体。

上图中，路由器 R_1，R_2 和 R_3 使用 I-BGP 在同一个 AS 内部交换路由信息。路由器对 R_4 和 R_1，R_3 和 R_5 以及 R_4 和 R_5 使用 E-BGP 在不同 AS 间交换路由信息。

8.10.3　BGP 发言者和对等体

运行 BGP 路由进程的路由器通常被称为 BGP 发言者。一对 BGP 发言路由器通过构成一个 TCP 连接来互相交换路由信息，它们被称为 BGP 邻居或者对等体。

当连接建立后，互相交换所有可能的 BGP 路由信息。在这之后，当网络信息变化时，新增的更新信息会被发送。

一个路由器可以在任何给定的时间参加多个对等会话。每个 BGP 会话都发生在确切的两个节点之间，这两个路由器将通过 TCP 179 端口动态地交换路由信息。

8.10.4　BGP 路由转发表

任何两个在网络中的 BGP 对等体都能够相互发送和接收流量，所有中间的 BGP 路由器都必须转发流量，使得数据包能够不断接近其目的地。因为可能存在多个到达给定目标的路径，BGP 路由器使用路由表来存储有关网络所有已知的拓扑信息。

基于这个路由表，每个 BGP 路由器都会为每个已知网络的目的地选择最佳路径。该信息被存储在一个包含选定最佳路径的输出接口的转发表中。

8.10.5 BGP 消息类型

在 BGP 中，可能用到 4 种消息类型：

1）打开（Open）：这是用于打开一个 BGP 会话的第一条消息，将在与 BGP 邻居之间的链路建立后被传输。它包含 AS 号码（AS Number，ASN）和发送消息的路由器的 IP 地址。

2）更新（Update）：这种消息含有路由信息，包括路径属性。它包含网络层可达信息（Network Layer Reachability Information，NLRI），列出新的可用路由以及不再活跃或可行的路由的 IP 地址并包括相关路径的长度和属性。

3）通知（Notification）：这是断开连接前链路上传输给 BGP 邻居的最后一条消息。它通常描述了终止 TCP 连接前的异常情况，并提供了关闭 BGP 对等体之间连接的一种机制。

4）保活（Keep-Alive）：这是 BGP 对等体之间的周期性消息，用于通过保证传输依然存活来通知邻居连接还是可用的。这是独立于 TCP 存活可选项以外的消息应用类型。

8.10.6 BGP 操作

AS 号码由互联网公司管理。到 2007 年 5 月，互联网已经包含超过 25 000 个公开的 AS。请求一个网页使得数据包从一个自治系统传递到另一个自治系统，直到它们到达目的地。BGP 的任务是维护 AS 之间的有效路径列表。路径必须尽可能短，并且必须是无环路的。BGP 路由器存储可达性的数据表。这些数据是可用于到达特定目的地网络的 AS 号码列表。

每个 AS 利用 AS 之间发送的可达性信息构建无环且尽可能短的互联网路径图。每个 AS 将有许多路由器用于内部通信，以及一个或多个路由器用于本地网络之外的通信。内部路由器使用内部 BGP（I-BGP）相互通信；外部路由器使用外部 BGP（E-BGP）。

BGP 是用于传送自治系统之间路由信息的路径向量协议。术语路径向量来自于以下事实：BGP 路由信息包含 AS 号码序列来标识一个网络前缀已遍历的 AS 路径。与前缀相关联的路径信息被用来防止环路产生。

BSP 协议共有四个主要阶段。

8.10.6.1 打开和确认与邻居路由器之间的 BGP 连接

在两个 BGP 对等体建立 TCP 连接后，互相发送一个 OPEN 消息。

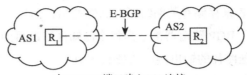

在TCP 179端口建立TCP连接

当 TCP 连接建立后，BGP 邻居立即通过同时发送打开（OPEN）消息向对方表明自己身份，并进入了 OPEN 发送（OpenSent）状态。打开消息让对等体就各项协议参数达成共识，如定时器，并协商共享功能。

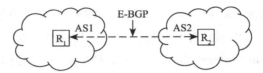

两个路由器同时发送BGP OPEN消息

R_1现在进入OPENSent状态 R_2现在进入OPENSent状态

当每个交换机收到一个打开消息，它会检查消息的所有的字段。如果不同意打开消息中的内容，它会发送一个通知（Notification）消息，关闭连接并进入空闲（Idle）状态。如果它没有发现错误，则进入 OPEN 确认（OpenConfirm）状态，并发送回一个保活（Keep-Alive）消息。

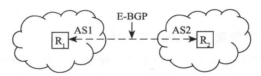

两个路由器都收到BGP OPEN消息

R_1现在进入OPENConfirm状态 R_2现在进入OPENConfirm状态

当两台交换机都收到一个保活消息，它们进入到已建立（Established）状态。BGP 会话现已打开。BGP 会话通常大部分时间保持在已建立状态。只有在发生错误，或者与远端持续不联系超过保持时间的情况下，它们才会离开已建立状态。

两个路由器都收到Keep-Alive消息

R_1现在进入Established状态 R_2现在进入Established状态

如果其中一台路由器不同意 OPEN 消息的内容，它发送一个通知消息，关闭连接并进入空闲状态。

如果两个节点都接收 OPEN 消息，他们互相发送一个保活消息，进入到已建立状态，并开始给对方发送更新消息。

8.10.6.2　保持 BGP 连接

BGP 路由器可以通过与对等路由器互相交换周期性的保活消息来检测链路或者 BGP 对等体主机故障。如果在保持计时器周期内没有发生消息交换，则默认错误已经发生。保持计时器的值选取配置的设置和从打开消息中收到的值中较小的数值。

BGP 采用周期性保活消息来确保邻居之间的连接没有超时。保活数据包是头部较小的且不包含任何路由数据的 BGP 数据包。

8.10.6.3　发送可达性信息

一对 BGP 邻居之间通过更新消息通告路由信息。每个更新消息可以同时通告单条到达某个邻居的可行路线，并指明撤销多个不可行的路线。

更新消息包含 NLRI，并通过元组为 <长度，前缀> 的列表指定可达目的地和路径属性，包括每个特定路线的优先级和该路径途经的 AS 序列。

8.10.6.4　通知错误情况

当检测到错误情况（不兼容、配置等）时，通知消息将被发送给邻居路由器。通知消息由一个主要的错误代码和一个更详细的子码组成。通过通知机制，这样关闭能够保证所有已发送的消息的投递优先于关闭底层的 TCP 对话。

8.10.7　BGP 属性

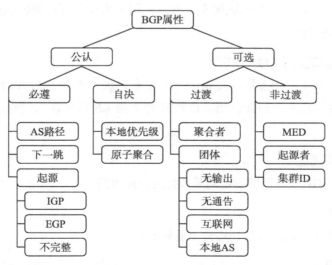

BGP 属性是定义了在 BGP 路径中路由前缀特点的指标。它们被用来制定路由策略。例如，某些属性可以被组合使用，使得在多条可用路径中分配的入站和出站流量基本持平，以保持负载平衡。

属性信息将在 BGP 对等体使用更新消息进行通告时被转发。BGP 属性有以下几种类型：

1）公认必遵

2）公认自决

3）可选过渡

4）可选非过渡

可选属性可能不是所有 BGP 实现都支持的。必遵属性是必须出现在路由描述中的。自决属性是不强制必须出现的。过渡属性是可以在不被修改的前提下经过一个不能实现该属性的 BGP 发言者的可选属性。

过渡属性被传递后，它会被标记为部分属性。如果 BGP 发言者不能实现一个非过渡属性，那么它必须删除这个属性，而不能将它传递给其他的 BGP 对等体。

8.10.7.1　权值属性

权值是思科私有的属性，只在本地路由器上配置。权值属性不通告给邻居路由器。如果路由器得知有一个以上的路由可以到相同的目的地，则它会优先选择具有最高加权值的路由。

8.10.7.2　本地优先级属性

本地优先级属性用于从本地自治系统（AS）中选择出口点。本地优先级属性会在本地 AS 中传播。

如果 AS 有多个出口点，则本地优先级属性将用于为某个特定路线选择出口点。本地优先级较高的会被优先选择。

8.10.7.3　多出口鉴别属性（MED）

多出口鉴别属性属于可选非过渡属性。它用来建议一个到本地 AS 的入口点。如果本地对一个服务提供商有两个连接，则可以设定到本地 AS 的建议入口点。该属性的值越低越好。

8.10.7.4　起源属性

起源属性表明 BGP 是如何学习得到某条特定的路由的。

8.10.7.5　IGP

路由是 AS 内部始发的或通过网络命令通告的。

8.10.7.6　EGP

路由是通过外部边界网关协议（Exterior Border Gateway Protocol，E-BGP）学习得到的。

8.10.7.7　不完整

不完整发生在 BGP 通过重分布获得该路由时。

8.10.7.8　AS 路径属性

当一个路由通告穿过一个自治系统，AS 号将被加入到一个表示该路由通告已经经过的 AS 号的有序列表。该属性属于必遵属性，它是用来避免环路产生的。

8.10.7.9　下一跳属性

EBGP 的下一跳属性是用于达到通告路由器的 IP 地址。一般情况下，是通告路由器的 IP 地址。如果接收路由器与其在同一个子网内，则下一跳保持不变，也在 IBGP 内。

8.10.7.10　原子聚合属性

原子聚合属性是一个公认的自决属性，它并不要求在每个路由更新中都做出汇总。这个属性允许 BGP 对等体彼此通告它们已经就重叠的路由做出的决定。

8.10.7.11　聚合者属性

聚合者属性是一个可选过渡属性，它表明了是谁汇总了路由。哪个路由器或哪个 IP 地址的路由器汇总了这个路由。这个属性可以附在一个聚合前缀上，来指明做了聚合操作的交换机的 AS 和 IP 地址。

8.10.7.12　团体属性

团体属性提供了一种标记路由的方式，即团体。对一个团体内的路由，路由决定（如接收、优先级和再分配）都适用。路由图用来设置团体属性。预设的社会属性值有无通告（No-Advertise）、无输出（No-export）、互联网（Internet）和本地 AS（Local-AS）。

8.10.8　BGP 路由选择

路由选择过程涉及从所有在 BGP RIB 的路由中选择到目的前缀的最佳路由。BGP 可以从所有它已经学会或接收的路由中选择路由，除了那些已经不可达的路由，比如已经被撤销的或者已经衰减的路由。

当 BGP 为特定前缀选择了一个最佳路由，它将会把该路由增加到 IP 路由表中，并将其通告给所有合适的邻居对等体。

当只有一个可以到达特定前缀的路由时，该路由将被选择为最佳路由。当有多个可以到达特定前缀的路由时，那么 BGP 使用下列规则来决定应该选择哪一个。如果满足当前规则的只有一条路由，则交换机使用这条路由。如果满足该规则的有多个路由，则转到下一个规则进行匹配。

路径选择过程如下：

1）如果路径指定的下一跳是不可达的，删除更新。

2）优先选择权重最大的路径。

3）如果路径的权重是相同的，则优先选择本地优先级最高的路径。

4）如果本地优先级是相同的，则优先选择源于运行 BGP 的这台路由器的路径。

5）如果没有路由源于此，则优先选择具有最短 AS 路径的路由。

6）如果所有路径都具有相同的 AS 路径长度，则优先选择具有最低源类型（IGP 低于 EGP，EGP 低于不完整）的路径。

7）如果源类型是相同的，则优先选择具有最低 MED 属性值的路径。

8）如果路由都具有相同的 MED，则优先选择通过内部路径的外部路径。

9）如果路径仍然是相同的，则优先选择通过最近的 IGP 邻居的路径。

10）由 BGP 路由器 ID 所指定，优先选择 IP 地址最低的路径。

8.10.9　BGP 的多宿主

一个 AS 可能有多个连接到不同 AS 的 EBGP 发言者。这被称为 BGP 的多宿主。多宿主改善了 AS 连接到互联网的可靠性，并提高了网络的性能，因为网络的带宽是所有回路带宽的总和。

当一个以上的连接在同时使用时，网络性能会提高；否则，最佳性能是给定时间中一个连接的带宽。将流量均分到多个连接中被称为负载均衡。

站点可以用以下两种方式建立多宿主：

❑ 连接到同一个互联网服务提供商（Internet Service Provider，ISP）。

❑ 连接到多个 ISP

右图说明了到单个 ISP 最可靠的多宿主拓扑关系，包括在 ISP 内的多个不同路由器和客户网络内多个不同的路由器。

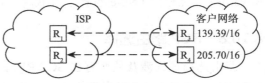

这个例子是最可靠的，因为没有设备是由两个链路共享的。如果这两个网络之间的流量是相等的，则保持负载均衡的方法是使用 R_1 和 R_3 之间的链路传送到 139.39/16 的流量，使用 R_2 和 R_4 之间的链路传送到 205.70/16 的流量。

右图展示了多宿主连接到一个以上的提供商的情况。客户多宿主连接到 ISP1 和 ISP2。ISP1、ISP2 和 ISP3 互相连接。客户必须决定如何使用地址空间，因为这对维持从多个 ISP 到客户的负载平衡是至关重要的，不管地址空间是 ISP1 还是 ISP2 委派给它的，或两者都

有，或独立于两者。

当客户使用 ISP1 委派给它的地址空间时，客户使用一个比 ISP1 集群更为具体的前缀，ISP1 能够将集群告知给 ISP2。当客户从 ISP1 获得的流量与从 ISP2 和 ISP3 获得的流量一样多时，负载均衡状况良好。

当 ISP2 和 ISP3 一起发送的流量大幅多于 ISP1 发送的流量时，负载平衡状况较差。当客户使用 ISP2 委派给它的地址空间时，情况不变，即使 ISP1 通告了更具体的路由并试图吸引更多的流量到它自身。

如果使用了 ISP1 的地址空间，负载均衡可能相当好；但如果使用了 ISP2 的空间，负载均衡可能不会十分理想。

当客户同时使用 ISP1 和 ISP2 委派给它的地址空间时，从 ISP1 和 ISP2 到客户的负载均衡程度取决于两个 ISP 到目的地流量的数量。如果两者的流量数量大致相同，则到客户的负载均衡会相当好；否则，负载均衡会比较差。

8.10.10　BGP 路由过滤

有许多不同的过滤方法使我们能够控制 BGP 更新的发送和接收。我们可以以路由信息为基础过滤 BGP 更新，或者以路径信息或团体为基础进行过滤。

所有的方法都导致相同的结果。选择一种方法而不选择另一种方法，取决于具体的网络配置。

为了限制由路由器学习或通告而产生的路由信息，我们可以基于发送给一个特定邻居或接收自一个特定邻居的路由更新来过滤 BGP。为了实现这一点，我们定义了一个访问列表，并将其应用到发送给一个特定邻居或接收自一个特定邻居的更新。

8.10.11　触发器

当特定触发器被激活时，触发功能将自动运行特定的命令脚本。当一个事件激活触发器时，该事件特定的参数将被传递到正在运行的脚本中。

8.10.12　BGP 数据包类型

8.10.12.1　BGP 数据包通用头部

每个 BGP 消息具有固定大小的通用头部。根据消息类型，在头部之后可能有也可能没有数据部分。这些字段的布局如右图所示：

00到15	16到13	24到31
标记		
长度	类型	

标记：这是用于兼容性的一个 16 字节字段。它必须被设置为全 1。

　　长度：这个 2 字节的无符号整数表示包括头部在内的消息的总长度，以字节为单位。因此，它用于定位在 TCP 流中的下一个消息（标记字段）。长度字段的值必须在 19 到 4096 之间，并且可以依据消息类型，进一步进行限制。

　　在消息后填充额外的数据是不允许的。因此，长度字段必须具有所需的最小值，并给出的信息的其余部分。

　　类型：这个 1 字节的无符号整数表示消息的类型代码。本文档定义了以下 4 种类型代码：

1：打开（OPEN）

2：更新（UPDATE）

3：通知（NOTIFICATION）

4：保活（KEEPALIVE）

8.10.12.2　BGP　OPEN 消息格式

　　TCP 连接建立后，两边发送的第一条消息是 OPEN 信息。如果 OPEN 消息是可以接收的，一个确认 OPEN 的 KEEPALIVE 消息会送回。除了固定大小的 BGP 消息头以外，OPEN 消息包含以下字段：

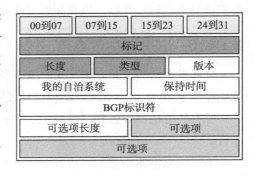

　　版本：这个 1 字节的无符号整数表示消息的协议版本号。当前 BGP 版本号为 4。

　　我的自治系统：这个 2 字节的无符号整数表示发件人的自治系统号。

　　保持时间：该 2 字节无符号整数表示发件人提出的保持计时器的秒数值。在收到 OPEN 消息后，BGP 发言者必须使用其配置的保持时间和收到的 OPEN 消息中的保持时间值中比较小的数值，来计算保持计时器的值。

　　该保持时间必须是零或至少三秒钟。具体实现中，可以基于保持时间拒绝连接。所计算的值指示从发件人处收到连续的 KEEPALIVE 和 / 或 UPDATE 消息之间可能经过的最大秒数。

　　BGP 标识符：这个 4 字节的无符号整数表示发件人的 BGP 标识符。给定的 BGP 发言者将为 BGP 发言者分配给它的 IP 地址设置其 BGP 标识符的值。BGP 标示符的值是在启动时确定的，并且对每个本地接口和 BGP 对等体是相同的。

　　可选项长度：这个 1 字节的无符号整数表示可选参数字段的总长度，以八位字节为单位。如果该字段的值是零，表示不存在可选参数。

　　可选项：该字段包含一个可选参数列表，其中每一个参数编码为 < 参数类型，参数长度，参数值 > 的三元组形式。

8.10.12.3 BGP UPDATE 消息格式

UPDATE 消息用于在对等体之间传递路由信息。UPDATE 消息中的信息可以用于构造描述各种自治系统之间的关系图。通过应用规则来加以讨论，路由信息环路和其他一些异常可以被检测出来，并从 AS 间路由中除去。

UPDATE 消息用于向对等体广播具有共同路径属性的可行路线。UPDATE 消息总是包含固定大小 BGP 消息头部，也包括其他字段，如下图所示（注意：下图显示的部分字段可能不存在于每个 UPDATE 消息中）：

撤销路由长度：这个 2 字节的无符号整数表示撤回路由字段的总长度，以字节为单位。其值用于确定网络层可达信息字段的长度，下文详述。值为 0 表示没有路由从服务器被撤销，并且撤销路由字段不存在于此 UPDATE 消息中。

BGP通用头部
撤销路由长度（2字节）
撤销路由（可变长度）
路径属性总长度（2字节）
路径属性（可变长度）
网络层可达信息（可变长度）

撤销路由：这一可变长度字段包含了服务所撤消路由的 IP 地址前缀列表。

路径属性总长度：这个 2 字节的无符号整数表示路径属性字段的总长度，以八个字节为单位。

路径属性：除了仅携带撤销路由的 UPDATE 消息，每个 UPDATE 消息中都存在一个可变长度的路径属性的序列。每个路径属性是一个可变长度的 < 属性类型，属性长度，属性值 > 形式的三元组。

网络层可达信息：该可变长度字段包含 IP 地址前缀的列表，以八个字节为单位。网络层可达信息的长度并未被明确地进行编码，但也可以通过以下方法进行计算：

$$UPDATE \ 消息长度 - 23 - 路径属性总长度 - 撤销路由长度$$

其中，UPDATE 消息长度是编码在固定大小的 BGP 消息头部的值，路径属性总长度和撤回路由长度是编码在 UPDATE 消息的可变部分中的值，23 是固定尺寸的 BGP 头部、路径属性总长度字段和撤回路由长度字段的组合长度。

8.10.12.4 BGP KEEPALIVE 消息格式

BGP 不使用任何基于 TCP 的保活机制来确定对等体是否可达。相反，对等体之间互相交换 KEEPALIVE 消息足以防止保持计时器过期。

KEEPALIVE 消息合理的最大间隔时间是保持时间间隔的三分之一。

KEEPALIVE 消息的发送频率一定不能超过每秒一个。具体实现中，可以调整发送 KEEPALIVE 消息的速率作为保持时间间隔的一个功能。

如果协商的保持时间间隔是零，则周期性 KEEPALIVE 消息就不能被发送。一个只包含消息头的 KEEPALIVE 消息具有 19 字节的长度。

8.10.12.5 BGP NOTIFICATION 消息格式

当检测到错误情况时，NOTIFICATION 消息将被发送。在该消息发送后，BGP 连接立即关闭。除了固定大小的 BGP 共同头部外，通知消息包含以下字段：

00到07	07到15	16到23	24到31
标记			
长度	类型	错误码	
错误子码		数据（可变长度）	

错误码：这个 1 字节的无符号整数表示 NOTIFICATION 的类型。已定义错误码如下表所示：

错误码	符号名称	错误码	符号名称
1	消息头错误	4	保持计时器溢出
2	OPEN 消息错误	5	有限状态机错误
3	UPDATE 消息错误	6	终止

错误子码：这个 1 字节的无符号整数提供有关报告错误的性质更具体的信息。每一个错误码可能具有与其相关联的一个或多个错误子码。如果没有合适的已定义的错误子码，则一个零（非特定）值将用于错误子码字段。

习题与解答

1. 对于下面的网络（忽略线段的权重），假设洪泛机制被用于路由算法。如果一个数据包从节点 C 发送到 F，以 3 为最大跳数，列出所有将采取的路线。在这次洪泛中，一共发送了多少数据包？

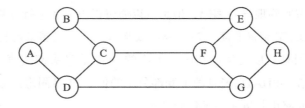

解析：

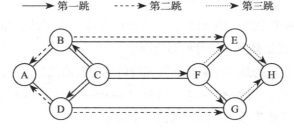

在洪泛过程中，共发送了 11 个数据包。

2. 请给出非自适应路由算法的两个例子和自适应路由算法的三个例子。

解析：非自适应路由算法是不基于网络拓扑或网络流量的变化而更新路由表条目的路由算法。非自适应路由算法的例子包括：洪泛、简单最短路径路由。

自适应路由算法会对网络拓扑、链路状态和 / 或网络流量的变化做出响应。自适应路由算法的例子包括：距离向量、链路状态路由、热土豆路由、逆向学习。

3. 说明距离向量路由优于链路状态路由的一种情况，以及链路状态路由优于距离向量路由的一种情况。

解析：距离向量路由的优势：链路状态路由必须将链路状态更新数据包洪泛到在网络中的所有其他路由器，与其不同，距离向量只在相邻路由器之间交换。这限制了在网络中传输的路由数据包，从而为网络中的其他数据包节省了带宽。

链路状态路由的优势：因为它依靠链路状态更新数据包的洪泛，链路状态路由算法能够比距离向量算法更迅速地传递路由信息给路由器。此外，链路状态路由算法不为无穷计算的问题所困扰，而距离向量算法则深受其害。

4. 如果在一个由 50 台路由器组成的网络中记录得到的延迟为 16 b 数字，且延迟矢量每秒互相交换两次，平均每个（全双工）链路上有多少带宽被距离向量路由算法所消耗？假设每个路由器都连接到其他 3 个路由器。

解析：其实这个问题中有一些我们并不需要的无关信息。我们并不需要知道每个路由器连接到 3 个其他路由器来解决这个问题。

为了解决这个问题，我们需要理解距离向量算法是如何工作的。首先，必须知道给定路由器将距离矢量数据包发送给哪些路由器。在距离向量算法中，路由器只与其相邻的路由器交换距离向量包。

因此，对于两个路由器 A 和 B 之间的链路，有一个从 A 发送到 B 的距离向量和一个从 B 发送到 A 距离向量。来自其他路由器的距离向量数据包不可能传送在这条链路上。

其次，我们必须知道，每个距离向量数据包包含什么信息以及多少信息。每个距离向量数据包中包含网络中的每个路由器的单个距离单位。在这个问题中，题干告诉我们要使用 16 b 延迟作为距离单位。因为一共有 50 个路由器，每个距离向量带有 50 个 16 b 的距离值。因此距离向量数据包的大小等于 $50 \times 16 = 800$ b。

最后，我们必须知道这些距离向量数据包交换的频率。题干告诉我们，路由器每秒交换 2 个距离向量数据包。

因此，在一个单一链路中，每个方向每秒交换两个 800 b 的数据包。因此，在每个方向每秒都正在发送 1600 b。如果我们考虑在两个方向上使用的总带宽，可以使用发送距离向量数据包的带宽的两倍作为结合的总量。因此，答案是每秒 3200 b。

5. 假设源 S 和目标 D 是通过两个标记为 R 的中间路由器连接的。试确定每个数据包在从 S 传送到 D 的过程中，会分别访问多少次网络层和数据链路层。

A）网络层 4 次和数据链路层 4 次

B）网络层 4 次和数据链路层 3 次

C）网络层 4 次和数据链路层 6 次

D）网络层 2 次和数据链路层 6 次

解析：C

6. 在一个具有 n 个区域的 OSPF 自治系统领域中，有多少区域连接到骨干区域？

　　A）1　　　　　B）$n-1$　　　　　C）n　　　　　D）$n+1$

解析：B

7. 路由器的转发表中通常只包含目的路由器的网络地址（例如，142.36.0.0/24），而不是它们实际要到达的主机。为什么路由器只包含网络地址，而不是主机？

解析：因为路由器的主要功能是路由到网络。一旦网络层确定目的主机驻留的最终网络，网络层的工作已经完成（大体上）。然后，这就需要由该局部区域的网络（例如，以太网或802.11）将数据包传送到目的主机。

8. 假定有两个路由器，R1 和 R2。连接 R1 和 R2 的网络接口分别是 150.1.4.1 和 150.1.4.2。路由器 R1 连接到一个地址为 150.1.1.0/24 的子网。路由器 R2 连接两个子网：150.1.2.0/24 和 150.1.3.0/24。

在网络 150.1.3.0/24 上有三个主机：地址为 150.1.3.10 的一个打印机，地址为 150.1.3.20 的一个工作站和地址为 150.1.3.30 的笔记本电脑。这三个主机经常互相交换消息，因而在它们的路由表内存中有子网中其他主机的 IP 地址。这个网络图示如下：

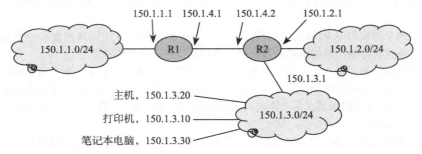

路由器的转发表中包含：（1）目的网络，（2）网关（下一个路由器），（3）输出接口。例如，路由器 R1 的转发表为：

目的网络	网关	输出接口
150.1.1.0/24	-	150.1.1.1
150.1.2.0/24	150.1.4.2	150.1.4.1
150.1.3.0/24	150.1.4.2	150.1.4.1

请填充路由器 R2 转发表。

解析：

目的网络	网关	输出接口
150.1.1.0/24	150.1.4.1	150.1.4.2
150.1.2.0/24	-	150.1.2.1
150.1.3.0/24	-	150.1.3.1

9. 请填充前一问题中的打印机的转发表。

   解析：

目的网络	网关	输出接口
150.1.1.0/24	150.1.3.1	150.1.3.10
150.1.2.0/24	150.1.3.1	150.1.3.10
150.1.3.0/24	-	150.1.3.10

10. 当路由器的缓冲空间用完时，被称为_____。

    A）源抑制　　　　　　B）重定位　　　　　　C）信息请求　　　　　　D）内存不足

    解析： A。源抑制是指目的路由器或者终端互联设备会丢弃从源端或源路由器收到的数据的过程。这通常发生在目的路由器用于处理数据包的缓冲空间用尽的情况下。

11. 当一个自治系统中的路由器符合什么要求时，该自治系统才可能存在？

    A）互相连接　　　　　　　　　　　　B）运行相同的路由协议

    C）分配了同一个自治系统号　　　　　　D）只运行 IGRP

    E）只运行 RIP

    解析： ABC。一个自治系统是在同一管理下的一组路由器和网络。每个路由器必须是相互连接的，运行相同的路由协议，并分配了相同的自治系统号。网络信息中心（Network Information Center，NIC）为每个企业都分配了一个独一无二的自治系统号。

12. 缺省路由的同义概念是_____。

    A）默认网关　　　　B）静态路由　　　　C）动态路由　　　　D）单向路由

    解析： A。缺省路由和默认网关的概念相同。它被用来减少路由表的长度，并当路由器不知道到所有其他网络的路由时完善其路由能力。

13. 为什么网桥必须建立一个生成树，而路由器却不需要？

    解析： 网桥必须建立一个生成树是因为它们根据非结构化的 MAC 地址转发数据包，并不检测循环的帧。路由器不需要建立一个生成树则是因为它们根据结构化的 IP 地址转发数据包，并最终丢弃循环的数据包。

14. 网桥发生路由环路时，它会如何处理数据包？相同情况，路由器又会如何处理？

    解析： 网桥发生路由环路时，数据包会无限循环。当路由环路发生时，这些数据包最终会被路由器丢弃，因为存在 TTL 字段。

15. 链路状态算法有可能使用 Bellman-Ford 算法吗？为什么？

    解析： 链路状态算法可以使用 Bellman-Ford 算法（静态版本）来计算到所有其他点的最短路径，因为 Bellman-Ford 算法只需要网络的局部视图，而链路状态算法提供了一个完整的网络拓扑视图。

16. 一个路由器的路由表中具有如下的 CIDR 条目：

地址/掩码	下一跳
135.46.56.0/22	接口 0
135.46.60.0/22	接口 1
192.53.40.0/23	路由器 1
默认网关	路由器 2

    对于每一个下面的 IP 地址，如果有 135.46.63.10 地址的数据包到达路由器，路由器会做什么呢？

解析： 将 135.46.63.10 的前 22 位作为网络地址，我们可以得到 135.46.60.0。它和第 2 行的网络地址相匹配。因此，该数据包将被转发到接口 1。

17. 对于问题 16，如果地址是 135.46.57.14 会怎么样呢?

    解析： 将上述 IP 地址的前 22 位作为网络地址，我们可以得到 135.45.56.0。它与第 1 行的网络地址相匹配。因此，该数据包将被转发到接口 0。

18. 对于问题 16，如果地址是 135.46.52.2 会怎么样呢?

    解析： 将上述 IP 地址的前 22 位作为网络地址，我们可以得到 135.45.52.0。它与前三行的网络地址都不匹配。因此，该数据包将被转发到默认网关，即路由器 2。

19. 对于问题 16，如果地址是 192.53.40.7 会怎么样呢?

    解析： 将上述 IP 地址的前 23 位作为网络地址，我们可以得到 192.53.40.0。它与第 3 行的网络地址相匹配。因此，该数据包将被转发到路由器 1。

20. 对于问题 16，如果地址是 192.53.56.7 会怎么样呢?

    解析： 将上述 IP 地址的前 23 位作为网络地址，我们可以得到 192.53.56.0。它与前三行的网络地址都不匹配。因此，该数据包将被转发到默认网关，即路由器 2。

21. 以下哪项描述了路由器的功能?

    A）数据包交换   B）数据包过滤
    C）互联网通信   D）路径选择
    E）上述所有

    解析： E。路由器能够进行数据包交换、数据包过滤、互联网通信和路径选择。

22. 以下哪项关于互联网协议（Internet Protocol，IP）的叙述是错误的?

    A）一个计算机可能拥有多个 IP 地址
    B）从同一源端到同一的目的端的 IP 数据包可能在网络中采取不同的路由
    C）IP 可确保数据包被转发，如果它不能在给定的跳步数内到达其目的端
    D）数据包源端不能设置发出的数据包的路由，路由只能由经过的路由器的路由表来决定。

    解析： D。互联网协议可以确保报文被转发，如果它不能在给定的跳步数内到达其目的地。一台计算机可以有多个 IP 地址。具有相同的源端和目的端的数据包也可以采取不同的路由。
    源端不能决定向哪里路由该数据包，但它是由在中间路由器的路由表来决定的。

第 9 章

TCP 与 UDP

9.1　简介

在之前的章节中，我们讨论了以下两种数据传送方法：

1）点对点（node-to-node）传送：在数据链路层，通过点对点链路或者 LAN 连接的两个节点之间利用数据链路层地址（即 MAC 地址）进行帧的传送。

2）主机对主机（host-to-host）传送：在网络层，两台主机之间利用 IP 地址进行数据报的传送。

从用户的角度，基于 TCP/IP 的 Internet 可被视为一个应用程序的集合，其中，这些应用程序利用 Internet 来完成有用的通信任务。最流行的 Internet 应用包括电子邮件（E-mail）、文件传输与远程登录。IP 路由允许 IP 报文在许多站点或者主机之间传送。这些报文是根据目的 IP 地址来完成 Internet 路由的。

然而，如果源主机上同时运行着多个应用程序（进程），而且这些进程要通过 Internet 与运行在远端目的主机上的相关进程进行通信，那么我们就需要一种额外的传送机制来实现进程对进程（process-to-process）的传送。这一机制就是通过传输层的协议来实现的。

由于目的主机上同时运行着多个进程，为了指定某个特殊的进程，传输层协议需要一个额外的地址，称作端口号。因此，我们需要如下所述的第三类传送系统。

3）进程对进程（process-to-process）传送：在传输层，进程或应用程序之间使用端口地址进行通信。

基本通信机制如下图所示。传输层协议（例如 UDP 或 TCP）针对运行在不同站点上的多个应用程序之间的并发通信提供了额外的机制。这也是本章介绍的主要内容。

进程到进程的数据传送是传输层的任务。将报文送达目的系统与决定该由哪一个进程接收报文内容并不是同一件事情。一个系统可同时运行文件传输、电子邮件以及其他网络进程，并使用同一个物理接口。显然，目的进程也必须知道发送者产生报文数据的源进程，以便进行回复。此外，由于许多数据单元的长度都超过了报文所允许的最大值，因此系统不能简单地将一个大文件置于一个报文之中进行传输。

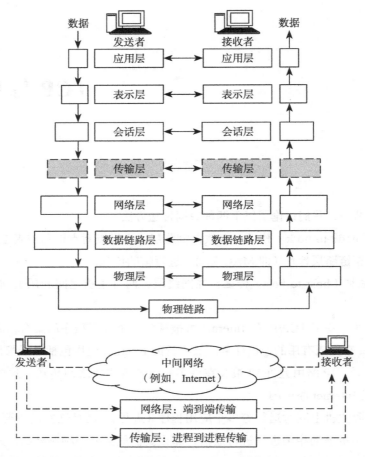

将消息内容划分到不同报文中的过程称作分段。网络层独立地转发每个报文，但不能识别这些报文之间的关系。(当前传输的是一个文件还是电子邮件的报文？网络层并不关心。)与之相反，传输层能够对整条消息进行确认，保证一系列报文的有序接收（报文到达时可能是乱序的），以及消息的完整性（整条消息是正确无误的）。传输层的功能包括一些流控制与差错控制机制（差错检测和差错校正），而网络层则不提供这些功能。TCP 是一个具备上述所有功能的传输层协议。

9.2 TCP 和 UDP

传输层有两个十分流行的协议：

❑ TCP：一个面向连接的协议，保证报文内容的有序传输，提供可靠的服务。

❑ UDP：一个无连接的协议，不保证报文内容的有序传输，提供不可靠的服务。

在 Internet 上运行的计算机之间一般使用传输控制协议（Transmission Control Protocol，TCP）或者用户数据报协议（User Datagram Protocol，UDP）进行通信。

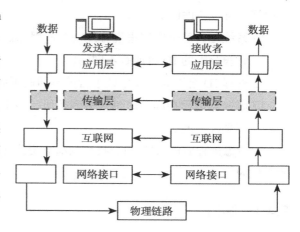

除了 UDP 和 TCP，还有一些其他的传输层协议可以用于 TCP/IP 协议栈中。它们的不同之处在于处理传输层任务的方法。开发者并不受限于应用标准的选择。如果 TCP、UDP 以及其他定义的传输层服务都不适合你的应用，那么你可以自己动手编写一个传输层协议，然后让其他人来适应这个协议（或者采用你专门应用程序包）。

9.3 TCP/IP 术语

请熟悉以下与 TCP/IP 相关的术语，它们对后面的学习很有帮助。

客户端	一台计算机或进程，通过网络访问另一台计算机或进程的数据、服务或资源。
主机	一台连接到 Internet，能够与其他 Internet 主机进行通信的计算机。对于用户来说，本地主机是指用户当前正在使用的计算机。外部主机是网络中任何其他主机。 从通信网络的角度来看，主机是报文的源与目的端。任何主机都可以成为客户端、服务器，或者既是客户端又是服务器。
网络	包括两台或多台主机以及它们之间的连接链路。物理网络是指构成网络的硬件。逻辑网络是指全部或部分覆盖一个或多个物理网络的抽象组织。 Internet 就是逻辑网络的一个例子。接口程序负责从逻辑网络到物理网络的转换。
报文	在主机与其网络之间的一次传输中包含控制信息与数据的块。报文是进程间的交换介质，用于通过 Internet 网络发送与接收数据。报文是从源发送至目的端的。
端口	为进程提供的逻辑连接点。数据通过端口（或套接字）在进程之间传输。每个端口都提供了发送与接收数据的队列。 在一个接口程序的网络中，每个端口根据其被使用的方式都设置有一个 Internet 端口号。每一个端口都用一个 Internet 套接字地址来标识，包含了一个 Internet 主机地址与一个端口号。
进程	一个正在运行的程序。进程是计算机中活动的元素。终端、文件以及其他 I/O 设备之间都通过进程互相通信。因此，网络通信其实就是进程之间的通信。
协议	一套用于管理物理层或者逻辑层通信的规则。协议通常会使用其他协议来提供服务。例如，连接级协议会使用传输层协议来传输报文，以维持两台主机之间的连接。
服务器	一台主机或一个进程，能够为网络上的其他计算机或进程提供可访问的数据、服务以及资源。

9.4 端口和套接字

这一小节将介绍端口与套接字的概念。通过端口与套接字，我们可以确定本地主机与远程主机上的哪两个进程之间正在通信，以及它们所使用的协议是什么。如果大家难以理解这一解释，可以考虑以下问题：

- 系统会为每个应用进程分配一个进程标识符（即进程 ID）。然而，在进程每次启动时，它被分配的 ID 可能是不同的。
- 进程 ID 会因为操作系统平台的不同而不同，因此它们不是统一的。
- 服务器进程在同一时刻拥有多条面向多个客户端的连接。因此，简单的连接标识符并不是唯一的。

不考虑进程 ID，端口与套接字的概念提供了一种可以唯一识别连接、程序以及参与通信的主机的方法。

9.4.1 端口

一般而言，一台计算机与网络之间有唯一一条物理连接。所有以这台计算机为目的地的数据都会通过这条连接传输。然而，数据最终会被用于计算机上运行的不同应用程序。那么，计算机是如何知道该把数据转发给哪一个应用程序呢？答案就是使用的端口。

通过 Internet 传输的数据中带有地址信息，能够标识出目的主机与端口。一台计算机是通过 32 位的 IP 地址来进行识别的。IP 协议使用 IP 地址将数据传送至网络中正确的主机。端口则通过一个 16 位的数值来进行识别。TCP 和 UDP 使用端口将数据传送给正确的应用。

定义：TCP 和 UDP 协议使用端口将到来的数据映射到计算机中正在运行的某个进程上。

每个希望与其他进程通信的进程需要通过一个或多个端口来标识自己。端口用一个 16 位数来表示。主机对主机的协议使用端口确定将到来的消息交付给哪一个上层协议或者应用程序（进程）。TCP 和 UDP 协议使用端口将到来的数据映射到计算机中正在运行的某个进程上。

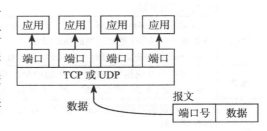

有两种类型的端口：已定义端口与临时端口。

9.4.1.1 已定义端口

系统保留了一些端口来支持通用的、常见的服务：

已定义端口由 Internet 编号分发机构（Internet Assigned Number Authority，IANA）控制与分配。大部分系统上的已定义端口只有系统进程或者特权用户（即 root 用户或管理用户）所执行的程序

FTP（文件传输协议）	21/TCP
Telnet（Telnet 协议）	23/TCP
SMTP（简单邮件传输协议）	25/TCP
Login（登录协议）	513/TCP
HTTP（超文本传输协议）	80/TCP, UDP
HTTPS（安全超文本传输协议）	443/TCP, UDP

才能使用。通过已定义端口，客户端不需要任何配置信息就能够找到服务器。

在 TCP 和 UDP 中都有一些端口是保留的，编写的应用程序不可以使用这些端口。端口号的分配范围如下：

❑ 小于 255 的端口号是为公共应用保留的。

❑ 255 ～ 1023 之间的端口号被分配给一些公司的市场应用。

❑ 大于 1023 的端口号未被分配。

❑ 端系统通过端口号来选择合适的应用。源主机动态地分配初始的源端口号。通常，它是一个大于 1023 的数。

9.4.1.2　临时端口

客户端（用户级进程）不需要已定义的端口号。这是因为客户端发起与服务器的通信，它所使用的端口号被包含在发送给服务器的 UDP 数据报（或 TCP 报文）中。只要客户端进程需要，运行该进程的主机就会为其分配一个端口号。临时端口号的值大于 1023，通常它的范围是 1024 ～ 65 535。

临时端口是一个短期（暂时）的传输协议端口，用于 Internet 协议（IP）通信。IP 软件从事先定义的范围自动地分配端口号。除非客户端程序明确地要求某个特定的端口号，否则将使用临时的端口号。

临时端口是一台主机的 IP 协议栈分配的暂时端口，一般从指定的范围内完成端口分配。虽然绝大多数 IP 协议栈只有在整个临时端口池耗尽时才会重新使用一些临时端口，但是临时端口在连接终止后仍然可以被重新使用。因此，如果客户端程序重新连接，它会被分配一个与之前不同的临时端口号以表明当前是一个新的连接。

9.4.2　套接字

套接字是我们在网络中可以命名与寻址的通信连接点（端点）。使用套接字的进程可以处于同一个系统中，也可以位于不同网络上的不同系统中。套接字对单机与网络应用都是有用的。

套接字通常用于客户端与服务器之间的交互。通常情况下，一台主机采用典型的系统配置作为服务器，其他主机作为客户端。客户端连接服务器，并与之交换信息，最后断开连接。

9.4.2.1　套接字的特点

套接字有如下特点：

❑ 每个套接字用一个整数表示。这个整数称作套接字描述符。

❑ 只要进程保持对一个套接字的开放连接，那么该套接字就会一直存在。

❑ 我们可以对一个套接字命名，并用其与通信域中的其他套接字进行通信。

❑ 当服务器接受了来自套接字的连接时，或当服务器与之交换消息时，套接字会实现相关的通信。

❑ 我们可以创建成对的套接字。

9.4.2.2   套接字的操作

套接字能够执行很多操作，其中包括：

❑ 建立与远程主机的连接

❑ 向一台远程主机发送数据

❑ 接收来自远程主机的数据

❑ 关闭一个连接

此外，有一种特殊类型的套接字，可以将服务器绑定到某个特殊端口号。此类套接字通常只用于服务器，能够执行以下操作：

❑ 绑定一个本地端口

❑ 接受来自远程主机的连接请求

❑ 解除与本地端口的绑定

上述两种套接字被归为不同的类别。它们通常用于客户端或服务器（由于一些客户端也会作为服务器，一些服务器也会充当客户端）。然而，客户端与服务器的角色在通常情况下是区分开的。

9.4.2.3   套接字连接类型

套接字提供了两种类型的连接：面向连接（connection-oriented）与无连接（conectionless）。

面向连接的通信是指程序在通信之前需要在彼此间建立一条连接。提供服务的程序（服务器程序）建立一条连接。该程序为自己分配了一个名称以标识从何处获得所提供的服务。该服务的客户端（客户端程序）会请求服务器程序所提供的服务。

客户端通过连接一个由远程服务器指定的名称来实现上述面向连接的过程。这就类似于拨打电话号码（标识），与提供服务方（例如，水管工）建立连接的过程。当电话的接收者（服务器）接通电话后，这条连接就建立了。

无连接通信指在一次对话与数据传输之前不需要建立连接。与面向连接的通信相反，服务器程序指定了一个名称以标识到何处去获得服务（与邮政信箱十分类似）。我们将一封信投递到一个邮政信箱时，并不确定信是否被收到。我们只能再发一封信来重建一个新的通信。

9.5 用户数据报协议

用一个词来描述用户数据报协议（UDP）就是"简单"。UDP 支持两个（或更多）运行在不同主机上的进程进行通信（TCP 也同样支持）。UDP 是一个无连接的服务。这意味着两个进程间不需要初始化的握手阶段，也不需要建立一条连接双方的通信管道。由于 UDP 没有通信管道，所以当进程要向另一个进程发送一批数据时，发送进程必须将目的进程的地址与这些数据联系起来。

发送进程在发送每一批数据时都必须这样做。因此，UDP 类似于出租车服务：每当一些人搭乘一辆出租车时，它们不得不告知司机目的地。对 TCP 而言，目的地址是一个由目的主机 IP 地址与目的进程端口号构成的元组。具体地说，我们需要在一批信息数据上附加目的 IP 地址与端口号才能构成一个报文。

在创建完一个报文之后，发送进程利用套接字将该报文送入网络中。继续拿出租车的例子作类比，在套接字的另一端，有一辆出租车正在等待报文。这辆出租车会将报文送往目的地址的方向。然而，出租车无法保证会将该报文最终送达目的地；出租车可能会在中途出现故障。换句话说，UDP 为用户进程提供的是不可靠的传输层服务。这也意味着 UDP 无法保证数据报最终会到达目的地。

9.5.1 什么是 UDP

UDP 提供了无连接的数据报服务。这是一种尽力而为的传输服务，也就是说 UDP 并不保证数据报的送达与有序性验证。如果源主机需要可靠通信，那么它要么选择使用 TCP 协议，要么用一个程序来提供有序传输与确认服务。

UDP 提供了一种在不同应用程序之间发送消息的机制。这是一个（代价）最小化的协议。UDP 协议是面向事务的，不能保证数据交付与冗余检测。如果应用程序需要有序、可靠的数据流传输，那么就应该选择 TCP 协议。

UDP 是 Internet 协议簇的核心协议之一。连接网络的计算机可以使用 UDP 协议向另一台计算机发送称为数据报（datagram）的短消息。UDP 是由 P. Reed 在 1980 年设计的。

UDP 与 TCP 不同，它不会保证传输的可靠性与有序性。数据报可能乱序到达，可能会出现冗余，也可能会在不经意间丢失。UDP 避免了因检查每个报文是否到达而产生的开销，对于那些不需要保证数据交付的应用来说它更加快速有效。

对于时间敏感的应用一般会选择 UDP，这是因为丢失的报文要好过延迟的报文。UDP 无状态的特性也有助于服务器应答大量来自客户端的小查询。与 TCP 不同，UDP 适合用于报文广播（发送给本地网络的所有用户）与多播（发送给所有订阅者）。

UDP 基本上是一个到 IP 层的应用接口。它没有在 IP 的基础上提供可靠性、流控制以及差错恢复功能。如图 9-6 所示，UDP 扮演着一个复用器 / 分解器的角色，可以发送与接收数据报，并使用端口号来引导数据报。UDP 提供了一种在应用程序之间发送数据报的机制。因此，UDP 层被视作很薄的一层，相应的开销也较低，但是它要求上层应用程序来承担数据的差错恢复等工作。

9.5.2　UDP 的特点

UDP 具有以下特点：
- 无连接
- 不可靠
- 传输信息（称为用户数据报）
- 对消息传输不提供软件检测（不可靠）
- 不重组到达的消息
- 不确认消息
- 不提供流控制

需要注意的是，使用 UDP 的应用程序必须处理以下问题以保证可靠的传输：
- 消息冗余
- 消息丢失
- 延迟与乱序传输

9.5.3　UDP 的工作原理

显然，TCP 和 UDP 之间有许多不同之处，但是它们也有一个重要的相似点。它们都使用了通信端口（communication port）的概念来区分主机上的不同应用。

许多服务器与客户端都希望运行在同一个端口上，但是如果不在端口号上加以区分是不能将它们从中挑选出来的。当一个 TCP 套接字与另一台机器建立连接时，它需要两个非常重要的信息来与远程终端连接：IP 地址和端口号。此外，本地 IP 地址和端口号也会与 TCP 套接字绑定在一起，这样远程的机器才能够识别是哪一个应用与之建立了连接。毕竟，我们也不希望在同一系统上运行软件的其他用户能访问我们的电子邮件。

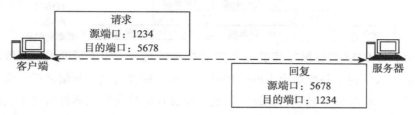

上图展示了 UDP 端口号的典型使用案例。客户端进程使用 1234 作为端口号，而服务器进程使用 5678 作为端口号。当客户端发送请求时，将源端口号设为客户端主机的 1234，目的端口号设为服务器主机的 5678。当服务器回复这一请求时，服务器根据 UDP 协议将回复消息的源端口号设为服务器主机的 5678，目的端口号设为客户端主机的 1234。

9.5.3.1　UDP 做什么？

UDP 的实际任务是接收来自上层的数据，并将其加入 UDP 消息中，然后将 UDP 消息向下传递给 IP 层进行传输。使用 UDP 传输的基本步骤如下：

1）上层数据传送：应用将消息发送给 UDP 软件。

2）UDP 封装消息：将上层消息封装到 UDP 消息的数据字段中，填充 UDP 消息的头部，其中包括将数据发送给 UDP 的应用的源端口，以及接收者的目的端口字段。同时，计算校验和的结果。

3）将消息传递给 IP：将 UDP 消息传递给 IP 层进行传输。

在目的端，进程接收消息的步骤正好相反。

9.5.3.2　UDP 不做什么？

UDP 如此简单以至于在介绍它的操作时我们会描述它不做什么，而不是它做什么。作为一个传输层协议，UDP 不做以下项目：

- 发送数据之前建立连接。（UDP 只对数据进行封装并发送出去。）
- 保证消息到达。
- 检测丢失的消息并重传。
- 保证接收数据的顺序与发送时一致。
- 提供拥塞处理机制，以及两个应用之间的流控制机制。

9.5.4　UDP 封装

应用将需要发送的数据打包。然后下层会依次添加头部，以描述协议并标识报文的源与目的端（源自哪里，要传输到哪里）。

上图显示了将 UDP 数据报封装进一个 IP 数据报的过程。为了帮助大家理解，我们将封装过程与将信放入信封中并发送出去的过程进行类比。在你写完一封信之后，会将其放入一个空白的信封中，然后填上名字与地址，但是如果你在将信交给邮递员时要求隔夜送达，那么他们就会把你的信封放入一个更大的邮政运输袋中。

传送至 IP 层的数据通常来自于两个主要的传输层协议：TCP 与 UDP。数据已经按照 TCP 或 UDP 消息的格式，添加了 TCP 或 UDP 的头部。然后，这些消息会被封装进一个 IP 消息中，通常称作 IP 数据报或 IP 报文。IP 数据报封装与格式化的工作通常被称为打包。显然，这一过程我们又可以类比信封的例子。

9.5.5   UDP 多路复用与多路分解

通常，一个安装有 UDP/IP（TCP 也适用）协议的主机会运行多个收发数据报的进程。它们都会使用相同的连接 Internet 的接口，并使用 IP 层发送报文。这就意味着来自所有应用（也有例外）的数据汇集到一起，经过传输层，由 TCP 或 UDP 处理。

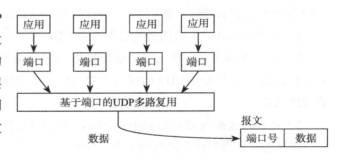

UDP 数据报来自于多个应用程序。UDP 数据报被按序传送至 IP 层。在 IP 层，送达的 UDP 数据报被打包成 IP 数据报，然后通过网络发送给不同的目的地。这项技术被称作多路复用（也可以简单地理解为合并）。

一种与上述过程相反的机制负责数据报的接收。每一个接收到的 UDP 数据报被送达正确的应用程序。IP 层必须处理这些无关数据报组成的流，并最终将它们传递给正确的进程（通过上层的传输层协议）。这个过程是多路复用的逆过程，称作多路分解。

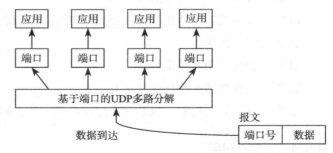

9.5.6   UDP 的应用

使用 UDP 的常见应用包括：

- ❑ 简单文件传输协议（Trivial File Transfer Protocol，TFTP）
- ❑ 域名系统（Domain Name System，DNS）
- ❑ 远程过程调用（Remote Procedure Call，RPC），用于网络文件系统（Network File System，NFS）
- ❑ 简单网络管理协议（Simple Network Management Protocol，SNMP）
- ❑ 轻量目录访问协议（Lightweight Directory Access Protocol，LDAP）
- ❑ 流媒体应用，例如 IPTV
- ❑ IP 语音（Voice over IP，VoIP）

9.5.7 UDP 消息格式

UDP 消息叫作 UDP 数据报（类似于 IP 数据报）。每个 UDP 数据报都封装在一个独立的 IP 数据报中发送出去。IP 数据报在传输过程中可能会被分片；接收方的 IP 层会重组这些分片，然后再交付给传输层的 UDP 协议。

UDP 数据报分为两个部分：UDP 头部和 UDP 数据区域。头部由以下 4 个 16 位字段构成：

00～15	16～31
源端口号	目的端口号
长度	校验和
应用数据	

源端口号（Source Port）：16 位，指出发送进程的端口。该端口也是响应报文寻址的对象。

目的端口号（Destination Port）：16 位，指出目的主机上对应目的进程的端口。

长度（Length）：16 位，指出用户数据报的长度（以字节计），包括头部。

校验和（Checksum）：一个可选的 16 位字段，是伪 IP 头部、UDP 头部与 UDP 数据的反码和。其中，伪 IP 头部包括了源与目的 IP 地址、协议类型以及 UDP 数据报长度。

无论是在发送端还是在接收端，当计算校验和时，伪头部都会添加到 UDP 数据报中。伪头部不用于传输，只用于验证 IP 地址的正确性。

00～07	08～15	16～31
源IP地址		
目的IP地址		
填充	协议	UDP长度

应用数据：长度可变，被封装在上层消息中被发送出去。

9.5.8 UDP 校验和的计算

校验和是上层协议用于差错检测的一种方法。纵向冗余校验（Longitudinal Redundancy Check，LRC）、循环冗余校验（Cyclic Redundancy Check，CRC）和横向冗余校验（Vertical Redundancy Check，VRC）均被 OSI 模型的底层用于差错检测，而只有校验和被上层用于差错检测。

UDP 校验和用于差错检测。发送者计算出 UDP 数据报中所有 16 位字之和的补码，然后将结果添加到 UDP 数据报的校验和字段。

当 UDP 数据报到达接收端主机时（如果到达！），接收者将重新计算所有 16 位字之和，包括校验和。如果这个结果等于 1111111111111111，则表明这个数据报没有检测出错误。如果有一位是 0，那么这个数据报中出现了错误。

这里我们给出计算校验和的一个简单例子。在这个例子中，假定我们有以下 3 个 16 位字：

```
0110  0110  0110  0110
0101  0101  0101  0101
0000  1111  0000  1111
```

9.5.8.1　计算前两个 16 位字之和

0110	0110	0110	0110
0101	0101	0101	0101
1011	1011	1011	1011

前两个 16 位字之和

9.5.8.2　第三个 16 位字加上前一步之和

1011	1011	1011	1011	前两个 16 位字之和
0000	1111	0000	1111	第三个 16 位字
1100	1010	1100	1010	所有三个 16 位字之和

9.5.8.3　在最后的和中计算 1 的补码

1 的补码可以通过将所有的 0 变为 1，所有的 1 变为 0 的方法得到。三个字之和（1100 1010 1100 1010）的 1 的补码是 0011 0101 0011 0101。这就是校验和的计算结果。在 UDP 中，对最终之和求 1 的补码就得出了校验和。

1100	1010	1100	1010	三个 16 位字之和
0011	0101	0011	0101	最终之和的 1 的补码

在接收方，接收到四个 16 比特字，包括校验和。如果报文段中没有错误，则接收者计算得到的和为 1111 1111 1111 1111。如果有一个比特是 0，则说明报文段中有错误。

以下示例代码给出了校验和的执行过程。

```c
int checkSum(int * buf, int count) {
    int sum = 0;
    while (count--) {
        sum+= *buf++;
        if (sum & 0xFFFF0000) {
            sum &= 0xFFFF;
            sum++;
        }
    }
```

```
    }
    return ~(sum & 0xFFFF);
}
```

9.6 传输控制协议

当两个应用程序之间想要进行可靠通信时，需要建立一条连接，通过这条连接发送和接收数据。这与打电话的过程类似。如果我们想要与一个生活在国外的人通话，那么当我们拨打电话号码并且另一方接通时，彼此之间就建立起一条连接。

我们通过连接来发送和接收数据类似于通过电话线与另一个人通话。传输控制协议（TCP）好比电话公司，保证将数据有序地从连接的一端传输到另一端；否则，它将会报告出错。

9.6.1 TCP 是什么

TCP 为需要可靠通信的应用程序提供了点对点的信道。HTTP、FTP 以及 Telnet 都是需要可靠通信的应用。

对于这些应用而言，数据通过网络发送与接收的顺序是成功的关键。当我们使用 HTTP 协议从一个 URL 读取数据时，必须按照发送顺序接收数据。否则，我们会

应用层	HTTP、FTP、Telnet、SMTP…
传输层	TCP、UDP…
网络层	IP…
链路层	Device driver…

因为混乱的 HTML 文件、损坏的压缩文件或者其他无效的信息而结束数据传输。

定义：TCP 是一个基于连接的协议，在两个计算机之间提供可靠的数据流传输。

传输层协议能够在两个端口之间传送信息，因此提供了应用程序之间通信的能力。传输层协议使用面向连接或者无连接的通信方法。TCP 就是一个面向连接的协议，而 UDP 是一个无连接的传输层协议。

源与目的端程序之间的可靠通信是通过 TCP 所执行的差错检测与差错校正机制来保障的。TCP 通过在源与目的地之间传输字节流的方式实现了一个连接。

9.6.2 TCP 流传输

TCP 允许发送进程以字节流的方式传送数据，接收进程也以字节流的方式接收数据。TCP 在两个通信进程之间创建了一根虚拟的管道。通过这一管道，数据能够实现跨越 Internet 的传输。

9.6.3 TCP 段

IP 层以报文的形式发送数据，而不是字节流。在传输层，TCP 将一些字节划分到一个报

文中，称作段。TCP 对每个段前添加一个头部，然后传递给 IP 层进行传输。

虚电路

TCP 是一个面向连接的端到端协议。也就是说，在两个端节点之间必须建立某一种类型的连接。应用程序在端节点之间建立一条连接，然后使用这条连接发送数据，最后关闭该连接。维系这条连接意味着端节点能够确认接收到 TCP 报文，也称作段。

端节点之间的连接称作虚电路。这是因为电路确实只是一条假想的连接。前文曾介绍过 IP 层是无连接的。当两个端节点被关联在一起时一条虚电路就建立了。在 TCP 中，每一个端节点都是通过 IP 地址与端口号来定义的。端口是 TCP 层和应用层之间存在的连接。每个运行的应用程序都拥有自己的端口。将 IP 地址和端口号结合起来就构成了套接字。

9.6.4　TCP 发送与接收缓冲区

由于发送与接收进程的速率可能会不同，因此 TCP 需要缓冲区来存储数据。每个方向都需要两个缓冲区：发送缓冲区和接收缓冲区。

9.6.5　TCP/IP

TCP/IP 代表了传输控制协议 /Internet 协议。在 1978 年，它们由 Bob Kahn 与 Vinton Cerf 两人提出。现在 TCP/IP 已经成为管理 Internet 上所有计算机之间通信的语言。

TCP/IP 是两个独立的协议，但它们通常在一起使用。Internet 协议标准控制信息报文如何通过网络实现传输。IP 有一套报文寻址方法，能够帮助 Internet 上任意一台计算机将报文转发给另一台距离报文接收者更近一步的计算机。

TCP 保证了通过 Internet 传输数据的可靠性。TCP 会检查报文中的错误。若发现错误，则提交重传请求。当 TCP 将一条消息送抵目的地时，构成消息的多个报文是按照原始序列排列的。

9.6.6　TCP 的特点

TCP 具有如下特点：
- ❑ 面向连接的
- ❑ 可靠的
- ❑ 将输出的消息划分成段
- ❑ 在目的站点重组消息
- ❑ 重新发送未收到的任何内容
- ❑ 根据收到的段重组消息

9.6.7　传输层协议的概念

TCP 提供了一个与 UDP 不同的网络通信接口。TCP 的特性使其对网络程序员而言极具吸引力。TCP 解决了许多 UDP 中存在的问题，例如报文的无序到达与丢失，从而简化了网络通信。

UDP 关注于数据报文的传输，TCP 则强调建立一条网络连接并通过这条连接来发送与接收字节流。下图用一种最简单的方式描述了传输层协议的概念。

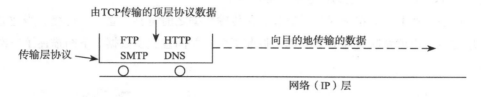

9.6.8　TCP 连接的建立：三次握手

IP 负责将消息（称作报文）从网络中的一台计算机传送到另一台计算机。TCP 抽象化了 IP 的细节，确保报文能够在另一端正确重组，进而被理解。TCP 使用包含元数据的头部来描述每个报文中传输的内容。

SYN 与 ACK 是报文中不同类型的元数据。序列号（Sequence Number，SYN）用于标识报文，以方便将报文进行重组。这是因为网络是一个特殊的环境，有时会出现拥塞，有时报文会出现无序到达，有时甚至会出现这两种情况。ACK 表示"确认收到"，是接收方计算机对另一台发送计算机说"好，已收到"的方式。

为了理解 TCP 的连接过程，让我们学习一下下面的简单例子。

1）Firefox 浏览器发送一个 SYN 报文，包含了一个新的序列号。

2）服务器回复一个 ACK 报文表示确认收到，同时也发送一个 SYN 报文。

3）Firefox 浏览器回复一个 ACK 表示确认收到。此时通信双方都已加入到 TCP 连接中，并准备好开始对话。

由于握手报文非常小，因此我们不必考虑带宽的可用性，并假设它们以同样的速率传输。用户或许会有一个快速的连接，但本阶段不会采用。

一旦连接建立，就可以真正开始传输一个文件（比如图像）了。文件通常被封装在多个报文中进行传输。这取决于文件的大小。服务器在发送一个报文之后会等待浏览器回复的确认报文。

应用数据被划分成若干个 TCP 认为最佳大小的数据块，然后被发送出去。在 UDP 中，每一次应用程序写入的数据大小就决定了 UDP 数据报的大小。在这一点上，TCP 与 UDP 完全不同。由 TCP 向 IP 层传递的信息单元称作段。

三次握手的基本含义在于两个通信节点在传输数据之前需要建立一条连接。当建立的连接被使用之后，也就意味着双方节点都已彼此了解，并同意交换数据。下图描述了三次握手的过程：

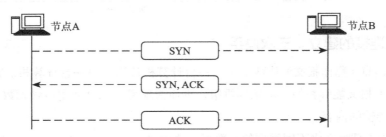

第一步：节点 A 向节点 B 发送一条初始化报文。该报文将 SYN 位置位。节点 B 收到报文，发现 SYN 位已置为 1（二进制表示"打开"），因此节点 B 知道节点 A 在尝试与自己建立连接。

第二步：假定节点 B 有足够的资源，它会向节点 A 回复一个报文，并且将报文的 SYN 与 ACK 位置位。此时，节点 B 发送报文中的 SYN 位表示"我想与你同步"，ACK 位表示"我确认接收到你之前发送的 SYN 请求"。

第三步：节点 A 向节点 B 发送另一个报文，并将 ACK 位置位（二进制的值设为 1），从而告知节点 B"是的，我确认收到你之前的请求"。

一旦三次握手完成，连接（虚电路）就已建立，并可以开始数据传输。

9.6.9　理解 TCP 序列号和应答号

为了帮助大家理解这些新引入的字段是怎样用于跟踪连接的报文的，我们举出以下例子进行说明。

在开始之前，我们需要注意下文中将出现的术语 ACK 与 SYN 标志位。它们与序列号和确认号不能混淆，因为它们位于 TCP 头部的不同字段。

为了更好地理解这些术语，下图展示了两个节点希望通过可靠的方式互相发送数据。节点 A 希望通过可靠的方式向节点 B 发送数据，因此我们使用 TCP 来实现。

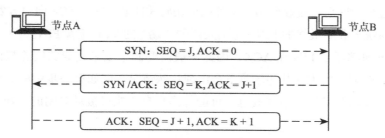

第一步：节点 A 发送一个 TCP SYN 报文，告诉节点 B 它希望建立一条连接。为了简单起见，我们将报文的序号（SEQ）设置为 J。

第二步，节点 B 向节点 A 返回一个 SYN/ACK 报文作为回复。从图中可以看出，报文所选择的序列号为 K（随机数），而确认号为 J+1。ACK=J+1 表示节点 B 确认已接收到节点 A 发送的序号为 J 的 TCP SYN 报文，并准备好接收序列号为 J+1 的下一个报文。

第三步：最后一步节点 A 向节点 B 发送一个确认报文，以响应节点 B 发送给节点 A 的 SYN 报文。从图中可以看出，报文的确认号为 K+1 表示节点 A 确认已接收到来自节点 B 的序号为 K 的报文。由于节点 B 向节点 A 发送一个确认号为 J+1 的报文，节点 A 知道自己可以发送下一个报文，并将序号设为 J+1。

9.6.10 关闭 TCP 连接

建立一条连接需要三个报文（段），而结束一条连接则需要四个报文（段）。这是 TCP 的半关闭导致的。由于 TCP 连接是全双工的（两个方向的数据流是相互独立的），每个方向都需要独立地关闭。

连接的任意一端都能够发送一个 TCP FIN 报文表示自己已经发送完数据。当 TCP 连接的另一端收到 FIN 报文，就会通知应用程序另一端已经终止了这个方向的数据流。发送 FIN 报文通常意味着应用程序宣告关闭。

对应用程序而言，它们可以利用 TCP 半关闭的特性，然而在现实中则很少有 TCP 应用会使用这一特性。

第一步：一个应用首先调用关闭，这一端（节点 A）执行主动关闭。TCP 发送 FIN 段，表示它已经发送完数据。

第二步：接收到 FIN 的另一端执行被动关闭。TCP 对 FIN 进行应答。FIN 的接收方传送给应用一个结束文件（在应用接收队列中的数据接收到之后），这是因为 FIN 的接收意味着应用在这个连接上不会再接收到数据。

第三步：过段时间后，接收到结束文件的应用将关闭套接字，TCP 向对方发送 FIN。

第四步：系统上收到最终的 FIN（主动关闭的一端）的 TCP 应答 FIN。

由于每个方向都需要 FIN 和 ACK，因此一般需要四个段来完成关闭连接的过程。我们使用"一般"这个词是因为在某些场景下会出现特殊情况。例如第一步中的 FIN 在发送时附带着数据，而第二步和第三步中的段也有可能都是来自于执行被动关闭的一端，可以合并成一个段。

9.6.10.1　两军问题

不幸的是，上述协议并非总是有效。有一个著名的两军问题就能够说明这一点。如下图所示，假设白军在山谷中扎营。

在两侧山坡上的是蓝军。

白军比任意一边的蓝军人数都多，但是蓝军的总数大于白军。如果任意一边的蓝军攻击白军，他们将会被击败，但是如果两边的蓝军同时攻击，他们就会取得胜利。

蓝军想要同时发起攻击。然而，他们唯一的通信方式就是通过步行穿越山谷传递消息。这样，他们可能会被抓获，导致消息丢失（也就是说，他们不得不使用一个不可靠的通信信道）。问题是：是否有一个协议能够保证蓝军胜利？

假设蓝军 1 队的指挥官发送了一条消息："我建议我们在 10 月 31 号黎明发起攻击。你们认为如何？"我们继续假设这条消息成功到达蓝军 2 队，指挥官表示同意，而且回复的消息被安全地返回给蓝军 1 队。在上述情形下，蓝军会发起攻击吗？答案是不一定。因为 2 队指挥官并不知道他的回复是否抵达 1 队。如果没有，蓝军 1 队将不会发起攻击，那么对 2 队来说发起战斗就是不明智的。

现在我们考虑采用三次握手的方法来改进协议。最初发起提议的指挥官必须确认收到了对方回复的消息。假设未出现消息丢失，蓝军 2 队会收到确认消息，但此时蓝军 1 队的指挥者又会犹豫起来。毕竟，他不知道自己的确认消息是否到达蓝军 1 队。如果没有到达，那么蓝军 2 队将不会发起进攻。现在，我们可以进一步考虑四次握手协议，但是继续这样做是无益的。

事实上，我们可以证明没有一种有效的协议能够解决此问题。首先假设存在这样的协议。那么该协议的最后一条消息可能是有用的，也可能是无用的。如果没有用，删除它（连同其他没有必要的消息），直到协议中的每一条消息都是必要的。

如果最后一条消息没有到达会发生什么呢？我们之前说过所有的消息都是必要的，因此如果有消息丢失，那么就不会发起攻击。由于最后一条消息的发送者无法确定它是否到达，所以他不能贸然发起进攻。更糟糕的是，另一方的蓝军知道这一情况，同样也不发起进攻。

我们可以用两军问题类比解除连接的过程，只需用"断开连接"代替"攻击"即可。如果任何一方都要求在确认对方准备好断开连接时才准备断开连接，那么连接将永不会断开。

在实际情况下，为了断开连接通信一方往往愿意去冒更多的风险，而不会像两军问题中一样都不会发起进攻。因此，这个问题并非完全无解。下图展示了在 4 种场景下使用三次握手解除连接的例子。这一协议虽然不是绝对可靠，但在通常情况下是足以胜任的。

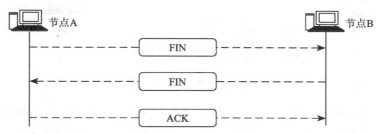

如上图所示，在通常情况下，其中一名用户（节点 A）发送一个 FIN（结束）报文来发起连接解除过程。当 FIN 报文到达另一方（节点 B）时，接收者也会回送一个 FIN 报文，并开启一个计时器以防止这个 FIN 报文丢失。当第二个 FIN 报文到达时，最初的发起者将回送一个确认报文，并解除连接。

最后，当确认报文到达节点 B，接收者也会解除连接。解除连接意味着传输方从当前开放连接表中删除对应连接的信息，并用某种方式告知连接所有者（传输层用户）。这一操作与传输层用户发起的 DISCONNECT 原语不同。

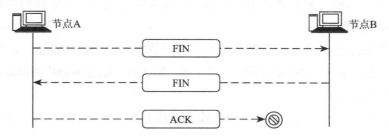

若最后的 ACK 段丢失，如上图所示，这种情况下，计时器就会起作用。当计时器超时，连接就会自动解除。

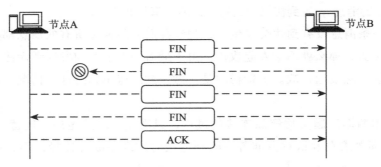

我们继续考虑第二个 FIN 报文丢失的情况。发起关闭连接的用户没有收到期望的回复，进而引发超时。节点 A 会重新发起一次关闭连接的过程。上图所示的就是这种情况，假定第二次关闭连接的过程中没有报文丢失，那么所有报文都能正确及时地传达。

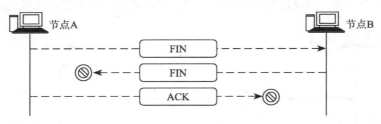

最后一种情况如上图所示，与之前的情况不同，此处我们假设所有重新传输 FIN 报文的尝试都因丢包而以失败告终。在 N 次重试之后，发送者最终放弃并释放连接。与此同时，接收者的计时器超时，进而退出。

尽管在理论上最初的 FIN 报文以及此后 N 次重传的报文都可能丢失，但在实践中上述协议通常是足以胜任的。当发送者放弃并直接释放了连接，而另一端却并不知道发送者尝试关闭连接，还处于完全活动状态。这种情况会导致半开的 TCP 连接。

为了避免 TCP 半关闭的问题，我们不允许发送者在 N 次重传之后放弃，而强制要求它继续发送 FIN 报文直到接收到另一端返回的确认报文。然而，如果 TCP 另一端允许超时，那么发送者由于收不到返回的确认而真正陷入到永久的尝试中。如果我们不允许接收端超时，那么协议将会挂起。

一种解决半关闭连接的方法是规定如果在若干秒之内没有报文抵达，就自动地断开连接。根据这种方法，如果 TCP 的一端断开了连接，那么另一端将不会检测到对方的活动，从而也自动地断开连接。

当然，如果引入上述规则，那么每个传输实体都必须设置一个计时器，在每次发送报文时重新开始计时。如果计时器超时，那么就需要向对方传输一个虚拟的报文以防止对方断开连接。另一方面，在使用自动断开连接规则的前提下，如果在一条空闲的连接上有大量相邻的虚拟报文丢失，那么 TCP 两端将相继自动断开连接。

在这一问题上，我们不再继续讨论。通过前文的介绍，我们已清楚地认识到在释放一条 TCP 连接时保证不丢失任何数据并不像之前看起来那么简单。

9.6.11　TCP 可靠性

当准备好通过 TCP 传输数据，上层协议会将数据传递给 TCP。在传输层，TCP 将数据封装成段。IP 层再将这些段封装到报文中，以实现点对点的数据传输。

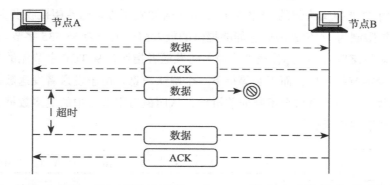

在另一端，接收主机的 TCP 层通过回复一个 ACK 报文来确认接收到对应的分段。如果最初的发送者在一段指定的时间内没有接收到 ACK 报文，它就会重传初始的段。这被称作*积极确认重传*（Positive Acknowledgment Retransmission，PAR）。

当然，最初发送的消息可能会延迟抵达。在这种情况下，接收主机最终会接收到两个相同的段。冗余的段会被简单地丢弃。

超时时间的大小应该设置为多少呢？也就是说，节点 A 在重新发送报文之前应该等待节点 B 返回的确认消息多久呢？显然，在一个局域网内，节点 A 期望在几毫秒之内收到对报文的确认消息。然而，如果节点 A 与节点 B 位于地球的两端，那么就需要一个更长的超时时间。

如果超时时间设置过长，就会在网络中引入不必要的延时。如果超时时间设置太短，过早的重传则会导致报文冗余，引发网络拥塞，最终造成网络崩溃。因此，TCP 使用一些算法来动态调整超时时间，以适应不同的网络状态。

9.6.12　TCP 流控制

TCP 为接收者提供了一种方法用于控制发送者发送的数据量。由于 CPU 与网络带宽的差异，发送和接收 TCP 报文段的节点可能按照不同的数据速率来工作。因此，发送者发送数据的速率可能会比接收者的处理速率更快。

TCP 采用流控制机制来控制发送者发送的数据量。这一功能是通过滑动窗口机制来实现的。接收者的 TCP 模块向发送者返回一条确认消息，指出一个可接收序号的范围。该序号范围大于接收者最近接收到的报文段序号。这一可接收的序号范围称作窗口。

TCP 滑动窗口

TCP 的主要功能之一就是根据接收者与网络的情况调整发送者的传输速率。对于传输而言，维持一个足够高的传输速率才能够保障性能，但也需要防止发送大量的数据淹没网络与接收主机。

接收者利用 TCP 报文头部的 16 位窗口字段来告知发送方自己希望接收多少字节的数据。由于窗口字段被限制为 16 位，因此它能够提供的最大窗口大小为 65 535 字节。

接收者告知的窗口大小（称作通告窗口）向发送者指明，从 TCP 字节流的当前位置开始还可以发送多少字节的数据，而不必等待下一个确认消息。由于发送者发送数据，然后接收者确认接收到数据，因此窗口会不断向前滑动，从而覆盖字节流中的更多数据。这一概念称作滑动窗口，如下图所示。

如上图所示，在窗口边界之内的数据是发送者可以发送的部分。

字节流中位于窗口之后的数据已经被发送，且被接收者确认。窗口之前是还没有被发送的数据。它们需要等待窗口向前滑动，将其覆盖，然后才能被发送者传输。接收者在每次接收到发送者返回的确认消息之后会调整窗口的大小。

最大传输速率受接收者接收与处理数据能力所限制。但是，滑动窗口技术意味着 TCP 发送者与接收者之间有一种内在的信任关系。

窗口大小反映了接收者可接收新数据的缓存空间大小。如果传输超出接收者的负载能力，缓存空间的大小将会缩小，接收者会回送一个更小的窗口。

在极端的例子中，窗口大小可能会减小到非常小的数字，甚至只有一个字节。这称作糊涂窗口综合征。许多 TCP 实施时都采用专门的方法以避免这一情况。

滑动窗口机制的目标是为了保证通道充满数据，以降低等待确认的延时。

🔍 **注**：更多细节请参见 TCP 流控制这一章。

9.6.13　TCP 差错控制

请参见 TCP 差错控制章节。

9.6.14　TCP 拥塞控制

请参见 TCP 拥塞控制章节。

9.6.15　TCP 校验和计算

请参见 TCP 差错控制章节。

9.6.16　TCP 计时器管理

为了追踪丢失或丢弃的报文段，使执行的操作更加顺利，TCP 使用了以下 4 个计时器：

1）重传计时器：根据往返延迟动态确定。

2）持久计时器：用于处理窗口大小的通告。

3）保活计时器：通常用于两个进程之间的连接长期空闲的情况。

4）等待计时器：在结束连接时使用。

9.6.17　TCP 多路复用和多路分解

一台典型的 TCP/IP（UDP 也一样）主机拥有多个进程。每个进程都需要发送与接收数据。在 IP 层，不同进程的所有数据都需要通过同一个接口接入网络。

这就意味着来自所有应用程序（可能也有例外）的数据都向下汇聚到传输层，由 TCP 或 UDP 协议负责处理。

来自多个应用程序的 TCP 段被传递至 IP 层。当这些段通过设备的 IP 层时，会被封装为 IP 报文，然后根据不同的目的地址发送到网络中。这一

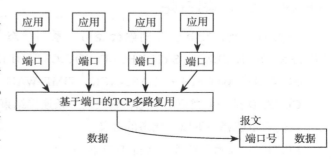

过程的技术术语称作多路复用（可简单地理解为合并）。

还有一个相反的机制用于 TCP 段
的接收。每一个接收到的 TCP 段都会
被传递至正确的应用程序。IP 层接收
并处理这些不相关的分段流，并最终
将它们传递至正确的进程（通过上层
的传输层协议）。这是多路复用的逆过
程，称作多路分解。

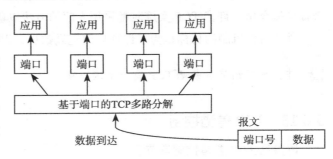

9.6.18　TCP 封装

TCP 的封装与 UDP 基本相同。应用程序将数据封装起来向下传递，每向下一层都会在
上一层的基础上添加一个头部来指明协议，同时也标识出报文的源与目的地（指出它源自于
哪里，要传输到哪里去）。

上图展示了将 TCP 数据封装成 IP 报文的过程。一个与封装过程相似的例子是将信放入
信封中发送出去。

我们写好一封信，将其放入白色的信封中，并写上姓名与地址。如果你在把这封信交给
邮递员时要求隔夜送达，那么他们就会把信封放进一个更大的邮政袋中。

传送给 IP 层的数据源自两个主要的传输层协议：TCP 或 UDP。这些数据已经按照 TCP
或 UDP 消息格式进行封装，带有 TCP 或 UDP 头部。

接下来，这些数据将被封装进 IP 消息体中，通常被称作 IP 数据报或 IP 数据包。对 IP
报文的封装与格式化工作通常称作打包——我们可以类比添加一个信封的过程。

9.6.19　TCP 状态迁移图

一条 TCP 连接在其生存期内会经历一系列状态。TCP 连接包含的 11 个状态分别是：
LISTEN、SYN-SENT、SYN-RECEIVED、ESTABLISHED、FIN-WAIT-1、FIN-WAIT-2、
CLOSE-WAIT、CLOSING、LAST-ACK、TIME-WAIT 以及最终状态 CLOSED。

CLOSED 是一个虚拟的状态，它代表一条连接结束时的状态。

我们简单解释一下以下状态的含义：

LISTEN：表示正在等待来自 TCP 客户端的连接请求。

SYN-SENT：表示已经发送了一个连接请求，正在等待一个与之匹配的连接请求。

SYN-RECEIVED：表示在发出与接收到连接请求之后，正在等待接收到一个连接请求的确认。

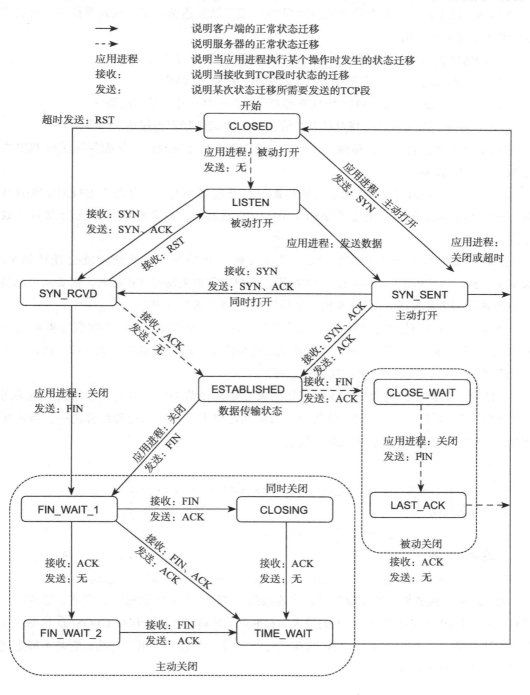

ESTABLISHED：表示一个开放的连接，可以两个方向发送数据。这是一条连接在数据传输阶段的常见状态。

FIN-WAIT-1：表示正在等待来自远程 TCP 端的结束连接请求，或是等待一个对已发送出的结束连接请求的确认。

FIN-WAIT-2：表示正在等待来自远程 TCP 端的结束连接请求。

CLOSE-WAIT：表示正在等待来自本地用户的结束连接请求。

CLOSING：表示正在等待远程 TCP 端对已发送的结束连接请求的确认。

LAST-ACK：表示正在等待对已发送给远程 TCP 端的结束连接请求的确认。

TIME-WAIT：表示在迁移到关闭状态之前正在等待足够时间，从而保证远程 TCP 端接收到最后的 ACK 确认。

两个指向 ESTABLISHED 状态的迁移都与打开连接相关，两个源于 ESTABLISHED 状态的迁移都是为了结束连接。在 ESTALBISHED 状态下，TCP 两端可以进行双向的数据传输。

如果一条连接在处于 LISTEN 状态时接收到一个 SYN 段，该连接就会迁移到 SYN-RCVD 状态，并且回送一个 ACK + SYN 段。客户端需要主动打开连接时，需要从自己所在的 TCP 端向服务器发送一个 SYN 段，然后迁移到 SYN_SENT 状态。

SYN + ACK 段的到达会使客户端迁移到 ESTABLISHED 状态，并向服务器回送一个 ACK 段。当 ACK 到达服务器时，服务器最终迁移到 ESTABLISHED 状态。综上所述，上述状态迁移只是深入跟踪了 TCP 三次握手过程。

在结束一条连接的过程中，需要记住的重点是连接两端的应用进程必须独立地关闭属于自己的一半连接。因此，TCP 任何一端都会通过以下三种状态迁移组合之一，将连接从 ESTABLISHED 状态转移到 CLOSED 状态。

一端先关闭：

ESTABLISHED → FIN_WAIT_1 → FIN_WAIT_2 → TIME_WAIT → CLOSED

另一端先关闭：

ESTABLISHED → CLOSE_WAIT → LAST_ACK → CLOSED

两端同时关闭：

ESTABLISHED → FIN_WAIT_1 → CLOSING → TIME_WAIT → CLOSED

关于结束连接我们需要注意的是：当连接处于 TIME_WAIT 状态时，只能在等待了一段时间（两倍于 IP 报文在 Internet 中的最大生存时间）之后，才能迁移到 CLOSED 状态。这是因为 TCP 连接的本地端发送一个 ACK 报文已确认另一端的 FIN 报文，然而它并不确定这条 ACK 报文是否已成功交付。

因此，TCP 另一端会重传 FIN 报文，然而第二个 FIN 报文可能会在网络中延迟。如果该连接被允许直接迁移到 CLOSED 状态，然后另一对应用进程重新打开这条连接，那么来自之前连接的被延迟的 FIN 报文会开启这条新连接的结束过程。

9.6.20 TCP 头部

TCP 数据会被封装到一个 IP 报文中。下图描述了 TCP 头部的格式。除非有选项存在，否则 TCP 头部的大小通常为 20 字节。下面将对头部中的每一个字段作出解释。

00 ～ 15								16 ～ 31
源端口号								目的端口号
序号								
确认号								
4 位头部长度	6 位保留	URG	ACK	PSH	RST	SYN	FIN	窗口大小
校验和								紧急指针
选项								
数据								

源端口（Source Port）：16 位，TCP 报文的源端口。源端口最初直接与发送系统的某个进程绑定在一起。

目的端口（Destination Port）：16 位，TCP 报文的目的端口。与源端口类似，最初与接收系统的某个进程绑定在一起。目前使用哈希的方法，允许同时开放多条连接。

序号（Sequence Number）：32 位，序号字段用于为每一个 TCP 报文设置一个编号，从而保证 TCP 流量的有序性（比如，报文按照正确发送顺序抵达）。

确认号（Acknowledgement Number）：32 位，确认号字段用于一台主机确认接收到某一特定报文。例如，我们接收到一个设置有序号的 TCP 报文。如果该报文正确无误，我们将回复一个 ACK 报文，并且将其确认号设置为最初接收报文的序号。

头部长度：4 位，该字段指出了 TCP 头部的长度，以及报文的数据部分是从哪个位置开始的。该字段占用 4 个比特位，并且以 32 位字为单位计算 TCP 头部的长度。

保留：6 位，保留使用。

URG：1 位，该标志位表明是否使用了紧急指针（Urgent Pointer）字段。如果设置为 0，表示没有使用紧急指针，如果设置为 1，则已使用。

ACK：1 位，报文中将该位置为 1 则表明这是一条对已接收到的报文的回复，并且包含数据。通常，发送一个确认报文是为了表明确实接收到了一个报文，并且报文不包含任何错误。如果 ACK 位被设置为 1，那么原始的数据发送者就会检查 TCP 报文中的确认号，查看哪一个报文被确认收到，然后从缓存中丢弃已接收到的报文。

PSH：1 位，PUSH 标志位是为了告知中间主机上的 TCP 层直接把数据发送给实际用户，也包括接收主机的 TCP 层。这种做法会将所有数据直接推送出去，而不考虑 TCP 窗口的位置与大小。

RST：1 位，RESET 标志位置为 1 则表明另一端结束这条 TCP 连接。该标志位会在若干种不同的场景中使用。主要原因是 TCP 连接由于某种原因而遭到破坏，或是连接不存在，亦或是报文在某些方面存在错误。

SYN：1 位，同步序列编号（Synchronize Sequence Number，SYN）用于连接初始建立阶段。在 TCP 连接的两个实例中被置为 1：一是打开连接的初始报文，另一个是回复的 SYN/ACK 报文。除了这两种情况之外，SYN 位不会被使用。

FIN：1 位，FIN 位被置位表明发送当前报文的主机已没有要发送的数据。当另一端发现 FIN 位被置为 1，则回复一个 FIN/ACK 报文。这两步一旦完成，初始发送 FIN 报文的主机将不能再发送数据。然而，连接的另一端仍能够继续发送数据。在完成数据发送之后，它才会发送出一个 FIN 报文。在接收到最后返回的 FIN/ACK 报文之后，这一端才会将状态迁移到 CLOSED。

窗口大小（Window Size）：16 位，接收主机使用该字段告知发送者当前可接收的数据量是多少。上述过程可以通过发送一个 ACK 报文来实现。该报文包括了希望确认的序号，以及窗口字段。窗口字段指出了发送者在未收到下一个 ACK 确认报文之前可发送的最大序号。下一个 ACK 确认将会更新发送者可使用的窗口。

校验和（Checksum）：16 位，该字段包含了对整个 TCP 头部的校验和。该字段的值是头部中所有 16 位字二进制之和的补码。如果 TCP 头部未以 16 位为界结束，那么将不足的位填充为 0。在计算校验和时，校验和字段设置为全 0。此外，校验和计算时还覆盖了一个 96 位的伪头部，其中包含目的地址、源地址，协议与 TCP 头部长度。这样做可以提供额外的安全性。

紧急指针（Urgent Pointer）：16 位：这个指针指向 TCP 报文中紧急数据的末尾。如果连接中有紧急数据必须尽快传送给接收端处理，那么发送者会将 URG 置为 1，并用紧急指针指向紧急数据的结束位置。

00~07	08~15	16~31
源IP地址		
目的IP地址		
保留	协议	TCP头部长度

选项（Options）：这是一个可变长度的字段，包含了希望使用的选项头。基本上，该字段一般包含 3 个子字段。第一个子字段指出选项字段的长度，第二个子字段指出使用哪些选项，第三个子字段才是实际的选项。

9.7 TCP 与 UDP 的比较

TCP 和 UDP 这两个协议有着各自的优势与不足，需要根据具体应用环境来分析。

TCP 关注可靠的数据传输。当数据完整性被视为传输的关键时，TCP 是更加适合的协议。这也意味着，一旦报文出现丢失就会被重新发送，直到 100% 恢复丢失的数据，而不计冗余数据所产生的延迟。TCP 协议包括一系列规则，包括创建连接、报文验证、报文排序与传输失败时的重传。如果丢包超过一定的阈值，TCP 通信会主动降低传输速率，以防止拥塞造成的崩溃。

性质	TCP	UDP
一般描述	TCP 是一个面向连接的协议	UDP 是一个无连接的协议
可靠性	在发送一个文件或消息时确保它们一定会到达目的端，除非连接失败。如果连接丢失了数据，服务器会请求丢失的部分。因此在传送一条消息时，不允许出现数据损坏的情况	在发送一个数据或消息时，我们不知道它们是否会到达目的地。它们可能会在传输途中丢失。因此，在传送一条消息时，可能会出现数据损坏的情况
有序性	如果通过一条连接依次发送两条消息，我们知道第一条消息肯定会先抵达目的地。我们不必担心数据到达时会出现顺序混乱	如果发送两条数据，我们无法确定这些数据是否会有序到达
额外开销	当低层 TCP 流中的报文乱序抵达时，必须重新发送请求，所有失序的部分被重新传输，因此需要一系列的工作	不对消息排序，不跟踪连接，等等。只是将数据发送出去，不需要再做其他工作。这也意味着传输速度会更快一些
传输	以流的方式读取数据，不识别报文的开始和结束。每一次 read 调用可读取多个报文。	每个报文被独立发送，并保证到达时是完整的。每一次 read 调用只能读取一个报文
传输速度	比 UDP 慢	快
管理数据流的特点	TCP 提供了诸如滑动窗口、差错控制以及拥塞控制算法等特性。	无
例子	万维网（TCP 端口号 80） 电子邮件（SMTP 协议 TCP 端口号 25） 文件传输协议（FTP 协议 TCP 端口号 21） 安全 Shell（OpenSSH 协议 TCP 端口号 22）	域名系统（UDP 端口号 53） 流应用，比如 IPTV 或者电影，网络电话（Voice over IP，VoIP） 简单文件传输协议（Trivial File Transfer Protocol，TFTP）

UDP 是一个基于消息的简单无连接协议，不需要建立专门的端到端连接。通信是通过从源端到目的端的单向信息传输来实现的，不需要检查接收方是否准备就绪，也不需要考虑接收方的状态。

由于缺乏可靠性，使用 UDP 的应用必须容忍数据丢失、差错、冗余，或者自己能够保证数据的正确传输。这类应用一般都不包括可靠性机制，甚至本身要求取消可靠性的限制。在这些实例中，UDP 是一个比 TCP 更简单的协议。它能以更小的开销传输与 TCP 相同的数据量，从而获得更大的吞吐量。

UDP 非常适合用于实时系统。这是因为在此类系统中数据延时可能比偶尔的数据丢失更加严重。流媒体、实时多用户游戏以及网络语音电话（voice-over-IP，VoIP）是使用 UDP 的常见应用。在这一类特殊的应用中，报文丢失通常不是致命的问题，因为人的眼睛与耳朵不能从连续的图像和声音流中检测出偶尔的瑕疵。

为了达到更好的性能，协议可以根据应用的需求不重新发送丢失的单个报文，也允许接收 UDP 报文的顺序与之前发送的顺序不同。在设计实时视频音频流的协议时，需要处理偶尔丢失的报文。因此，这类应用只会在质量上有轻微的下降，而不会因为重传丢失的报文产生较大的延时。另一个使用 UDP 优于 TCP 的环境是在封闭的网络中。此时 UDP 会更加有效，而且相当于一个可靠的协议。UDP 的无状态特性还有助于服务器响应来自大量客户端的小请求，比如 DNS、SNMP 等。

TCP 与 UDP 都是广泛使用的传输层协议。对于需要可靠传输的应用而言，TCP 通常作为首选。当应用追求吞吐量而不是可靠性时，最好使用 UDP 协议。

绝大多 TCP/IP 协议栈都提供这两个协议，因此应用可以根据需求使用任何一个传输协议，甚至从一个协议切换到另一个协议。比起仅仅依赖于 TCP 协议，网络系统的开发者更希望研究在使用 UDP 时如何做出权衡。

9.8   一些 TCP/IP 应用使用 UDP 的原因

那么哪些应用会使用 UDP 协议呢？UDP 的局限性在于它不提供可靠性保证，因此使用 UDP 协议的应用程序需要自己实现这些功能。一般情况下，如果一个应用需要 TCP 所提供的功能而 UDP 却无法提供，那么由应用程序自身来实现这些功能是没有效率的。如果应用程序需要 TCP 所提供的功能，那么就使用 TCP 协议好了！

一些应用可能会由于以下原因而选择使用 UDP 协议：

☐ 数据的传输性能比完整性更加重要
☐ 简短数据的交换

9.8.1   数据传输性能比完整性更重要

此类应用的典型例子就是多媒体应用。例如当我们在 Internet 上以数据流的方式传输一个视频片段，我们所追求的一个最重要特性就是数据的快速流动而且从不间断。由于人类只会注意到明显的干扰，因此对于这类信息流来说，由数据报的丢失而造成的少量数据缺失并不是什么大问题。

当然，也有人使用 TCP 协议实现上述应用，并且检测数据报丢失，然后进行重传。然而，所有这些工作都是无用的。这是因为丢失的数据报属于过去的某一部分片段，而用于重传这一数据报的时间会使得当前这一部分片段的延迟抵达。显然，在此类场景下 UDP 是最好的选择。

9.8.2　简短数据的交换

有许多 TCP/IP 应用的底层协议只包含一个非常简单的请求 / 回复交换。客户端向服务器发送一个简短的请求消息，同样服务器也向客户端返回一个简短的消息。在这种情况下，没有必要像 TCP 协议一样建立一条连接。

如果客户端只发送一条短消息，一个 IP 数据报就可以承载所有消息。这就意味着不需要担心数据是否会无序到达，以及设备之间的流控制等等。

如果请求或回复的消息丢失了该怎么办呢？这一问题可以通过在应用层设置计时器来解决。如果客户端发送了请求而服务器没有接收到，那么服务器将不会回复，客户端最终会重新发送一个新的请求。如果服务器发送的回复消息没有抵达，那么我们也可以使用相同的逻辑进行处理。

习题与解答

1. 实时多媒体应用、文件传输、DNS 以及电子邮件分别使用哪一个传输层协议：
   A）TCP、UDP、UDP 和 TCP
   B）UDP、TCP、TCP 和 UDP
   C）UDP、TCP、UDP 和 TCP
   D）TCP、UDP、TCP 和 UDP
   解析：C。TCP 是面向连接的，UDP 是无连接的，这使得 TCP 比 UDP 更加可靠。然而，UDP 是无状态的（开销小），因此 UDP 适合用于速度比差错检测及校正更重要的情形。对于实时多媒体与 DNS 来说，速度比纠错更加重要。因此，这两类应用选择 UDP 较为适合。对于文件传输与电子邮件来说，可靠性是必须的，因此选择 TCP 更加适合。

2. 某端系统在一个全双工的、100Mbps 的以太局域网连接上使用 UDP 协议每秒发送 50 个报文。每个报文构成了以太帧 1500 字节的数据负载。那么在 UDP 层，测量出吞吐量应该是多少？
   解析：
   以太帧的大小为 1500B
   报文中含有以下头部：
   IP 头部（20B）
   UDP 头部（8B）
   每个报文中头部大小合计为 28B。
   因此，一个 UDP 数据报所负载的数据大小为 1500−28=1472B。
   每秒发送的比特数合计为 $1472 \times 8 \times 50 = 588\,800$ bps=588 kbps。

3. 某客户端程序每秒向服务器发送一个数据负载为 100B 的 UDP 报文，并且接收一个相关的回复，其数据负载为 60B。客户端与服务器之间通过以太局域网相连接。请计算该程序通过以太局域网每秒发送的总比特数。假定以太网的带宽为 10Mbps，根据之前计算的比特数计算带宽利用率。
   解析：每秒发送一个 UDP 报文，并接收一个回复。每个消息包含：
   $$MAC \text{ 前导码}（8\,B）＋ MAC \text{ 头部 }（14\,B）＋$$

$$IP\ 头部（20\,B）＋UDP\ 头部（8\,B）＋$$
$$UDP\ 负载（60\,B）＋CRC-32\ 校验和（4\,B）$$

每秒总发送 =（8 ＋ 14 ＋ 20 ＋ 8 ＋ 60 ＋ 4）× 8 × 2=912 × 2bps=1824bps

发送速率 =1824bps

假定以太网的速率为 10Mbps。

$$带宽利用率 = \frac{每秒总发送字节}{时钟速率} × 100\% = \left(\frac{1824}{10^7} × 100\right)\% = 0.018\%$$

因此，带宽利用率为 0.018%。

4. 某 TCP 会话通过以太局域网连接，每秒发送 10 个报文。每个报文的大小为 1480B（不包括前导码与循环冗余校验和（CRC））。请计算出 TCP 头部以及负载数据的大小。该会话的 TCP 吞吐量是多少？

解析：首先，我们确定协议头部的大小，它们构成了协议数据单元（PDU）的大小：

$$MAC\ 头部（14\,B）＋IP\ 头部（20\,B）＋$$
$$TCP\ 头部（20\,B）＋TCP\ 负载（?\,B）$$

接下来，确定负载的大小：

$$负载 =1480-（14+20+20）=1426\,B$$
$$吞吐量 = 使用底层协议服务传输的有用比特（数据）数目$$
$$= 1426×8×10=114\ kbps$$

5. 一个小型的局域网有四台主机，A、B、C 和 D 按照如图所示的拓扑连接：

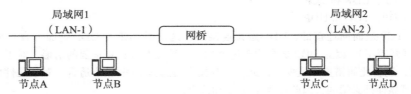

A）节点 A 使用 UDP 协议构建的单播报文，同时向节点 B、C 与 D 发送了一个大小为 10MB 的图像文件。假定每个帧携带了大小为 1024B 的 UDP 负载数据，以每秒 50 个报文的速率传送给目的地，请计算出 LAN-1 的利用率。

B）同理，LAN-2 的利用率是多少？

解析：

A）所有报文在 LAN-1 上传输。

每个报文都包含下一协议头（PCI）：

$$MAC\ 前导码（8\,B）+MAC\ 头部（14\,B）+IP\ 头部（20\,B）+$$
$$UDP\ 头部（8\,B）+UDP\ 负载（1024\,B）+CRC-32\ 校验和（4\,B）$$

注意：帧之间的间隙可以被视为开销，这样会使结果稍大一些。

合计：（8 ＋ 14 ＋ 20 ＋ 8 ＋ 1024 ＋ 4）× 8=8624 b

每秒分别向 3 台计算机发送 50 个 UDP 报文，那么发送速率为每秒 150 个 UDP 报文。

假定以太网的带宽为 10Mbps。

$$总利用率 = \frac{8624×150}{10×1\,000\,000} × 100\%=13\%。$$

B）此小题与之前 A）中的情形有所不同。由于采用单播传输，LAN-1 与 LAN-2 之间的网桥不转发从 A 到 B 的 UDP 报文。它只需要转发从 A 到 C 与 A 到 D 的 UDP 报文。因此，LAN-2 的总利用率为 $2/3 \times 13\%$，约为 9%。

6. 绝大部分连接建立协议是基于三次握手的。为什么一个三次握手协议会优于一个两次握手协议呢？

   解析：因为允许通信双方利用冗余的连接建立报文进行检测并从中恢复，所以一个三次握手协议要优于两次握手协议。

7. TCP 发送者向接收者传输一个大小为 2K 字节的报文，其中序号为 0。接收方在报文到达之前拥有的可用缓存空间大小为 16K 字节。假设当接收者生成一个 ACK 确认时，该报文仍然处于缓存之中，那么确认的序号是多少？窗口大小是多少？如果最大段大小为 2K 字节，那么发送者在未接收到下一个 ACK 确认之前还能够发送多少个报文？

   解析：TCP 的确认序号是接收者希望收到的下一个字节的序号。由于来自发送者第一个报文所包含的字节序号是从 0 到 2047，因此确认序号为 2048。

   因为当接收者生成 ACK 确认时缓存中有一个报文，因此窗口大小是 16K-2K = 14K。由于窗口大小为 14K，那么在接收到下一个 ACK 确认之前，发送者能够发送 7 个 2K 的报文。

8. 假如我们希望尽快地完成一次从远程客户端到服务器的传输。我们应该选择 UDP 协议，还是 TCP 协议？

   解析：UDP。UDP 比 TCP 速度更快。

9. 假设主机 A 通过一条 TCP 连接向主机 B 连续发送了两个 TCP 报文段。第一个报文段的序号为 190，第二报文分段的序号为 210。

   A）第一个报文段中包含多少数据？

   B）假设第一个报文段丢失了，而第二个报文段到达主机 B。在 B 发送给 A 的 ACK 确认中，序号应该是多少？

   解析：

   A）第一个报文段包含的数据大小为 210-190 = 20 B。

   B）TCP 的 ACK 是累积确认的。因此，主机 B 会确认所有接收到的报文段直到序号 190，因此 ACK 的序号为 190。

10. 以下哪个传输层协议提供面向连接的可靠传输服务？

    A）TFTP　　　　　B）UDP　　　　　C）以太网　　　　　D）TCP　　　　　E）Secure Shell

    解析：D

11. 假设两台端主机之间使用滑动窗口协议进行通信。假设接收者的窗口总小于发送者的窗口，接收者的窗口大小为 w 比特。C 表示两个端主机之间的链路带宽，单位为 bps。RTT 表示两台端主机之间的往返时间，单位为 s。假定每一比特都确认收到，那么两台端主机所能达到的最大吞吐量是多少？

    解析：有两种情况（如图所示）

    情况一：$RTT > \dfrac{w}{c}$，吞吐量 $= \dfrac{w}{RTT}$

    情况二：$RTT \leqslant \dfrac{w}{c}$，吞吐量 $= C$

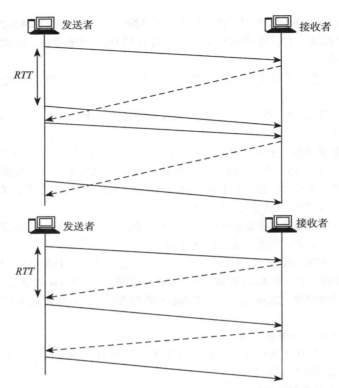

12. 假设主机 A 正在通过一条 TCP 连接向主机 B 发送一个大文件。如果该连接中一个报文段的序列号为 m，那么下一个报文段的序号必然是 $m+1$。这个结论正确吗？

    解析：错误

13. 假设主机 A 正在通过一条 TCP 连接向主机 B 发送一个大文件。假设主机 B 并没有数据要发送给主机 A。由于主机 B 无法将 ACK 确认捎带在发送给主机 A 的数据中，因此主机 B 不会向主机 A 发送 ACK 确认，正确吗？

    解析：错误

14. 假设一条 TCP 连接往返时间 RTT 的最新采样值（即 SampleRTT）为 1 s。那么这条连接的超时时间间隔（TimeoutInterval）的当前值也必然是 1 s。

    解析：错误

15. 假设主机 A 正在通过一条 TCP 连接向主机 B 发送一个大文件。那么由主机 A 发送却尚未被确认的字节数不会超过接收者缓存的大小。

    解析：正确

16. 在 TCP 连接期间，TCP 接收窗口（RcvWindow）的大小不会改变。

    解析：错误

17. 在 TCP 报文段的头部，有一个字段用于表示 RcvWindow。

    解析：正确

18. 假设主机 A 通过 TCP 连接向主机 B 发送了一个序号为 38 数据大小为 4 字节的报文段。那么在这个报文段中，确认号必然为 42。

解析： 错误

19. 假设主机 A 通过一条 TCP 连接向主机 B 连续发送了两个报文段。第一个报文的序号是 90，第二个报文段的序号是 110。

 A）假设第一个报文段丢失了，而第二个报文段抵达主机 B。在主机 B 发送给主机 A 的确认报文中，确认号是多少？

 B）第一个报文段包含多少数据？

 解析：

 A）确认号 =90

 B）20 字节

20. 假定客户端 A 向服务器 S 发起了一个 Telnet 会话。同时，客户端 B 也向服务器 S 发起了一个 Telnet 会话。请为以下报文段提供可能的源与目的端口号：

 A）从 A 发送到 S 的报文段   B）从 B 发送到 S 的报文段

 C）从 S 发送到 A 的报文段   D）从 S 发送到 B 的报文段

 E）如果 A 和 B 是不同的主机，A 所发送报文段的源端口号有可能与 B 所发送报文段的端口号相同么？

 F）如果 A 与 B 位于同一台主机，那么情况如何呢？

 解析：

	源端口	目的端口
A）A->S	467	23
B）B->S	513	23
C）S->A	23	467
D）S->B	23	513

 E）可能。

 F）不可能。

21. UDP 与 TCP 协议使用 1 的补码来计算校验和。假设有如下 3 个 8 位字节：01010101 01110000 01001100。这 3 个 8 位字节之和的补码是多少？请写出计算过程。接收者如何使用 1 的补码来检测出错误？是否有可能没有检测出 1 位错误？两位错误呢？

 解析： 注意，计算结果若出现溢出，则需要回绕。

$$
\begin{array}{r}
01010101 \\
01110000 \\
\hline
11000101 \\
11000101 \\
01001100 \\
\hline
00010010
\end{array}
$$

 1 的补码 =11101101

 为了检测错误，接收者将 4 个字直接相加（3 个初始的字节与校验和）。如果结果中含有 0，那么接收者认为传输中出现了错误。所有 1 位错误都会被检测出来，但两位错误可能不会被检测出来（例如，第一个字节的最后一位反转为 0，而第二个字节的最后一位反转为 1）。

22. 假设有如下两个字节：00110100 与 01101001。这两个字节之和的补码是多少？
    解析：

$$\text{补码} = \begin{array}{r} 00110100 \\ 01101001 \\ \hline 10011101 \\ \hline 01100010 \end{array}$$

23. 对于 22 题中的字节：每个字节中的一位出现反转，而补码却没有改变。请给出一个对应的例子。
    解析：

假设第一个字节是	00110101
假设第二个字节是	01101000

如果第一个字节中的 0 变成 1，而第二个字节的同一位从 1 变成 0，那么补码将不会改变。因此，检测不到错误。

24. 假设有以下两个字节：11110101 和 00101001。这两个字节之和的补码是多少？
    解析：

$$\begin{array}{r} 11110101 \\ 00101001 \\ \hline 00011110 \end{array}$$
$$\text{补码} = 11100001$$

25. Web 服务器 www.CareerMonk.com 的 IP 地址是 76.12.23.240。一个 IP 地址为 74.208.207.41 的客户端从 Career Monk 网站下载文件。假如该客户端有一个大于 1024 的任意端口号，那么构成这条连接的套接字对可能是什么？
    解析：此题有多种可能的答案，但是都需要服务器在 80 端口上进行侦听。如果我们假设客户端被分配的套接字端口为 2500，那么对应的套接字对为 76.12.23.240:80 与 74.208.207.41:2500。

26. 网络栈中的协议要么是可靠的，要么是不可靠的。在 Internet 中，传输层负责可靠性。TCP 提供了可靠性保证，而 UDP 却是不可靠的。假设一个开发者想使用 UDP 协议，然而他们所设计的应用需要保证可靠性。请详细分析，是否可能在传输层使用 UDP 协议的前提下，设计一个可靠协议栈。
    解析：如果某一层被视为可靠的，那么就意味着它向上层提供可靠性保证。在网络协议栈中，如果在传输层使用 TCP，它就会向应用层提供可靠性。如果没有使用 TCP，应用层就不会具备可靠性，除非自身去实现。
    因此，如果一个应用需要可靠性，而传输层又使用 UDP，那么该应用必须自己实现可靠性。通过本章内容的学习，我们知道当把数据划分到不同的分组中，每个分组都需要构建一个可靠的协议时，应该如何使用序号与确认号来实现一个可靠的协议。类似的想法也可用于应用层。

27. 服务器 CareerMonk.com（地址 70.42.23.161）提供了下载软件的 ftp 服务。客户端（地址 116.35.22.9）想要使用一个主动的 FTP 连接从 FTP 服务器下载文件。除了为服务器的数据与控制通道预留的已知端口号外，客户端的端口号可以是大于 1024 的任意值。这个主动连接包含的套接字对可能是什么？
    解析：对于一个主动的 FTP 连接，假如分配给客户端的端口号是 5000 和 5001。控制信道包含的套接字对是 70.42.23.161:21 / 116.35.22.9:5000。一旦控制信道建立，数据信道包含的套接字对是 70.42.23.240:20 / 116.35.22.9:5001。

28. 同上题，但使用的是被动 FTP 连接。

　　解析：对于一个被动的 FTP 连接，假如分配给客户端的端口号是 6000 和 6001。控制信道包含的套接字对是 70.42.23.161:21 / 116.35.22.9:6000。一旦控制信道建立，服务器就会侦听某一个端口（会告知给客户端的）。假设这个端口号是 7500，数据信道包含的套接字对是 70.42.23.161:7500 / 116.35.22.9:6001。

29. 假设 CareerMonk.com 拥有一个叫作 Album.html 的网页，包含 9 个不同的图片。请解释如何使用非持久的 HTTP 连接下载该网页。解释如何使用持久的 HTTP 连接下载同一网页。

　　解析：该网页和它所引用的 9 张图片意味着浏览器要向服务器请求 10 个独立的资源。对非持久连接而言，将会分别建立 10 次 TCP 连接，每一个资源建立一条连接。下载可能是串行或者并行的，这取决于是否使用流水线技术。

　　对持久连接而言，由于一条连接被用于传输多个资源，因此只需要建立少量的连接。虽然在下载所有 10 个资源时可以只建立一条连接，但通常更有可能建立若干条（虽然很可能小于 10）连接。

30. IP、TCP 与 UDP 协议都会丢弃校验和错误的报文，并且不会通知源端。这是为什么？

　　解析：IP 和 UDP，是不可靠协议。它们不需要保证报文的交付，因此也不必通知源端。TCP 需要保证交付。然而，由于 TCP 使用了超时重传技术，源端在一段时间内未接收到对发送数据的确认消息就会进行重传，因此也不需要通知源端。

31. 为什么 TCP 头部中有头部长度字段，而 UDP 头部中没有呢？

　　解析：TCP 的头部是长度可变的，而 UDP 的头部是固定长度的。

32. 假如某应用层实体想要通过已存在的 TCP 连接，向其对等进程发送 L 字节数据。TCP 报文段由消息加 20 字节的头部构成。该报文段被封装在一个 IP 报文中，因此又增加了 20 字节的 IP 头部。接着，该 IP 报文被封装进一个以太帧中，又增加了 18 字节的头部与尾部。当 L=100 字节，500 字节，1000 字节时，在物理层的相关消息中所传输比特数占用的比例是多少？

　　解析：在以太网中 TCP/IP 允许数据帧的最大负载为 1460 字节。因此，L=100，500，1000 字节时，都在此范围之内。

　　消息的开销包括：

　　TCP：20 字节的头部

　　IP：20 字节的头部

　　Ethernet：共 18 字节的头部和尾部

　　因此

　　L = 100 B 时，100/158 = 63%。

　　L = 500 B 时，500/558 = 90%。

　　L = 1000 B 时，1000/1058 = 95%。

33. 下面哪一个信息是在 TCP 与 UDP 头部都可以找到的？

　　A）序号　　　　　　　　　　　　B）流控制

　　C）确认号　　　　　　　　　　　D）源与目的端口

　　解析：D

34. 以下哪三个特点使得 TCP 准确有效地追踪从源到目的地的数据传输？

　　A）封装　　　　B）流控制　　　　C）无连接服务

D）建立会话　　　　E）编号与排序　　F）尽力而为传输

解析：BDE

35．以下哪一个是 UDP 的重要特征？

A）确认数据交付　　　　　　　　　B）数据传输的最小延时

C）数据传输的高可靠性　　　　　　D）按序交付数据

解析：B

36．某 Web 浏览器向一台在标准端口进行侦听的 Web 服务器发送请求。那么服务器回复的 TCP 报文头部的源端口号是多少？

A）13　　　　　　B）53　　　　　C）80　　　　　　D）1024　　　　F）1728

解析：C

37．在传输层的三次握手期间，会发生以下哪一个事件？

A）两个应用交换数据

B）TCP 初始化会话的序号

C）UDP 建立发送的最大字节数

D）服务器确认从客户端接收到的数据

解析：B

38．TCP 数据传输时为什么要使用流控制？

A）为发送数据而同步设备间的速率

B）同步与排序，这样数据会按照一个完整的数值顺序被发送出去

C）避免接收者被到来的数据淹没

D）同步服务器窗口大小

E）简化向多台主机的数据传输

解析：C

39．哪个传输层协议提供了较低的开销，并适用于不要求可靠数据传输的应用？

A）TCP　　　　B）IP　　　　　C）UDP　　　　　D）HTTP　　　　E）DNS

解析：C

40．在一个 TCP 会话期内，如果报文到达目的端时是无序的，那么对原始消息而言会发生什么？

A）报文不会被交付

B）报文会由源端重新传输

C）报文将被交付，并在目的端重组

D）报文将被交付，但不会在目的端重组

解析：C

41．TCP 使用什么机制来提供从源端到目的端的流控制？

A）序号　　　　　　　　　　　　　B）建立会话

C）窗口大小　　　　　　　　　　　D）确认号

解析：C

42．在转发数据时，源主机会动态地选择什么？

A）目的端逻辑地址　　　　　　　　　　　　　　　B）源端物理地址

C）默认网关地址　　　　　　　　D）源端口

解析：D

43. OSI 模型的哪一层负责管理从源端到目的端的数据流的可靠性和准确性?

A）应用层 　　　 B）表示层 　　　 C）会话层

D）传输层 　　　 E）网络层

解析：D

44. 下列协议中，同一会话中的报文会经不同路径路由的是:

A）TCP，但 UDP 不会 　　　　 B）TCP 与 UDP

C）UDP，但 TCP 不会 　　　　 D）TCP 与 UDP 都不会

解析：B。报文路由时选择路径是由网络层负责的，而不是传输层，因此 TCP 与 UDP 都与此无关。

45. 应用层可以向 TCP 层传递的数据的最大值是多少?

A）任意大小 　　　　　　 B）2^{16} 字节 — TCP 头部大小

C）2^{16} 字节 　　　　　　 D）1500 字节

解析：B。应用层将数据传递给 TCP 层。由于 TCP 伪首部的长度字段为 16 位，因此 TCP 报文的总长度最大为 2^{16} 字节。然而，所有 2^{16} 字节不能全部是负载，还需包括 TCP 头部。因此实际数据 $=2^{16}$ — TCP 头部的大小。

第 10 章

TCP 差错控制

10.1　简介

TCP 是可靠的传输层协议。它保证进程有序、无误地传送数据流，并且保证不会出现部分数据丢失或者冗余的情况。TCP 针对以下情况，提供了差错检测机制：

❑ 冗余段

❑ 乱序段

❑ 丢失或缺失的段

❑ 被破坏的段

同时，TCP 还提供了差错校正的机制。在 TCP 中，差错检测与校正可以通过以下方法实现：

1）校验和

2）确认

3）超时和重传

10.2　TCP 可靠性与确认

在图中，箭头代表被传输的数据与确认，垂直的线代表时间轴。确认分为积极与消极两种。积极的确认表示接收主机成功获得了数据，并且通过了完整性检验。消极的确认则指出失败的报文段需要被重传。这可能是由一些故障导致的，比如数据损坏或丢失。

当准备通过 TCP 传输数据时，数据会从上层协议传递到 TCP 层，并在 TCP 层封装入报文段中。接着，IP 层把这些报文段封装到数据报中，并负责

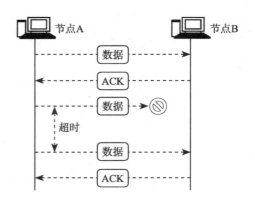

数据的点对点传输。

在另一端，接收主机通过回送 ACK 消息在 TCP 层确认对报文段的接收。如果最初的发送方在一段时间内没有接收到 ACK 消息，它就会重传这个报文段。这一过程被称作积极确认重传（Positive Acknowledgement Retransmission，PAR）。

当然，原始的消息可能会晚一些到达。在这种情况下，接收主机最终会接收到两个相同的报文段。此时，冗余段将被丢弃。

那么，这个超时时间应该被设置为多少呢？也就是说，节点 A 在重传报文之前应该花多长时间等待来自节点 B 的确认呢？显然，在一个局域网中，节点 A 希望在数毫秒之内接收到确认消息。然而，如果节点 A 与 B 位于地球的两端，那么就需要设置一个较长的超时时间。

如果超时时间设置过长，那么就会在网络中引入不必要的延迟。如果设置过短，过早的重传会导致报文的冗余，引发网络拥塞，最终趋于崩溃。因此，TCP 采用了一些算法来动态地调整超时时间，以适应不同的网络状态。

10.3　往返时间与超时

在 TCP 协议中，当一台主机向一个 TCP 连接发送报文段时，会开启一个计时器。如果在主机接收到一个关于该报文段的确认之前计时器超时，那么主机将重传该报文段。从计时器开启到超时的这段时间被称作计时器的超时时间（timeout）。

理想的超时时间是怎样的呢？简单地说，超时时间应该大于当前连接的往返时间，即从一个报文段被发送出去直到接收到它的确认消息所需要的时间。

如果超时时间设置过小，那么将造成不必要的重传。然而，超时时间不应该比往返时间大太多；否则当报文段丢失时，TCP 不会快速地重传该报文段，从而在应用中引入明显的数据传输延迟。在继续讨论超时时间的间隔之前，我们先深入地讨论一下往返时间（round-trip time，RTT）。

往返时间的算法用于计算接收到数据的确认消息所需要的平均时间。在数据包被发送出去后，测量接收到相应确认所耗费的时间，并使用 Van Jacobson 提出的平均偏差算法进行计算。计算出的时长被用来决定重传数据的间隔。

10.3.1　平均往返时间的估算

对于一个报文段而言，*SampleRTT* 表示样本的 RTT，即从该报文段发送出去（传送到 IP 层）开始直到接收到对应的确认消息所经历的时间。每个发送的报文段都有对应的 SampleRTT 值。

显然，由于路由器拥塞以及端系统负载的变化，每个报文段的 SampleRTT 值也都会不断地变化。正是因为这些干扰因素的存在，任何假定的 SampleRTT 值都是非典型的。为了估算出一个典型的 RTT 值，我们很自然地想到将一些 SampleRTT 的值进行平均。

TCP 维护了 SampleRTT 的平均值，记作 EstimatedRTT。每次接收到确认消息进而得到一个新的 SampleRTT 时，TCP 会根据以下的公式更新 EstimatedRTT 的数值：

$$\text{EstimatedRTT} = (1 - \alpha) \times \text{EstimatedRTT} + \alpha \times \text{SampleRTT}$$

上述公式是以程序语言语句的形式表示的——EstimatedRTT 的新值是其旧值与一个 SampleRTT 新值的加权组合。α 的典型值为 0.1，此时上面的公式变成：

$$\text{EstimatedRTT} = 0.9 \times \text{EstimatedRTT} + 0.1 \times \text{SampleRTT}$$

需要指出的是，EstimatedRTT 是若干 SampleRTT 数值的加权平均值。这个加权平均值的计算过程为最新的样本赋予了比旧样本更高的权值。这样做的原因十分明显，越新的样本，越能够更好地反映当前网络的拥塞情况。在统计学中，这种平均被称作指数加权移动平均值（Exponential Weighed Moving Average，EWMA）。EWMA 中出现 exponential 一词是因为每个 SampleRTT 的权重都会随着更新过程的不断深入而以指数方式衰减。

10.3.2　设置超时时间

设置超时时间（timeout）时必须要保证计时器只在少数情况下会发生提前超时（即，在某一个报文段的确认延迟到达之前）。因此，在设置超时时间时，很自然地会在 EstimatedRTT 数值上加上某个边界值。当 SampleRTT 数值波动较大时，边界值应足够大；当波动较小时，边界值应足够小。TCP 使用以下公式计算超时时间：

$$\text{Timeout} = \text{EstimatedRTT} + 4 \times \text{Deviation}$$

其中，Deviation 的值是对 SampleRTT 偏离 EstimatedRTT 的估算：

$$\text{Deviation} = (1 - \alpha)\text{Deviation} + \alpha \mid SampleRTT - EstimatedRTT \mid$$

Deviation 是一个指数加权移动平均值，表示了 SampleRTT 对 EstimatedRTT 的偏离量。如果 SampleRTT 的数值波动较小，Deviation 也会较小，超时时间 Timeout 的数值几乎不会比 EstimatedRTT 大多少；反之，若波动较大，Deviation 的数值就会变大，超时时间也会比 EstimatedRTT 值大很多。

10.3.3　Karn/Partridge 算法

Karn/Partride 算法是最早提出的算法。在 Internet 中应用多年之后，Karn/Partride 算法的不足之处逐渐暴露出来。当数据需要重传时，该算法会出现问题。

在前文的讨论中我们可以看出，TCP 可以通过估算当前端到端路径的往返时间（Round-

Trip-Time，RTT）来调整超时时间的大小。通过测量迄今为止所有已发送报文的 RTT 值，我们可以计算出它们的平均值，并将其作为 RTT 的估算值。

然而，在计算报文样本的平均值时，出现了一个问题。由于 TCP 不能够区分对应同一序号的两个独立的确认消息，因此产生如下问题：

报文被重传后，发送方会接收到一条 ACK，然而此时我们无法分辨出这条 ACK 消息是针对最初传输的报文还是之后重传的报文。

在右图中，最初的两个报文段代表相同的报文。第一个报文段代表最初的传输，第二个则代表超时后的重传。最后的段代表 ACK。假设 ACK 被当作是针对最初传输的，但是实际中却是针对重传的（如图所示），那么计算得到的 SampleRTT 就会变得很大。

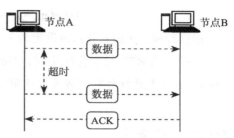

以下列出了 TCP 协议中作出的修正：

1）不考虑重传报文的 RTT 样本值。这就意味着，TCP 在计算 SampleRTT 时，只包括报文一次成功传输的情况，不包括已经发送过两次的报文，即重传的报文。

2）在每次重传成功后，将每一个超时时长（timeout）设置为之前数值的 2 倍。每次重传报文，TCP 会使用以下的公式计算超时时间：

$$Timeout = Previous\ Timeout \times 2$$

10.3.4　Jacobson/Karels 算法

Karn/Partridge 算法的引入正值 Internet 处于高度拥塞的时期。Karn/Partridge 算法设计用于解决网络拥塞，但它并不能完全消除拥塞。1998 年，Jacobson 和 Karels 提出了一个针对 TCP 拥塞的新算法。

显然，超时时间的设置与拥塞是密切相关的。如果超时过早，那么就会造成不必要的重传，从而加重网络的负担。

最初计算方法的主要问题在于，没有考虑样本 RTT 值的变化。直观地看，如果样本间的数值变化较小，那么 EstimatedRTT 的计算结果更值得信赖。因此，没有必要将这个数值乘以 2 来作为超时时间的大小。另一方面，如果样本值的变化较大，表明超时时间与 EstimatedRTT 的关联程度较低。

在新的方法中，发送方像之前的方法一样计算出 SampleRTT 的数值。然后，根据以下公式将新的 SampleRTT 值纳入超时时间的计算中。

$$\text{RTTDifference} = \text{SampleRTT} - \text{EstimatedRTT}$$
$$\text{EstimatedRTT} = \text{EstimatedRTT} + \delta \times \text{RTTDifference}$$
$$\text{Deviation} = \text{Deviation} + \delta\left(|\text{RTTDifference}| - \text{Deviation}\right)$$

公式中，δ 是 0 到 1 之间的小数。

换句话说，我们通过上述方式计算了 RTT 的平均值与变化量。然后，TCP 通过以下关于 EstimatedRTT 与 Deviation 的函数式来计算出超时时间。

$$\text{TimeOut} = \mu \times \text{EstimatedRTT} + \theta \times \text{Deviation}$$

根据经验，μ 和 θ 分别被设置为 1 与 4。

这样，当 RTT 的变化较小时，TimeOut 接近于 EstimatedRTT 的值；大的 RTT 变动会使 Deviation 在上述计算中占较大的比重。

10.4　冗余段

假设有一个过期的冗余段（比如在 Internet 队列中被延迟的冗余报文段）在错误的时间被送达接收者，并且它的序列号落在当前窗口中的某个位置。在这种情况下，不会出现校验错误来发出警告，从而导致一个未被检测出的数据错误。

实际上，冗余段通常伴随着 TCP 机制而出现。例如，当接收者检测出丢失了一些报文段时，它会向发送者发送拒绝（reject）消息以请求重新发送这个丢失的报文段。然而最初发送被认为丢失的报文段到达了。之后，重新发送的第二个报文段也到达了。那么，接收者要么丢弃已经接收的报文段，要么在缓冲区中重新写入最新版本的数据。

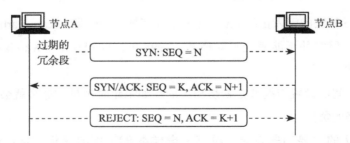

从概念上看，对于 TCP 数据完整性构成最大威胁的是外部的过期冗余数据，即来自之前连接的数据。如上图所示，假设 A 和 B 之间的 TCP 连接是开放的。一个从 A 到 B 的序号为 N 的报文段，由于被过度延迟而导致冗余。随后，本次连接被关闭，随后另一个连接被打开，也就是使用相同的端口又创建了一个新的连接。

在第二个连接的某一时刻，当一个 SEQ = N 的报文到达并被节点 B 接收时，它其实是上一个连接中过期的冗余段。随后，节点 B 很可能又会收到源自新连接的 SEQ = Q 的报文，但是这一报文会被 B 视作是冗余的（即使与之前接收到的数据不同）并忽略掉。

当发送者接收到一个过期的冗余 ACK 时，可能会造成一些小麻烦：连接很可能会被锁定，这样任何进程都无法继续工作。此时，只有发送 RST 请求来同步通信双方。

序列号冗余可能会出现以下两种情况：

1）当前连接的序列号出现环绕

一个 TCP 序列号占用 32 比特位。传输速率足够高的情况下，32 比特的序列号空间将在报文段排队延迟的时间内产生环绕（循环）现象。

2）来自之前连接的段

假设通过一个合适的关闭序号，或者由于主机死机导致一个连接终止。此后，相同的连接（也就是说，使用相同的套接字对）又被立即重新打开。来自前一个终止连接中的延迟段会落在新连接的当前窗口内，并被正确接收。

TCP 的可靠性依赖于对段的生存时间设置了范围：最大段生存期（Maximum Segment Lifetime，MSL）。由于序列号字段是有限的，任何一个序列号最终都会被重新使用，那么任何可靠的传输层协议都需要 MSL。在 Internet 协议组中，IP 层机制强制使用 MSL 范围，即生存期（Time-To-Live，TTL）域。

10.5 乱序段

TCP 为每个传输的字节都分配了一个序列号，并等待来自 TCP 接收方的积极确认（ACK）。如果在超时时间间隔内没有接收到 ACK，那么将重传数据。当报文段乱序到达时，TCP 接收方利用序列号来对它们重新整理，消除冗余段。

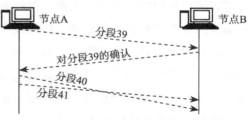

乱序段可以通过序列号检测出来。乱序段不会被丢弃。相反，接收者会维护一个滑动窗口，暂时缓存乱序的报文段，直到缺失的报文段到达。乱序段不会被传递给进程。

10.6 丢失或缺失的段

当准备好通过 TCP 传输时，数据会从上层协议传递给 TCP，并在 TCP 层封装成段。接着，IP 层把这些段封装成数据报，并实现点对点的数据传输。

在另一端，接收站点在 TCP 层回送一条 ACK 消息，以确认接收到的段。如果最初的发送者在一段时间内未接收到 ACK，它就会重传最初的段。这个过程被称作积极确认重传

（Positive Acknowledgment Retransmission，PAR）。

当然，最初的消息有可能较晚到达。在这种情况下，接收站点最终会接收到两个相同的段。接收站点会简单地丢弃冗余段。

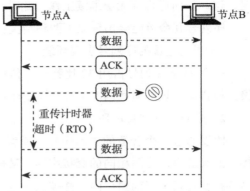

那么超时时间该设置为多少呢？如果超时时间设置太长，就会在网络中引入不必要的延迟。如果超时时间设置太短，过早的重传会导致报文的冗余，引发网络拥塞，并最终趋于崩溃。

因此，TCP 使用算法来动态调整超时时间的大小以适应不同的网络状态。当发送段时，发送者设置重传超时（Retransmission Time-Out，RTO）计时器。如果发送者在计时器超时之前未接收到相关的确认，它就会认为这个分段已丢失并进行重传。

10.7　被破坏的段

在接收端，丢失报文段与被破坏报文段的处理方法是相同的，都是被丢弃。接收者使用校验和来检查数据是否被破坏。如果段中包含损坏的数据，那么就直接丢弃。TCP 利用源序列号和确认序号来确认未被破坏数据的接收情况。如果一个段中包含被破坏的数据，接收者不会向发送者发送任何确认。

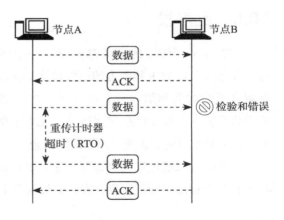

那么发送者应该等待多久呢？在发送报文段时，发送者设置 RTO 计时器。如果发送者在计时器超时之前未接收到相关的确认；它就认为该报文段已丢失并进行重传。

10.8　ARQ 重传技术

接收者可以通过精心设置确认计时器来控制报文段的到达速率。然而，如果一个接收段发生错误时该怎么办呢？因此，需要定义一些过程来处理这些错误。

下文将讨论三种不同类型的差错控制。这三种差错控制都称作自动重复请求（Automatic Repeat Request，ARQ），它们分别是：

1）停止等待 ARQ

2）回退 N 步 ARQ

3）选择拒绝 ARQ

请不要混淆停止等待流控制与停止等待 ARQ。它们是不同的概念，都属于停止等待传输协议的一部分。

10.8.1　停止等待 ARQ

在一个停止等待系统中，如果差错检测表明某个到达报文段中存在错误，那么将丢弃该报文段，并发送一条消息告知发送者。这条发送出的消息是一个否定的确认，也被称作拒绝消息（Reject Message，REJ 或者 Negative Acknowledgment，NAK）。

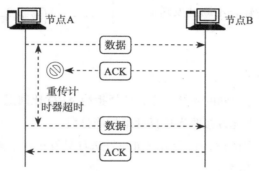

如果一个报文段、ACK 或 NAK 在传输过程中丢失，那么会发生什么呢？这确实是一个问题。因此在发送一个报文段后，发送者会开启一个计时器。如果在接收到一条 ACK 或 NAK 之前该计时器到达 0 值，传输者将重新发送这个报文段。

这种状态称作超时。请注意以下几点：

❑ 如果一个报文段在传输过程中丢失，那么发送者会在计时器超时之后重传该报文段。接收者在接收到该报文段时并不知道之前报文段丢失的情况。

❑ 如果一个 NAK 在传输过程中丢失，那么发送者会在计时器超时之后重传对应的报文段。接收者接收到这个重传的报文段，就像此前发出的 NAK 消息被正常接收到一样。此时，没有必要重新发送一个 NAK。因为无论如何发送者都要重传这个报文段。发送 NAK 的目的只是促使发送者立即重新发送，而不是等待超时发生。

❑ 如果一个 ACK 在传输过程中丢失，那么发送者会在计时器超时之后重传该报文段。由于接收者已经拥有该报文段，因此它会丢弃掉这个冗余段并再次发送 ACK。

10.8.2　回退 N 步 ARQ

回退 N 步差错控制方法是与滑动窗口流控制结合使用的。当接收者发现一个报文段有错时，就会告知发送者回退，重新发送该报文段以及后续报文段。在错误段之后，一些后续段将会到达。接收者会丢弃这些报文段，因为它知道之前的错误报文段将会到达，而它的后续报文段也将随后到达。

这种控制方法能够保证报文段被有序地接收，但同时也意味着一些正确接收的报文段也会被重新发送。

如右图所示，请注意发送者从发生错误的报文段开始重新进行传输，不断地发送后续段直到窗口耗尽为止。

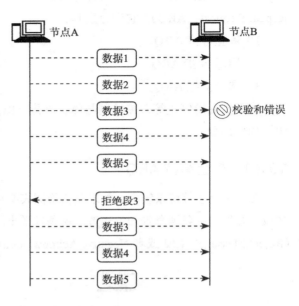

10.8.3　选择拒绝 ARQ

对于一个拥有充足内存空间的系统而言，选择拒绝 ARQ 比回退 N 步 ARQ 能够提供更好的性能。这种差错控制方案允许接收者选择性地拒绝分段。

接收者若发现一个错误的段，它会请求重新发送且只发送这个段。接收者必须记录下到来的报文段以及它们所属的序号。

对报文段重新排序是必要的。接收者只有将报文段按序整理完毕并保证序列中没有缺失，才能够将段内容传递到上一层。

同时，传输者也需要记录发送出去的报文段，包括哪些报文段已经被确认收到，哪些报文段可以被发送。选择拒绝 ARQ 通常与滑动窗口流控制结合使用。

选择拒绝 ARQ 在数据链路层并不常见。它需要更多的处理与缓存空间才能够执行。在数据链路层，性能上的边界提升难以与硬件上的投入相匹配。本书后续章节在介绍 TCP 协议时将会深入介绍选择拒绝 ARQ。

10.8.4　ARQ 重传技术比较

方法	优点	缺点
停止等待 ARQ	易于实现 处理器负载低 缓存需求较少	不支持滑动窗口流控制

（续）

方法	优点	缺点
回退 N 步 ARQ	易于实现 支持滑动窗口流控制	会重传正确接收的报文段
选择拒绝 ARQ	支持滑动窗口流控制，只重传丢失或错误的分段	需要功能强大的处理器与更多的缓存空间

10.9　选择确认（SACK）

如右图所示，在网络中的发送者（客户端）与接收者（服务器）之间建立了一条 TCP 连接。伴随着时间轴自上而下，报文段被逐次发送出去。

图中，发送者向服务器发送了一个请求，服务器将回复内容封装进 4 个 TCP 报文段中。服务器发送的 4 个报文段都是对之前请求的回应。然而，第 2 个响应的报文段在网络中某处丢失，不能够到达发送端主机。下面将详细描述在第 2 个报文段丢失后都发生了什么。

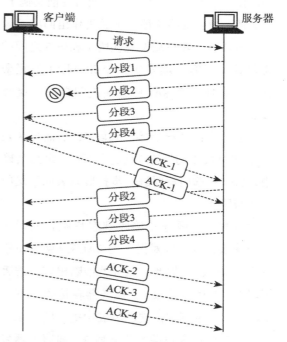

第一步：对报文段 2 的丢失作出回应。

第二步：客户端接收到报文段 3。通过检查报文段的序列号，客户端发现这一报文段是乱序的；在上一个接收到的报文段和该报文段之间存在数据丢失。客户端传输一个对段 1 的冗余确认消息，以提示服务器在段 1 之后它没有再接收到任何可靠的数据。

第三步：服务器还未察觉到有任何异常发生（因为它还未接收到客户端发送的冗余确认），因此它会继续发送段 4。客户端在接收到段 4 之后发现仍然存在数据丢失的情况，因此它会重复第二步中的动作，再次发送一个对段 1 的冗余确认。

第四步：服务器接收到了客户端发送的针对段 1 的首个冗余确认。由于客户端只确认接收到四个报文段中的第一个，服务器必须重传剩余的三个报文段作为响应。当接收到客户端发送的第二个冗余确认时，服务器会选择忽略。

第五步：客户端成功接收并确认剩余的三个报文段。

进入选择确认

大家可能已经注意到这一设计的效率是很低的。虽然只有段 2 丢失，但是服务器还需要额外地重传段 3 和段 4。这是因为客户端无法确认这些已经接收到的报文段。

上述问题可以通过引入选择确认（Selective Acknowledgement，SACK）这一 TCP 选项来解决。SACK 在 TCP 中附加了一个冗余确认段选项，以指明接收到不连续数据的范围。换句话说，它允许客户端表明"目前接收到有序的报文段到段 1 为止，同时还接收到了段 3 与段 4"。这样，服务器只需要重传客户端没有接收到的报文段即可。

在开始建立 TCP 连接时，通信双方需要协商是否支持 SACK。如果两台主机都支持 SACK，那么就可以使用。下面将在前文例子的基础上介绍如何使用 SACK 进行传输：

第一步：对报文段 2 的丢失作出回应。

第二步：客户端发现在段 1 和段 3 之间的报文段缺失。客户端发送一个针对段 1 的冗余确认，并添加一个 SACK 选项表明自己已接收到段 3。

第三步：客户端接收到段 4，然而再次发送一个针对段 1 的冗余确认。然而在此冗余确认中，SACK 选项需要进一步扩展以表明已接收到段 3 与段 4。

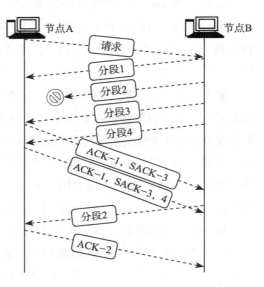

第四步：服务器接收到客户端针对段 1 的冗余确认，以及针对段 3 的 SACK（两者位于同一个 TCP 段）。据此，服务器推断出客户端丢失了段 2，然后重传段 2。服务器在接收到下一个 SACK 时了解到客户端已经成功接收到段 4，此时服务器不需要再传输其他段。

第五步：客户端接收到段 2，向服务器发送一个确认表明已经接收到段 4 之前（包括段 4）的所有数据。

10.10   TCP 校验和计算

当准备通过 Internet 传输数据时，首先需要将数据划分为更小的块，称作报文。除了常规数据之外，这些报文还包含了一些存储在头部中的附加信息，比如地址、端口号以及其他的控制参数。头部校验和就是其中的参数之一。

校验和是在报文传输中用于差错检测的数值。那么，它是如何使用的呢？在报文进入传输介质之前，源节点会计算出校验和。接收端也会重复这一计算过程，将得出的校验和与最初源节点计算的校验和进行比较。如果两者匹配，那么传输过程中的数据是正常无误的；如果不匹配，那么可能某些数据已丢失或损坏。

10.10.1 IP 头部校验和

现在，让我们回顾一下报文头部的内容。首先从 IP 报头开始介绍。

00 ～ 03	04 ～ 07	08	09	10	11	12	13	14	15	16	17	18	19 ～ 31
版本	首部长度	服务类型			D	T	R	M	RO	总长度			
IP 标识（IPID）										RO	DF	MF	片偏移
生存时间（TTL）		协议								头部校验和			
源 IP 地址													
目的 IP 地址													
选项（可变，通常没有）													

更多的细节参见第 7 章（IP 寻址）。此处，我们只需要了解以下信息：

我们需要构造一个 IP 报头，对上述变量进行赋值。首先从版本开始，赋值为 4（假设使用的是 IPv4 协议）。在填充报头时需要将十进制数值转换为二进制，数字 4 的二进制表示是 0100。由于版本字段的长度为 4 位，因此我们写入 0100。

版本	4 位	生存时间	8 位
Internet 首部长度	4 位	协议	8 位
服务类型	8 位	校验和	16 位
总长度	16 位	源 IP 地址	32 位
标识	16 位	目的 IP 地址	32 位
标志	8 位	共计	160 位 = 20 字节
片偏移	8 位		

Internet 首部长度（Internet Header Length，IHL）：IHL 指定了 IP 报头的长度，以 32 位字长为单位。它包括可选字段与填充部分的长度。如果不使用可选字段，该字段的值是 5（5 × 32 比特字 = 5 × 4 = 20 字节）。因此它的数值比 Total Length 字段的数值小。本例中，我们将 IHL 设置为 5。这是该字段最常见的填充值，也是最小的可能值。5 的二进制表示为 0101。

服务类型（Type of Service，ToS）：用来保存提供服务质量（Quality of Service，QoS）特性的信息，例如 IP 数据报的优先交付。当在某个特定网络中传输数据报时，这些参数会用于指导选择实际的服务参数。本例中，我们将此字段设置为 0。由于该字段占 8 比特，因此我们填入 0000 0000。

总长度（Total Length）：指 TCP 头部的长度加 IP 头部的长度（只有在报文中不包含数据时），TCP 头部的最小长度为 160 比特。在本例中，我们假设 TCP 头部长度为 160 比特，然后继续计算。此处，TCP 头长度 ＋ IP 头长度 = 160 ＋ 160 = 320 比特。然而，由于总长度是以字节为单位的，因此我们将总长度的 320 比特重新计为 40 字节（40 字节 = 320 比特）。然后，我们再次进行二进制转换，十进制 40 转换为二进制是 00101000。由于该字段占用 16 比特，因此我们需要在前面加上 8 个 0。最后的结果为：00000000 00101000。

标识（Identification）：由于这是我们构造的首个报文；因此将标识字段设置为 1（当然，我们也可以将其设置为任何其他值）。由于这是一个 16 位字段，因此本例的二进制数值为：00000000 00000001。

标志（Flags）：本例中我们设置为 0。同样地，由于这是一个 8 位字段，二进制数值应为 00000000。

片偏移（Fragment Offset）：该字段的数值设置同上，为 00000000。

生存时间（Time To Live）：该字段的最大值为 255，并以秒为单位。由于该数值在传送过程中每经过一台主机会减 1，因此它表示了报文在被丢弃之前在 Internet 中可传输的跳步数。在本例中，我们将该字段的取值设置为 127，它的二进制表示为 011111111。

协议（Protocol）：由于我们使用 TCP 作为上层协议，并且 TCP 协议的 ID 号码为 6，因此在本例中将此字段数值设置为 6，用二进制表示为 00000110。

校验和（Checksum）：由于我们还没有完成计算，因此先将此字段设置为 0。这样对应的二进制表示为：00000000 00000000。

源 IP 地址（Source IP Address）：即发送报文的源所属的 IP 地址。本例中我们将其设置为 192.68.43.1。其中每一个数字的二进制表示如下表：

192	11000000
68	01000100
43	00101011
1	00000001

我们将右表的内容连在一起书写，但不包含 IP 地址中的点号：11000000 01000100 00101011 00000001。

目的 IP 地址（Destination IP Address）：假如我们要把报文发送到 IP 地址为 10.176.2.34 的主机，那么对应的二进制表示为 00001010 10110000 00000010 00100010。

下面我们利用下表快速回顾一下上述字段的二进制数值：

IP 头部	IP 头部
0100	00000000
0101	01111111
00000000	00000110
00000000 00101000	00000000 00000000
00000000 00000001	11000000 01000100 00101011 00000001
00000000	00001010 10110000 00000010 00100010

下面，我们需要将上述内容以 16 位字为单位进行划分，然后再将得到的每一个 16 位字进行相加。有两种相加方式可供选择，一种是直接进行二进制加法，另一种是将 16 位字转换成十进制后再相加。

16位字	十进制表示	16位字	十进制表示
01000101 00000000	17 664	11000000 01000100	49 220
00000000 00101000	40	00101011 00000001	1 1009
00000000 00000001	1	00001010 10110000	2736
00000000 00000000	0	00000010 00100010	546
01111111 00000110	32 518	总和	113 734
00000000 00000000	0		

接着，我们将上一步计算结果转换为十六进制格式：1BC46。此时出现了一个问题。由于前面提到的校验和长度是 16 位，而此处计算出的结果是 20 位，超出了 16 位。在这种情况下，我们需要将 1BC46 的第一位（是 1）移出，然后用其与剩下的 4 位数（即 BC46）相加，从而得到 BC46 + 1= BC47。

最后一步，我们用 FFFF 减去上一步结果。FFFF−BC47 = 43B8（或者 65 535−48 19 9 = 17336，十进制表示）。这就是最终的校验和计算结果，将其数值添加到校验和字段中。

10.10.2　TCP 头部校验和

TCP 头部的内容包括：

00 ～ 15								16 ～ 31
源端口号								目的端口号
序号								
确认号								
4 位头部长度	6 位保留	URG	ACK	PSH	RST	SYN	FIN	窗口大小
校验和								紧急指针
选项								
数据								

与 IP 头部类似，TCP 头部也有一些字段需要填充：

源端口号	16 位	保留	6 位
目的端口号	16 位	标志	6 位
序号	32 位	窗口大小	16 位
确认号	32 位	头部校验和	16 位
头部长度	4 位	紧急指针	16 位

TCP 头部校验和的计算与 IP 头部校验和类似，但计算过程还包含了一个伪首部。在 IP 头部也能发现一些伪首部的信息，例如源 IP 地址，目的 IP 地址和协议号。同时，伪首部还包括了 TCP 头部的长度。

00～07	08～15	16～31
源IP地址		
目的IP地址		
保留	协议号	TCP头部长度

这些字段的总长度为 96 位。

源端口号（Source Port）：我们首先从 TCP 头部开始。TCP 头部包含了源端口号。此处我们将其值设置为 1645。与 IP 头部一样，我们将该值转换为二进制形式表示，从而得到 0110 0110 1101。然而由于这是一个 16 位的字段，因此结果被表示为 00000110 01101101。

源IP地址	32位
目的IP地址	32位
保留	8位
协议	8位
TCP头部长度	16位

目的端口号（Destination Port）：类似地，我们将目的端口号字段设置为 80，二进制表示为 0000 0000 0101 0000。

序号（Sequence Number）：在本例中将该字段的值设置为 1，对应二进制的结果为 00000000 00000000 00000000 00000001。

确认号（Acknowledgment Number）：该字段也设置为 1，二进制结果为 00000000 00000000 00000000 00000001。

头部长度（Data Offset）：该字段与 IP 头部中的 IHL 字段类似。此处我们指出了 TCP 头部的长度。通过该字段我们知道 TCP 头部的长度，从而掌握数据部分是从哪个位置开始的。与 IHL 字段类似，本字段也以 32 位字长为单位，最小值为 5（即 160 比特）。在本例中我们将其数值设置为 5，二进制表示为 0101。

保留（Reserved）：该字段应设置为 0，因此本例中我们将其设置为 000000（6 比特，二进制）。

标志（Flags）：该字段又称作控制位，用于指定报文的特殊用途（URG、ACK、PSH、RTS、SYN、FIN）。该字段包含 6 个标志位，每一位对应一个标志。例如：

FIN	000001	RST	000100	ACK	010000
SYN	000010	PSH	001000	URG	100000

本例将发送一个 SYN 报文，因此我们将该字段设置为 000010。

窗口大小（Window）：本例中设置为 128，二进制结果为 0000000010000000。

校验和（Checksum）：校验和字段暂时设置为 0（0000000000000000）。

由于前文已经提到我们发送的是一个 SYN 报文，那么需要将紧急指针字段设置为 00000000 00000000。

前文已经介绍过，TCP 头部校验和计算包含了一个伪头部。由于伪头部字段是 IP 头部中的数值，据前文所述我们已经掌握了相关的二进制结果，如下表所示：

源 IP 地址（192.68.43.1）	11000000010001000010101100000001
目的 IP 地址（10.176.2.34）	00001010101100000000001000100010
保留字段设置为 0	00000000
协议（6 表示 TCP 协议）	00000110
TCP 头部长度	（由于不包含数据，因此长度为 160 比特，即前文提到的最小长度。）由于此处是以字节计数，因此设置为 20，转换成二进制为：0000000000010100

为了完成校验和的计算，我们将各字段的二进制的数值重新在下表中清楚地表示出来：

TCP头部	伪头部
0000011001101101	11000000010001000010101011000000001
0000000001010000	0000101010110000000000001000100010
00000000000000000000000000000000001	00000000
00000000000000000000000000000000001	00000110
0101	0000000000010100
000000	
000010	
0000000010000000	
0000000000000000	
0000000000000000	

将上述内容转换成 16 位字，并进行相加。

16 位字	十进制表示	16 位字	十进制表示
00000110 01101101	1645	00000000 00000000	0
00000000 01010000	80	11000000 01000100	49 220
00000000 00000000	0	00101011 00000001	11 009
00000000 00000001	1	00001010 10110000	2736
00000000 00000000	0	00000010 00100010	546
00000000 00000001	1	00000000 00000110	6
01010000 00000010	20 482	00000000 00010100	20
00000000 10000000	128	总和	85 874 [十六进制表示 14F72]
00000000 00000000	0		

需要注意的是，计算结果的长度是 20 位而不是 16 位。因此，我们移除最高位的 1，将其与 4F72 相加，4F72 + 1 = 4F73。然后，用 FFFF 减去这个值，FFFF − 4F73 = B08C（十进制表示为 65 535 − 20 339 = 45 196）。B08C 就是本例中 TCP 头部的校验和。

习题与解答

1. 假定 RTT 为 80 ms，报文大小为 1 KB，在发送之前需要 2 个 RTT 的初始化时间完成握手，计算下列几种情况下传输 1.5 MB 文件所需的总时间。

A）带宽 10 Mbps，数据包可以连续传输。

B）带宽 10 Mbps，但是在完成一个数据包的传输之后，必须等待一个 RTT 的时间才能发送下一个。

C）链路允许无限快速的传输，但是带宽限制每个 RTT 内只能传输 20 个报文。假定传输时间为 0。

D）同 C，但是在第一个 RTT 内，只能发送 1 个报文；在第二个 RTT 内只能发送 2 个报文；在第三个 RTT 内只能发送 $4 = 2^{3-1}$ 个…

解析：我们要计算的是当最后一个数据比特到达目的地时所需的传输时间。

A）1.5MB=12 582 912 比特

2 个初始 RTT（160ms）+（12 582 912/10 000 000）bps（传输）+ RTT/2（传播）= 1.458 s。

B）在 A）的基础上加上 1499 个 RTT 的时间，总时间为 1.46 + 119.92 = 121.38 s。

C）总共有 74.5 个 RTT，加上最初的两个 RTT，共为 6.12 s。

D）在握手完成之后，发送第一个报文。在握手后的一个 RTT 内发送 2 个报文。

在握手完成之后的 n 个 RTT 内，我们已经发送了 $1 + 2 + 4 + ... + 2^n = 2^{n+1} - 1$ 个报文。当 n= 10 时，总共能够发送 1500 个报文，最后一批将在 0.5 个 RTT 后到达。因此，总时间为 $2 + 10.5 \times RTT$ 或 1 s。

2．如果想要为一个 16 比特的数据串设计一个单比特的差错纠正汉明码，需要多少比特的校验和？如果是一个 32 比特的数据串呢？

解析：实际传输的比特数等于数据的比特数加上校验的比特数。如果有 16 比特据而只使用 4 位进行校验，那么将总共传输 20 比特。由于使用 4 位的校验只有 16 种可能的组合，因此它的位数是不够的。如果使用 5 位的校验，我们就必须传输 21 比特。如果采用 5 位的校验，那么就存在 32 种组合，足以表示所有的单比特位的差错。

如果是 32 比特的数据串，使用 5 个校验位显然是不够的。这样，我们需要传输 37 比特数据，而 5 位校验只能表示 32 种组合。如果是 6 个校验位，那么我们需要传输 38 比特数据。由于 6 个校验位能够表示 64 种组合，因此足够表示所有的单比特位的差错。

3．根据端到端的观点，可靠性必须在网络层实现。正确吗？

解析：错误。由于网络层的可靠性不能保证应用端到端的可靠性，而且对于不需要可靠性保障的应用（例如 IP 电话）而言，这种做法可能会导致应用的延迟，因此，根据端到端的观点网络层不应该提供可靠性。

4．假设一个可靠的数据传输协议只使用否定确认方式。如果发送者很少发送数据，那么这个只使用否定确认的协议会比同时使用确认与否定确认的协议更适合吗？请解释原因。

继续假设一个发送者有很多数据需要传输的场景，而且连接中很少有报文会出现丢失。在这一场景中，只使用否定确认的协议比同时使用确认与否定确认的协议更适合吗？请解释原因。

解析：如果数据发送的并不频繁，那么同时使用确认（ACK）与否定确认（NACK）的协议是可行。这是因为只有少量的数据需要被确认，从而只需要发送少量的确认消息。

在有大量数据需要传输并且很少有数据丢失的场景中，否定确认的数量要明显少于普通确认消息，因此 NACK 会比同时使用 ACK 与 NAK 的效率更高。

5．假设主机 A 向接收者 B 发送 4 个 TCP 报文段。在接收到每一个段后，B 会向 A 发送 ACK 确认（即，B 为每一个接收到的报文段发送一个 ACK 确认）。如果第一个与第四个报文段到达，但是第二个报文段被路由器丢弃，那么 B 应该如何确认已经接收到的报文段呢？

解析：B 会一直发送 ACK1（另一种说法是，B 一直发送 ACK2 以期望接收到报文段 2）。

6．继续第 5 题的假设，如果 B 接收到了第三个报文段，那么它应该如何确认已经接收到这个段呢？

解析：同样地，它发送的 ACK 是期望下一个接收到的报文段，也就是段 2。

7．继续第 5 题的假设，B 最终将如何以确认消息的方式来处理第二个（缺失的）报文段呢？

解析：A 最终会超时并重新发送段 2。当 B 接收到段 2 时，会发送一个累积确认以表示已经接收到了四个报文段。

8．假设一条 TCP 消息中包含 2048 字节的数据与 20 字节的 TCP 头部，要被传送至 IP 层，完成跨越两个 Internet 网络的传输。第一个网络使用的是 14 字节的头部，MTU 的大小为 1024 字节；第二个网络使用的是 8 字节的头部，MTU 的大小为 512 字节。每个网络的 MTU 值都指明了链路层数据帧能够负载的最大 IP 报文的大小。请给出传输到目的主机网络层的帧的大小与偏移量。假定所有的 IP 头部大小均为 20 字节。需要注意的是，IP 要求必须以 8 字节为界进行分片。

解析: 先考虑第一个网络。IP 层留给数据的大小为 $1024 - 20 = 1004$ 字节；由于 1004 不是 8 的倍数，每个帧最多只能容纳 $8 \times floor(1004/8) = 1000$ 字节。如果要传输这条 TCP 消息，我们需要传输 $2048 + 20 = 2068$ 字节的数据。根据帧的大小，直接进行分片的结果为 1000、1000 与 68。

分片	大小	偏移量
1	1000	0
2	1000	1000
3	68	2000

在第二个网络中，68 字节的报文不会被分片，但是包含 1000 字节数据的报文将会按如下方法分片。IP 头部是 20 字节，IP 层的数据还留有 $512 - 20 = 492$ 字节的空间。跟上面一样，求最接近 8 的倍数，每个帧包含 488 字节的 IP 层数据。根据帧的大小，1000 字节数据可分为 488、488 和 24。

分片	大小	偏移量	分片	大小	偏移量
1	488	0	5	488	1488
2	488	488	6	24	1976
3	24	976	7	68	2000
4	488	1000			

9. 考虑 TCP 往返时间和超时时间的估算方法如下:

$$EstimatedRTT = (0.875 \times EstimatedRTT) + (0.125 \times SampleRTT)$$
$$DevRTT = (0.75 \times DevRTT) + (0.25 \times |SampleRTT - EstimatedRTT|)$$
$$Timeout = EstimatedRTT + 4 \times DevRTT$$

对于一个 TCP 连接，当前的 $EstimatedRTT = 24$ ms，$DevRTT = 8$ ms。下一个通过该 TCP 连接传输的报文段发生了超时，针对该报文段的确认在重传之后 40ms 才到达。通过 TCP 连接传输的最新报文段的 SampleRTT 是 16ms。计算这个 TCP 连接中得到的最新的超时时长。

解析:
$$EstimatedRTT = (0.875 \times 24) + (0.125 \times 16) = 23 \text{ ms}$$
$$DevRTT = (0.75 \times 8) + (0.25 \times |16 - 23|) = 7.75 \text{ ms}$$
$$Timeout = 23 + 4 \times 7.75 = 54 \text{ ms}$$

10. 在 Go-Back-N ARQ 系统的滑动窗口中，A 发送报文 0、1、2、3、4、5 和 6。报文 3 到达 B 时发现被破坏。那么 A 和 B 下一步要向对方发送什么呢?
    A) B 发送 REJ-3，然后 A 发送报文 3、4、5、6、7、0 和 1
    B) B 发送 REJ-2，然后 A 发送报文 3、4、5、6、7、0 和 1
    C) B 发送 REJ-3，然后 A 只发送报文 3
    D) B 发送 REJ-2，然后 A 只发送报文 3

    解析: A

11. 以下关于 TCP 的描述哪一项是正确的?
    A) 对于提高源端的传输速率，慢启动算法比加性增长来得快
    B) 如果将 RTO (重传超时时间) 的值设置为小于测量到的 RTT 的值，那么可能会导致不必要的重传
    C) TCP 报文段只有在路由器队列发生溢出时才会丢失
    D) TCP 连接的结束过程被称作双向握手

解析：AB

12. 考虑两台主机（A 与 B）之间的一个 TCP 连接拥有 0% 报文丢失的环境。假设两台主机之间的 RTT 是 4s，报文段大小是 3K 字节。连接的带宽为 500kbps。那么在没有停顿的情况下最小的 TCP 窗口大小是多少？（此处 TCP 连接没有遇到任何停顿是指，确认消息在滑动窗口的发送缓冲到达 0 之前回送至发送主机。换句话说，TCP 报文是连续不断地、一个接一个地从发送主机发送出去。）

解析：如果发送整个窗口的时间 ≤ 首个 ACK 确认到达的时间，那么将不会出现停顿。

也就是说，

$$\frac{W \times S}{R} = RTT + \frac{S}{R} \rightarrow W \leqslant \frac{RTT \times R}{S} + 1$$

在此例中：$W \leqslant \dfrac{4s \times 500\text{kbps}}{24\text{kbps}} + 1 \leqslant 83.3 + 1 \leqslant 84.3$。即 $W \leqslant 84.3$。

13. 一台接收主机没有接收到它应确认的所有报文段，那么这台主机该如何改善此次通信会话的可靠性呢？

A）发送一个不同的源端口号

B）重新启动虚电路

C）减小序列号

D）减小窗口大小

解析：D。对于一个特定的 TCP 连接而言，一个 TCP 窗口规定了发送者在接收到接收者回送的关于某一报文段的确认之前能够发送的报文段数目（未被接收者确认）。例如，一对主机通过 TCP 连接进行会话，TCP 的窗口大小为 64 KB。发送者只能够发送 64KB 的数据，然后停下来等待接收者返回确认以表明其已接收到一些或者全部发送的数据。

如果接收者确认已接收到所有的数据，那么发送者就又能够发送出 64 KB 的数据。一种提高 TCP 连接可靠性的方法是减小窗口的大小，从而减少接收者在回送一条确认消息之前能够接收的报文段数量。然而，这种做法也会降低吞吐量。这是因为减小窗口后需要发送更多的报文段与确认消息才能传输相同数量的数据。

14. 假设使用一个选择拒绝协议来进行数据传输，序列号为 n 比特，那么数据传输的最大窗口大小是多少？

A）2^n　　　　　B）2^{n-1}　　　　　C）2^n-1　　　　　D）2^{n-2}

解析：B。由于使用 n 比特的序列号，因此可能的序号有 2^n 个。发送与接收窗口均使用这个序号空间，因此 $2^n/2 = 2^{n-1}$。

第 11 章

TCP 流控制

11.1 简介

TCP 为接收者提供了一种控制发送者发送数据量的方法。由于 CPU 和网络带宽的差异，收发 TCP 报文段的节点能够按照不同的数据率来工作。因此，可能会出现发送者发送数据的速率超出接收者处理能力的情况。

如果接收者的速率比发送者慢，那么接收者滑动窗口缓存中的部分数据字节将不得不被丢弃。TCP 采用流控制（flow control）的方法来处理这一问题。

11.2 什么是流控制

例如，想象一下你与朋友进行谈话。你们当中一人说话的时候，另一个人在倾听。你可能会在听到的同时点头示意，或者打断朋友的话说："慢一点儿，你说得太快了！"这实际上就是流控制。一些人的实际情况可能会稍好一些，但我们每个人都或多或少有类似经历。

通过点头来表明你已经听明白了，并且准备好了接收下一段信息，否则你就会告诉朋友他的语速太快。这就是流控制。

11.3 流控制与差错控制

网络负责从一台设备到另一台设备的数据传输。传输层负责控制发送者与接收者之间的数据流，而流控制是其中一个重要的设计目标。当发送者向接收者发送数据时，可能会出现如下情况：

发送者以较高的速率发送数据，而接收者动作过于迟缓导致无法支持该数据率。传输层采用了流控制来解决这一问题。

该机制同样也应用于网络的其他层。流控制的主要思想就是提升计算机网络的效率。

在端到端的传输中，数据从一个发送应用到一个接收应用要经历许多步，每一步都可能出错。通过差错控制（error control）过程，我们就能确定发送与接收的数据是一致的。在传输过程中，数据可能会被损坏。为了保障通信的可靠性，差错必须被检测出来，并得到修正。

差错控制是一个同时检测比特级差错和数据包级差错的过程，也是一个同时修正比特级差错和数据包级差错的过程。

差错类型

- □ 单比特差错（single bit error）：单比特差错是指在数据单元中只有一个比特位被反转，即从 1 变为 0，或从 0 变为 1。
- □ 突发差错（burst error）：突发差错是指在数据单元中两个及以上比特位被改变。突发差错也叫作数据包级差错，比如丢包、冗余、乱序。

同时需要注意的是，差错控制、差错检测与差错修正是相互间存在细微区别的概念。

1）差错检测（error detection）是指找到出错报文段的过程。

2）差错修正（error correction）是指找到并修正出错报文段的过程。

3）差错控制（error control）是指处理出错报文段的方法。

流控制描述了防止发送者以超出接收者处理能力的速度发送数据的技术。由于接收者的缓存空间是有限的，可能会因为溢出而没有空间来存储到来的数据帧。

差错控制描述了处理出错帧的过程，包括如何对一个帧进行差错校验，以及发现错误后该如何处理。

11.4 TCP 与流控制

TCP 通过控制发送者发出的数据量来实现流控制机制。这一功能是通过滑动窗口机制来实现的。接收者的 TCP 模块会返回给发送者一个确认消息来指明在最后一次成功接收到报文段之后可继续接收的报文段序号范围。这个可接收的序号范围称作窗口。

窗口的大小反映了接收者可用于接收新数据的缓存空间大小。如果该缓存大小由于接收者过载（overrun）而缩小，那么接收者将返回一个更小的窗口大小。在较为极端的情况下，窗口大小将减到极小甚至是一个 8 位字节。这就是迷糊窗口综合征（silly window syndrome）。大多数的 TCP 实现都会使用特殊的措施来避免这种情况。

滑动窗口机制的目的是保持信道总是填满数据来提高利用率，并且减少因等待确认消息而造成的延迟。

11.5 停止等待流控制

最简单的流控制方式叫作"停止等待流控制"。这个机制非常简单。发送者发送一个报文段，然后停下来等待接收者回传一个确认消息以证实该报文段已经无误地送达。接收者会返回一条确认消息来确认报文段的到达。这条确认消息也被称为 ACK（Acknowledgment）或者 RR（Receiver Ready）。

一旦发送者获得了确认消息，就能够发送下一个报文段。换句话说，每次只发送一个报文段，而且在发送下一个报文段之前当前传输的报文段必须被确认送达。

如下图所示，发送者位于左边，接收者位于右边。两者之间相隔一段距离。垂直的刻度轴表示时间，轴的顶端为时刻 0。一个报文段被发送出去需要经历一段时间才能到达接收者。图中的黑色箭头表明了报文段在传输至接收者的过程中对应的前端边界与后端边界。

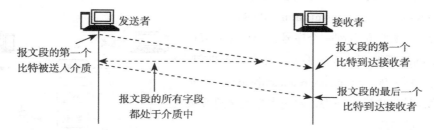

下图描述了停止等待流控制的过程。请注意，在大部分的时间里发送者与接收者除了等待什么都没做。

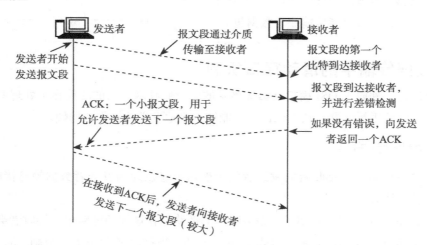

报文段通常会被编号以便对其进行追踪。同样地，确认消息也会被编号。停止等待流控制只需要将报文段编号为报文段 0 与报文段 1 即可。相应地，确认消息则被编号为 ACK 0 与 ACK 1。

请注意在上图中发送者拥有大量的空闲时间。当报文段较小时，更多的时间用在等待传输数据及其 ACK 的返回。对于这个低效率问题的解决方法是发送更大的报文段。当报文段更大时，发送数据所用的时间会更多。如果出错较少，那么发送较大报文段的效率会更高。然而，一旦发生错误，整个报文段都必须重传。报文段越大，其发生错误的可能性也越大。

因此，当报文段大小增长到一定程度以后传输效率将不再得到明显的提升。在错误频出的情况下，选择较小的报文段更合适。

11.6　主动确认与重传

源节点发送一个数据包，并启动计时器（timer），然后等待接收到确认消息后再发送新的数据包。通过上述方法，一个简单的传输协议实现了可靠性与流控制技术。如果在计时器超时之前未收到确认消息，源节点将重新传输数据包。这一技术称作主动确认与重传（Positive Acknowledgment and Retransmission，PAR）。

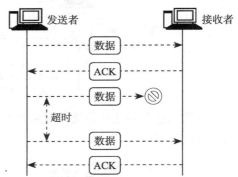

通过为每个数据包分配一个序号，PAR 允许节点追踪那些由网络延迟而造成的丢失或冗余的数据包。这样会造成提前重传（premature retransmission）。序号被添加在确认消息中发送回去，发送者据此来追踪某一个报文的确认消息。

PAR 没有高效地利用带宽资源。这是因为一台主机必须等待接收到确认消息之后才能发送下一个新的数据包，而且一次只能传输一个数据包。

11.7　数据传输中的滑动窗口机制

滑动窗口是一种属于 OSI 模型数据链路层的流控制技术。它的功能在于处理两个上层应用在传输数据时的丢帧问题，从而保证两者能够有序地发送并接收数据帧。

11.7.1　两种确认方案

在滑动窗口机制中，接收者向发送者发出确认消息以通知发送者数据帧已接收或丢失。目前，有两种确认方式。

1）ACK（确认）方案通常用于一条多噪声的链路。在这样的链路中，接收者会为收到的每一个数据帧发送一个 ACK 消息。（需要注意的是，当接收者发送了一个帧 s 的确认消息，这就表明 s 及其之前所发送的所有数据帧已经接收到。）

2）NAK（消极确认）通常用于一条可靠的链路。在这样的链路中，丢包现象并不频繁。因此，该方案只要求接收者对丢失的数据帧发送一条确认消息。

11.7.2　TCP 中的滑动窗口机制

TCP 是一个滑动窗口协议。由于 TCP 滑动窗口允许节点在等待接收一个确认消息之前发送多个数据包（或更多字节数据），因此它能够比 PAR 更加高效地利用网络带宽资源。

　　在 TCP 协议中，接收者在每一个数据包中指出当前的窗口大小。由于 TCP 提供的是一个字节流的连接，因此窗口大小是用字节数来表示的。也就是说，窗口是发送者在等待接收到一个确认消息之前允许发送的数据字节数目。窗口的初始大小一般在连接建立时即被指定，但在整个数据传输过程中它会不断地改变以实现流控制功能。例如，窗口大小为 0 时表示"不能再发送任何数据"。

　　滑动窗口协议中的窗口大小指定了发送者在不得不停下来等待接收者返回确认消息之前能够发送的数据量。这一上限的设置实现了以下几点：

　　首先，这是一种流控制方式，以防止发送端的过度传输使接收端的缓存溢出。

　　其次，这是一种速率匹配方式，能够允许发送者保持自己的发送速度，而不必停下来等待接收端确认所发出的字节。窗口大小指出了发送者能够超前于接收者多少字节。

　　最后，如下所示，这还是一种性能优化机制，能够充分利用底层网络的特点。

　　接收者利用 TCP 协议中的 16 位窗口字段来告知发送者它还希望接收到多少字节的数据。由于窗口字段被限定为 16 位，因此这也决定了最大的窗口大小为 65 535 字节。

　　接收者通过发布窗口大小（即*通知窗口*（advertised window））告诉发送者从 TCP 字节流的当前位置开始还可以发送多少数据，而不必去等待接收任何确认消息。由于发送者发送数据之后会被接收者确认，所以窗口在字节流中滑动向前以覆盖更多的数据。这一概念被称为*滑动窗口*（sliding window），如下图所示。

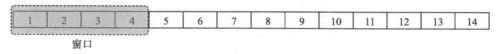

　　上图中，在窗口边界内的所有数据都可以被发送者发出。

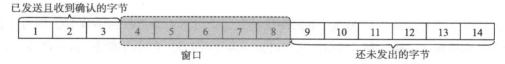

　　数据流中所有比窗口更早的字节都已经发送且被确认。所有位于窗口前面的字节都未被发送。它们必须等待窗口向前滑动将其覆盖后才能由发送者发出。每次返回确认消息时，接收者都能够调整窗口的大小。

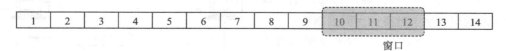

例子

　　例如，在 TCP 滑动窗口的一次操作中，发送者将向接收者发送的字节序号为 1 到 10，且接收者的窗口大小为 4。发送者将把窗口设置在头 4 个字节处，并将这 4 个字节一起发出。然后，发送者停下来等待确认消息。

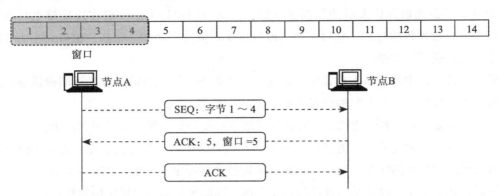

接收者返回一个 ACK=5 的确认消息，表示自己已经接收到了字节 1 ～ 4，并且接下来希望收到字节 5。此外在包含该确认消息的数据包中，接收者还指出其窗口大小为 5。之后，发送者将其滑动窗口右移 4 个字节，并发送字节 5 ～ 9。

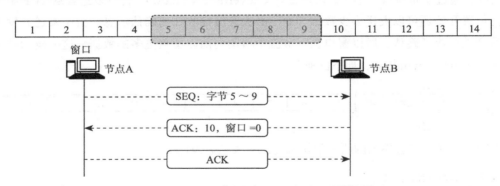

然后，接收者返回一个 ACK=10 的确认消息，指出下面希望收到字节 10。同时在该确认消息的数据包中，接收者可能指出其窗口大小为 0（因为，它的内部缓存区已经满了）。这时，发送者不能再发送任何字节，直到接收者发送另外一个窗口大小大于 0 的数据包为止。

11.7.3 缓存大小

在不得不停下来等待确认消息之前，发送者所能发出的字节数受两大因素制约：

1）接收者的缓存大小：接收者的缓存大小与之相关是因为发送者发出的字节数不能超出接收者的缓存空间大小，否则数据将会丢失。

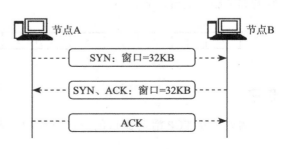

2）发送者的缓存大小：发送者的缓存大小与之相关是因为只有接收者确认过已发送字节之后，发送者才能从发送缓存区收回对应的字节空间。万一网络丢失数据，发送者能够重新发送丢失的字节。

接收者在回复给发送者的每一个确认消息中会添加 TCP 窗口大小的数值，因此发送者能获悉接收者的剩余缓存区大小。此外，发送者必须时刻掌握自身发送缓存区的大小。

然而，发送者所使用的有效窗口大小实际上是接收者所通告的 TCP 窗口大小与发送者自身的发送缓存大小之间的最小值。TCP 窗口大小实际上也是根据接收者未使用的接收缓存大小而确定的。为了改变有效窗口大小以达到最佳性能，TCP 连接两端的缓存大小都必须进行调整。

11.7.4　窗口大小

TCP 窗口大小指出了能够从发送者发向接收者的未确认字节数量。TCP 报头中的窗口大小字段是一个 16 位的无符号数值。该字段能提供最大值为 0xFFFF（即 65 535 字节）的 TCP 窗口大小。当超出该范围时，可以采用窗口循环的方法处理，这一点将在后文中进一步介绍。一个套接字有两个窗口大小，每个连接的传输方向各对应一个。两个窗口大小的数值可以不相同。

接收者节点在回复给发送者的每一条确认消息中都通告了自己的窗口大小。确认消息可以是独立的报文段，即为纯确认消息（pure acknowledgement），也可以被捎带在反向的报文段中传送给发送者。其中所通告的窗口大小为接收者缓存中剩余的空间大小。这就是滑动窗口机制在流控制功能中的体现。

窗口大小也指出了发送者在必须停下来等待接收者回复的确认消息之前可发出的最大字节数。发送者必须缓存所有已发出的字节，直到这些字节被接收者确认为止。这样，发送者能够应对重新发送字节的情况。这是 TCP 在可靠性方面的体现。发送者在接收者通告大小为 0 的窗口之前，可以维持自身的速度继续发送工作。这是 TCP 在速度匹配功能方面的体现。

接收者根据接收缓存大小来确定所通告的初始 TCP 窗口大小。

11.8　利用通知窗口进行流控制

借助 TCP，一个慢速的接收者能够限制发送者传送的数据量。这一功能已被整合在滑动窗口算法中，这样接收者就能够控制发送者窗口的大小。接收者通过 TCP 报头中一个 16 位的数值（通知窗口字段）将其窗口大小的字节数告知发送者。根据从接收者处收到的 TCP 报文段，发送者相应地对自身的窗口大小进行调整。

11.8.1　通知窗口

　　TCP 通过让发送者维护一个称作接收窗口（也叫通知窗口）的变量来提供流控制功能。通知窗口可以帮助发送者了解接收者缓存中还有多少可用的剩余空间。在一个全双工连接中，连接两端的发送者需要各自维护一个不同的通知窗口。

　　通知窗口是动态的。也就是说，它的变化贯穿于整个 TCP 连接的生存期。让我们来分析一个文件传输例子中的通知窗口。假设源节点通过一条 TCP 连接向目的节点发送一个大文件。目的节点会为这条连接分配一个接收缓存，并用 MaxRcvBuffer 表示该缓存的大小。目的节点的应用进程不断地从接收缓存中读取数据。

11.8.2　TCP 发送与接收缓存

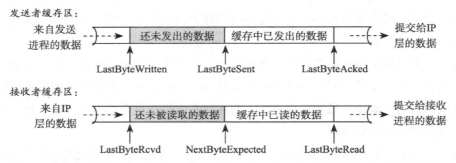

　　为了理解发送与接收进程之间的通信，我们需要对它们的缓存区有清楚的认识。在 TCP 中，发送与接收端的进程都维护缓存区。在发送端，缓存区被用来存储那些已发送但未被确认的数据，以及那些被发送应用写入但未被发出的数据。在接收端，缓存区保留着那些已到达但还未被应用进程读取的数据。

　　让我们定义如下的变量：

　　LastByteWritten= 在源主机中，被应用进程写入缓存区的数据流中最后一个字节的序号。

　　LastByteSent= 在源主机中，被应用进程发送到目的主机的数据流中最后一个字节的序号。源主机中的应用进程将会等待这些字节的 ACK 确认。

　　LastByteAcked= 由目的主机发送 ACK 确认并被源主机应用进程接收的数据流中最后一个字节的序号。

　　NextByteExpected= 目的主机的应用进程期望从数据流中读取的下一个字节的序号。

LastByteRead= 目的主机应用进程从缓存区读取的数据流中最后一个字节的序号。

LastByteRcvd= 目的主机从网络接收并保存在缓存区的数据流中最后一个字节的序号。

由于接收者不可能确认还未发送的字节，所以：

$$LastByteAcked \leqslant LastByteSent$$

由于 TCP 不可能发送应用进程还未写入的字节，所以：

$$LastByteSent \leqslant LastByteWritten$$

然而由于传输过程中存在乱序问题，上述不等式看起来有些不太直观。如果一个字节以及之前传输的所有字节未被接收，那么应用将无法读取该字节。这一点是毋庸置疑的，可用以下关系式表示。

$$LastByteRead < NextByteExpected$$

NextByteExpected 指出了紧跟符合这一条件的最新字节的下一个字节。也就是说，如果数据按序到达，那么 NextByteExpected 指的是 LastByteRcvd 后面的那个字节；而如果数据乱序到达，那么 NextByteExpected 指的是在数据流中第一个空缺处的开始字节。

$$NextByteExpected \leqslant LastByteRcvd+1$$

在图中需要注意的是，LastByteRead 之前的那些字节不需要被缓存，因为它们已经被本地应用进程读取。LastByteRcvd 之后的字节也无需缓存，因为它们还没有到达。

因为 TCP 不允许分配的缓存区溢出，所以必须保证：

$$LastByteRcvd - LastByteRead \leqslant MaxRcvBuffer$$

接收窗口定义为 AdvertisedW，且设置为缓存区中剩余空间的大小：

$$AdvertisedW = MaxRcvBuffer - [(NextByteExpected - 1) - LastByteRead]$$

由于剩余空间随着时间而变化，因此 AdvertisedW 的数值是动态的。

连接是如何使用变量 AdvertisedW 来提供流控制服务的呢？目的主机通过将当前 AdvertisedW 的数值添加到每个报文段的窗口字段来告知源主机自己的连接缓存中还剩余多少空间。初始化时，目的主机将 AdvertisedW 的大小设置为 MaxRcvBuffer。注意，为了实现这一功能，目的主机必须追踪一些与连接相关的变量。

源主机依次追踪两个变量 LastByteSent 与 LastByteAcked。这两个变量的含义能很容易从名称中看出。需要注意的是，这两个变量之差等于在连接中由源主机发出而尚未得到确认的数据数量。

通过将未确认的数据量维持在数值 AdvertisedW 以内，能够确保源主机不会让目的主机的接收缓存溢出。因此，源主机能够保证以下不等式在整个连接的生存期内都成立：

$$LastByteSent - LastByteAcked \leqslant AdvertisedW$$

上述方案存在一个附带的技术问题。为了弄清楚这一问题，假设目的主机的接收缓存已满，那么有 AdvertisedW=0。在告知源主机 AdvertisedW=0 之后，同时假设目的主机恰好已无任何数据需要发送。

最终，发送者会计算出一个有效窗口来限制发出的数据量：

$$EffectiveWindow = AdvertisedW - (LastByteSent - LastByteAcked)$$

在目的主机应用进程清空缓存时，TCP 不会向源主机发送带有 AdvertisedW 新值的报文段。TCP 只会在有数据或确认消息需要发送时向源主机发送报文段。

因此当目的主机的接收缓存中已有空间被重新开放时，源主机并不会得到通知。此时，源主机已被阻塞，不能发送更多数据！为了解决这个问题，TCP 规范要求当目的主机的通知窗口为 0 时，源主机继续发送包含一个数据字节的报文段。这些报文段将会被接收者确认。最终，缓存区会被逐渐清空，而确认消息中也会包含 AdvertisedW 的非 0 数值。这一项技术叫作探测（probing）。

在介绍完 TCP 的流控制服务后，我们需要在此简单地说明 UDP 是不提供流控制的。为了理解这个问题，可以考虑从一个源主机的进程向另一个目的主机的进程发送 UDP 报文段的情形。

在一个典型的实现中，UDP 会把报文段（更确切来说，应该是报文段中的数据）添加到一个有限大小的队列中。该队列的优先级高于相关套接字（即进程的出口）。进程每次会从该队列中读取一个完整的报文段。假如进程从队列中读取报文段的速度不够快，那么队列将会溢出，而报文段将会丢失。

11.9   分段与纳格算法

由于 TCP 是一个面向字节的协议，因此每个字节都有属于自己的序列号。然而，TCP 是通过报文段来传送字节的。一个与流控制相关的问题是 TCP 如何决定何时发送。

理想的情况是，TCP 使用最大段大小（Max Segment Size，MSS）来限制报文段。同时，报文段还会受到下层网络所允许的最大传输单元（Max Transmission Unit，MTU）的限制。因此有 MSS<MTU，从而避免在网络层出现额外报文段的情况。

然而，TCP 应该等待字节不断地积累，直到填满一个 MSS 的报文段才发送出去吗？还是应该立即发送数据，哪怕只是一个包含少量字节的小报文段呢？后一种情况意味着较低的带宽利用率。因为在发送的小报文中 TCP（与 IP）报头占用了相对较多的字节，从而造成较大的开销。然而，如果确实只需要发送很少的字节时，那么这一点就显得无关紧要了。那么，为什么会造成这种情况呢？答案就在三个相似但实际不同的问题中：

1）小 ACK 问题：接收端的应用程序不会向发送端返回应答消息，导致接收端发送空的 TCP 报文段以寻求确认。

2）糊涂窗口综合征（SWS）：接收端的应用程序处理较慢，导致其告知了一个过小的窗口大小。

3）小报文段问题：发送端的应用程序处理较慢，每秒只有很少的字节能提供给发送端。

11.9.1　小 ACK 问题

为了解决小 ACK 问题，TCP 协议规定了 TCP 应该执行一个延迟确认策略。

为了减少网络流量，主机不会立即发送一个确认消息，而可能会允许用一个应答数据报来确认多个 TCP 报文段，或者是利用要发送回远程主机的数据将确认消息一起发送出去。

这意味着 TCP 应该延迟确认直到接收者有响应数据报需要发送回去，并且将确认消息捎带在响应数据报中发出。由于会出现暂时没有需要发送的响应数据报的情况，所以延迟的时间应该小于 0.5s，一般取 200ms。除此之外，在一个有 MSS 限制的分段流中，需要至少每隔一个报文段确认一次。

11.9.2　糊涂窗口综合征

糊涂窗口综合征（SWS）问题会降低 TCP 的性能。TCP 连接的任何一端都可能导致这一问题：

❑ 接收者可能通告了一个过小的窗口（而不是等待出现更大的窗口，然后再进行通告）；

❑ 发送者传输的数据量可能过少（而不是等待更多的数据，然后发送一个较大的报文段）。

上述两方面可概括如下：如果数据以大块的形式传递给 TCP 报文段的发送者，而与之交互的接收者的应用程序只能够以每次 1 个字节的速率读取数据，那么就会导致糊涂窗口综合征问题。

如果是由于发送端应用程序过慢而造成了糊涂窗口综合征，那么可以采用纳格算法来解决。其步骤如下：

1）发送者发出第一个报文段，即使这是一个小报文段。

2）接着，发送者等待接收到一个 ACK 确认，或者累积满一个最大的报文段。

3）在剩下的传输过程中重复第 2 步。

如果是由于接收端应用程序过慢而造成了糊涂窗口综合征，那么可以采用以下两种解决方法：

1）Clark 的解决方法：只要有数据到达，就发送一个 ACK，并且关闭窗口直到另一个报文段到达或者缓存区有一半的剩余空间为止。

2）延迟 ACK：以最多 500ms 的时间间隔延迟发送 ACK；这会导致发送者停止传输，但并不会改变它的窗口大小。

Clark 的方案是为了避免接收者进行一个字节大小的窗口更新。取而代之，它要求接收者必须等待累积一定量的可用空间，才可以将对应的数值通告出去。特别地，只有在自己能够处理最大段大小或者缓存达到半数空闲时，接收者才能够发送一条窗口更新消息。其中，最大段大小是在 TCP 连接建立时由接收者告知的。需要注意的是，上述两个条件中只需满足数值较小者即可。发送者同样也会从避免发送小报文段中受益。相应地，发送者需要等待足够填满一个窗口大小的数据才会发送一个满负载的报文段，或者是累积到一个不小于接收者缓存区一半大小的报文段再发送出去。

纳格算法与 Clark 的方法是针对糊涂窗口综合征的补充。纳格算法试图解决由于发送端应用每次只向 TCP 模块提交一个字节所引起的问题。Clark 方法试图解决由于接收端应用每次只从 TCP 模块读取一个字节所引起的问题。这两种解决方案可以同时使用。目的是避免发送者发送小报文段，以及接收者请求小报文段。

11.9.3　小报文段问题

与前两个问题相比，小报文段问题的解决方法必须定位在发送端。它的解决方案更为复杂。下面的例子描述了相关的过程。

SSH 应用的一个用户输入了 25 个字符，每隔 200ms 输入一个字符。

如果 TCP 即时发送这些数据，那么数据的每个字节（字符）会产生 20 字节的 TCP 报头与 20 字节的 IP 报头（当我们学习 IP 数据报格式时会发现这一点），从而导致 40：1 的开销（总开销 1000 字节）。虽然在像以太网这样的局域网中这种情况是可以接受的，但在拥塞度较高的广域网中是不能接受的。

从另一方面来看，如果 TCP 想要凑够一个 MSS 大小的报文段，那么它应该等待多久呢？这一点会影响到应用程序的响应能力。例如，想象一下用户点击了返回而什么都没有发生，而原因在于 TCP 正在等待输入更多的字符！

一种工程上的解决方法是在发送一个小报文段（小于 MSS 的字节数）之前等待一段预设的时间。因此，TCP 可以使用一个计时器来计时，比如每 500ms 开始一次计时。在计时器规定的时间内，TCP 会拼凑一个尽可能大的报文段，然后发出。然而不幸的是，这个方法在大多数网络中的表现不尽如人意。

11.9.3.1　例一：RTT 为 50ms 的局域网

用户每 2 到 3 个字符会收到一个应答。开销为 16：1（总开销 400 字节）。这并不是一个好的解决方案。

11.9.3.2　例二：RTT 为 5s 的广域网

在这种情况下，因为用户无论如何都必须等待 5s 才能收到第一个应答，因此应用的响应能力不至于太差。然而，开销还是很高。我们仍然有很多的报文段要发送到广域网中（10 个报文段）。这意味着 TCP 在发送每个报文段之前都要等待更长的时间。如果在例一的局域网条件下，这一问题将会变得更加糟糕。

11.9.3.3 纳格算法

从以上两个例子可以总结出，我们需要一个可以适应网络环境的计时器，比如，局域网用快计时器，广域网用慢计时器。

约翰·纳格提出了一种自同步（self-clocking）的算法。在该算法中发送者使用确认消息来触发计时器。发送者会延迟报文段的发送，直到所有未完成传输的数据都已被确认（停止与等待），或者 TCP 凑够了一个 MSS 大小的报文段为止。纳格算法用伪代码表示如下：

```
while more data{
    if both available data and the window ≥ MSS
        Send a full segment
    else{
        // stop and wait
        if there is unACKed data in transit
            Buffer the new data
        else
            Send data in a small segment
    }
}
```

因此，在较快的局域网中，纳格算法的行为看起来就像停止等待小的报文段，但是存在较高的开销。在较慢的广域网中，纳格算法则意味着更多的等待，但是效率更高。让我们来回顾一下前文中的两个例子。

在 RTT 为 50ms 的局域网中，在输入每个字符时不会有仍在传送中的数据（因为 50ms<200ms），因此字符会被立即发出。响应很快，但是开销变成了 40∶1（发送 25 个字符总共要传送 1000 个字节）。这对于局域网来说是适用的。

在 RTT 为 5 s 的广域网中，在输入第一个字符时没有仍在传送中的数据，因此它会被立即发出。然而，剩下的字符将等待确认消息（因为 5 s=25 × 200ms）。当确认到达时，剩下的 24 个字符将在一个报文段中被一同发送。开销为 3.2∶1（总共要传送 80 字节）。合计只向广域网中发送了 2 个报文段。这对广域网来说是适用的。

习题与解答

1. 如果流控制和差错控制是工作在数据链路层的，那么为什么还需要在传输层也进行流控制和差错控制呢？

解析：传输层是一个端到端的层，而数据链路层只是连接了两个相邻的网络节点。流控制和差错控制足以避免数据包在一条链路上丢失或出错，但是不能防止数据包在更高层（即网络层）中被丢弃或者出错。网络层的拥塞就是一个能够说明问题的好例子。

如果路由器因为自己的缓存区溢出而丢弃了一个数据包，那么该数据包即使已被数据链路层可靠地传输，也还会在网络层被丢弃。因此，数据链路层的流控制与差错控制不会对结果产生影响。为了恢复这个数据包，我们需要在更高层（即传输层）中实现差错控制机制。

2. 发送者 S 使用流控制协议与接收者 R 进行通信，所用窗口大小为 3 个数据包。这表示 S 每次最多可以发送三个未确认的数据包。每个数据包都有一个序号，且从 1 开始编号。R 总是通过将数据包的序号回发给 S 来对当前数据包进行确认（例如，当 R 收到一个序号为 2 的数据包时，它会发送一个包含 2 的确认消息（给 S）。

忽略数据包的传输时间，并且假设数据包与确认消息在网络中都没有被重新排序。用 RTT 来表示 S 和 R 之间的往返时间。S 使用两种机制来重传一个数据包：

- 超时：若 S 在发出一个数据包后 T 秒的时间内未收到对该数据包的确认，那么 S 将重新发送该数据包，其中 T>RTT。
- 乱序确认（out-of-order ack）：若 S 收到一条确认消息的序列号高于数据包 p 时，S 将重传数据包 p。例如，假设数据包 3 还未得到确认，而 S 却接收到了数据包 4 的确认（ACK 4），那么 S 会认为 R 未曾收到过数据包 3 并且立即将其重新发送。

假设 S 想要尽快发送一个文件到 R。该文件会产生 8 个数据包。在传送过程中最多有一个数据包（或确认消息）会丢失。请回答以下问题，并用 T 与 RTT 来表示答案。

A）最短的文件传输时间是多少？文件传送时间指的是从 S 发出第一个数据包的时刻开始到接收到最后一条确认消息的时刻为止所经历的时间。

B）假设 S 只采用超时重传机制，那么可能花费的最长文件传送时间是多少？请给出一个能达到最大传送时间的情景，并且指出在该情景中哪一个数据包或确认消息是被丢弃的（如果有的话）。

C）重复 B 的问题，但是假设 S 同时使用了超时与乱序确认两种重传机制。

解析：

A）$3 \times RTT$：没有数据包或确认消息丢失。

B）$3 \times RTT+T$：在最后一个窗口中有一个数据包丢失。

C）同 B，如果最后一个数据包丢失。

3. 流控制是一个协议通常会实现的关键功能之一。这一描述是否正确？

解析： 对

4. 考虑使用一个速率为 1024 kbps 的无差错信道（error-free）沿一个方向发送大小为 512 字节的数据帧，并且会沿相反方向回复很短的确认消息。假设传播延迟为 50ms。当窗口大小分别为 1、7、15、127、255 时，最大吞吐量是多少？

解析： 传输一个 512 字节的帧（4096 比特）需要占用信道的时间为 4096/1 024 000 秒，即 4ms。往返与传播时间为 104ms，因此我们需要一个大小为 104/4，（即 26 个帧）的窗口来保持信道一直被占用。当窗口大小为 1 时，我们能够每隔 104ms 发送 4096 比特，这样可以达到 39.39 kbps 的吞吐量。当窗口大小为 7 个帧时，吞吐量将变为 7 倍，即 275.69 kbps。其他情况可依次类推，但需要注意 1024 kbps 是上界。

5. 在问题 4 的背景下，若要让协议工作在信道的全速率状态下，则需要将最小窗口大小设置为多少？

解析： 当窗口大小达到 26 个帧及以上时，能使用全速率 1024 kbps。

注意： 由于问题描述中没有清楚地指出是否忽略 ACK，因此如下答案也可以接受。由于需要发送 ACK 对数据进行确认，因此协议永远不可能工作在全速率状态下。

6. 考虑发送窗口大小为 10 且序列号取值范围为 1024 的 Go-Back-N 协议。假设在时刻 t，按顺序接收者期望收到的下一个数据包的序列号为 k。假设介质不会对数据包重新排序。那么，时刻 t 在发送者的窗口内，可能的序列号的集合是什么？

解析：在这个问题中，我们的窗口大小为 $N=10$。假设接收者已经收到了 $k-1$ 号数据包，且该数据包及其之前的所有数据包都已经被确认过。如果所有的这些 ACK 确认都已被发送者接收，那么发送者的窗口将变为 $[k, k+N-1]$。

接下来再假设发送者没有接收到任何 ACK。在这种情况下，发送者的窗口包含 $k-1$ 号以及 $k-1$ 号之前的总共 N 个数据包。因此，发送者的窗口为 $[k-N, k-1]$。通过以上分析可知，发送者的窗口为从范围 $[k-N, k]$ 的某处开始，且大小为 10。

7. 在时刻 t 返回给发送者的消息中，ACK 字段的所有可能取值是多少？

解析：若接收者正在等待 k 号数据包，那么它之前必定已经收到（且确认过）第 $k-1$ 号及其之前的 $N-1$ 个数据包。若发送者还未收到这 N 个确认消息中的任何一个，那么序号范围为 $[k-N, k-1]$ 的确认消息可能仍然还在回发的途中。由于发送者已经发出了序号为 $[k-N, k-1]$ 的数据包，那么发送者必定已经接收到了 $k-N-1$ 号数据包的确认。一旦接收者发出一个序号为 $k-N-1$ 的确认消息，它将不会再发送编号小于 $k-N-1$ 的确认消息。因此正在传输中的 ACK 序号范围是从 $k-N$ 到 $k-1$。

8. 在使用 Go-Back-N 协议的前提之下，发送者是否有可能接收到对当前窗口之外的某个数据包的 ACK 确认？

解析：可能。假设发送者的窗口大小为 3 且在 t_0 时刻发出了序号为 1、2、3 的数据包。在 t_1 时刻（$t_1 > t_0$）接收者确认了这三个数据包。发送者在 t_2 时刻（$t_2 > t_1$）时间耗尽，重新发送了数据包 1、2、3。在 t_3 时刻接收者收到这些冗余的数据包，并重新确认了它们。发送者于 t_4 时刻接收到之前接收者在 t_1 时刻发送的 ACK 确认，然后将自己的窗口向前推进到 4、5、6。之后在 t_5 时刻，发送者又收到了接收者在时刻 t_2 重发的 ACK 确认。这些重发的 ACK 就是在窗口之外的确认。

9. 假设主机 A 正在向一个多播组进行发送。目的主机是一棵树的叶节点。这棵树以 A 为根，高度为 N 且每个非叶节点有 k 个孩子。因此，总共有 k^N 个目的主机。在本问题中，所有 ACK 忽略不计。若 A 向所有目的主机发送一条多播消息，那么总共将涉及多少条独立链路上的传输？

解析：一次多播传输将涉及所有的 $k+k^2+\cdots+k^N = \dfrac{k^{N+1}-k}{k-1}$ 条链路。

10. 若 A 向每一台目的主机发送一个单播消息，那么总共将涉及多少条独立链路上的传输？

解析：一次单播传输将涉及 N 条链路，向每个目的主机发送单播消息共需要条链路 $N \times k^N$。

11. 假设主机 A 向所有目的主机发送一条多播消息，但有所占比例为 f 的一部分目的主机未成功收到该消息。选项（i）为分别向未收到消息的每台目的主机进行一次单播传送。选项（ii）为向所有目的主机进行一次多播传送。哪一个选项需要的独立链路传输次数更多？（你的答案应以 N、k 和 f 为参数）

解析：对占比例为 x 的接收者进行的额外的单播传送将占用 $x \times N \times k^N$ 条链路。令其等于问题 9 的答案，得到

$$x = \frac{k^{N+1} - k}{(k-1) \times N \times k^N}$$

12. 主机 A 正通过一条全双工的链路向主机 B 发送数据。A 与 B 都使用滑动窗口协议进行流控制。发送与接收窗口的大小均为 5 个数据包。所有数据数据包长度（仅从 A 向 B 发送）都为 1000 字节，且其传输时间为 50μs。确认数据包（仅从 B 向 A 发送）的大小非常小，所需的传输时间可以忽略

不计。链路的传播延迟为 200μs。在此次通信中可以达到的最大吞吐量为多少？

A）7.69×10^6bps

B）11.11×10^6bps

C）12.33×10^6bps

D）15.00×10^6bps

解析： B

数据包大小 = 1000 字节

数据包数量 = 5

总数据量 =5000 字节

传播延迟 = 200μs

传输时间 = 50μs/ 数据包

传输 5 个数据包的时间 =5 × 50μs=200μs

传输 5 个数据包总共花费的时间 =250 + 200 = 450μs

吞吐量 = 数据 / 时间 = $\dfrac{5000}{450 \times 10^{-6}}$ =11.11 × 10^6 字节 / 秒

第 12 章

TCP 拥塞控制

12.1　简介

当今的世界，TCP 协议承载着巨大的 Internet 流量。因此，Internet 的性能很大程度上依赖于 TCP 工作的好坏。TCP 在源与目的节点的两个进程之间提供了一种可靠的传输服务。

拥塞控制机制是 TCP 协议另一个重要的组成部分。TCP 协议的重要策略是将报文发送到网络中，然后观察所发生的事件并做出反应。在 20 世纪 80 年代后期，Van Jacobson 将 TCP 拥塞控制引入 Internet 中。这大约发生在 TCP/IP 协议栈投入使用 8 年之后。

为了管理一条连接中双向（客户端到服务器方向与服务器到客户端方向）发送的数据，TCP 协议实现了多种机制：流控制、拥塞控制，以及拥塞避免。

12.2　什么是网络拥塞

随着对网络（比如因特网）依赖程度的增加，我们对网络资源的竞争也在加剧。这种竞争会影响网络的性能。虽然在负载较轻的情况下任何网络都能够正常的工作，但是一些问题会在大规模地使用网络时暴露出来。

在网络所面临的问题中，最常见也最值得注意的问题是数据的丢失。虽然在一个网络中造成数据丢失的原因有很多，但是网络拥塞（congestion）是最常见的原因。简单地来讲，拥塞是指当一个网络的负载非常繁重时所造成的网络性能损失。具体来说，这种性能损失可以是数据丢失，也可以是数据传输时出现了正常情况下无法接受的巨大延迟。鉴于上述现象，控制并且避免拥塞是网络管理与设计中的一个关键问题。

包交换网络是最常见的计算机网络类型，即网络中的节点之间以报文的形式来相互发送数据。存储 – 转发是用于传输数据的最常见策略。每个节点等待接收到一个完整的报文，然后再将该报文发送到合适的输出链路上。

Internet 显然是包交换网络中最著名的例子。路由器可以采用多种不同的方法来计算从源端到目的端的路径。当我们讨论拥塞控制时，实质上我们是在讨论如何对这些路由器上的报文进行控制。

在路由器上，当以某条输出链路为出口的输入报文流的带宽超出了链路本身的带宽时，便产生了拥塞。上图描述了在一台路由器上发生拥塞的例子。

12.3   拥塞的类型

一般分为两种类型的拥塞：短暂拥塞和持久拥塞。

短暂拥塞可以通过路由器中的一个缓存队列来进行管理。在拥塞发生期间，队列将不断增长以容纳那些过量的报文。一旦拥塞阶段结束，队列中的缓存数据就会被转发到合适的输出链路上。

另一方面，当大量的数据造成缓存溢出时，我们认为出现了持久拥塞。

短暂拥塞只会造成一些数据传输的延迟，而持久拥塞却会导致数据的丢失。这些问题可以通过两种方法进行处理。一种方法是由路由器来检测缓存队列的增长情况，并通知源节点降低传输速率。这一策略被称作拥塞避免（congestion avoidance）。

另一种方法是使用端到端的策略，即由两端主机使用间接的方法来检测拥塞，而路由器不再直接参与其中。这种机制被称作拥塞控制（congestion control）。在 TCP/IP 协议中，上述两种方法都用于处理与拥塞相关的问题。

12.4   TCP 流控制概述

TCP 协议的主要功能之一是使发送者的传输速率与接收者和网络的传输速率相匹配。对于传输而言，达到足够高的速率以保证良好的性能固然重要，但也需要防止巨大的流量淹没网络与接收端主机。

接收者可以通过 TCP 协议中的 16 位窗口字段来告知发送者自己愿意接收的字节数。由于窗口字段限定最大为 16 位，因此 TCP 所能提供的最大窗口大小为 65 535 字节。

接收者通过将窗口大小（也称作通告窗口）告知发送者，指出从 TCP 字节流的当前位置开始还可以发送多少数据且无需等待下一个确认消息（ACK）。随着发送者发出的数据被接收者确认，窗口在字节流中向前滑动，从而覆盖更多的数据。这一概念被称作滑动窗口（sliding window），如下图所示。

如图所示，只有位于窗口边界内的数据才能够被发送者发送。

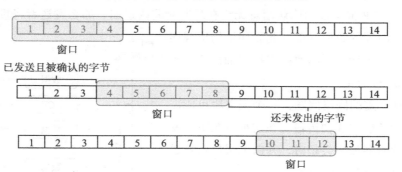

那些在数据流中位于窗口之后的字节已经被发送出去且已被接收端确认，而位于窗口之前的字节还未被发送出去。它们必须等待窗口向前滑动并将其覆盖时才能由发送者发出。接收者在每次向发送者返回确认消息时，可自行调整窗口的大小。

从根本上来看，最大传输速率受限于接收者接收与处理数据的能力。然而，这项技术意味着 TCP 发送者与接收者之间隐含着一种信任安排。发送者与网络也可以在决定数据流的传输速率方面起到一定的作用。

65 535 字节的窗口大小上限是我们需要考虑的重点。假设一个典型的互联网络拥有高达 1Gb/s 甚至更高的链路速度。大小为 125 000 000 字节的数据在一个 1Gb/s 的网络中的传输时间为 1 秒。这意味着如果两台 TCP 主机通过这条链路进行通信，那么每一秒在一个链路方向上最多只有 65 535/125 000 000，即 0.0005 的带宽被利用！

意识到在高速网络中存在着使用更大窗口的需求，Internet 工程任务组（IETF）颁布了一项标准来实现窗口扩大选项。这项标准有效地将窗口字段从 16 位扩展到 32 位，即一个窗口最多可容纳超过 40 亿字节的数据。

重传、超时与冗余确认

TCP 依赖于从网络与远程主机处获得的隐含信号。这意味着 TCP 使用网络与远程主机的信息来控制数据流的速率。TCP 以一种简单的方式来处理这一问题。

发送者通过使用计时器来了解当前的网络环境。对于发出的每一个 TCP 报文段而言，发送者期望在一段时间之内能够接收到确认消息，否则计时器超时，从而提示出错的信号。

对于一条端到端的 TCP 连接而言，任何一个 TCP 报文段都可能在沿途的某处丢失。通常，这是由于网络路由器出现拥塞而丢弃过量的报文造成的。TCP 协议不仅能够校正这种情况，而且还能够从中获取网络环境的信息。

每当发送出一个 TCP 报文段时，发送者会启动一个计时器来跟踪记录接收到该报文段的确认消息所花费的时间。该计时器也被称作重传计时器。假如确认消息在计时器超时之前返回，那么计时器只需被重置，而不用再做任何处理。通常，计时器的默认值被初始化为 1.5 秒。

如果一个 TCP 报文段的确认消息无法在超时时间内返回，那么发送者将重传该报文段，并且将重传计时器的数值翻倍。此后如果仍出现连续超时，那么重传计时器的数值将持续翻倍，直到达到最大值 64 秒为止。

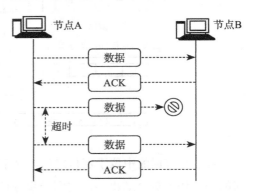

如果出现严重的网络问题，一个报文段可能需要花费数分钟才能被成功传输。在这种情况下，发送端的重传计时器最终会超时，并向上层负责发送的应用程序返回一个错误信息。

TCP 超时与重传策略是基于对两台通信主机之间的往返时间（round-trip time）进行测量。在一条 TCP 连接的通信期间，往返时间会因为网络流量的波动以及路由的可用与否而发生变化。

TCP 会记录数据被发出的时间，以及覆盖这些数据的确认消息返回的时间。利用上述信息，TCP 可以估算出一个往返时间。随着报文段不断地被发送与确认，TCP 会调整对往返时间的估算值，然后利用这一值为即将发送的报文确定一个合理的超时时间数值。

假如确认消息能够快速地返回，那么往返时间会很短，重传计时器也会被设为一个较低的数值。这使得 TCP 在网络响应时间较短的情况下快速地重传数据，从而缓解了在偶尔出现报文段丢失时需要等待一个较长延迟的问题。反之亦然。当网络响应时间较长时，TCP 不会快速地重传数据。

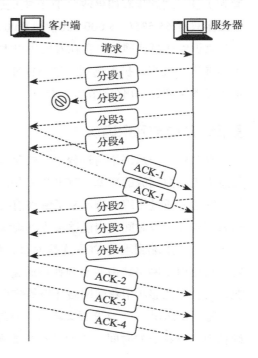

如果一个 TCP 报文段在网络中丢失了，那么接收者甚至不会知道该报文段曾经被发出过。然而，发送者会一直等待该报文段的确认消息返回。在这种情况下，如果确认消息未返回，那么发送者的重传计时器将会超时，从而导致重传这一报文段。

然而，假如发送者在丢失报文段之后又发送了至少一个额外的报文段，并且后发送的这个报文段被正确接收，那么接收者不会为这个随后发送的乱序报文段返回确认消息。

接收者不能确认乱序的数据。在字节流中，它只能确认在丢失的报文段之前自己所接收到的最近的连续字节。在这种情况下，接收者将发送一个确认消息，指明自己所收到的最近一个连续的字节。

如果这个最近的连续字节已经被确认过，那么我们将这条重复的确认消息称为冗余确认（duplicate ACK）。如果接收到冗余确认，那么意味着接收者在暗示发送者可能有一个报文段已经丢失或延迟。这是因为发送者知道只有在接收到其他乱序的报文段时接收者才会产生一个冗余确认。

事实上，下文介绍的快速重传算法会利用冗余确认来加速重传过程。

12.5　流控制与拥塞控制的比较

毋庸置疑，流控制和拥塞控制是两个不相同的概念。流控制是源端与目的端之间为了限制数据包流量不超出网络负载而达成的协议。

流控制的目的是为了确保数据包在到达目的端后能够找到一片可用的缓存区。拥塞控制主要关心的是如何控制网络中的流量以减轻网络负载。流控制所解决的问题是防止目的端的资源成为瓶颈，然而拥塞控制所解决的问题是防止路由器和链路成为瓶颈。此外，流控制是一个双边的协议。

拥塞控制是一个社会化的（即全网范围的）准则。在一个网络上的不同连接可以选择不同的流控制策略，但是网络中的节点都必须遵循同一个拥塞控制策略。当然，这个拥塞控制策略是确实可用的。在流控制中的双方通常对互相协作感兴趣，然而在拥塞控制中的 n 方（比如说，不同的用户）可能是无协作的。公平性对于协作双方而言不算是一个问题，然而对于存在竞争的 n 方来说却是一个重要的问题。

12.6　TCP 自同步

概括而言，TCP 拥塞控制的思想是为了让每个源端能确定网络当前的传输能力，从而确定自己可以一次安全地传送多少个数据包。如果某一源端正在传送多个数据包，它会通过接收到的 ACK 确认来判断这些数据包是否仍存于网络中，进而在不提高网络拥塞程度的前提下决定是否再发送一个新的数据包。

TCP 在接收到与之前数据包对应的 ACK 确认之后才会触发一个新的数据包传输。数据包到达的时间间隔会根据传输网络的特征而变化。TCP 会根据网络的传输能力自动调节传输速率，而不需要使用复杂的机制来控制传输速率。

自同步（Self-clocking）是 TCP 的一个有趣的属性。它允许 TCP 根据路径的带宽与延迟自动地调整传输速率。因此，该属性使 TCP 能够运行在速率各不相同的链路上。TCP 使用确认消息来控制数据包传输的步调，因此它被认为是自同步的。

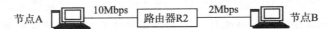

节点A — 10Mbps — 路由器R2 — 2Mbps — 节点B

如图所示，假设节点 A 使用一个大小为 3 个报文段的窗口。因此，节点 A 以 10Mbps 的速率发出三个连续的报文段，然后等待一个确认消息的到来。换而言之，节点 A 在窗口已满后便停止发送报文段。这些由节点 A 发送出的报文段将到达路由器 R2 的缓存。随后，存储在 R2 缓存中的第一个报文段将被路由器 R2 以 2Mbps 的速率发送给目的节点。

根据这个报文段的接收，目的节点将发出一个确认消息。此确认消息允许节点 A 传送一个新的报文段。这个新的报文段同样被存储在 R2 的缓冲区中，同时 R2 将节点 A 之前发出的第二个报文段转发到目的节点。

也就是说，在传送出窗口中的第一批报文段后，TCP 每次接收到目的节点返回的一个确认消息之后才发送一个新的报文段。事实上，目的节点所发出的确认消息在这里起到了一个时钟的作用，这个时钟让发送节点能够适时调整自己的传输速率，以适应目的节点接收报文段的速率。

TCP 的自同步是第一个能使 TCP 适应异构网络环境的机制。这一机制的实现要依赖于可用的缓冲区，以存储那些已被发送者发出但仍未被传送到目的节点的报文段。

12.7   拥塞崩溃问题

然而，TCP 不总是被用于此类环境之中。在全球范围的 Internet 中，TCP 被用于大量主机向许多接收者发送报文段的网络环境。例如，让我们假设一个如下图所示的网络。在该网络中，我们假设路由器的缓存是无限的，因此不会出现数据包丢失现象。

发送者 — 具有无限缓冲区的路由器 — 接收者

如上图所示，如果有许多 TCP 发送者均从网络的左边接入，而且它们都发送了一整个窗口的报文段。这些报文段在被转发到各自的目的地之前，将被存储在路由器的缓存中。如果位于网络左端的发送者数量众多，那么缓冲的占用率将迅速增长。缓存被占用的后果是 TCP 测量到的发送者与接收者之间的往返时间会增加。

拥塞崩溃是所有异构网络都会面临的一个问题。在一些科研文献中，已经提出了多种不同的机制以避免或控制网络拥塞。其中一些也已经被执行或部署到了真实的网络中。

为了更加具体地理解这一问题，让我们首先考虑一个简单的网络。假设一个网络需要发送 20 000 比特的报文段。当缓冲区为空时，该报文段在 10Mbps 的链路上传输需要 2ms，而在 2Mbps 的链路上传输需要 10ms。因此，如果我们忽略在链路上的传播延迟，那么 TCP 所测量出的往返时间大约为 12ms。绝大多数的路由器将自己的缓冲区设置成一个先进先出（FIFO）的队列进行管理。

如果缓存已包含有 100 个报文段，那么往返时间将变为 1 + 100 × 10 + 10ms。这是因为新的报文段只有在之前所有报文段都已传输完之后，才能被发送到 2Mbps 的链路上。

不幸的是，TCP 使用重传计时器以及回退 N 步机制来恢复传输错误。如果缓存的占用率过高，那么 TCP 会认为部分报文段已经丢失，并重传一整个窗口的报文段。这样做会进一步增加缓存的占用率以及经过缓存的延迟时间。同时，缓存也可能会存储同一个报文段并在低带宽链路上多次重传。这一问题被称作拥塞崩溃。它在 20 世纪 80 年代后期曾多次发生。

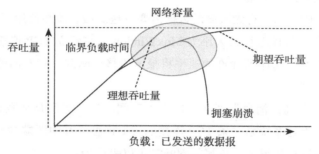

为了避免拥塞崩溃，主机必须采用一种拥塞控制机制来调节自身的传输速率。这种机制可以在传输层实现，也可在网络层实现。TCP/IP 网络在传输层实现了拥塞控制机制，而其他一些技术，如异步传输模式（ATM）或帧中继在更低层实现了拥塞控制机制。

12.8 TCP 连接流的生存期

一个典型的 TCP 流过程需要经历 3 个发展阶段：连接、传输以及关闭。下图从高层的视角描述了这几个阶段。

连接阶段	传输阶段	
	慢启动	拥塞避免

在连接阶段，源节点会尝试与目标接收者建立联系。若无法建立联系则导致连接失败，数据将无法在源端与接收端之间流动；因此，连接建立过程提供了一种实现 TCP 拥塞控制的形式。

在传输阶段，源端在以流的方式发送数据（以报文段的形式）时需要等待成功接收到所需序号。接收端通过向源节点发送确认消息表明自己已接收到相应的报文段。通过发送冗余确认消息，接收端还能指出某一报文段接收出错，之后源节点必须重传该报文段。

同样，发送端也可能无法成功接收到确认消息。这要求发送端设置一个超时时间并重传那些未被确认的已发送数据。在传输阶段，拥塞控制过程决定了源端在何时能向接收者发送数据报文段。最终产生的一系列报文段形成了一个流。

拥塞窗口

TCP 流由从源端发往接收端的一系列数据报文段（或数据包）构成，与之相伴的还有反方向的确认数据包流。

请记住，根据 TCP 滑动窗口协议中的概念，窗口大小（MaxWindow）等于源端能够发送的未被确认的报文段的最大数量。

考虑在一个系统中，源端有无限多的数据需要发送。假设源端使用一个先进先出（FIFO）的队列作为发送缓存，且该缓存的大小为 MaxWindow。在建立 TCP 连接之后，源端会立即将缓存填满，然后缓存以链路所允许的速率将报文段移出队列。随着旧的报文段被确认，缓存便能够接收新的报文段。

假设 T 是等待一条确认消息返回所需的平均时间。这一时间是从数据被放入 FIFO 队列的时刻开始计算的。上述系统是一条 TCP 连接的近似模型，其中源端的发送速度与发送的数据量都是无限的。在这种情况下，连接的吞吐量可以表示为：

$$\text{Throughput} = \frac{\text{AdvertisedW}}{T}$$

延迟时间 T 等于数据和确认消息的传播与传输时间，加处理时间，再加上在发送确认消息时可能出现的延迟。

T= 传播时间 + 传输时间 + 处理时间 + 发送 ACK 的延迟

如果 T 的数值是固定的，那么控制参数 AdvertisedW 就等同于控制连接的速率（Throughput）。这就是 Internet 所使用的方法。然而在通常情况下，T 还取决于网络的拥塞状况，比如排队延迟。

因此，在拥塞时期，我们有一种初步的自动拥塞控制的方法：源端在网络的延迟增加时降低自身的速率。这是因为获得确认消息所需的时间增加了。由于这种做法会产生负作用，因此在 TCP 拥塞控制机制中并不是必需的。

TCP 定义了一个称作拥塞窗口的变量（CongestionW）；则窗口大小 AdvertisedW 就可根据如下公式计算：

$$\text{MaxWindow} = \min(\text{CongestionW}, \text{AdvertisedW})$$

$$\text{EffectiveWindow} = \text{MaxWindow} - (\text{LastByteSent} - \text{LastByteAcked})$$

需要注意的是，在计算 EffectiveWindow 时用 MaxWindow 代替了 AdvertisedW（请参考第 11 章 TCP 流控制第 8 小节的公式）。这就限制了 TCP 源端的发送速度不能高于最慢的部分（比如，网络或目的主机）所能接受的速度。

12.9 拥塞避免与拥塞控制

拥塞控制和拥塞避免之间的区别类似于死锁恢复和死锁避免之间的区别。拥塞控制过程是治愈的过程，而避免过程实际上是预防措施。

拥塞控制方案是尝试将网络恢复到运行状态，而拥塞避免方案则尝试使网络维持在最佳的状态。如果没有拥塞控制机制，那么网络可能停止运行（吞吐量为 0），然而如果没有拥塞避免机制，网络仍然能够运行很长时间。

何时调用拥塞控制机制取决于路由器中可用缓存的数量；然而，何时调用拥塞避免机制则与缓存的大小无关。

12.10 TCP 拥塞控制技术

在任意给定的时刻，源端在接收到一条确认消息之前只能发送规定数量的数据包（CongestionW）。因此，CongestionW 的大小控制着 TCP 流中数据包传输的速率。

当然，上述问题的关键在于 TCP 如何为 CongestionW 设置一个合理的数值。不同于 TCP 连接的接收方所发送的 AdvertisedW，没有人会给 TCP 接收方发送一个合理的 CongestionW。因此，TCP 源节点只有通过探测当前网络的拥塞程度，才能为 CongestionW 设置一个合理的数值。

12.10.1 加性增 / 乘性减

加性增 / 乘性减（Additive Increase/Multiplicative Decrease，AIMD）的工作原理如下。每次源端在成功发送了数量为 CongestionW 的数据包之后，会将 CongestionW 的数值加 1。这意味着在上一个往返时间内发出的每个数据包都已被确认；CongestionW 的数值加 1。如果检测到丢包，那么 CongestionW 的数值将被设为原来的一半。

例如，假设 CongestionW 的当前值被设置为 8 个数据包。如果检测到有一个数据包丢失，那么 CongestionW 将被设置为 4。通常情况下，丢包是在发生超时的时候被检测到的。如果出现持续的丢包，那么 CongestionW 的数值会减少到 4，然后是 2，最终减至 1 个数据包。CongestionW 的值不能低于 1 个数据包的大小（即最大段大小 MSS）。

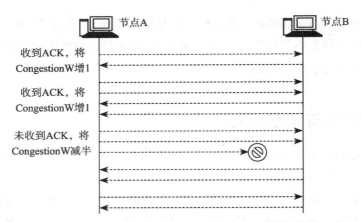

在每次成功接收到 ACK 时，将 CongestionW 的数值增加一点：

$$IncrementalValue = MSS \times (MSS/CongestionW)$$

$$CongestionW = CongestionW + IncrementalValue$$

也就是说，我们只是在每次有确认消息到达时将 CongestionW 的数值增加 MSS 的一部分，而不是在每个往返时间内将 CongestionW 的数值增加整个 MSS 的字节数。假设每条 ACK 消息都确认收到 MSS 字节，那么 CongestionW 增加的这一部分大小为 MSS/CongestionW。

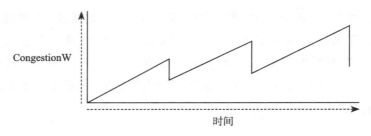

在 TCP 连接的整个生存期内，拥塞窗口会以上图所示的形式不断地增加与减少。事实上，如果我们绘制 CongestionW 的数值随时间变化的函数图像，那么将得到一个锯齿形的曲线。

一个有助于理解 AIMD 的重要概念是，源端希望以比增加自己拥塞窗口更快的速度来减少自己的拥塞窗口。这正好与加性增 / 加性减（Additive Increase/Additive Decrease，AIAD）的策略形成对比。在 AIAD 策略中，当一条确认消息到达时窗口将加 1，而计时器超时时窗口将减 1。

如此积极的减小窗口而保守地增大窗口的一个主要原因是，窗口过大会比窗口过小造成更糟糕的后果。例如，当一个窗口过大时，被丢弃的数据包将会被重传，从而加重拥塞状况。因此，快速地摆脱这种状况是非常重要的。

12.10.2 慢启动

在会话开始阶段，AIMD 的做法是十分保守的——可能还有大量的带宽可以利用。因此，慢启动的思想是从 1 个数据包开始，每当有新的确认消息到达时就将拥塞窗口翻倍，直到有数据包发生超时为止。一旦检测到丢包，就将拥塞窗口减为原来的一半（这一点与 AIMD 的减法策略相同）。

慢启动是发送者用于控制传输速率的机制。这一功能是根据接收者返回确认消息的速率来实现。换而言之，接收者返回确认消息的速率决定了发送者能以什么样的速率来传输数据。这种机制之所以被称为"慢"，是由于它并没有采用在接收到确认消息之后立即使用整个通知窗口进行传输的策略——这使得慢启动的速率偏慢。

当一条 TCP 连接首次启动时，慢启动算法将拥塞窗口的值初始化为 1。慢启动采用指数而不是线性的方式使拥塞窗口有效地增长。当一条确认消息从接收者处返回时，拥塞窗口会成倍增长。

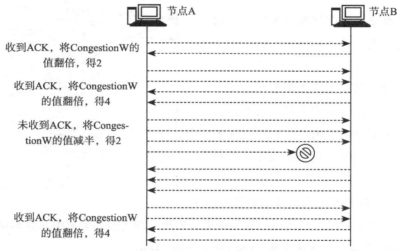

例如，TCP 报文段的首次成功传送与确认将会使拥塞窗口的大小增加到 2 个报文段。在成功传输两个报文段并完成确认之后，拥塞窗口大小将增加到 4 个报文段。然后再增加到 8 个报文段，16 个报文段等等，以此类推不断翻倍增加直到接收者通告的最大窗口大小，或出现拥塞为止。

在某一时刻，拥塞窗口对于网络而言可能过大，或者网络环境可能发生了变化从而导致数据包被丢弃。丢包会在发送端触发一个超时事件。当发生这种情况时，发送者会进入拥塞避免模式，而且拥塞窗口会被设为原值的一半。

12.10.3 快速重传与快速恢复

迄今为止，我们所讨论的方法仅仅是 TCP 拥塞控制原始提案的一部分。这些技术面临的一个主要问题是：TCP 超时的方法会导致一条连接需要等待很长一段时间才会由于超时而终止。

鉴于上述原因，TCP 中加入了一种称为快速重传（fast retransmit）的机制。快速重传是一种启发式的算法，在某些情况下，它能比常规的超时机制更快地触发一个丢失数据包的重传。目前，快速重传并没有取代常规的超时机制，仅仅是加强了 TCP 的功能而已。

12.10.3.1　快速重传

当发送者接收到一条重复的确认消息时，它并不知道产生该冗余确认的原因，是因为有 TCP 报文段丢失，还是因为某个报文段出现延迟从而导致接收端接收顺序的混乱。如果接收者能够对报文段重新排序，那么接收者不需要花费太长时间就能发送出最新期望收到的确认消息。

通常，当简单的乱序情况发生时，发送者接收到的冗余确认消息应该不会超过一个到两个。然而如果发送者接收到了两个以上的冗余确认消息，那么这将表明至少有一个报文段已经丢失。由于事实上接收者有足够时间来发送三个冗余确认消息，TCP 发送者会假设有足够的时间能让所有报文段被正确地重新排序。

当接收到三个或更多的冗余确认消息时，发送者甚至不会等待重传计时器耗尽就重传丢失的报文段（由字节流中冗余确认的位置所指出）。这一处理过程被称作快速重传（fast retransmit）算法。

12.10.3.2　快速恢复

由于快速重传算法是在接收到冗余确认消息时使用的，因此 TCP 发送者需要了解仍有数据在向接收者流动。为什么？原因是冗余确认消息只有在接收到报文段时才会产生。这也强烈地指明可能并不存在严重的网络拥塞，丢失报文段只是少有的事件。因此发送者只是进入拥塞避免模式，而不是自始至终都会处于慢启动状态从而使得数据流骤然减少。发送者使用一个较大的窗口来重新开启传输，并且像拥塞避免模式中那样增加窗口大小，而不是像慢启动模式一样从只有一个报文段大小的窗口开始。这样做使得 TCP 连接在并不严重的拥塞环境中也能拥有较高的吞吐量。

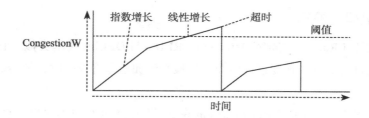

12.11　TCP 拥塞避免技术

当对资源的需求超出了网络的容量，网络中大量排队的数据导致报文丢失时便产生了拥塞。在拥塞期间，网络吞吐量可能会降至零，而路径延迟会变得非常高。拥塞控制方案能够帮助网络从拥塞状态中恢复过来。

拥塞避免方案能够让网络在一个低延迟、高吞吐量的状态下运行。这些方法能够预防网络进入拥塞状态。因此，拥塞避免是一种预防机制，而拥塞控制是一种恢复机制。

12.11.1　DECbit

DECbit 是早期的拥塞避免方法之一。该方法要求网络交换机与流量源共同协作。在 DECbit 方法中，当网络交换机的平均队列长度大于或等于 1 时即被视为拥塞。处于拥塞状态的网络交换机会在数据包的网络层头部设置拥塞指示位。非拥塞交换机则不对拥塞指示位字段进行任何操作。

这样做意味着在数据包头部添加一个拥塞位。如果在数据包到达时，路由器的平均队列长度大于或等于 1，那么路由器就将此数据包中的拥塞位置为 1。此处，平均队列长度是按照一定的时间间隔测量得出的。时间间隔的跨度等于最近一次忙的时刻 + 空闲周期，再加上当前的忙周期。

在目的端，拥塞位的值被拷贝到确认消息的传输层首部中。该确认消息稍后会被发送至源端。每经历两个往返时间，源就会更新一下自己的窗口。如果检查到在这段时间内至少有 50% 的确认消息将拥塞位置为 1，那么窗口大小将从当前的值 CongestionW 减至 $\beta \times$ CongestionW。

否则，拥塞窗口的数值会增加到 CongestionW+α，其中 $\beta = 0.875$，$\alpha = 1$。该方案占用了最少的网络反馈量，即只利用网络层首部中的一个比特位来指出拥塞。这项技术提出了公平性这一重要问题，并在一定程度上实现了该目标。

DECbit 的设计适应网络中发生的短暂性变化，并且使网络收敛到高效的运行状态。

12.11.2　随机早期检测

随机早期检测（Random Early Detection，RED）与 DECbit 技术类似。它们通过程序设定每台路由器对自身的队列长度进行监控，当检测到拥塞即将发生时，就会通知源端调整拥塞窗口的大小。

RED 方法由 Sally Floyd 与 Van Jacobson 在 20 世纪 90 年代早期提出。它与 DECbit 的主要区别在于以下两个方面。

首先，RED 不像 DECbit 一样，不会通过向源端发送一个拥塞通知的方法来明确地告知拥塞即将发生。通常情况下，RED 会通过丢弃自身的一个数据包来向源端进行暗示。因此，通过随后的超时事件以及冗余确认消息，源端能够有效地了解到拥塞的发生。

其次，两者的第二个区别在于 RED 确定在何时丢弃数据包以及丢弃哪一个数据包的细节。为了理解其基本思想，让我们来考虑一个简单的先进先出（FIFO）队列。与其等到队列全满之后才不得不丢弃随后到达的每一个数据包，我们不如在队列长度超过某一个丢弃水平时以一定的概率来决定是否丢弃每一个到达的数据包。这一思想被称作早期随机丢弃（RED）。RED 算法定义了如何监控队列长度以及何时丢弃数据包的具体方法。

RED 被设计用于和 TCP 一同工作。TCP 是通过超时（或者一些其他的检测丢包的方法，比如冗余确认消息）来检测出当前的拥塞。RED 字母缩写中的“early”表示希望路由器在不得不丢弃数据包之前就开始丢弃数据包，这样能够快速地通知源端减小拥塞窗口，从而获得比正常状况更快的速率。也就是说，路由器在其缓冲区空间完全耗尽之前就丢弃了一些数据包，迫使源端降低发送速率，以期避免此后丢弃大量的数据包。值得注意的是，如果我们用标记的方法代替丢弃数据包，那么就可以简单地将显式的反馈机制与 RED 结合起来协同工作。

至于 RED 如何决定丢弃数据包的时间以及如何选择丢弃的数据包，我们可以通过一个简单的先进先出队列来说明。RED 在队列长度超过某一丢弃水平时就以一定的概率来决定是否丢弃每个到达的数据包，而不是一直等到队列全满之后才不得不丢弃随后到达的每个数据包。

12.11.3　基于源的拥塞避免

以上两种拥塞避免技术都依赖于路由器和交换机。它们有时又被称作基于路由器的拥塞避免技术。基于源的拥塞避免描述了一种从终端主机检测拥塞初期阶段（在发生丢包之前）的策略。

首先让我们总览一下使用不同信息来检测拥塞初期的一系列相关机制，然后再具体地介绍上述特殊的机制。

在此类方法中，源端通过对 RTT 数值变化的监控来检测拥塞的来临。此类技术的基本思想是观测网络中的若干信号，从而得知某台路由器的队列正在增长，如果不对此采取措施的话就会产生拥塞。

例如，源端可能会注意到随着路由器数据包队列的增长，它之后发送的每个数据包的往返时间都会有一个可观测到的增幅。某一个特殊的算法就利用了这一观察结果，细节如下：正常情况下，拥塞窗口如 TCP 中那样增长，但是每隔两个往返时间延迟根据前文第二种算法进行相似的处理。是否改变当前窗口大小需要根据 RTT 与窗口大小的变化共同决定。根据以下乘式，窗口大小每隔两个 RTT 做一次调整。

$$(CurrentWindow - OldWindow) \times (CurrentRTT - OldRTT)$$

如果结果为正，那么源端就将窗口大小减小八分之一；如果结果为负或者为零，那么源端就在原窗口大小的基础上再增加一个最大数据包的大小。

TCP Vegas

TCP Vegas 是 Brakmo 提出的一种新的 TCP 实现。Vegas 将测量到的吞吐量与期望值，或者说理想的吞吐量进行比较。

Vegas 使用了一种新的重传机制。这是在快速重传的基础上做出的一种改进方案。在原始的快速重传机制中，三个冗余的确认消息表明丢包，这样一个数据包就能在超时之前被重新传输。Vegas 为每个发送出去的数据包都设置了一个时间戳，从而在接收到每一个确认消息时都计算出往返时间。

当收到一个冗余的确认消息时，Vegas 会检查数据包的时间戳与当前时间的差值是否大于超时时间。如果大于，那么 Vegas 就会重传该数据包，而不再等待第三个冗余确认消息的到来。该方法是对 Reno 算法的一种改进。在 TCP Reno 中，窗口在很多情况下可能会比较小，因此源端可能不会接收到三个冗余的确认消息，或者确认消息可能会丢失在网络中。

根据接收到的非冗余确认消息，若该消息是重传之后收到的第一个或第二个确认消息，Vegas 会检查从数据包发出之后经过的时间是否大于超时时间。如果大于，那么就重传数据包。如果有任何数据包在重传之后丢失，那么这些数据包就会被直接重传而不必等待冗余确认消息。

为了避免拥塞，Vegas 将实际的吞吐量与期望的吞吐量进行比较。期望的吞吐量被定义为此前测量到的所有吞吐量的最小值。实际吞吐量则是指从发出一个数据包到接收到对应的确认消息所经历的时间内传输出的字节数与该数据包往返时间的比值。

然后，Vegas 将实际吞吐率和期望吞吐率的差值与阈值 α 和 β 进行比较。当差值小于 α 时，窗口大小将线性地增长；而当差值大于 β 时，窗口大小将线性地减小。

Reno 的慢启动机制会导致许多数据包的丢失。因为窗口大小在每个往返时间内是成倍增长的，一旦突破瓶颈而最终超载，那么期望的损失将是当前窗口大小的一半。由于网络带宽的增长，慢启动所造成丢失数据包的数量也会随之增加。

Brakmo 提出了一种改进的慢启动机制，其中每隔两个往返时间窗口大小才翻倍一次。因此在每两个往返时间内窗口大小都不会改变，这使得期望吞吐率与实际吞吐率的比较更加准确。它的不同之处在于需要设定一个新的阈值 γ。像前文描述的一样，算法会在 γ 点切换线性增长与减小。

12.12　数据包丢弃技术

当网络处于拥塞时，到达路由器的数据包消耗了链路可用的带宽资源，而路由器却不得不通过队列来处理这一状况。由于排队队列是有限的缓存资源，它们终究会被填满，从而导致后续的数据包不得不被丢弃。

由于任何一个被丢弃的数据包在被丢弃之前已经占用了一部分网络资源，因此不应该用丢弃数据包的方式来应对网络拥塞。我们应该以公平的方式丢弃数据包。也就是说，被丢弃的数据包不应来自于同一个源，而应该来自于构成当前流量的所有源。当前，有 4 种数据包丢弃技术。

1）队尾丢弃

2）早期丢弃

3）偏好丢弃

4）RED

12.12.1　队尾丢弃

队尾丢弃是一种简单且常用的数据包丢弃算法。该算法通常使用先进先出的队列规则。一旦队列装满，那么新到达的数据包将被丢弃。数据包会不断地被丢弃直到队列中出现新的可用位置为止。该算法的主要缺点在于缺乏公平性。

一个来自源端的突发流量可能会填满队列中所有可用的位置，使得新到达的数据包被丢弃。一种解决此问题的方法是在同一个队列内部设置多个服务类别。每个服务类别在队列中都设置了最大空间占有量。当超过这一限制时，该类服务的数据包将被丢弃。

如果采用上述方法，即使某一类服务超出了自己的可用空间，其他服务仍然能有空间可用。根据服务类别进行队尾丢弃的缺点是即使队列中有可用的存储空间来接收新数据包，数据包也可能因为本类服务已无可用空间而被丢弃。

12.12.2　早期丢弃

早期丢弃是一种希望在不同数据流之间实现资源公平共享的技术。它的主要思想是在队列溢出之前丢弃突发的数据流，从而为其他数据流保有可用空间。根据这样的定义，在同一队列中放置多个服务类是早期丢弃的一个例子（请参见上一节：队尾丢弃）。

一种实现早期丢弃的方法是对每个数据流及其流量特征进行监控。一旦队列长度增长到某一阈值，属于高速数据流或者突发数据流的数据包就会被丢弃。这是实现早期丢弃的一种明确的方法。

12.12.3　偏好丢弃

另一种选择丢弃哪个数据包的方法是使用外部的信息来决定丢弃的数据包。当拥塞加剧，队列长度达到一个预定义的上限时，被丢弃的将不会是队列尾部的数据包，而是那些被添加了丢弃偏好标志（或低优先级标志）的数据包。这一标志由源应用程序或访问控制功能进行设置。

通过上述方法，在拥塞发生时不重要的数据流将被首先丢弃，而最关键的流量会被保留并转发。在 IP 网络中，偏好丢弃机制与访问控制功能有关。例如，当属于某个服务类的数据包超出了所允许的最大带宽，这些数据包可能会被标记，以便在有可用带宽时被转发出去。若未被标记，则在拥塞时将会被率先丢弃。

12.12.4　随机早期丢弃

随机早期丢弃（Random Early Drop，RED）是一种解决网络拥塞问题的数据包丢弃方法。RED 的原理是协助响应拥塞的协议，如 TCP，以防止或避免网络拥塞。TCP 认为一个数据包的丢失能够清楚地表明拥塞的发生，从而需要逐渐降低发送速率，回到慢启动模式或减少拥塞窗口的大小。当使用其他数据包丢弃方法时，数据包是在拥塞已发生的情况下被丢弃的；而 RED 的思想是在队列填满之前就开始丢弃数据包，一方面可以预防拥塞，另一方面可以使 TCP 在拥塞发生之前就调整自己的发送速率。

RED 采用在路由器队列溢出之前丢弃数据包的策略。它会记录队列的平均长度。一旦队列的平均长度超出了某个确定的界限，则开始丢弃数据包。

12.13　流量整形算法

Internet 是基于 IP 协议的、只提供尽力而为的服务。随着过去数年 Internet 呈指数增长，人们希望 IP 网络除了提供典型的服务如 ftp，email 之外，还能够支持实时服务以及视频流应用。这些应用的流量特征要求网络在带宽和延迟方面提供确实的服务质量（QoS）。

网络中存在的最大问题是如何将网络资源（例如缓存和链路带宽）分配给不同用户。为了使性能和网络资源利用率达到最佳，我们必须在多个存在竞争的不同数据流之间提供一种共享有限资源的有效方法。我们可以控制路由器处理数据包的行为以实现不同类型的服务。

目前有许多数据包处理机制，具体分为以下 4 类：

1）数据包的分类

2）访问控制和流量整形

3）排队与调度规则

4）数据包丢弃技术

数据包分类是指在路由器上将数据包分入不同数据流的过程。属于同一数据流或同一服务类型的所有数据包都会按照路由器预先定义的方式被处理。例如，属于某一应用或与某一特定协议相关的所有数据包会被定义为一个数据流。对于那些需要对不同类型数据流区别对待的应用而言，数据包分类是必需的。

一旦数据包被分类，我们使用访问控制功能来检查对于特定的数据包服务类型是否有足够可用的网络资源。如果有可用的资源，数据包将会按照它们的类别被处理。流量整形功能用于控制进入网络的流量以及发送数据包的速率。流量整形功能有两种实现方法：漏桶和令牌桶。

此后，数据包将被调度进入相应的队列中（缓存）。我们按照某一种方法来管理队列，以保证每个队列都能够达到其类别所要求的服务水平。目前有多种排队规则：先进先出（FIFO）、优先排队（PQ）等等。

当网络处于拥塞时，过量数据包必然会被丢弃。虽然数据包的丢弃不可避免，但是我们可以对其进行控制。前文已经展示了一些用于处理数据包丢弃的技术，比如队尾丢弃、早期丢弃、偏好丢弃以及随机早期丢弃。

12.13.1 漏桶算法

让我们想象一个底部有一小洞的桶。无论水流以多快的速度注入桶中，该桶的水流流出速度都是恒定的。一旦桶装满水，那么继续注入的水只会从桶边溢出，造成浪费。这一概念可以类比到数据包的传输上。

从概念上看，每台主机都是通过一个含有"漏桶"（比如有限的内部队列）的接口来接入网络中的。如果一个数据包在队列已满时到达，那么它将被丢弃。换而言之，当排

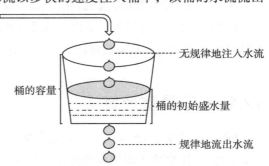

队的长度达最大值时，如果主机中有一个或多个进程试图发送数据包，那么新的数据包将会被粗鲁地丢弃。上述安排可以写入硬件接口中，或者通过操作系统进行模拟。上述算法由 Turner 首先提出，并被命名为漏桶算法。

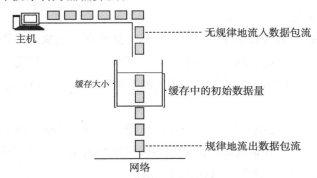

为了理解漏桶模型，我们定义了与桶相关的三个参数：

❏ 容量（B）

❏ 水流流出桶的速度（R）

❏ 桶的初始盛水量（F）

由上图，缓存类比桶，数据包流入速率类比水流注入桶的速度，数据包流出速率类比水流通过桶底的小洞流出桶的速度。

假设水流以速度 R 灌入桶中，由于水流注入速度等于流出速度，桶中的水量将仍然保持为 F。如果注入速度增加而 R 保持不变，那么桶中将会积攒水流。如果在一段时间内注入速度一直大于 R，那么桶中的水终将溢出。然而，注入速度可以围绕 R 值变化，只要平均注入速度不超过桶的容量，桶中的水将不发生溢出。桶的容量越大，注入速率在一段给定的窗口时间内的变化范围越大。

在网络中，漏桶是通过以下 3 个参数来定义的：

1）平均比特率，以每秒内字节数为计量单位，与流出速度（R）对应。

2）缓存窗口，以微秒为计量单位，与桶的容量对应（B）。

3）初始缓存装填度，通常被设为零。

比特率测量的是在编码流中每秒的平均比特数。缓存窗口测量的是在与缓存匹配的比特率下数据所对应的微秒数。缓存的大小以比特计算等于 $R \times (B/1000)$。

12.13.2　令牌桶算法

上文讨论的漏桶算法对于输出流的样式有严格的强制性要求，却不考虑输入流的样式。对于许多应用而言，当有更大的突发流量到达时，允许适当的加速输出是比丢失数据更好的选择。令牌桶算法提供了这样一种解决方案。

在该算法中，漏桶持有装有定期生成的令牌。算法的主要步骤描述如下：在固定时间间隔内将令牌投放到桶中。漏桶有最大容量。假如一个数据包已经准备好了，那么将令牌从桶中移出，同时发出数据包。

如果桶中没有令牌，那么数据包将不能被发送。然而在某一紧急时刻，突发流量的上限受到桶中可用令牌数量的限制。基本令牌桶算法的实现比较简单，使用一个变量来统计令牌的数量。该计数值每隔 t 秒加 1，而在有数据包被发出时减少。当该计数值为 0 时，将不再发送数据包。

令牌桶算法是实现流量整形的一个好方法。它通过使用令牌桶过滤器允许突发的数据包流量被不断地发送出去。令牌桶过滤器是实现访问控制与流量整形的一种方法。其思想与漏桶类似，但令牌桶允许拥有发送突发数据包的权限。

下图中描述了令牌桶的方案。它的算法是，每隔一定的时间间隔保存一个令牌。这个时间决定了为数据包提供服务的速率。每个令牌可以与一个数据包相关联，或者从总体上看与一定量的数据相关联。

当一个数据包被发送出去时，其中一枚令牌将被移除。如果没有数据包需要发送，这些令牌将被保留下来用于发送稍后的新数据包。在图中，桶内保存着 4 个令牌，因此能够为一个突发的包含 4 个数据包传输提供服务，并允许数据包通过网络。

令牌桶算法包含 3 个参数：平均速率、峰值速率以及突发流量大小。让我们来看一看这 3 个参数的涵义。

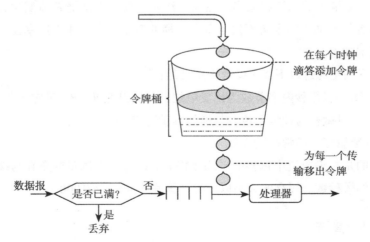

平均速率（average rate）：我们可能希望在发送属于某一流量的数据包时，对平均速率进行长期限制。此处最重要的一点是对平均速率进行监控的时间间隔。

例如，一个速率为每秒 10 000 个数据包的流要比每微秒 10 个数据包的流更有灵活性。

即使二者具有相同的平均速率，它们的行为也是不同的。速率为每秒 10 000 个数据包的流在 1 微秒长的时间内可以发出 100 个数据包，而速率为每微秒 10 个数据包的流在 1 微秒内是不可能发出如此多数据包的。这是我们需要考虑的一个重要特征。

峰值速率（peak rate）：定义了在一个短的时间间隔内发送数据包的最大速率。在上述的例子中，即使流的长期平均速率均为每秒 10 000 个数据包，峰值速率也能被限制在每微秒 200 个数据包。

突发流量大小（burst size）：突发流量大小是指在一较短的时间间隔内能够发送数据包的最大量。换句话说，当时间区间趋于 0 时，突发流量大小限制了能发送到网络的数据包数量。如果我们不考虑时间区间为 0 的情况，那么突发流量大小取决于桶的深度 b，以及输出链路的最大速度。

对于一个大小为 C 字节，到达速率为 A 字节 / 秒，且最大输出速率为 O 字节 / 秒的令牌桶，其最大突发时间 B 可由下式计算得出：

$$B = \frac{C}{O - A}$$

习题与解答

1. 假设一个令牌桶的令牌到达速率为 ρ 字节 / 秒，并且令牌可支出的容量为 W 字节。设数据的速率为 M 字节 / 秒。令 S 为一个满令牌桶的最大突发输出速率的持续时间。

A）请推导出 S 的表达式。

B）若 $\rho = 16\text{Mbps}$，$W = 500\text{KB}$，假设在一条数据速率为 200Mbps 的信道上有一个突发数据流，且持续时间为 40ms，那么 S 的值将为多少？

C）继续问题 B），请指出在 S 秒后发生了什么，假设每隔一秒会有一次突发流量到达。

解析：

A）对于一个大小为 W 字节，令牌到达速率为 ρ 字节 / 秒，且最大输出速率为 M 字节 / 秒的令牌桶而言，其最长突发时间 S 可通过下式进行计算：

$$S = \frac{W}{M - P}$$

B）$S = \dfrac{500 \times 1024}{25 \times 10^6 - 2 \times 10^6} = 22.3$ ms。在突发数据到达之后会有持续达 22.3ms、速率为 25MBps 的突发输出。

C）最高达 200Mbps（即 25MBps）的突发输出流仅持续了 22.3ms，这意味着令牌桶共发送了 $(25 \times 10^6) \times (22.3 \times 10^{-3}) = 557.5 \times 10^3$ 字节（即 544.4KB）的数据。

然而，输入的突发流持续了 40ms，这意味着有 $(200 \times 10^6 \times 40 \times 10^{-3}) = 106$ 字节的数据被传输到桶中，经过 22.3ms 后还剩 442.5×10^3 字节，此后必须以 16 Mbps（2Mbps = 2000KBps）的令牌速度进行发送。因此，在 22.3ms 过后令牌桶还会有一次速度为 16 Mbps 的突发输出，且持续时间为

（442.5/2000）= 221.25ms。因此令牌桶的输出将表现出如下周期性的行为：以 200 Mbps 的速度持续突发输出 22.3ms，再以 16 Mbps 的速度持续突发输出 221.25ms，然后在 756.45ms 的时间内没有输出。

2. 漏桶算法的数据包计数标准的实现允许每生成一个令牌时发送一个数据包，与该数据包的长度无关。以字节计数的变量所定义的一个令牌并不代表一个数据包而相当于 k 个字节。因此，如果 k = 1024，那么一个令牌可用于传输一个 1024 字节的数据包，或两个 512 字节的数据包（相反，传送一个 2048 字节的数据包需要 2 个令牌）。上述两种网络拥塞速率控制方案的优点与缺点各是什么？

   解析：以字节计数的变量能比以数据包计数的变量获得更加平滑的平均比特率。然而，由于全速发送较大的数据包需要积累令牌，因此它无法达到一个完美而恒定的比特率。以字节计数的变量仍然存在以下问题：

   - 我们需要确定数据包的长度，并且维护一个计数值，因此会导致实现更为复杂。
   - 如果数据包较小，那么数据包的输出速率将会变高。此外，由于路由器是以数据包为单位进行排队与处理的，这样实际上会加剧端到端的延迟以及随之发生的拥塞。

   以数据包计数的版本实现起来更加简单，而且由于数据包的速率是恒定的，因此有助于更有效地进行拥塞控制。然而，这一方案也存在一些问题：

   - 数据包大小的巨大差异将造成比特率的巨大变化。
   - 较长的数据包会达到较高的数据率，然而在 MTU 较小的网络中可能会造成拥塞问题。（也就是说，数据包被划分为许多更小的数据包，从而导致更长的队列以及处理延迟）。

3. 一台位于 6Mbps 网络上的计算机使用了一个令牌桶。该令牌桶的装填速度是 1Mbps。初始时，桶内已被装填了 8M 的数据量。请问计算机能以全速 6Mbps 持续传输多长时间？

   解析：假设在时间 t 内，计算机能以全速 6Mbps 进行传输。那么 $6t = 8 + t$。解得，$t = 1.6$ 秒。

4. 假设在某次超时发生之前 TCP 拥塞窗口等于 8K 字节。如果接下来传输的 16 个数据包全部被成功确认，那么拥塞窗口将变为多大？假设最大段大小为 1K，所有发送的数据包的长度都为 1K，而且接收者的通知窗口一直等于 64K 字节。

   解析：当一个数据包的传输超时（也就是说，在由 Jacobson-Karels 算法计算出的超时时间内，没有返回该数据包的确认消息），那么稍后我们不得不初始化慢启动阶段。这意味着我们将从当前拥塞窗口的一半或滑动窗口的一半中选择较小值设为阈值。

   在本题中，拥塞窗口大小（8K）小于滑动窗口大小（64K），因此阈值被设置为 4K。由于我们使用了慢启动机制，拥塞窗口也需要减至 1 个最大段大小，即 1K。

   由于当前的拥塞窗口大小为 1K，TCP 发送者在发出一个数据包后就会停下来等待确认消息。（我们只能发送一个拥塞窗口大小的数据，或一个滑动窗口大小的数据，一般取二者的最小值）。在慢启动阶段，每当有一个新的报文段数据被确认，拥塞窗口的大小就会增加 1 个分组。

   因此，当数据包的确认消息到达发送者时，发送者就将自己的拥塞窗口从 1K 增加到 2K。由于当前的窗口大小已增长为 2K，发送者在停下来等待接收一个确认消息之前能够发送 2 个数据包。当返回这 2 个数据包的确认消息之后，发送者的拥塞窗口大小从 2K 增加到 4K。在超时发生之后，发送者已经传输了 3 个数据包。

   目前拥塞窗口的大小已经到了阈值（4K），从现在开始我们认为发送者不再处于慢启动阶段了。取而代之，发送者进入了拥塞避免（或者称为线性增长）阶段。在拥塞避免阶段中，每次只有整个拥塞窗口的数据包都被确认之后，拥塞窗口的大小才会增加一个报文段。由于拥塞窗口的当前值为 4K，只有当发送出去 4 个大小为 1K 的数据包被确认之后，拥塞窗口才会增加到 5K。

   因此，在发送 4 个数据包并接收到它们的确认消息之后，发送者的拥塞窗口的大小增加到 5K。此后，在发送了 5 个数据包并接收到它们的确认消息之后，拥塞窗口的大小将增加到 6K。

从发生超时开始，发送者已经传送了 12 个数据包。为了使拥塞窗口从 6K 增长到 7K，发送者必须接收到另外发送的 6 个数据包的确认消息。然而，本题所问是发送者发送 4 个数据包（12 + 4 = 16）之后的拥塞窗口大小。因此答案是，在成功地确认了 16 个数据包之后，拥塞窗口的大小仍为 6K。

5. 一台位于 16Mbps 网络上的计算机使用一个令牌桶。该令牌桶的装填速度是 1Mbps。初始时，桶内已被装填了 18M 的数据量。请问计算机能以全速 6Mbps 持续传输多长时间？

解析：让我们假设计算机以 16Mbps 的速率传输了 T 秒钟的时间。在 T 秒之后，由于令牌桶中的令牌比特都已经被耗尽，因此计算机将以 1Mbps 的速率进行传输。那么我们怎样求解 T 值呢？

为了解决这个问题，我们首先需要认识到计算机在时间内向网络传输的比特数等于在同一时间内计算机所消耗的令牌比特数。

计算机在时间 T 内所传送的比特数等于 16Mbps × T。计算机在时间 T 内所消耗的令牌比特数等于令牌桶的初始占用量（18M）加上在时间 T 内所产生的令牌比特数。因此，16Mbps × T = 18Mb + (1Mbps × T)。经过求解，得到 T = 1.2 秒。

6. 与加性增相比，慢启动算法能使源端传输速率更快地增长。该描述正确与否？

解析：正确

7. 源端的重传超时时间（RTO）总是被设置为与测量到的 RTT 相等。

解析：错误

8. 如果 RTO 过小，可能会导致不必要的重传。

解析：正确

9. 源端的重传超时时间被设置为一个数值，可根据测量到的 RTT 数值的变化而增长。

解析：正确

10. TCP 报文段只可能在路由器队列溢出时丢失。

解析：错误

11. 将窗口大小（以秒计）设置为大于 RTT 的值并不会给性能带来提升。

解析：正确

12. 接收者减少通知窗口大小以应对传输路径上路由器发生的拥塞。

解析：错误

13. RED 能容忍突发流量，因为它从不丢弃来自同一个流中的连续数据包。

解析：错误

14. 当路由器的平均队列长度大于最大阈值时，RED 总是以 1 为概率来丢弃数据包。

解析：正确

15. 假设有两个流，一个为 TCP 流，另一个为 UDP 流，共享一个 "RED" 路由器，，RED 算法能保证两个流享有相同的输出链路资源。

解析：错误

16. 假设在一个 TCP 的加性增乘性减（AIMD）算法实例中，在慢启动阶段开始时窗口大小为 2 MSS，且在第 1 次传送开始时的阈值为 8 MSS。假设在第 5 次传送时发生了超时。请计算出在第 10 次传送结束时的拥塞窗口大小。

A）8 MSS   B）14 MSS   C）7 MSS   D）12 MSS

解析：C。给定的阈值为 8。

1）Time = 1 时刻，在第 1 次传送期间，拥塞窗口大小 =2（慢启动阶段）

2）Time = 2 时刻，拥塞窗口大小 =4（确认消息的数量翻倍）

3）Time = 3 时刻，拥塞窗口大小 =8

4）Time = 4 时刻，在超过阈值之后拥塞窗口大小 = 9（一次加性增长）

5）Time = 5 时刻，传送 10 个 MSS，但是有超时事件发生，拥塞窗口大小 =10

6）因此阈值 = 拥塞窗口大小 /2 = 10/2 = 5

7）Time = 6 时刻，传送 2 个 MSS

8）Time = 7 时刻，传送 4 个 MSS

9）Time = 8 时刻，传送 5 个 MSS（阈值为 5）

10）Time = 9 时刻，传送 6 个 MSS

11）Time = 10 时刻，传送 7 个 MSS

12）在第 10 次传送期间，发出了 7 个报文段，因此在本次传送结束时拥塞窗口的大小为 7 MSS。

17．下图显示了 TCP 拥塞窗口大小随时间变化的函数。假设 TCP 的实现支持快速重传 / 快速恢复。请回答下列问题：

A）请指出 TCP 慢启动运行的时间段。

B）请指出 TCP 拥塞避免运行的时间段。

C）在第 16 轮后，丢失的报文段是通过冗余确认消息还是超时被检测出来的？

D）在第 22 轮后，丢失的报文段是通过冗余确认消息还是超时被检测出来的？

E）第 1 轮传送时的初始阈值是多少？

F）第 18 轮传送时的阈值是多少？

G）第 24 轮传送时的阈值是多少？

H）第 70 个报文段是在第几轮传送期间被发送出去的？

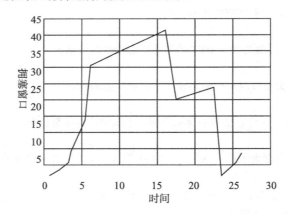

解析：

A）答案为 [1,6] 和 [23,26]，因为窗口是指数增长的。

B）[6,16] 和 [17,22]，因为窗口是加性增长的。

C）丢失的报文段是通过冗余确认消息被检测出的。因为如果出现了超时，那么拥塞窗口大小将降至 1。

D）丢失的报文段是通过超时被检测出的。因此拥塞窗口大小被置为 1。

E）初始的阈值是 32，因为在窗口大小为该值时慢启动停止且拥塞避免开始。（注意阈值不一定必须恰好是 32。）

F）当检测到数据包丢失时，阈值被置为拥塞窗口的一半。当在第 16 轮传送中检测到丢包时，拥塞窗口的大小为 42。因此在第 18 轮传送期间的阈值为 21。

G）当检测到数据包丢失时，阈值被置为拥塞窗口的一半。当在第 24 轮传送中检测到丢包时，拥塞窗口的大小为 26。因此在第 24 轮传送期间的阈值为 13。

H）在第一轮传送期间，数据包 1 被发送；第二轮传送中数据包 2、3 被发出；第三轮传送中数据包 4 至 7 被发出；第四轮传送中数据包 8 至 15 被发出；第五轮传送中数据包 16 至 31 被发出；第六轮传送中数据包 32 至 63 被发出；第七轮传送中数据包 64 至 96 被发出。因此第 70 个数据包是在第 7 轮的传送中被发送的。

18. 假设网络使用令牌桶机制来对流量进行整形。如果每 10μs 向桶中放入一个新的令牌，且一个令牌能用于一个 64K 字节的数据包，那么可维持的最大数据率是多少？

解析：

$$20\mu s = 48 \times 8 \times 10^3 b$$

$$1s = \frac{48 \times 8 \times 10^3}{20 \times 10^{-6}}$$

$$1s = 19.2 \times 10^9$$

最大持续数据率为 19.2Gbps。

19. 假设从节点 A 向节点 B 发送一个 F 比特的大文件。在节点 A 与 B 之间共有三条链路（与两个交换机），且链路并不拥塞（即没有排队延迟）。节点 A 将文件划分成长度为 S 比特的若干报文段，并为每个报文段添加一个 80 比特长的首部，构成长度为 $L = 80 + S$ 比特的数据包。每条链路的传输速率都为 R bps。请计算使文件从节点 A 到节点 B 的传输延迟最小的 S 值。忽略传播延迟。

解析： 目的端接收到第一个数据包的时间为 $\dfrac{s+80}{R} \times 3$ 秒。

在这之后，目的端每隔 $\dfrac{s+80}{R}$ 秒接收到一个数据包。

因此发送整个文件的延迟为 $\dfrac{s+80}{R} \times 3 + \left(\dfrac{F}{S} - 1\right) \times \dfrac{s+80}{R} = \dfrac{s+80}{R} + \left(\dfrac{F}{S} + 2\right)$

为了计算使延迟时间最小的 S 值，令

$$\frac{d}{dS}(\text{delay}) = 0$$

解得：$S = \sqrt{F}$。

20. 请计算针对一个流的令牌桶的速率 r 和桶深 b。该流具有以下流量要求：最大速率为 $R = 20\text{Mbps}$ 且该速率最多只能维持 4 秒，在最初的 10 秒中最多可以传送 140M 比特数据。

解析： 在最初 4 秒内，以最大速率 R 可发送 80M 比特数据。在接下来的 6 秒内，仍有 60M 比特的数据需要发送，且发送速率为 r。这意味着 $r = 10\text{Mbps}$。为了计算 b 的值，我们令 $\dfrac{b}{R-r} = 4$ 秒（即以 $R-r$ 的速率消耗完 b），因此解得 $b = 40\text{M}$ 比特。

21. 在响应差错和拥塞环境时，静态表比动态表更加灵活。该描述是正确还是错误？

解析： 错误

22. 如图所示，左侧有两个 TCP 发送者，右边是与之对应的接收者。两个发送者都使用 TCP Tahoe，并且发送大文件。假设 MSS 为 1KB，两条连接的单向传播延迟都为 50ms，连接两个路由器的链路的带宽为 8Mb/s。

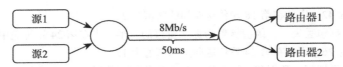

如果用 cwnd1 和 cwnd2 表示两个发送者的拥塞窗口的数值。那么使两个路由器间链路始终保持忙碌的 cwnd1+cwnd2 的最小值为多少？

解析：求得 RTT = 0.1s，因此 cwnd1 + cwnd2 为 $0.1 \times 8Mb = 100KB$ 就足以使链路一直保持忙碌。

23. 对于问题 22，假设每当 cwnd1 + cwnd2 = 150KB 时，链路的缓存就会溢出。而且在时刻 0，cwnd1 = 120KB，cwnd2 = 30KB。在经过一个 RTT 之后，cwnd1 与 cwnd2 的值约为多少？

解析：由于我们使用的是 Tahoe，因此 cwnd1=cwnd2=1KB。

24. 对于问题 22，在第一个发送者结束慢启动阶段之前大概经历了多少个 RTT？

解析：因为在进入慢启动时阈值被设置为 60KB，所以 cwnd 要达到慢启动阈值以跳出慢启动状态要经历 6 个 RTT。

25. 假设一个 TCP 发送者使用的初始序列号为 2000。TCP 发送者从拥塞控制算法的慢启动阶段开始（假设慢启动阈值的初始值非常大），并且发送出一个长度 MSS = 1500 字节的 TCP 报文段。

稍后发送者收到一个确认号为 3500，接收窗口为 5000 的 ACK 报文段。然后发送者发送出两个长度均为 1500 字节的报文段。发送者接收到的下一个 ACK 报文段带有的确认号为 5000，接收窗口为 RW。如果 RW = 3000，那么发送者在没有接收到另一个 ACK 确认的情况下能够直接发送的最大字节数是多少？

解析：因为初始序列号为 2000，且接收到序列号为 5000 的 ACK 确认消息，拥塞窗口 CongestionW 变为 4500（请注意，在慢启动开始阶段 CongestionW 的初始值为 1500。在接收到序列号为 3500 的 ACK 确认之后，CongestionW 的值开始增长。之后又根据接收到序列号为 5000 的 ACK，CongestionW 的值增加到 4500）。

ReceiveW = 3000

SendWin = min（CongestionW，ReceiveW）= 3000

仍然还有 1500 字节未被确认。

因此发送者能发送的字节数 = 3000 − 1500 = 1500 字节。

26. 在上一个问题中，如果 RW = 5000，那么发送者在等待接收到 ACK 报文段之前能够直接传输的最大字节数是多少？

解析：

ReceiveW = 5000

SendWin = min（CongestionW，ReceiveW）= 4500

仍然还有 1500 字节未被确认。

因此发送者能发送的字节数 = 4500−1500 = 3000 字节。

27. 下列哪种算法能允许空闲的主机为未来传输积累发送额度？

A）漏桶算法　　　　B）令牌桶算法　　　　C）早期随机检测　　　　D）以上任何一个都不是

解析：B

29. 在 TCP 拥塞控制算法的慢启动阶段，拥塞窗口的大小_____。

A）不会增加　　　　B）线性地增加　　　　C）二次地增加　　　　D）指数级地增加

解析：D。慢启动是 TCP 用于控制网络拥塞的一种算法，也被称为指数增长阶段，在这里 TCP 拥塞窗口的大小是指数增加的。

第 13 章

会 话 层

13.1　简介

会话层（session layer）位于传输层之上，在传输层服务的基础上提供增值服务。会话层（还有表示层）在传输层之上添加可能会被应用程序使用到的服务，这样各应用程序就不需要自己来实现相关的功能了。

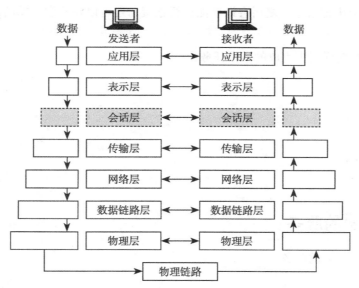

OSI 参考模型的第 5 层是会话层。这一层并未添加很多与通信相关的特征和功能，因此它也被认为是一个非常薄（thin）的层。虽然在很多系统中都禁用了第五层的功能，但大家还是应该了解会话层能够预防什么样的故障。

注意　TCP/IP 协议中根本不包含会话层。

13.2　会话层的意义

会话层提供了一种在终端用户的应用进程之间开启、关闭及管理会话的机制。通信会话由应用程序之间产生的请求与应答组成。会话层服务通常被用于使用远程过程调用（Remote Procedure Call，RPC）的应用环境中。

该层允许位于连接系统之上的应用程序使用会话来进行通信。它负责开启、使用及关闭这个通信链接。同时它还能充当一个对话控制机制，控制何方来传送数据。在一个会话中，可以从两个方向同时发送数据，也可以单向发送。

13.3　会话层的任务

会话层决定了在当前时刻谁能够进行传输。此外，会话层另一个重要的功能是在数据传输期间插入检查点。假如在传输一个大文件期间系统突然崩溃，那么检查点能够允许系统从已知的最近一个检查点处开始下载。

与此相关的例子有交互式登录，或者文件传输连接；会话将识别其中包含的名字，并将它们注册到一个历史记录中。之后会话就能进行连接，还可以在任意一端的系统崩溃时重新进行连接。

以下是部分在会话层中完成的通信任务：

☐ 连接建立
☐ 连接维持
☐ 通信同步
☐ 对话控制
☐ 连接终止

13.4　会话层的服务

会话层能提供如下的服务：

1）对话管理
2）同步
3）活动管理
4）异常处理

13.4.1　对话管理

会话层决定该轮到谁来说话。某些应用是使用半双工模式工作的，通过双方交替发送与接收消息来实现，并且永远不会同时发送数据。

会话层能管理半双工的通信。在半双工通信中，数据可能从任意方向进入，但是传输必须交替进行。一种与之密切相关的会话服务称作对话管理（dialog management）。在 ISO 协议中，对话管理是通过利用数据令牌来实现的。令牌被来回传送，用户只有在持有令牌时才可以传送数据。

只有持有令牌的用户才能发送数据。在会话建立之后，一开始只有一个用户能得到令牌。持有令牌的用户即为发送者，其他的为接收者。

如果接收者想要发送数据，它可以请求令牌。发送者会决定在何时放弃持有的令牌，然后接收者转变为发送者。

13.4.2　同步

传输层只能处理通信错误，而同步（synchronization）却能处理更上层的错误。例如，在一次文件传输中，传输层可能正确地交付了数据，但是应用层却可能因为文件系统已满而无法写入该文件。

用户可以将一个数据流划分为若干页，然后在每页之间插入同步点（synchronization points）。当有错误发生时，接收者能将会话状态重新同步到一个之前的同步点处。这需要发送者在可能需要的时间内一直保存数据。

同步是指进程同步或者数据同步。这两个概念既相关又有区别。

进程同步指的是多个进程在某个时间点上将要进行连接或握手，以便达成一致或者提交一系列的动作。数据同步指的是使某个数据集的多个备份相互之间保持一致，或者是对数据进行维护。

在计算机网络中，同步是通过使用序列号来实现的。ISO 协议同时提供了主、从同步点。当进行重新同步时，最多只能回退到之前的主同步点处。此外，主同步点需要通过显式的消息来被确认（这使得它们的使用代价变得昂贵）。相比之下，从同步点仅仅是一个标记。

让我们来看另外一个例子。假设我们正从一台终端机向另一台传送一个数据库文件。一个数据包（也被称作报文段）到达了目的主机的传输层，且返回了一条确认消息。然而不幸的是，这一切可能发生在目的主机的应用程序将接收到的数据写入磁盘之前。如果目的端的传输层重启了，它会从源端接收到一个重新启动的请求，但是由于源端认为自己知道目的端已经收到了多少数据，它不会再费力去重发数据。很不幸，由于目的端计算机停机，保存在 RAM 中的数据包将会丢失。

其中的问题在于，通信两端的应用程序不会握手确认数据已被目的端应用程序完全处理。这被称作同步。

13.4.3　活动管理

有了之前所述的服务，应用就能够启动、终止会话，并且切换说话者。同时由于数据在参与会话的节点之间流动，还需要确定数据开始和结束的位置。

例如，对于一个文件传输应用来说，假设有数个文件正在传输，则必须以某种方式告诉接收节点某个文件在何处结束，而下个文件从何处开始。发送者可以在数据流中插入分隔符，但是之后接收者为了获得这些分隔符必须扫描文件流，从而产生计算时间的开销。那些与分隔符相似的数据也会造成麻烦。

活动管理（activity management）可以解决这些问题。它将数据流划分为若干活动。以文件传输为例，每个文件作为一个活动。会话层在报头中插入控制信息以标记活动，并告知应用程序活动的开始和结束。会话层允许用户将数据划分为若干称作活动的逻辑单元。每个活动都与其之前和之后的活动相独立，并且能够进行自处理。

例如，一个银行事务可能包括锁定记录、更新值以及解锁记录。如果某个应用程序处理了第一个操作，但一直未接收到余下的操作（由于客户端或者网络的故障），那么记录将会一直保持锁定状态。活动管理将解决这一问题。

13.4.4　异常处理

这是一种用于报告错误的通用机制。

13.5　远程过程调用协议

远程过程调用（RPC）试图为程序员营造一种错觉，即某台机器上的程序可以调用位于另一台机器上的某个过程。这需要发起调用的程序将参数封入数据包中发送到目的端，并指出需要调用目的主机上的哪一个过程。通常在第 4 层（即传输层）有一个通用的端口号，该端口由负责处理到来的过程调用的服务器进行监控。

服务器通常无法启动一个包含目的主机过程的应用程序，也不能在这个程序中调用过程（因为该程序已经在运行了）。因此目的主机过程通常是位于一个动态链接库中的，RPC 服务器能够动态地链接并且调用该库。由于 RPC 的设计目标是快捷性，而且未被分为多层，因此它不是完全符合 OSI 参考模型的。

我们可以将一个 RPC 想象为一次短会话。若作为一个会话来实现，则通常会使用无连接的会话层协议。当某个客户端调用一个远程过程时，这次调用事实上是向一个本地桩（过程或功能函数）发起的。该桩把所有参数按数值编列到一个消息中，然后再向服务器发送一个请求消息。

13.5.1 远程过程调用的 10 个步骤

让我们来查看一下本地过程调用是如何实现的。在各种编译器和体系结构下的本地过程调用实现存在差异，因此我们将进行概括。每个处理器都为我们提供了某种形式的调用指令，来将下一条指令的地址压入栈，并把控制转移到由该调用指定的地址处。当被调用的过程执行完后，它会发布一条返回指令，将地址从栈顶弹出并把控制转向该处。以上就是基本的处理器机制。它使得过程调用更易于实现。

识别参数、参数入栈以及执行调用指令等具体细节是由编译器决定的。在被调用的函数中，编译器负责确保任何可能被损坏的寄存器都已经保存，并且为本地变量分配堆栈空间，然后还要在返回之前恢复寄存器和堆栈。

以上这些对于调用一个装载在某台远程机器或远距离机器上的过程来说都没有用处。这意味着编译器必须要做一些不同的处理来提供能调用远程过程的错觉。这就使得远程过程调用变成了一种语言层面上的构建。套接字与其相反，属于操作系统层面的构建。我们不得不使用本地过程调用与网络通信套接字这些已有的工具来模拟远程过程调用。

使远程过程调用有效运行的窍门在于创建桩函数。桩函数以本地调用的形式将远程过程调用真实地呈现给用户。在客户端，桩函数看起来就像是用户打算调用的函数，但它确实包含了基于网络发送与接收消息的代码。其中所发生的一系列操作如图所示。

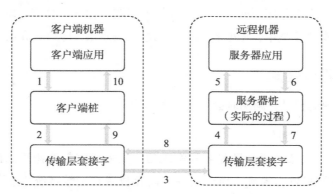

客户端调用一个本地的过程，称作客户端桩（client stub）。对于客户端进程而言，它是一个常规的本地过程，所以看起来是一个真实的过程。由于真正的过程在服务器上，因此它仅仅是做了一些特别的处理。客户端桩将远程过程所需的参数打包（这可能涉及将参数转换为标准格式），并生成一个或多个网络消息。将参数打包成一个网络消息的过程叫作编列（marshaling），并且需要把所有数据元素序列化为一种扁平的字节数组格式。

1）客户端桩给远程系统发送一条网络消息（利用传输层套接字接口对本地内核进行系统调用）。

2）内核通过某种协议（无连接的或面向连接的：TCP 或 UDP）将网络消息传送到远程系统。

3）服务器桩（有时也被称作框架），在服务器端接收消息。它从消息中反编列出参数。如果需要，它还会将这些参数从标准的网络格式转化为特定的机器形式。

4）服务器桩调用服务功能函数（对于客户端来说，即为远程过程），并将自己从客户端处接收到的参数传递给它。

5）服务器上的功能函数运行结束后，将返回值送回服务器桩。

6）服务器桩对返回值进行转换（如果需要），并将其编列进一个或多个发给客户端桩的网络消息中。

7）消息穿越网络被送达客户端桩。

8）客户端桩从本地内核中读取消息。

9）然后，客户端桩将结果返回给客户端函数。如果需要，它还会将结果从网络格式转化为本地的机器形式。

10）继续执行客户端代码。

RPC 的主要优点在于两个方面。首先，程序员能够使用过程调用语义来调用远程的功能，并得到响应。其次，由于 RPC 将所有的网络代码隐藏到了桩函数中，因此它简化了分布式应用的编写过程。应用程序不必再担心一些细节问题，比如套接字、端口号以及数据的转换与处理。在 OSI 参考模型中，RPC 跨越了会话层与表示层（即第 5 和第 6 层）。

13.5.2　实现远程过程调用

当我们考虑实现远程过程调用时会发现许多问题。

13.5.2.1　如何传递参数？

在使用 RPC 时，按值传递参数是容易实现的：只需要将数值拷贝到网络消息中就可以了。按地址传递参数则较为困难。由于同一个内存位置在远端系统中会指向完全不同的内容，因此向一台远程主机传递地址是没有意义的。

如果想要支持按地址传递，那么我们就必须发送一份上述参数的拷贝，并且将其放置于远端系统的内存中，然后向服务器函数传递一个指向这些参数的指针，最后将该对象返回给客户端，并通过引用来对其进行复制。

若远程过程调用必须要支持对复杂结构的引用，比如树和链表，则必须将该结构拷贝为一种指针较少的表示形式（例如，一颗扁平化的树），然后再进行传输，并在远端重新构建该数据结构。

13.5.2.2 如何表示数据？

在本地系统中，数据的格式总是一致的，不会出现数据不兼容的问题。然而在使用 RPC 时，远程机器可能会有不同的字节顺序、不同的整数大小以及不同的浮点表示法。

在 IP 协议簇中，强制要求报头中所有 16 位与 32 位的字段都使用大端（big-endian）字节顺序来解决这一问题（因此需要使用专门的 htons 和 htonl 函数）。而对于 RPC 来说，如果我们需要在多个不同的系统之间通信，那么就需要针对所有数据类型提出一种标准的编码方式，从而使数据能够作为参数进行传递。

大端表示法将一个多字节整数中最显著的（即高位）字节存储在低位的内存中。小端表示法则将一个多字节整数中最显著的字节存储在高位内存中。如 Sun SPARCs 和旧的 Motorola 680x0s 这样的机器使用的是大端存储。大部分 Intel 的系统曾使用过小端存储。其他的多个架构使用一种双端格式，其中，处理器可以在启动时被配置为使用小端模式或者是大端模式进行操作。这样的处理器有 ARM、MIPS、PowerPC、SPARC v9，以及 Intel IA-64（Itanium）。

13.5.2.3 绑定到何种机器与端口？

我们需要定位一台远程主机和位于该主机上的正确进程（端口或者传输地址）。一种解决方案是维护一个中心数据库。该数据库能够定位提供某种类型服务的主机。这一方案由 Birell 和 Nelson 提出，并记载于他们在 1984 年发表的介绍 RPC 的论文中。

服务器向中心机构发送消息来声明自己愿意接受某些远程过程调用。之后当客户端需要定位某一台服务器时，会与这个中心机构进行联系。另一种解决方案虽没有如此简洁，但更容易进行管理。它要求客户端知道自己要与哪一台主机进行联系。位于该主机上的名字服务器维护着一个关于本地所提供服务的数据库。

13.5.2.4 应该使用何种传输协议？

在某些实现中仅允许使用一种传输协议（如 TCP）。大部分的 RPC 实现都支持多种协议，并允许用户进行选择。

13.5.2.5 当出错时发生了什么？

现在，RPC 有更多的出错可能。服务器可能会由于网络故障而产生错误，也可能发生崩溃。客户端可能会在服务器为其执行代码期间突然消失。

由于本地过程调用对于过程调用失败一无所知，因此远程过程调用的透明度在此处遭到了破坏。基于这一点，使用远程过程调用的程序就必须要准备针对远程过程调用失败而进行测试，或捕捉异常。

13.5.2.6　远程调用的语义是什么？

调用某个常规过程的语义很简单：当我们调用了某个过程时，它会被执行一次且仅一次。而在使用远程过程时，很难实现恰好一次的调用。一个远程过程可能会被执行：

- ❑ 0 次：如果服务器崩溃或者进程在执行服务器代码之前就已经消亡。
- ❑ 1 次：如果一切都正常工作。
- ❑ 大于或等于 1 次：如果服务器在返回到服务器桩之后且在发送应答之前崩溃了。客户端将不会接收到返回的应答，而且可能会决定再次尝试，因此将不止一次执行函数。若客户端不再进行尝试，则函数只会执行一次。
- ❑ 不止 1 次，如果客户端发生超时并进行了重传。初始的请求有可能已经被延迟了。因此，二次请求可能都会（或者都不会）被执行。

通常来说，RPC 系统会提供至少一种或至多一种语义，或者是在这些语义之中进行选择。人们需要理解应用的性质以及远程过程的功能以判断多次调用一个函数是否安全。

如果某个函数可以被运行任意次数而没有损害，那么它就是幂等的（例如每天的时间、数学函数、读取静态数据）。否则，它就是一个非幂等的函数（例如追加或修改某个文件）。

13.5.2.7　性能如何？

一个常规的过程调用是快速的：通常只需几个指令周期。远程过程调用又如何呢？想想涉及的那些额外的步骤。仅仅是调用客户端桩函数并获得其返回就会产生过程调用的开销。

在此基础上，我们还需要执行编列参数的代码，调用操作系统中的网络例程（会引发模式切换与上下文切换），处理网络延迟，让服务器接收到消息并切换到服务器进程，反编列还原出参数，调用服务器函数，并在返回时重复一遍上述步骤。毫无疑问，远程过程调用要慢得多。

我们能很容易做出结论：进行远程调用要比进行本地调用慢许多倍。然而我们常常有充分的理由来支持将功能函数转移到服务器上，因此运行慢并不妨碍我们使用远程过程调用。

13.5.2.8　安全性如何？

这绝对是我们需要担心的事情。在使用本地过程时，所有的函数调用都被限定在某个进程的范围内。此外，操作系统通过为每个进程建立内存映射来提供足够的内存保护。这样，其他进程将无法获悉对该函数调用的操作与检测。

然而，对于 RPC 来说，我们不得不关心各种各样的安全问题：

- ❑ 客户端是否是在向正确的远程进程发送消息，或者说该进程是否是一个冒名者？
- ❑ 客户端是否是在向正确的远程主机发送消息，或者说该机器是否是一个冒名者？
- ❑ 服务器是否仅从合法的客户端接收消息？服务器能够识别位于客户端的用户吗？

- 当消息经过网络时是否能被其他进程嗅探到？
- 当消息经过网络从客户端到达服务器或者从服务器到达客户端时，是否能被其他进程截获和篡改？
- 协议是否容易遭受回放攻击？即某个恶意的主机是否能够捕获消息并在稍后重传该消息？
- 当消息在网络中时是否已经被意外地损坏或截断？

13.5.3　远程过程调用的优势

我们不需要担心如何获取唯一的传输地址（即为某台机器上的某个套接字选取一个唯一的端口号）。服务器能够被绑定到任意可用的端口，然后再向 RPC 域名服务器注册该端口。客户端将会和该域名服务器进行联络以获得所需程序对应的端口号。所有这些对于程序员来说都将是不可见的。

系统可以独立于传输层提供者。在某个系统中，自动生成的服务器桩可以使自己对于所有的传输层提供者都可用，无论是 TCP 协议还是 UDP 协议。客户端能够动态地进行选择，无需额外的编程量。这是因为发送和接收消息的代码都是自动生成的。

位于客户端的应用只需要知道一个传输地址：域名服务器的地址。该服务器负责告诉应用程序要调用一套给定的服务器功能需要连接到何处。

函数调用模型可以被用来代替套接字所提供的发送/接收（读/写）接口。这样用户就不必再处理参数的编列问题，也不用在另一端将这些参数解析出来。

13.6　主要的会话层协议

13.6.1　AppleTalk 数据流协议

AppleTalk 数据流协议（AppleTalk Data Stream Protocol，ADSP）是一个会话层协议，为 AppleTalk 互联网络中的两个套接字之间提供对称的、面向连接的、全双工的通信。ADSP 同时包括会话与传输服务，而且它是最常用的一种 AppleTalk 传输协议。ADSP 用于在两个网络进程或者应用之间建立一个可以进行数据交换的会话，其中的每一方对于通信都拥有同等的控制权。

13.6.2　AppleTalk 会话协议

AppleTalk 会话协议（AppleTalk Session Protocol，ASP）负责管理更高层协议的会话，比如 AFP。ASP 会为每个逻辑连接发布一个唯一的会话标识符，并持续监控每个连接的状态。

它要求周期地交换"生存帧"来验证会话的状态，从而维持空闲的会话。

13.6.3　因特网存储域名服务

因特网存储域名服务（Internet Storage Name Service，iSNS）协议被用于 iSNS 服务器和 iSNS 客户端之间的交互。iSNS 客户端是那些试图在以太网中发现存储设备（也叫作目标）的计算机（也叫作发起者）。iSNS 有助于 iSCSI 与 TCP/IP 网络中光纤设备的自动发现、管理及配置。

13.6.4　网络基本输入输出系统

网络基本输入 / 输出系统（NetBIOS）初始时由 IBM 和 Sytek 作为一个能使客户端软件访问局域网资源的应用编程接口而开发。

自从被发明以来，NetBIOS 已经成为许多其他网络应用的基础。严格说来，NetBIOS 是一个访问网络服务的接口规范。

NetBIOS 作为一个为了将网络操作系统连接到特定硬件而研发的软件层，其最初的设计目标是充当 IBM 局域网的网络控制器。现在经过扩展的 NetBIOS 允许人们使用其所提供的接口编写运行在 IBM 令牌环架构之上的程序。

此后 NetBIOS 作为一项产业标准而被接受。直至今日，涉及兼容 NetBIOS 的局域网络的情况还很常见。

13.6.5　密码认证协议

密码认证协议（Password Authentication Protocol，PAP）是一种简单的认证协议，其中用户名与密码被按照明文（即未加密）的形式发送到远程访问服务器。因为在认证的过程中，你的密码能被很容易地从点对点协议（PPP）的数据包中读取出来，因此强烈建议不要使用 PAP。

13.6.6　点对点隧道协议

点对点隧道协议（Point to Point Tunneling Protocol，PPTP）是一个网络协议。通过创建一个跨越 TCP/IP 数据网络的 VPN（虚拟专用网络），提供从远程客户端到企业私有服务器的安全的数据传输。

13.6.7　远程过程调用协议

远程过程调用（RPC）协议的设计目标是以一种不同于 TCP 的方式增强 IP 协议的服务。

TCP 致力于传输较大的数据流（如文件下载），而 RPC 设计用于网络编程，允许程序对远程主机上的子程序进行调用。RPC 最重要的一个应用是 NFS 文件共享协议。

13.6.8　短消息点对点

短消息点对点（Short Message Peer-to-Peer，SMPP）是一个用于发送 SMS 消息的协议。它一般被称作短码，或快捷短信，其专业名称为短消息点对点协议，或 SMPP。其设计目标是为短消息数据的传输提供一个灵活的数据通信接口。当你用自己的手机向朋友的手机发送一条短信时，这条消息正是通过 SMPP 协议传输的。相对于采用 SMTP 协议的运营商的电邮网络，SMPP 的消息需要通过电信运营商的蜂窝网络。

由于 SMPP 享有优先路由权，能以更快的速度交付，因此它是首选的方案。

13.6.9　安全外壳协议

安全外壳（SSH）协议是一个为了安全的网络通信而设计的协议。它的实现相对简单，而且廉价。它被用于在不安全的网络上提供安全的远程登录，以及其他安全的网络服务。

第 14 章

表 示 层

14.1 简介

表示层（presentation layer）是 OSI 模型的第六层。它响应来自于应用层的服务请求，并向会话层发起服务请求。表示层执行了一些被频繁请求的功能。这些功能会为用户寻找一种通用的解决方案，而不是让每个用户自己来解决问题。特别地，表示层与其下面的所有层次都不同，后者只关心将所有比特可靠地从一处移动到另一处，而表示层关注所传输信息的语法与语义。

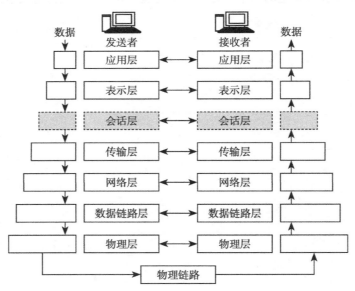

14.2 表示层的意义是什么

在 OSI 模型中，表示层有时也称作语法层（syntax layer），主要负责寻址与处理跨越七层的数据通信。

表示层定义了传递给应用层数据的格式。我们可以将其视作一个网络翻译器。在发送时，该层将数据从应用层所使用的格式转换为发送站点所使用的通用格式；而在接收时，将数据从通用的格式转换为应用层已知的格式。

表示层负责按照一种接收设备能够理解的形式将数据表示出来。为了能更深入地理解这一概念，我们用两个讲不同语言的人来打比方。两人能听懂对方的唯一方法是找到第三个人来翻译。表示层正是在通过网络进行通信的设备之间充当翻译者的角色。

比如，某台正在发送文件的计算机在收到来自应用层的数据之后，需要把这些数据从接收到的格式（如 ASCII 码）转换为能被 OSI 模型的其他层理解和接受的格式，以确保文件传输的顺畅。

14.3　表示层的任务

表示层协商出合适的传输语法，以便运送要交换的用户数据消息。

这一层也将用户数据从特定抽象的语法形式转换为选定的传输语法形式，反之亦然。通过此方法，两台采用不同体系结构的机器就能够实现相互交流。因此表示层中必须包含编 /解码器（encoder/decoder）。

表示层的另外一个重要的功能是上下文管理（context management）。该功能保存了所有同步点的信息（参见会话层这一章）。表示层还提供了数据压缩和数据加密的功能。

表示层提供的功能包括：

1）数据转换：转换机制用于帮助使用不同文本和数据表示方法（如 EBCDIC 码和 ASCII 码）的系统之间完成信息交换。

2）数据表示：通过采用标准的图像、声音和视频格式（如 JPEG、MPEG 以及 RealAudio）实现了在不同类型计算机系统之间的应用数据交换。

3）数据压缩：减少需要通过网络传输的比特数量。

4）数据加密：出于安全性的目的，对数据进行加密。例如，口令加密。

在接收到来自应用层的数据之后，表示层会在传递给会话层之前对这些数据执行上述一种或所有的功能。在接收站点处，表示层从会话层获得数据，然后在交付给应用层之前执行一些必要的功能。

14.4　数据转换

OSI 模型的表示层负责将数据以某种形式呈现，或者说转化为某种格式。当表示层从应用层接收到需要通过网络发送的数据时，它需要确保数据的格式是正确的。在通信的另一端，当表示层接收到来自会话层的网络数据后，它需要确保数据的格式是正确的。若不正确，则需要重新对数据转换一次。

为了理解数据格式化的工作原理，我们想象一下两个不同的系统。第一个系统使用扩展二进制编码的十进制交换码（Extended Binary Coded Decimal Interchange Code，EBCDIC）来表示屏幕上显示的字符。第二个系统使用美国信息交换标准码（American Standard Code for Information Interchange，ASCII）来实现同样的功能。（注意：绝大部分个人计算机使用的是 ASCII 码，而传统的大型计算机使用的是 EBCDIC 码。）第 6 层提供了这两种不同类型编码之间的转换功能。

表示层提供了多种用于应用层数据的编码与转换的功能。这些功能保证了从某个系统应用层发出的信息可以被另一个系统的应用层读取。表示层编码与转换方案的例子包括通用数据表示格式、字符表示格式的转换、通用数据压缩方案以及通用数据加密方案。

转换的例子如下：

❏ 将一个 Sun 的 .RAS 光栅图形转换为 JPG 格式
❏ 将 ASCII 码转换为 IBM 的 EBCDIC 码
❏ 将 Mac 机上的 .PICT 文件转换为 .jpg 格式
❏ 将 .wav 文件转换为 .mp3 格式

14.5 数据表示

使用通用的数据表示格式，或者标准的图像、声音和视频格式使得不同类型计算机系统之间的应用数据交换成为可能。由于文本和数据表示法的不同，（比如 EBCDIC 码和 ASCII 码），因此需要采用转换方法来实现系统间的信息交换。

表示层的实现通常不需要与某个特殊协议栈相关联。著名的视频标准包括 QuickTime 和运动图像专家组（Motion Picture Experts Group，MPEG）。

表示层的标准也规定了如何表示图形图像。其包含的三个标准如下：

❏ PICT：一种用于在 MAC 操作系统的程序之间传输 QuickDraw 图形的图像格式。
❏ TIFF（标记图像文件格式）：一种高分辨率的位图图像格式。
❏ JPEG（联合图像专家组）：用于复杂图片与照片的静态图像压缩的常用图形格式。
❏ GIF（图形交换格式）：一种用于压缩和编码图形图像的标准。

其他第六层的标准指出了声音与视频的表示方法。这些标准包含了以下几种格式：

❏ MIDI（音乐设备数字接口）：用于数字音乐。
❏ MPEG（运动图像专家组）：在制作 CD 和数字存储资源时用于压缩和编码运动视频的标准。
❏ QuickTime：一种在 MAC 与 PC 机操作系统上用于处理音频与视频的标准。QuickTime 是 Apple 计算机的一项视频与音频规范，而 MPEG 是一项视频压缩与编码的标准。

文件格式

ASCII 码和 EBCDIC 码均用于格式化文本。ASCII 编码的文本文件包含了简单的字符数据，没有任何复杂的格式化命令，比如粗体或下划线。记事本（Notepad）是一个使用和创建文本文件的应用程序。这些文件的扩展名通常为 .txt。

与 ASCII 码十分类似，EBCDIC 码也不使用任何复杂的格式。二者主要的区别在于，EBCDIC 码主要应用于 IBM 大型机，而 ASCII 码则应用于个人计算机。

另一种通用的文件格式是二进制格式。二进制文件中含有经过特殊编码的数据。这些数据只能被特定的应用软件读取。像 FTP 之类的程序使用二进制文件类型来传输文件。网络使用了多种不同类型的文件。前面的章节已简要地介绍了图像文件格式。

因特网使用两种二进制文件格式来显示图像——图像交换格式（GIF）与联合图像专家组（JPEG）。无论计算机属于何种类型，只要安装有 GIF 和 JPEG 文件格式的阅读器，就能够读取这些类型的文件。阅读器是一类用于显示某种特殊文件类型图像的软件程序。一些程序不仅能读取多种类型的图像，还能够将文件从一种类型转换为另一种类型。Web 浏览器不需要安装任何额外的软件，就能够显示这两种格式的图形文件。

标记语言（markup language）是另一种类型的文件格式。这种格式是一组告知 Web 浏览器如何显示和管理文档的说明。超文本标记语言（Hypertext Markup Language，HTML）是一种因特网的语言。HTML 说明告知浏览器是否需要显示文本，或者超链接到另一个 URL。HTML 不是一门编程语言，而是一组用于显示网页的说明。

14.6　数据压缩

由于网络运营商提供的服务是有偿的，因此可以使用数据压缩来降低经由网络传输数据的费用。尽管这些费用与所发送的数据量并不是呈线性关系的，但毫无疑问，可以通过在发送数据之前对它们进行压缩来降低费用。

现有的数据压缩技术基于以下三种方案之一：
- 符号集的有限性
- 符号被使用的相对频率
- 某个符号出现的上下文

数据压缩算法分为两个类：

无损编码：（有时也称作熵编码）用于所有类型的数据，包括文本。该类算法要求能够准确地逆向解码出原数据。

有损编码：用于图像和音频数据，不需要准确地复制数据。该类编码往往在存储空间与保真度之间寻找一个平衡，因此编码过程是不可逆的。

Huffman 编码算法

1. 定义

假设字母表 A 给出了一组 n 个字符（每个字符 $c \in A$），以及与每个字符 c 相关的频率 $\text{freq}(c)$，算法需要为每个字 c 找到一个二进制编码，对应编码长度可表示为 $|\text{binarycode}(c)|$，使得式子 $\sum_{c \in A} \text{frep}(c)|\text{binary code}(c)|$ 的值最小。也就是说，所有字符的编码长度之和应为最小值（所有字符的频率与其编码位数乘积的总和）。

Huffman 编码算法的基本思想是出现越频繁的字符应该为其选择位数越少的编码。Huffman 编码算法通过使用可变长度的编码来压缩数据的存储空间。我们知道，每个字符需要用 8 个比特位来表示。但总体来说，这些比特位我们并不会全部用到。此外，我们使用某一些字符要比用其他字符更为频繁。

通常当系统读取一个文件时，一次会读取 8 位以对应一个字符。然而，由于一些字符要比其他字符使用的次数更为频繁，因此这种编码方案的效率并不高。

让我们假设字符 'e' 的使用频率比字符 q 多 10 次。那么对于我们来说，字符 e 和 'q' 分别使用 7 位编码和 9 位编码更为有利，因为这样能够缩短整个消息的长度。

在通常情况下，对标准文件进行 Huffman 编码能够使文件大小缩减 10% 到 30%。具体缩减程度与字符频率有关。字符编码背后的思想是为较少使用的字符和成群的字符分配较长的二进制编码。此外，在构建字符编码时需要注意，任何两个字符码都不能互为前缀。

2. 例子

假设在对某一个文件的扫描之后，我们发现了如下表所示的字符频率：

字符	a	b	c	d	e	f
频率	12	2	7	13	14	85

按照上表，为每个字符创建一个存储其出现频率的二叉树（如下图所示）。

编码算法的工作过程是：在列表中找出节点储存频率值为最小的两个二叉树。

将二叉树的两个节点连接到一个新建的公共节点上。该公共节点并不储存任何字符，而保存了连到其下的所有节点的频率之和。这样，我们就得到下图的结构：

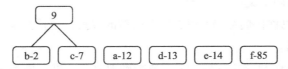

重复上述过程，直到只剩下一个二叉树为止。

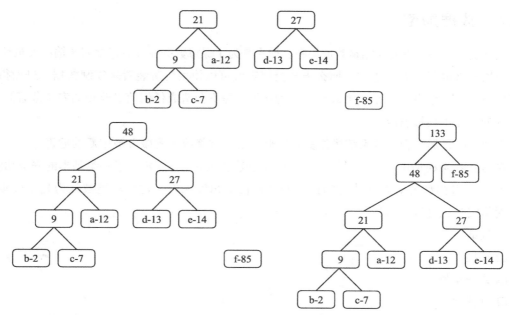

一旦编码树建立，它的每一个叶子节点将对应一个字母及其编码。若要确定某个特定节点的编码，只需从树根向下遍历到叶子节点即可。当每次向左子树移动时，就在编码的末尾追加一个 0 ；而每次向右子树移动时，就在编码末尾追加一个 1。根据上图中的生成的树，我们最终得到如下表所示的编码结果：

字母	a	b	c	d	e	f
编码	001	0000	0001	010	011	1

3. 计算节省的比特数

现在，让我们来看一看 Huffman 编码算法节省了多少比特的存储空间。为了完成这次计算，我们所需要做的是先观察原来需要用多少比特来存储数据，然后减去用于存储 Huffman 编码数据的位数。

在上述的例子中，我们有 6 个字符。假设每个字符都使用一个 3 位编码存储。由于有 133 个这样的字符（将频率总和乘以 3），因此要用到的比特总数为 $3 \times 133 = 399$。

根据 Huffman 编码的频率，我们可以计算出所用到的比特数的新值为：

也就是说，我们节省了 399 − 238 = 161 比特，即将近 40% 的存储空间。

字母	编码	频率	总比特数
a	001	12	36
b	0000	2	8
c	0001	7	28
d	010	13	39
e	011	14	42
f	1	85	85
总计			238

14.7　数据加密

表示层的另一个重要功能是数据加密。加密是为了保障数据在计算机之间传输的安全性。

如果未采取任何安全措施，那么未经授权者就可以使用窃听装置来复制数据，进而得知数据中所包含的信息。这是一个被动威胁的例子（是不会造成任何信息改变的安全危害），而且系统的操作不会被篡改。

主动威胁是那些会导致系统操作受到影响、信息被修改或者服务被中断的危害。

在 OSI 参考模型中，对于提供安全性的需求是公认的。ISO 定义了一组基本的安全功能。从为 OSI 参考模型的对等实体之间提供安全通信的角度来看，这些功能被认为是十分重要的。网络安全包含以下目标：

- 认证
- 授权
- 数据完整性
- 机密性
- 可用性
- 不可否认性

14.7.1　认证

认证（authentication）是判断某人是否为其所宣称身份的过程。在私有和公有的计算机网络中，认证通常是通过使用登录口令来实现的。知道口令的用户被认为是可信的。在初始阶段，每个用户都使用一个分配的或自定义的口令进行注册。

在后续的每次使用中，用户必须知道并使用这个之前声明的口令。在进行重要的交易（如货币兑换）时，这个系统存在的缺点是口令经常会被窃取、意外泄露或者遗忘。鉴于这些原因，因特网商务以及许多其他的交易都需要一种更加健壮的认证过程。

使用数字证书是在因特网上实现认证的一种标准方式。数字证书作为公钥基础设施的一部分，是由认证中心（CA）发布与验证的。

14.7.2　授权

认证过后，用户必须获得授权（authorization）以开展某项任务。比如，在登入某个系统之后，用户可能会尝试发布一些命令。授权过程决定了用户是否有权来发布这些命令。

换而言之，授权就是执行政策的过程：决定授权给某个用户何种类型或特性的活动、资源或服务。授权通常发生在认证的环境下。一旦某个用户已通过认证，他们就会被授予不同类型的访问或活动权限。

14.7.3 数据完整性

数据完整性（data integrity）是确保数据未曾被不恰当地更改过。数据可能通过多种方式被更改：意外地被更改（通过硬件与传输错误），或是因为一次蓄意的攻击。

例如，某个弱点允许管理员改变系统中任意文件的权限。这并不会成为一个安全隐患，因为管理员本来就已经拥有了这样的能力。相反，如果某个弱点允许一个无特权的用户做同样的事情，那么这就会构成安全隐患。

14.7.4 机密性

机密性（confidentiality）是指通过只允许授权用户访问资源来限制对某一资源信息的访问。攻击者利用某个产品中的一个弱点访问了非公开的信息，这样就破坏了产品的机密性。

例如，某网站的一个弱点是能够让访问者读取到不应该读取的文件，那么它将会构成安全危害。不过，一个会泄露文件物理存放位置的弱点将不会构成威胁。

14.7.5 可用性

可用性（availability）是指访问某个资源的可能性。攻击者利用产品中的某个弱点，阻止合法的用户对产品进行访问，这就危害了产品的可用性。

例如，某个弱点允许攻击者引发服务器故障，这样攻击者就可以控制服务器是否提供服务，从而构成安全危害。不过，攻击者向服务器发送大量合法请求以独占其资源的情况不会构成安全危害，只要服务器的操作者仍然能控制计算机即可。

14.7.6 不可否认性

否认意味着否定。不可否认性（non-repudiation）即保证所传输的消息确实已经被声称发出和收到消息的通信双方发送和接收了。不可否认是一种确认的方式，用来确保某个消息的发送者随后不会否认发送过消息，同时接收者不会否认已接收过消息。

例如，某个人（称为 A）声称 B 使用了冒犯的言语，而 B 却试图否认这一声明。要证明 B 使用过冒犯的言语十分容易。只要找出证据证明 B 使用过冒犯的言语即可。如果 B 无法否认关于冒犯言语的声明，那么这个证据便提供了不可否认性。

不可否认性是一种主动创造证据的尝试。这些证据会被用于对付那些已被指认却否认自己参与某一通信或执行某一行为的人。证据可以是身份、身份的认证以及能将某个通信或行为与身份相联系的事物。

上述的例子中，一些合法的文档记录了许多目击者的证言。这些目击者识别和鉴定出 B，并且目击到 B 使用了冒犯的言语。这是将某种行为与某个身份联系到一起而被动生成的意外产物。

在安全方面，我们希望主动地、有目的地生成有助于实现不可否认性的证据。为达到这一目的，我们必须要识别一个实体的身份，认证其身份并将认证后的实体与某个特定行为或通信联系起来。

一些人使用公/私钥证书来签名他们的电子邮件。他们通过使用自己的电子邮件地址来提供身份识别。他们对私钥（用来签名电子邮件）的使用则提供了认证（只要该私钥只为本人所知）。

当他们使用自己的数字证书来对某个电子邮件签名时，正是将电子邮件的内容与该证书所认证的身份联系到一起。这些证据能有助于防止个体否认电子邮件的内容，即：我从来没发过这样的一封电子邮件。

然而，某个发送者为了否认电子邮件，可以声称自己的私钥被窃取了（被第三方所得知），而且是该偷盗者发送了这封邮件。

> 🔍 **注意**：虽然数据加密通常会作为表示层的一项经典任务为人所提及，但是几乎所有的 OSI 层都能实现该项任务。关于安全性的更多细节请参考第 15 章网络安全。

习题与解答

1. _____ 层能将 ASCII 码字符转换为非 ASCII 码字符。
   A）传输　　　　　B）数据链路　　　　C）表示　　　　D）应用
   解析：C
2. 在 OSI 模型中，哪一层负责数据的加密与压缩？
   A）应用　　　　　B）网络　　　　　C）数据链路　　　　D）表示
   解析：D
3. OSI 各层次中，哪一层会关心所传输信息的语法与语义？
   解析：表示层

第 15 章

网 络 安 全

15.1　什么是网络安全

　　网络安全是指网络管理员采用的一系列行为和策略，用于阻止和监控对计算机网络的未授权访问。这些行为包括保护计算机网络与数据的可用性、可靠性、完整性和安全性。

15.2　相关的案例史

　　对任何机构来说，保证计算机网络安全都是最重要的。对于个人电脑、组织和军事而言，网络安全正变得越来越重要。在互联网发展的过程中，安全已成为一个人们关心的主要问题，互联网自身的结构允许很多安全威胁的出现。

　　你可能注意到了，几乎每天报纸上都会有报道计算机网络被黑客攻击的新闻。以下是一些例子：

　　1）一名男子因对美国军用网络进行网络攻击而被捕：一名来自萨福克郡的 28 岁男子在美国军队和政府遭受网络入侵后被捕。该男子和他的同伙从 2012 年 10 月开始攻击美国机构，一直到 2013 年 10 月。他们在网络中设置后门，并在以后的时间里通过这些后门返回和窃取更多的数据。他们针对的目标是美国国防部导弹防御局、NASA（美国国家航空和宇宙航行局）和环保局。

　　2）纽约网站管理员因对前雇主进行网络攻击而被捕：一名住在纽约的外国公民近日被美国联邦调查局（FBI）逮捕，并指控侵犯了他的前雇主——一个报纸出版商，使得公司的网站瘫痪。

　　据投诉称，一名公司职员于 2012 年 12 月中旬联系了 FBI，声称一个身份不明的人侵入了公司的 *FTP* 服务器并更改了 robots.txt 文件，从搜索结果中抹去了地址信息。这一更改导致公司面临严重的广告利益损失。

　　FBI 通过追踪 FTP 访问找到了 ISP（Internet Service Provider，网络服务提供商）在线优化的客户，由订阅者的信息得知哪些用户受到了攻击。FBI 也从 Google 和 Verizon 获得数据，查出攻击者最近用 Verizon 账户登录了他的 Gmail 地址，并且之前用来访问公司 FTP 服务器的 Optimum Online 账户也登录了同样的地址。

攻击者在 2011 年中旬到 2012 年中旬被报纸出版商雇用为网站管理员和网络管理员。根据联系 FBI 的那名员工所说，攻击者知道公司 FTP 服务器的登录用户名和密码。这些信息在他 2012 年中旬任期满了以后就没更改过。

3）电脑黑客因计划偷窃百万而被捕：一名男子进入了 Santander 银行在伦敦东南部的支行，企图安装一个可以使黑客从外部攻击其网络的设备。该设备被称为键盘视频鼠标（Keyboard Video Mouse，KVM），可安装在机器的背面，只需要 10 欧元就可在很多计算机商店或网上买到。

它可以记录键盘动作，使用者也可以从别处向计算机发送指令。据说这伙人在伦敦西部的一个小办公室里对其进行操控，被怀疑计划用无线网络来连接设备并电子化地转移资金。

如果计划成功，警方认为黑客可以获得用户的百万英镑的资金。然而，由于伦敦警察局特殊网上犯罪署警官的侦查措施，该计划失败了。

每年，机构都要在网络安全方面花费数亿美元，且逐年增加。每个公司都应监控自己的系统来预防非授权访问和攻击。

15.3　为什么我们需要安全

我们都知道当今世界是快速变化的，跟上变化的步伐且持续进步成为了一个真正的挑战。目前，安全是一个基本需求。数据在网络中从点 A 出发（通过路由器、交换机和很多其他设备）到点 B，就给了其他用户窃听甚至修改的机会。系统里的其他用户可能还会恶意传输一些我们本不需要的数据。

入侵者可能对一个系统进行未授权访问，然后通过一些高级技巧来扮演用户，窃取信息，甚至拒绝用户访问他们自己的资源。

15.4　网络安全报告怎么说

有很多机构发布了标准和指导方针，被私人企业用于开发安全的工作环境。在新西兰运营的 KMPG 就是其中之一。

2012 年，KMPG 的一项调查显示，网络欺诈仍然是一个日益严重的问题。最新的调查分析了从 2010 年 2 月 1 日到 2012 年 1 月 31 日之间新西兰因欺诈造成的损失总数。KMPG 调查收到了 140 条（来自新西兰的）回复，并做出了如下报告（仅限新西兰）：

❑ 在调查时间范围内因欺诈造成的损失总数为 1826 万美元。

❑ 至少经历过一次欺诈的机构的平均损失是 433 721 美元。

❑ 超过 48% 的回复者经历了至少一次的欺诈。

❑ 拥有超过 500 名员工的机构，几乎三分之二（62%）经历了至少一次的欺诈。拥有 1000 名及以上员工的机构，将近 86% 经历了至少一次的欺诈事故。

❑ 有 5 个回复的机构在调查时间范围里分别损失超过了一百万美元。

❑ 超过 60% 的回复者认为只有不到 50% 的欺诈行为被机构检测到。

我们从大量资料中可以估算出，每年与计算机有关的犯罪带来的经济损失在五亿到四十五亿间。很明显，由计算机犯罪所带来的经济损失在逐年增加。

15.5　网络安全的历史

有几个关键的事件对计算机与网络安全的产生和革新做出了重要贡献。

计算机安全问题始于 20 世纪 70 年代，这时个人开始侵入电话系统。随着技术的发展，计算机系统逐渐成为攻击者的目标。FBI 在 20 世纪 80 年代初处理了第一起与计算机攻击相关的犯罪。

当 IBM 和 Symantec 这样的计算机公司开始寻找检测（和阻止）并移除计算机病毒的方法时，编写病毒的人便开始开发更复杂的病毒。截至 1991 年，计算机安全专家已经发现了超过 1000 种病毒。

在 20 世纪 90 年代初，许多大公司和政府组织（包括 AT&T、NASA 和韩国原子能研究机构）在计算机安全方面的缺口被攻击者发现。

比如，一个对 AT&T 网络的攻击使得该公司的远程服务临时当机。1995 年间，美国国防部的电脑就被攻击了约 250 000 次。计算机安全机构（Computer Security Institute，CSI）在该年的一项研究认为，平均每五个网站中就有一个遭受过攻击。同年，Mitnick 因计算机欺诈被捕，并又一次被判了长期徒刑。他的罪行包括窃取软件，产品计划，以及 Motorola 公司、Sun Microsystems 公司、NEC 公司和 Novell 公司的数据，使这些公司遭受了总计近 8000 万美元的损失。

20 世纪 90 年代末，几个联邦机构的网站均遭到黑客破坏。这些机构包括美国司法部、美国空军、NASA（美国国家航空和宇宙航行局）和 CIA（中央情报局）。

随着互联网的快速发展，网络恶意攻击也在增长。2000 年的攻击数量比 1999 年增加了 79%。甚至是主流的网站，比如 Yahoo！、eBay 和 Amazon.com，也被认为是易受攻击的，这些攻击给公司造成了上百万美元的损失。

15.6 网络安全的四大支柱

网络安全的四大支柱分别是教育、预防、监测和更正。这些构成了一个机构发展和部署所有安全政策和措施的基础。

15.6.1 教育

在任何一个机构，安全小组应当教育群众并且阻止人们非法或恶意侵入系统。

15.6.2 预防

网络安全的基础是预防。为了达到一定程度的安全水平，采取措施来避免系统漏洞被利用是十分必要的。

15.6.3 监测

一旦实施了预防措施，就应该进入监测潜在安全问题的阶段。如果预防措施失败，这会很有帮助。问题被及时发现很重要，问题发现的越早，被改正和清除就越容易。

15.6.4 更正

机构需要制定一个计划来明确对一个安全问题合适的更正方法。计划应当是书面的，并且确定了什么行为应由谁来负责，以及不同的更正方法与升级水平。

15.7 网络安全术语

15.7.1 漏洞

漏洞是一个安全术语，指在计算机系统中会让其受到攻击的缺陷。漏洞是网络或系统在设计、配置、实施方案或管理上的易受攻击的缺陷。

15.7.2 威胁

在计算机安全中，威胁是指任何有可能造成计算机系统严重损害的事物。一个威胁可能发生也可能不发生，但是具有造成严重危害的可能性。威胁会导致对计算机系统、网络等的攻击。

15.7.3 恶意软件

Malware 指的是恶意软件。这是专门设计用来在用户不知情的情况下，访问和损坏计算机的程序。恶意软件包括计算机病毒、蠕虫、特洛伊木马、键盘记录器、拨号器、间谍软件以及广告软件。活跃的恶意软件威胁大多数是一般的蠕虫或木马程序，而不是病毒。

15.7.4　计算机病毒

计算机病毒是在用户不知情且违背其意愿的情况下加载到计算机的程序。病毒还可以进行自我复制。所有的计算机病毒都是人造的。一个可以自我复制的简单病毒是相对容易制造的，但即使是这样一个简单的病毒也是危险的，因为它会迅速耗尽所有可用的内存，使系统停止工作。

15.7.5　蠕虫

蠕虫是一种通过计算机网络自我复制的程序，它执行恶意行为，比如用尽计算机资源并可能导致系统瘫痪。蠕虫可以与计算机病毒相比较，但是它可以在无用户帮助的情况下将副本从一个计算机传播到另一台。

15.7.6　杀毒软件

杀毒软件是用来防止、搜索、检测和删除软件病毒或其他像蠕虫、特洛伊木马、广告软件等恶意软件的程序（或一组程序）。

用户安装并及时更新这些工具软件是很重要的，因为没有安装杀毒软件的计算机会在连接到互联网的几分钟内被感染。杀毒软件公司需要不断地更新他们的检测工具来处理每天产生的超过 60 000 个的新恶意软件。

有多家公司提供杀毒软件。虽然他们提供的功能各不相同，但是都包含以下一些基本功能：

- □ 针对恶意软件或已知的恶意软件模式扫描指定的文件或目录。
- □ 允许用户安排一次扫描。
- □ 允许用户在任何时间启动对电脑、CD 或 U 盘上特定文件的扫描。
- □ 删除检测到的任何恶意代码——有时会通知并询问用户是否要删除文件，有时其他程序会自动在后台完成该操作。
- □ 显示你的计算机的健康。

15.7.7　广告软件

广告软件是在应用程序中嵌入广告的程序（或软件）。广告软件为不想支付软件费的用户提供了一种被允许的替代方案。也有许多广告支持的程序、游戏或工具被归为广告软件（免费软件）。目前，越来越多的软件开发商提供被赞助的免费软件（广告软件），直到用户支付注册费。如果使用广告软件，当我们停止运行软件时，广告会消失，而当我们购买注册码后就可以选择"不显示广告"项。

15.7.8　广告软件拦截器

广告软件拦截器是可以在我们上网时阻止所有影响用户体验的不必要的广告弹窗的软件程序。有许多软件可以阻止广告软件在个人计算机（PC）上的安装。广告软件有时候是有害的，因此一款广告软件拦截器对于联网的个人计算机而言是有必要的。

15.7.9　广告软件去除器

广告软件去除器是用来从计算机中删除广告软件的软件程序。这项功能也内置于所有现代的防病毒软件中。

15.7.10　间谍软件

间谍软件是在用户不知情的情况下通过网络连接收集用户信息的程序（或软件）。间谍软件通常被用于广告目的。

间谍软件应用通常作为隐藏组件被绑定在一个可以从网上下载的免费软件上。然而需要指出的是，大部分的免费软件应用程序不带有间谍软件。一旦安装，间谍软件便会监视互联网上的用户活动，并在后台将信息传输给其他人。间谍软件还可以收集电子邮件地址，甚至是密码和信用卡信息。

间谍软件常被分为四类：系统监控器、特洛伊木马、广告软件和追踪 *cookies*。间谍软件主要用于：跟踪和保存互联网用户在网络上的行动，并向用户弹出广告。

15.7.11　间谍广告软件

这些免费的应用包含了追踪上网习惯的广告软件，以提供与用户相关的广告。

15.7.12　间谍软件拦截器

间谍软件拦截器用于拦截窥探用户个人信息的恶意软件。

15.7.13　后门

后门程序是一种允许黑客访问他人电脑的程序。这种程序很难被注意到，更难以破除。后门是一种绕过安全机制来访问计算机程序的手段。程序员有时会安装一个后门，以便因故障排除或其他目而访问程序。然而，攻击者经常使用检测到或自行安装的后门，作为攻击的一部分。它也被称为陷门。

15.7.14　冲击波蠕虫

冲击波蠕虫（也被称为 Lovsan、Lovesan 或 MSBlast）是 2003 年 8 月在微软操作系统 Windows XP 和 Windows 2000 间扩散的计算机蠕虫。

该蠕虫的可执行文件包含两条信息，第一条是：

I just want to say LOVE YOU SAN!!soo much

（我只想说，SAN，我真是太爱你了！！）

这条信息也使该蠕虫病毒有了另一个名字 "Lovesan"。第二条是：

Billy Gates why do you make this possible? Stop making money and fix your software!!

（比尔·盖茨，你是怎么做到的？别再赚钱了，来修修你的软件吧！！）

这条信息是给微软的合伙创始人比尔·盖茨的，他也是蠕虫攻击的目标。

该蠕虫还会创建下面的注册表项，使其在每次 Windows 启动时都可以登陆：

HKEY_LOCAL_MACHINE\SOFTWARE\Microsoft\Windows\CurrentVersion\Run\windows auto update=msblast.exe

15.7.15　误报

误报指的是病毒扫描程序（比如 Nessus）错误地检测到可能实际上并不存在的病毒。产生误报的原因是使用并不能标识某病毒唯一特性的签名去检测该病毒。这意味着，相同的签名也会出现在合法的、未被感染的软件中。

15.7.16　漏报

漏报与误报相反，漏报指的是病毒扫描程序（比如 Nessus）没有检测出实际上存在的病毒。防病毒扫描器可能无法检测到病毒，因为该病毒是新的，还没有可用的签名，或者因为配置设置的原因，或者用错误的签名来检测。

15.7.17　防火墙

防火墙是一个设计用于防止在未经授权的情况下进入或离开专用网络的软件系统。防火墙可以通过硬件、软件或者两者的组合来实现。它通常用于防止未经授权的互联网用户访问连接到互联网的专用网络，尤其是内部网。所有进入或离开内部网络的信息都会通过防火墙，它检查每一条消息，并拦截不符合指定安全标准的信息。

以下是防火墙技术的几种类型：

- 包过滤器：监视每个进入或离开网络的数据包，并根据用户定义的规则决定接受或拒绝它。包过滤是相当有效的，而且对用户透明，但是难以配置。此外，它很容易遭受IP欺骗攻击。
- 应用程序网关：适用于特定应用的安全机制，比如FTP服务器和Telnet服务器。它很有效，但会导致性能降低。
- 电路级网关：适用于TCP或UDP连接建立的安全机制。一旦连接建立，数据包就可以在不需要进一步检查的情况下在主机间流动。
- 代理服务：检查所有进入和离开网络的消息。代理服务器有效地隐藏了真实的网络地址。

15.7.18　黑客

这是一个电脑爱好者的术语。黑客喜欢学习编程语言和计算机系统，并经常被认为是这方面的专家。在专业的程序员中，该术语取决于是如何被使用的，它可以是褒义也可以是贬义，虽然它的内涵正越来越趋于贬义。

从积极的意义上说（也被称为白帽客），黑客是喜欢探索计算机的细节以及如何扩展自己能力的人。从消极的意义上说（也被称为黑帽客），黑客会出于恶意目的从事上述活动。

15.7.19　键盘记录删除器

它是用于删除监视特定计算机的键盘操作程序的软件或程序。

15.7.20　信件炸弹

信件炸弹是包含实时数据的电子邮件，旨在对收件人的计算机进行恶意破坏。

15.7.21　逻辑炸弹

逻辑炸弹（也称为熔渣代码）是一段故意插入的程序代码，会在特定的情况下执行。特定的情况比如一段时间失效，或程序用户没有响应程序指令。

逻辑炸弹是为响应一个事件而触发的恶意程序，响应的事件包括启动应用或到某一个指定的日期/时间。攻击者可以通过多种方式使用逻辑炸弹。他们可以在一个伪造的应用程序或特洛伊木马中嵌入任意代码，并在每次启动伪造软件时执行该代码。

攻击者还可以结合间谍软件和逻辑炸弹来尝试窃取用户的身份。例如，网络罪犯使用间谍软件偷偷地在用户的计算机上安装一个键盘记录器。键盘记录器可以捕捉用户的按键，如用户名和密码。

一个设计好的逻辑炸弹会等待用户访问一个需要用证书登录的网站，如银行网站或社交网络。然后，这将触发逻辑炸弹执行键盘记录来捕获用户的证书，并将其发送给远程攻击者。

15.7.22　移动杀毒

它是一个优化移动平台的保护性软件，可以用于身份认证以及删除计算机病毒和其他针对移动操作系统的恶意软件。

15.7.23　数据包嗅探器

数据包嗅探器是用于监测在网络中传输的数据包的程序或软件。数据包嗅探软件（也称为网络监控软件）允许用户查看联网计算机间交换信息的每个字节。

它可用于检测网络问题或入侵，也可被恶意使用来获得用户名和密码。有很多软件包可以帮助你学习怎样嗅探数据包。软件包的选择取决于网络的类型和结构，以及操作系统。

15.7.24　端口扫描

端口扫描是由入侵者发送的一系列消息，以侵入一台计算机。特定消息被用来确定一台计算机提供了哪些计算机网络服务。端口扫描利用这一原理来探测计算机系统的弱点。

15.7.25　垃圾邮件过滤器

垃圾邮件过滤器是拦截来路不明的垃圾邮件的软件程序。

15.7.26　特洛伊木马

特洛伊木马程序和特洛伊木马神话一样充满欺骗性，这也是它被如此命名的原因。木马，乍看之下是非常有用的软件，但实际上一旦在计算机上安装或运行，便会对计算机造成破害。那些位于接收端的木马通常会欺骗接收端打开服务，因为看起来这就像是从合法的来源接收到合法的软件。

当木马在计算机上被激活，会产生不同结果。有些木马与其说是恶意的，不如说是麻烦的（比如改变你的桌面，添加可笑的活动桌面图标），或者它们可能会通过删除文件、破坏系统上的信息来造成严重的损害。

木马也可以在电脑上创建后门，让恶意用户访问你的系统，并可能造成机密或个人信息泄露。不像病毒和蠕虫，特洛伊木马并不通过感染其他文件或自我复制来繁殖。

15.7.27   无线网络

Wi-Fi 是一种流行的无线网络技术的名称。该技术使用无线电波提供无线高速互联网和网络连接。Wi-Fi 无需接收端和发送端之间的物理有线连接，而是通过使用射频（Radio Frequency，RF）技术实现，该频率在与无线电传播相关的电磁频谱范围内。

为天线提供 RF 电流时，电磁场产生并在空间传播。任何无线网络的基础都是一个访问接入点（Access Point，AP）。

访问接入点的主要工作是广播计算机可以检测并收听到的无线信号。为了连接到一个接入点并加入一个无线网络，计算机和设备必须装配有无线网络适配器。

15.8   网络安全成分

网络安全关注以下目标：
- 认证
- 授权
- 数据完整性
- 机密性
- 可用性
- 不可否认性

15.8.1   认证

认证是判定一个人是否就是他所声明的那个人的过程。在专用和公共计算机网络中，认证一般通过注册密码实现。知道密码被认为是用户认证的保证。每个用户从开始注册起就会使用一个指定的或自定义的密码。

在以后的每次使用中，用户必须记住且使用之前声明的密码。该认证系统用于重要的交易（比如金钱交换）时有一个缺点，即密码经常被盗、不小心被看到或被遗忘。因此，互联网交易和很多其他交易都需要一个更强大的认证过程。

将认证机构（Certificate Authority，CA）发布并验证的电子证书作为公钥基础设施的一部分是互联网上实现认证的标准方法。

15.8.2   授权

认证之后，用户必须获得执行特定任务的授权。比如，登陆一个系统后，用户会尝试发出命令。授权过程决定了用户是否有权利发出这样的命令。

　　换句话说，授权是执行政策的过程：决定用户能够获得何种类型或性质的活动、资源以及服务。通常，授权出现在认证的范围内。在你认证了一个用户后，便会被授权不同类型的访问或活动。

15.8.3　数据完整性

　　数据完整性是保证数据没有被不适当地更改。有很多情况会使数据发生改变：意外情况（硬件或传输错误）或故意攻击。

　　例如，允许管理员改变系统上任意文件权限的缺陷并不会成为安全漏洞，因为管理员已经具备了这个能力。相反，一个允许未经授权的用户做同样的事情的缺陷，则构成安全漏洞。

15.8.4　机密性

　　机密性是指限制已经授权的用户对资源信息的访问。如果一名攻击者利用产品缺陷获得了非公开的信息，那么就危害了产品的机密性。

　　例如，一个网站中存在某一个缺陷，使得访问者可以读到不应当读到的文件。这样便构成了安全漏洞。然而，一个揭示了文件物理位置的缺陷则不构成安全漏洞。

15.8.5　可用性

　　可用性是指访问资源的可能性。攻击者利用产品缺陷，拒绝合格的用户对其访问，便是危害了该产品的可用性。

　　例如，一个缺陷导致攻击者能够使一台服务器失效，便构成了安全漏洞，因为攻击者可以控制服务器是否提供服务。然而，事实上攻击者可以通过向服务器发送大量的合法请求来独占它的资源，但只要服务器操作者还可以控制计算机，就不构成安全漏洞。

15.8.6　不可否认性

　　否认即否定。不可否认性是确保传递的消息已经被当事人发送并被接收，且当事人声明已经发送和接收该消息的过程。不可否认性是保证消息的发送者不能在之后否认已经发送了该消息且接收者不能否认已经收到该消息的方法。

　　例如，某人（记作 A）声称 B 说了攻击性的话，而 B 试图否认（抵赖）这件事。很容易证明 B 说了攻击性的话。如果有证据证明 B 使用了攻击性的言辞，而 B 不能对攻击性的话进行否认，那么该证据提供了不可否认性。

不可否认性是一种创造证据的主动尝试。证据可被用来对付那些已被识别出是通信或行为的发起者却又矢口否认的人。这些证据是身份、身份认证及一些将通信或行为与身份相连的东西。

在上述例子中，有法律文件记录了很多有身份的目击者的证词，来证实 B 的身份且目击了他使用攻击性言辞。这一被动且偶然的人工产物将身份和行为联系在一起。

在安全方面，我们想要主动且有目的地制造能对不可否认论点有帮助的证据。因此我们必须定义一个实体，认证它的身份并将认证后的实体与特定的行为或通信联系起来。

一些人用公 / 私钥证书来给他们的电子邮件签名。通过使用他们的电子邮件地址来提供身份。只要私钥仅用户自己知道，私钥的使用（在电子邮件上签名）就能提供认证。

当用数字签名签署电子邮件时，他们将电子邮件的内容通过证书与身份认证连接起来。这些证据可能会对防止当事人否认电子邮件上的内容提供帮助——我从来没有发过那样的邮件。然而，为了否认这封电子邮件，发送者可能会说自己的私钥被盗（被另外的人知道），且盗取私钥的人发送了该邮件。

15.9 攻击的类型

理解在网络中可能发生的安全攻击的类型很重要。仅仅关注安全是不够的，我们还应该认识到可能在计算机网络上发生的安全攻击的类型。在我们继续讨论安全攻击的类型之前，攻击者可能会做出如下某一项行为：

❑ 中断：接收消息并阻止接收者接收。发送者会相信接收者已经接收到消息，但接收者并没有收到。中断是针对可用性的攻击。中断攻击者旨在使资源不可获得。不久之前，一个流行的博客网站——WordPress.com 遭受了 DOS 攻击，该攻击拦截了服务器，使得用户不能获得其服务。

❑ 窃听：窃听是侦听通信。窃听是为了获得对系统未授权访问的攻击。它可以是在通信中简单地偷听。

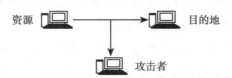

❑ 篡改：中间人收到了消息，修改后再发送给实际接收者。篡改是对更改资源的攻击，旨在修改两者或更多当事人之间通信的信息。

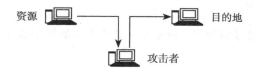

❑ 伪造：中间人创造新的消息并发送给接收者。接收者相信信息是从发送者传来的。伪造攻击也被称为仿造，该攻击总是嵌入新的信息，或在文件中记录多余的信息。它主要用于获得对数据或服务的访问。

基于上述讨论，以危害网络安全为目的的攻击可分为两类：
❑ 被动攻击
❑ 主动攻击

15.9.1 被动攻击

被动攻击可以被分为两类：第一类被动攻击是简单地监视传输双方并且捕获收发的信息。攻击者不打算打断服务或造成影响，只是阅读信息。

第二类攻击是流量分析。如果信息是加密的，收发的信息会很难阅读。攻击者会简单地观察信息，并试图弄清它的含义；或者简单地断定通信双方的身份和位置。

被动攻击通常很难被发现，因为它几乎不会对通信的信息造成影响。

15.9.2 主动攻击

主动攻击的目的在于造成干扰，并且很容易被识别。不像被动攻击，主动攻击修改信息或中断服务。主动攻击有四种类型：

1）伪装：假装成其他人。这样可以用不同的用户账户登录以获得额外的权限。例如，一个系统的用户盗取了系统管理员的用户名和密码，因此可以假装自己是系统管理员。

2）回复：发送获取的信息，或将其复制到其他地方。

3）修改：改变收发的信息。

4）拒绝服务：造成网络中断。

即使被动攻击听起来无害，它也和主动攻击一样是有害的，甚至更糟。

15.10　已知安全攻击的讨论

15.10.1　拒绝服务攻击

拒绝服务（DoS）是通过向网络（或机器）洪泛无用的通信流量使网络（或机器）瘫痪的攻击。拒绝服务攻击的例子有：

❑ SYN 洪泛

❑ 死亡之 Ping（又称 ICMP 洪泛）

这些攻击利用了 TCP/IP 协议的限制。拒绝服务攻击通常并不会造成重要信息的窃取或丢失，但它们需要大量的时间和经费去解决。

所有已知的拒绝服务攻击都具有修复代码，系统管理员可以安装它们来限制攻击造成的损害。然而，新的拒绝服务攻击正不断地被黑客制造出来。

15.10.1.1　SYN 洪泛攻击

如之前的章节所述，当一个客户端向服务器请求 TCP 连接时，客户端和服务器进行三次握手来建立一个连接。

❑ 客户端向服务器发送一个 SYN 报文。

❑ 服务器向客户端回复一个 SYN/ACK 报文（synchronize/ acknowledge）进行响应。

❑ 客户端向服务器发送 ACK 报文（acknowledge），连接建立。

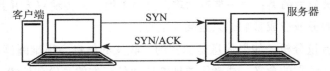

在 SYN 洪泛攻击中，攻击者不回复服务器它所期待的 ACK 码。攻击者可以简单地不发送期待的 ACK，也可以在 SYN 中使用错误的 IP（通过伪造源 IP 地址）。这会导致服务器向错误的（可能根本不存在的）IP 地址发送 SYN/ACK，而该 IP 不会发送 ACK，因为它"知道"自己从没有发过 SYN。

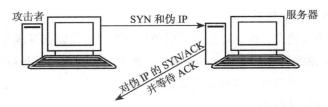

服务器会为接收一个 ACK 报文而等一段时间，但是在一个攻击中，逐渐增多的半开连接会绑定服务器上的资源，直到没有新的连接可以建立。这会导致拒绝服务合法的通信。如果其他操作系统功能因为这种方法丧失资源的话，一些系统可能也会严重失灵，甚至崩溃。

15.10.1.2 死亡之 Ping

在 1996 年底到 1997 年初，一些操作系统在网络实现中的一个缺陷在黑客间广为流传，并成为了一种通过互联网远程侵入计算机的方法。

IP 包允许的最大长度是 65 535 字节，包括一般为 20 字节长的包头部。一个 ICMP 回显请求报文是一个有 8 字节伪头部的 IP 包。因此，ICMP 请求报文的数据部分允许的最大长度是 65 507 字节（65 535 − 20 − 8 = 65 507）。

当一个 Ping 多于 65 536 字节，即超过一个可传输的数据包长度时，TCP/IP 允许包的分片，即将包拆成更小的段并在最后重组。攻击利用了这个将包分片的缺陷，当接收到的数据总和超过允许的字节长度时，会在接收端有效地引起操作系统的缓冲区溢出，使得系统瘫痪。

死亡之 Ping 的思想在于：向目标计算机发送大小超过 65 535 比特的 IP 包。这种大小的 IP 包是非法的，但是可以建立能够产生它们的应用程序。经过仔细编程的操作系统可以检测并安全地处理非法的 IP 包，但是一些操作系统做不到。

虽然 UDP 和其他基于 IP 的协议也可以传输死亡之 Ping，但是由于 ICMP Ping 实用工具通常具备发送大数据包的能力，因此它已经成为死亡之 Ping 的代名词。

15.10.2 分布式拒绝服务攻击

在分布式拒绝服务（Distributed Denial-of-Service，DDoS）攻击中，攻击者可能使用多台计算机去攻击另一台计算机。攻击者利用安全漏洞或弱点，可以控制一台计算机，然后迫使该计算机向一个网页发送大量的数据，或向特定的邮箱发送垃圾邮件。攻击是分布式的，因为攻击者使用多台计算机去发起一个拒绝服务攻击。

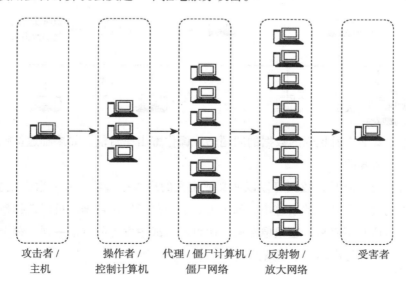

攻击者 /   操作者 /   代理 / 僵尸计算机 /   反射物 /   受害者
主机   控制计算机   僵尸网络   放大网络

15.10.2.1　怎样减少 DoS/DDoS 攻击？

不幸的是，目前还没有阻止自己成为 DoS 或 DDoS 攻击受害者的有效方法，但我们可以采取以下步骤来减少攻击者使用我们的电脑来攻击其他电脑的可能性：

- ❑ 安装并维护防病毒软件。
- ❑ 安装一个防火墙，配置它来限制进入和离开您的计算机的通信。
- ❑ 采用安全的方式将电子邮件分类。采用邮件过滤器可能会帮助您管理不需要的通信。

15.10.3　后门和陷门

后门（也被称为陷门）是一种绕过安全机制给一个计算机程序访问权限的方法。程序员有时会安装一个后门，使程序能够因故障排除或其他目的被访问。但是，攻击者经常使用自己检测出或安装的后门，使之成为攻击的一部分。

陷门是程序员为了在以后的时间里获得访问，而在程序中保有的一小段代码。通常，程序员会在测试期间或调试阶段使用该技术。如果程序员故意留下这些代码或忘记删除它，便引入了一个潜在的安全漏洞。攻击者经常在之前的受损系统中植入一个后门来达到后续访问的目的。

15.10.4　网络嗅探

网络的一个特点是数据通过网络管道从一台设备传输到另一台设备。这意味着当你试着向另一台计算机发送数据时，数据会通过许多网络设备。我们可以使用路径跟踪程序命令来帮助了解数据包是怎样在设备之间流通的。

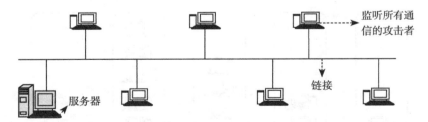

这样会导致其他人看见你的数据的问题。就像你寄出一封信，如果邮递员想看的话，他是可以瞥见信件内容的。

还必须明确的一点是，数据可以以明文或密文的形式被传输。如果数据是被加密过的，攻击者只能看到大量无意义的字符串。如果他真的想得到原始数据，可以选择费尽心思地将数据解密，但是这并不容易。这很像在第二次世界大战中发生的事情一样，每个人都可以收到电话报文命令，但是代码很难被解开。

15.10.5　电子欺骗攻击

15.10.5.1　什么是电子欺骗攻击

在网络安全里，电子欺骗只是让数据看起来像来自于其他的源端。在电子欺骗攻击中，攻击者模仿网络上的另一个设备或使用者，达到实现对网络主机的攻击、窃取数据、传播恶意软件或者绕过访问控制的目的。攻击者可以使用几个不同类型的电子欺骗攻击来实现这一目的。最常用的方法包括 IP 地址欺骗攻击、ARP 欺骗攻击和 DNS 服务器欺骗攻击。

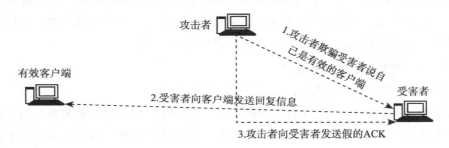

15.10.5.2　IP 地址欺骗攻击

IP 地址欺骗是最常用的电子欺骗攻击。在 IP 地址欺骗攻击中，攻击者从一个假的源地址发送 IP 包。拒绝服务攻击通常使用 IP 地址欺骗，通过看起来像来自可信任的源 IP 地址的数据包使网络和设备过载。

IP 地址欺骗攻击有两种方法使目标通信过载。一种方法是简单地从多个虚假地址向选中的目标洪泛数据包。这个方法直接向目标发送超出其处理能力的数据。另一种方法是冒充目标 IP 地址，并从该地址向很多网络上的接收者发送数据包。当其他机器收到数据包时，会自动向发送者传输数据包作为回复。既然虚假的数据包看起来是从目标 IP 地址发送出的，那么所有对虚假数据包的回复也都会被发送到（洪泛到）该目标 IP 地址。

IP 地址欺骗攻击也被用来绕过基于 IP 地址的认证。这个过程很困难，并且最初是在网络上的主机与内部系统具有信任关系的时候使用。信任关系在试图访问系统时，用 IP 地址（而不是用户登录）来证实主机的身份。这使得恶意组织能够用欺骗攻击去伪装主机，以获得访问允许并绕过基于信任的网络安全措施。

15.10.5.3　ARP 欺骗

ARP（Address Resolution Protocol，地址解析协议）是根据 IP 地址获取 MAC（Media Access Control，介质访问控制）地址来传输数据的协议。在 ARP 欺骗攻击中，攻击者为了将自己的 MAC 地址与网络合法成员的 IP 地址联系起来，便向整个局域网发送 ARP 欺骗报文。

这类欺骗攻击会导致本应发往主机 IP 地址的数据被发送给攻击者。恶意方通常使用

ARP 欺骗窃取信息、中途修改数据或停止 LAN 上的通信。ARP 欺骗攻击也可以用来实现其他类型的攻击，包括拒绝服务、会话劫持和中间人攻击。ARP 欺骗只用于使用地址解析协议的局域网。

15.10.5.4　DNS 服务器欺骗攻击

域名系统（Domain Name System，DNS）是将域名和 IP 地址联系起来的系统。互联网上的设备用 DNS 来解析 URL、邮件地址和其他可读的域名到相应的 IP 地址。在 DNS 服务器欺骗攻击中，攻击者为了将一个特定域名重新路由到其他 IP 地址而修改 DNS 服务器。在许多情况下，新的 IP 地址实际上是一台被攻击者控制的服务器，并且包含了被恶意软件感染的文件。DNS 服务器欺骗攻击通常被用来传播计算机蠕虫和病毒。

15.10.5.5　怎样减少欺骗攻击？

有许多工具和实例可以被组织使用来减少欺骗攻击。

- 包过滤：包过滤检查网络上传输的数据包。这在阻止 IP 地址欺骗攻击上很有用，因为它能过滤并拦截含有冲突源地址信息的包（来自网络外部，但其显示的源地址来自网络内部的包，反之亦然）。
- 避免信任关系：公司应尽可能少地制定依靠信任关系的协议。如果有信任关系，攻击者便会很容易进行欺骗攻击，因为信任关系只使用 IP 地址进行认证。
- 使用欺骗探测软件。
- 使用加密网络协议：传输层安全（Transport Layer Security，TLS）、安全外壳（Secure Shell，SSH）、HTTP 安全（HTTP Secure，HTTPS）和其他安全通行协议通过在数据传输之前对其进行加密并且在数据接收时进行认证来阻止欺骗攻击。

15.10.6　中间人攻击

15.10.6.1　什么是中间人攻击？

在中间人攻击中，攻击者在信息的发送者和接收者之间，嗅探传送的任何信息。在一些情况下，用户可能传送未加密的信息，也就是说中间人攻击（Man-In-The-Middle，MITM）可以获得任何未加密的信息。在其他情况下，攻击者获得的信息必须解密后才可读。攻击者监控一些或所有来自计算机的通信，收集数据，然后把它转发给用户原本想访问的目的地。中间人攻击可以缩写为 MITM、MitM、MiM 或 MIM.

15.10.6.2　中间人攻击实例

举例来说，假如 Ram 想要和 Mary 通信，同时，一个攻击者想要偷听并且可能向 Mary 传输错误的消息。

首先，Ram 向 Mary 索要公钥。如果 Mary 将她的公钥发送给 Ram，但是攻击者能够中断这个过程，一个中间人攻击就开始了。攻击者向 Ram 发送一个伪造的消息，声称消息来自 Mary，但是里面包含的是攻击者的公钥。

Ram，相信该公钥来自 Mary，用攻击者的密钥加密他的消息并且将加密的消息传回给 Mary。攻击者再次中断，用自己的私钥解密消息，如果攻击者愿意也可以修改该消息。然后攻击者重新用 Mary 一开始发送给 Ram 的公钥加密消息。当 Mary 收到新的加密后的消息，她相信消息来自 Ram。

1. Ram 发送消息给 Mary，攻击者中断：

> Ram "你好 Mary，我是 Ram。请给我你的密钥。"→ Mary

2. 攻击者将以下消息发送给 Mary；Mary 并不知道该消息是否来自 Ram：

> 攻击者 "你好 Mary，我是 Ram。请给我你的密钥。"→ Mary

3. Mary 用自己的密钥作为回复：

> 攻击者←（Mary 的密钥）Mary

4. 攻击者用自己的密钥代替了 Mary 的，并将它传输给 Ram，声称这是 Mary 的密钥：

> Ram ←（Mallory 的密钥）攻击者

5. Ram 用他认为的 Mary 的密钥加密信息，认为该信息只有 Mary 能读：

> Ram "公交车站见 !"（用 Mallory 的密钥加密后）→攻击者

6. 然而，因为实际上是用攻击者的密钥进行加密，攻击者可以解密、阅读、修改它（只要他想修改），用 Mary 的密钥重新加密并且转发给 Mary。

> 攻击者 "22 号大街见 !"（用 Mary 的密钥加密后）→ Mary

7. Mary 认为消息是从 Ram 传来的安全会话。

从这个例子可以看出，Ram 和 Mary 需要一些方法来保证他们是真的使用了对方的公钥，而不是攻击者的公钥。否则，这样的攻击原则上可能对抗任何使用公钥技术发送的消息都有效。幸运的是，有很多技术可以帮助抵御中间人攻击。

攻击者模仿会话的双方来获得资金。这个例子适用于客户端和服务器之间的会话，也适用于人与人之间的对话。在上面的例子中，攻击者拦截了公钥，且有了公钥就可以调换自己的证书来欺骗任意一方的人，使他们相信正安全地同对方通话。

15.10.7　重放攻击

15.10.7.1　什么是重放攻击

重放攻击是包含窃听数据包并重放（重新发送）给接收服务器的中间人攻击。重放攻击是攻击者暗中监视收发双方的会话并获取认证信息的网络攻击。

15.10.7.2　重放攻击实例

假设站点 A 和站点 B 发生会话。A 向 B 分享他的密钥来证实自己的身份，但是攻击者 C 窃听了他们之间的会话并保留了 A 需要向 B 证明自己身份的信息。之后，C 联系 B 并证明自己的可靠性。

15.10.8　钓鱼攻击

15.10.8.1　什么是钓鱼攻击

在钓鱼攻击（也叫品牌欺骗）中，攻击者创建一个和所选网页几乎一模一样的复制品，然后试图欺骗用户，通过假网页的形式让他们公开自己的个人信息——用户名、密码、PIN（个人识别号码）等，从而用这些信息骗取钱财。

网络钓鱼者用各种技术来欺骗用户访问虚假网站，比如冒充银行发送电子邮件。这些电子邮件通常使用合法的标志、良好的商业形式，并且总是用欺骗性的邮件标题使其看上去来自一个合法的银行。

通常，这些信件通知接收者说银行更改了它的信息技术架构，并请求所有用户重新确定他们的用户信息。当接收者点击电子邮件中的链接时，就会直接进入虚假网站，并可能泄露个人信息。

15.10.8.2　钓鱼攻击实例

例如，在 2003 年，用户收到了被认为来自易趣（网上购物网站）的邮件，声称用户如果没有点击邮件里提供的链接来更新自己在易趣的真实信用卡信息，那么他的账户将被暂停。

因为通过模仿 HTML 代码来使一个网站看起来像合法组织站点是相对容易的，所以该骗局希望人们认为他们的确是在和易趣联系，并在之后去易趣的网站更新他们的账户信息。

通过向大量的人发送垃圾邮件，网络钓鱼者指望那些实际上在易趣网上合法绑定信用卡的人中，有一定比例的人能读到这些邮件。

15.10.8.3　怎样减少钓鱼攻击

对于请求个人信息的电子邮件要格外小心。银行通过电子邮件来请求这些信息几乎是不可能的。如果产生了怀疑，请致电咨询。

不要填写邮件中请求个人信息的表格。只有在使用安全网站时才可以键入这些信息。检查 URL 要以 https:// 而不是仅仅以 http:// 开头。在网页浏览器的右下角找锁型标志并且双击它来确定数字证书的有效性。或者，另一种选择是，用电话联系银行。

- □ 一旦发现可疑现象，立即向银行汇报。
- □ 不要用电子邮件中的链接去加载一个网页。取而代之，应当在网页浏览器中键入 URL。
- □ 检查杀毒软件是否可以拦截钓鱼网站，或者考虑安装一个网页浏览器工具栏来提醒你已知的钓鱼攻击。
- □ 定期检查银行账户（包括借记卡和信用卡，银行对账单等）来确保所列的事务都是合法的。
- □ 确保使用最新版本的网页浏览器，应用所有的安全补丁。

15.11　密码学

15.11.1　什么是密码学

密码学是一门关于如何保密通信的信息安全科学。密码学（cryptography）这个单词来自希腊，crypto 的意思是秘密的，graphy 的意思是书写。

$$密码学（Cryptography）= Crypto + Graphy = 秘密 + 书写$$

将信息转变为一种不可读的形式保护起来是一门艺术。密码学是防止私有数据被窃取的重要部分。即使攻击者可以截获我们的消息，如果消息被密码保护他们仍然不能读取这些数据。

密码学用来实现以下功能：认证、授权、数据完整性、机密性、可用性和不可否认性（参见网络安全成分一节）。

15.11.2　密码学的历史

密码学起源于公元前 2000 年，用的是埃及的象形文字。它们包括复杂的象形图，其全部意义只有专家才能读懂。Kautalya 在其所写的一个经典的治国方略（Arthshashtra）中描述了在印度的间谍服务，并且提到了以秘密书写的方式向间谍布置任务。

古代中国用他们的语言的表意性质来隐藏单词的意义。隐私的消息经常会被转换为表意文字，但是很明显，这并没有大量地用在中国早期的征服战争中。比如成吉思汗，似乎从来没有用过密码学。

晚一些的时候，已知的第一位使用现代密码学的人是尤利乌斯·凯撒（大约在公元前 100 年到 44 年）。当凯撒与他的政客和官员交流时，他不相信他的信使。因此，他创造了一个体系，即消息中的每一个字母被其在罗马字母表中前三位的字母替换。这种替换密码被称为凯撒密码。这是在学术文献中提到最多的历史密码。

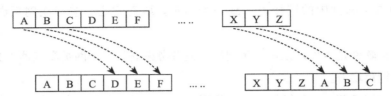

在 16 世纪，维吉尼亚发明了第一种使用密钥的加密方法。在他的一种密码中，密钥跨越整个消息重复多次，密文是由消息中每个字母向后移动密钥位数再模 26 产生的。

像凯撒密码一样，维吉尼亚密码也很容易被破解；然而，维吉尼亚密码引入了加密密钥的概念，虽然这被执行得很糟糕。相比凯撒密码，消息的保密性依赖于密钥的保密性，而不是系统的保密性。

在 19 世纪初期，所有事物都开始电子化。在第一次世界大战接近尾声时，密码机（Enigma machine）被德国工程师 Arthur 发明。它被德国军队在第二次世界大战中大量使用。密码机使用了三个或四个，甚至更多的转子。转子按照用户在键盘上键入的不同速率旋转，然后输出相应的密文书信。在这种情况下，关键是转子的初始速率。

这种密码最终被波兰破解。后来，这项技术被传到了英国的密码学者那里。

15.11.3 第二次世界大战中的密码学

在第二次世界大战期间，美国拥有很好的追踪记录来对抗日本的密码。这一经验结合其他的情报来源（尤其是广播拦截站和解密中心站 HYPO）帮助了美国。他们可以发现近期即将发生的攻击。

日本海军代码用的主要是密码本，而德国的代码则是机器密码（比如 Enigma 和 Lorenz 机）。

密码本是这样工作的：发送方写好他的消息，然后查询密码本。常见的单词和短语被替换为一组数字和字母，剩下的文本逐字母编码，再将结果传输。然后，接收方查询密码本中对应的每组代码，并且重组消息。一种附加级别的安全性可以通过加密代码组的方式添加；这被称作超加密。

高级的日本航海代码从 20 世纪 20 年代开始依靠密码本和超加密来保护通信，而美国、英国、澳大利亚和荷兰都在对抗方面取得了巨大成功。日本海军定期更改他们的密码本和超加密技术。然而，超加密技术通常来说很脆弱而且易被破解（日文字母为了传输被加密成罗马字，这使得它们很容易受到标准加密攻击，比如频率分析）。

日本的主要代码是 JN25。寻找 JN25 密码本的内容实质上是解密的一个练习。在 HYPO 站的解密者用 IBM 穿孔卡片分类机来寻找使用特定代码组的消息。最终结果是推测出代表 JN25 密码本中的密码组的一个巨大的卡片分类。

在 1942 年早期，当美国开始探测临近攻击的信号时，目标被编码为"AF"。目标位置在 JN25 密码本中被一个代码组所描述，因此美国并不确定 AF 指的是什么地方。所以 HYPO 站的密码破译者想出一个聪明的测试，来确定 AF 指代的地方。珍珠岛和中途岛由一个海底电缆所连接。HYPO 站用电缆向中途岛广播一个命令电报，内容为"岛上的海水淡化厂坏了"。广播的无线电电报没有加密，以确保它被拦截后日军可以读懂。

无线电电报被日本截获了，还发送了一条以 JN25 加密的消息，说 AF 缺乏淡水。该消息被 HYPO 站截获，因此 AF 就被确定为代表中途岛。

下一个问题是攻击的时间。HYPO 站称攻击会在 1942 年的五月末到六月初进行。HYPO 站机智的情报工作帮助美国以有限的资源赢得了这场战争。

15.11.4　第二次世界大战后

一直到第二次世界大战，密码学的大部分工作都服务于军事目的。然而，密码学在战后吸引了商业的关注，任何交易都需要努力保护他们的数据以防被竞争者利用。

在 20 世纪 70 年代，IBM 收到了客户要求加密数据的请求，因此他们成立了一个密码小组，发明了叫作 Lucifer 的密码。

在 1973 年，美国国家标准局（现被称为 NIST）提出了一个请求，建议将分组密码作为国家标准。他们显然意识到，自己买了大量的商业产品却没有一个好的密码支持。Lucifer 最终被接受，它被称作 DES 或数据加密标准（Data Encryption Standard）。

1997 年，以及在此后的数年内，DES 被穷举搜索攻击所破解。DES 的主要问题是密钥长度太短。随着计算能力的提高，很容易通过穷举所有不同的密钥组合来获得一个可能的明文消息。

1997 年，NIST 又提出了一个请求，建议研究一个新的分组密码。它收到了 50 份提交的方案。其中一个方案在 2000 年被提出，称为高级加密标准（Advanced Encryption Standard，AES）。

15.11.5　密码分析

密码分析是破译密码的艺术。意思是，在不知道合适的密钥的情况下恢复明文。密码分析是对密码、密文或密码系统研究，来找到他们的弱点。换句话说，它允许在不知道密钥或算法的情况下，从密文中恢复明文。这就是破解密码、密文或密码系统。

破解密码有时和发现密码的弱点交替使用。这是指去找到一个设计上或密码实现上的错误。

15.12 密码的类型

密码可以被分为两类：流密码和分组密码。

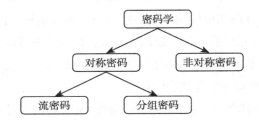

15.12.1 流密码

流密码算法处理明文并产生密文流。该密码以字节流的形式输入，并输出密文流。下图描述了流密码功能的概念。根据密码，数据可能包含比特流或字节流。

在流密码中，明文中的模式可以反映在密文中。例如，明文"We will discuss one to one"（我们会一个一个讨论）译成密文，来比较一下两种模式：

```
A B C D E F G H I J K L M N O P Q R S T U V W X Y Z
1 2 3 4 5 6 A B C D E F G H I J K L M N O P Q R S T
```

明文：We will discuss one to one（我们会一个一个讨论）

密文：Q5 QCFF 4CM3OMM IH5 NI IH5

从上面的例子可以明显看出，在明文中重复的单词和字母同样在密文中重复。知道某个重复的单词会使得编码更简单。此外，在英语中某些单词以一定的规律出现。一个训练有素的破译者来破解这类的密码并不困难。

流密码的另一个问题是，即使密码未被破译也很容易被替代攻击所感染。这是一种重放攻击，他人可以简单地从旧信息中复制一段插入新信息中。我们不用破译密码也能将旧消息插入新消息中。

流密码的例子如下：

❑ 弗纳姆密码

❑ 李维斯特密码 4（RC4）

❑ 一次一密

15.12.2　分组密码

分组密码不同于流密码。这是因为分组密码在一个固定大小的分组里加密和解密消息，而不是每比特或每字节单独处理。一个分组密码拥有一组明文，通过它的算法产生一组密文。理想的情况下，一组明文会（根据分组数）产生和自己大小严格相等的密文。

分组密码一次用一种密钥加密整个明文分组比特。这意味着给定分组的任意明文比特的加密取决于同一分组的所有其他明文比特。

典型的分组包括 64 比特（8 字节）或 128 比特（16 字节）数据（依加密算法而定）。同时，要注意相同明文分组总是产生相同密文分组。

如果一个密码生成的密文块远大于它所保护的信息，那么它几乎是没有价值的。试想，根据网络的带宽：如果密文块是明文的两倍大，效果就是带宽被缩减了一半。这也会在文件以加密形式存储上产生影响。一个没有加密过的文件有 5 兆，加密后就会变为 10 兆。

分组密码的例子有：
- 数据加密标准（Data Encryption Standard，DES）
- 国际数据加密算法（International Data Encryption Algorithm，IDEA）
- SKIPJACK 算法

15.13　加密与解密

15.13.1　对称密钥加密

15.3.1.1　简介

对称加密是最古老且最知名的技术。在这种方法中，采用一个密钥以特定的方式改变消息文本的内容。密钥可以是一个数字、一个单词或者只是一个由随机字母构成的字符串。一种简单的加密方法是将每个字母按字母表移动一定的位数。

只要发送者和接收者都知道密钥，他们就能用这个密钥加密、解密所有消息。术语"对称密钥"指的是用户分享相同的私钥。

对称加密（也被称为传统加密或单密钥加密）是在 1976 年公钥加密被开发之前唯一的加密方法。

15.13.1.2　对称加密的组成

Ram 有一个带锁的箱子。通常，锁都配有一把钥匙来加锁和解锁箱子。因此，如果 Ram

想保护某些东西，他就把它放在箱子里并且锁上箱子。很明显，只有他或者其他有备份钥匙的人可以打开这个箱子。

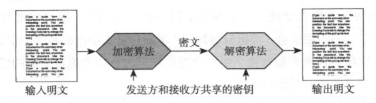

输入明文　　　　　发送方和接收方共享的密钥　　　　输出明文

对称加密机制有五个组成部分：

1）明文：这是输入算法的原始消息或数据。

2）加密算法：加密算法执行明文的替换和转换。

3）密钥：密钥是加密算法的输入部分。算法要执行怎样的替换和转换都取决于密钥。

4）密文：这是产生的作为输出的密码形式的消息。这取决于明文和密钥。对于特定的消息，两个不同的密钥会产生两个不同密文。

5）解密算法：这实质上是加密算法的逆运算。它利用密文和密钥产生初始明文。

15.13.1.3　工作原理

当使用对称加密时，双方共享相同密钥来加密和解密。为了提供私有性，这个密钥需要保密。一旦其他人知道了该密钥，就不再安全了。

15.13.1.4　对称密钥系统的要求

对称密钥系统有两个要求：

1）根据密文和加密 / 解密算法的知识来解密一个消息是不可能的。这意味着，我们不需要保密算法，我们只要将密钥保密即可。

2）发送方和接收方必须通过一个安全的方式获得密钥的副本，并且必须保证密钥安全。如果其他人发现密钥并且知道算法，所有使用该密钥的通信都变成可读的。

15.13.1.5　对称密钥系统的优点

对称密钥系统的优点有：

❑ 简单：对称密钥加密很容易执行。我们所要做的只是明确和共享密钥，然后开始加密和解密消息。

❑ 加密和解密你自己的文件：如果你为只有自己可以访问的消息或文件加密，就没有必要生成不同的密钥。单密钥加密是最好的选择。

❑ 快速：对称密钥加密比非对称密钥加密要快得多。

❑ 使用更少的计算机资源：和公钥加密相比，单密钥加密不需要很多计算机资源。

❑ 避免广泛的信息安全危害：与不同方通信会使用不同的密钥。如果一个密钥受到危害，只有特定发送方和接收方之间通信的消息会受到影响。其他人的通信仍然是安全的。

15.13.1.6 对称密钥系统的缺点

对称密钥系统的缺点有：

❑ 需要一个安全通道来交换密钥：在最初阶段交换密钥是对称密钥系统的一个问题。它必须以一种保密的方式来进行交换。

❑ 密钥太多：与每一个不同方的通信都要产生一个新的密钥。这就产生了如何管理和保证所有这些密钥的安全的问题。

❑ 不能保证消息的原始性和真实性：发送方和接收方都用相同的密钥，消息不能被证实来自一个特定的用户。如果通信双方有争议，那么就会产生一些问题。

15.13.1.7 对称加密算法

15.13.1.7.1 弗纳姆密码（一次一密）

Gilbert Vernam（吉尔伯特·弗纳姆）于 1917 年在 AT&T 工作时，发明了他的密码并取得了专利。Vernam 将消息流和一个在发送者与接收者之间共享的、真随机的零一流按位异或（$\oplus$）。Vernam 密码也被称为一次一密。

例如：

发送		接收	
消息：	0 0 1 0 1 1 0 1 0 1 0 1 …	密文：	1 0 1 1 1 0 0 1 1 1 1 0 …
填充：	1 0 0 1 0 1 0 0 1 0 1 1 …	填充：	1 0 0 1 1 1 0 0 1 0 1 1 …
异或：	---------------------------	异或：	---------------------------
密文：	1 0 1 1 1 0 0 1 1 1 1 0 …	消息：	0 0 1 0 1 1 0 1 0 1 0 1 …

这是一个很强的密码。直觉上是任何消息都能通过填充被转换成（相同长度的）密文，且所有的转换都是等可能的。给定两个字母消息，一个消息加了填充变成"好（OK）"，另一个消息加了填充后变成了"坏（NO）"。既然给到哪种填充是等可能的，消息变为"好"和"坏"的情况也是等可能的。

15.13.1.7.2 李维斯特密码 4（RC4）

Ron Rivest（罗恩·李维斯特）最初于 1987 年设计了 RC4。那时他正在研究 RSA 的安全性。在安全工业界，人们用 RC 作为 Ron 的代码的缩写。

在 RC4 开发之初，它是一个私人的算法；然而，它的代码从 1994 年 9 月开始在几个网络站点和电子邮件中泄露出去。既然算法现在已被知晓，它就不再被认为是秘密了。

RC4 是流密码和使用可变大小密钥的一个实例。

15.13.1.7.3　数据加密标准（DES）

数据加密标准（Data Encryption Standard，DES）是使用共享密钥加密的分组密码。DES 于 1977 年由 IBM 提出，并被美国国防部采用。

DES 现在被许多应用认为是不安全的。这主要是由于 56 比特的密钥实在太小了。1999 年 1 月，distributed.net 和电子前沿基金会合作，用了 22 个小时 15 分钟公开破解了一个 DES 密钥。

虽然存在理论上的攻击，但 DES 算法的形式被认为几乎是安全的。近几年，该密码被高级加密标准（Advanced Encryption Standard，AES）取代了。此外，DES 的标准资格已经被国家标准技术研究所（National Institute of Standards and Technology，NIST）撤回。

15.13.1.7.4　国际数据加密算法（IDEA）

IDEA（International Data Encryption Algorithm，国际数据加密算法）是在瑞士的苏黎世开发的加密算法。它使用 128 位的密钥分组加密。

它通常被认为十分安全，并且是最好的公开算法。在它被使用的几年里，尽管有很多针对它的攻击尝试，但是还没有一个对它产生实际效果的攻击公布出来。

软件中使用这种加密方法比使用 DES 和三重 DES 更有效。因为它不是在美国开发的，因此不受美国的出口限制。

15.13.1.7.5　SKIPJACK

Skipjack 是美国国家安全局（National Security Agency，NSA）开发的一种分组密码。Skipjack 支持 64 位块大小和 80 位密钥。一个块又被内部划分为四个 16 位的单词。

15.13.2　非对称密钥加密（公钥加密）

15.13.2.1　简介

非对称密钥加密也被称为公钥加密。这种加密消息的方法使用两个密钥：

❏ 公钥

❏ 私钥

密钥的名称描述了它们的功能。一个密钥被私有保存，另外一个密钥是公开的。知道公钥并不会泄露私钥。一个被私钥加密的消息只能用对应的公钥解密。相反地，一个被公钥加密的消息只能用对应的私钥解密。

任何想发送加密消息的用户可以从公共目录中获得意向接收者的公钥。他们用这个密钥加密消息，再把它发送给接收者。当接收者获得消息后，用他们自己的私钥解密，而其他人都不能访问这条消息。

几个世纪以来，所有的密码都是基于对称密钥密码系统。直到 1976 年，两个计算机科学家，斯坦福大学的 Whitfield Diffe（惠特菲尔德·迪福）和 Martin Hellman（马丁·赫尔曼），引入了非对称加密的概念。

15.13.2.2　非对称密钥加密的组成

在非对称密钥加密中，公钥与私钥对由两个有独特联系的密钥（基本上是大随机数）组成。下面是一个公钥的例子：

```
3048    0241    00C9    18FA    CF8D    EB2D    EFD5    FD37    89B9    E069    EA97
FC20    5E35    F577    EE31    C4FB    C6E4    4811    7D86    BC8F    BAFA    362F
922B    F01B    2F40    C744    2654    C0DD    2881    D673    CA2B    4003    C266
E2CD    CB02    0301    0001
```

公钥就像它名字一样——公开的。每个人都能获得。然而，私钥必须向它的所有者保持私有性。

因为密钥对是数学上相关的，用公钥加密的只可能用其对应的私钥解密，反之亦然。

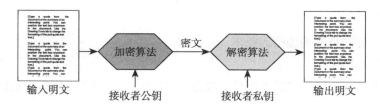

非对称加密机制有五个组成部分：

1）明文：这是输入算法的原始消息或数据。

2）加密算法：加密算法执行明文的替换和转换。

3）公钥和私钥：公钥就是像它名字所体现的——公开的。它可以被所有人获得。然而，私钥必须向它的所有者保持私有性。算法要执行怎样的替换和转换都取决于密钥。

4）密文：这是作为输出的加密后的消息。它取决于明文和密钥。对于特定的消息，两个不同的密钥会产生两个不同密文。

5）解密算法：这实质上是加密算法的逆运算。它利用密文和密钥产生原始明文。

15.13.2.3　工作原理

认证：任何人都可以用公钥加密消息，但是只有私钥的所有者能够读它。用这种方法，Ram 可以向拥有密钥对的人（Alice）发送私密消息，只需用 Alice 的公钥将消息加密即可。只有 Alice 可以将消息解密。

机密性：例如，如果 Ram 想向 Mary 发送敏感的数据，并且想确定只有 Mary 可以读懂它，他会用 Mary 的公钥加密数据。只有 Mary 知道对应的私钥，因此她是能够将加密数据解密回最初形式的唯一人。

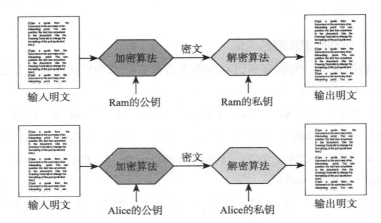

因为只有 Mary 知道她的私钥，所以只有 Mary 可以解密加密的数据。即使其他人得到了加密后的数据，数据还是具有机密性，因为他们无法得到 Mary 的私钥。因此，公钥加密可以保证机密性。

15.13.2.4　非对称密钥加密的要求

公钥加密的要求有：

1）对于通信方（不管是发送方还是接收方），要产生一对密钥（公钥、私钥）在计算上是容易的。

2）对于发送者，知道接收者的公钥和消息，依此来产生密文在计算上是容易的。

3）对于接收方，用自己的私钥来解密密文，在计算上是容易的。

4）对于任何人，已知公钥来推断私钥，在计算上必须是困难的。

5）两个密钥的任何一个都能用来加密，并且另一个能用来解密。

15.13.2.5　非对称密钥加密的优点

非对称密钥加密系统的优点有：

- □ **方便**：解决了密码学中密钥分配的问题。每个人都可以公开他们的公钥而将私钥保密。

- □ **提供了消息认证**：公钥加密允许用户使用电子签名，这使得消息的接收者可以证实消息是真的来自特定的发送者。

- □ **可探测篡改**：公钥加密中数字签名的使用使得接收者可以探测到消息是否在传输过程中被改变。一个被数字签名过的消息是不能在保持签名有效的情况下被修改的。

- □ **提供了不可否认性**：给消息加上数字签名类似于在一个文件上进行物理签名。这是对消息的确认，因而发送方不能否认这件事。

15.13.2.6 非对称密钥加密的缺点

非对称密钥加密系统的缺点有:

☐ **公钥必须被认证**:没人可以完全确保一个公钥就是属于它指定的那个人,因此每个人都必须证明他们的公钥是属于他们的。

☐ **速度慢**:公钥加密相对于对称密钥加密来说很慢。加密大容量的消息是不可行的。

☐ **使用更多计算机资源**:与单密钥加密相比需要更多的计算机资源。

☐ **可能产生广泛的安全危害**:如果攻击者猜到了一个人的私钥,他 / 她的整个消息都会被读取。

☐ **私钥的丢失可能是不可恢复的**:私钥丢失意味着所有收到的信息都不能被解密。

15.13.2.7 非对称密钥加密算法

15.13.2.7.1 Diffie-Hellman

Diffie-Hellman 密钥交换(D-H)是一种特殊的交换密钥的方法。这是密码学领域里最早使用的密钥交换实例之一。

Diffie-Hellman 密钥交换方法允许双方在没有对方的先验知识的情况下,在一个不安全的通信信道中共同建立一个共享的密钥。该密钥可以作为一个对称密钥加密之后通信的消息。

该方案最初是由 Whitfield Diffie(惠特菲尔德·迪孚)和 Martin Hellman(马丁·赫尔曼)于 1976 年发明的。在 2002 年,Hellman 提议将该算法称为 Diffie-Hellman-Merkle 密钥交换,来显示 Ralph Merkle(拉尔夫·默克尔)对该公钥加密算法发明的贡献。

15.13.2.7.2 RSA

RSA 是由 Ron Rivest、Adi Shamir 和 Len Adelman 在麻省理工学院(MIT)开发的公钥算法。为了产生密钥,RSA 算法将大素数相乘。

它的重点基于从两个大素数的乘积推测因子是极其困难的事实。该算法是最著名的公钥加密算法之一。RSA 也提供数字签名功能。

15.13.2.7.3 数字签名算法(DSA)

DSA 是作为数字签名标准(Digital Signature Standard,DSS)的一部分来开发的。不像 Diffie-Hellman 和 RSA 算法,DSA 不用来加密,而是用做数字签名。详细内容见数字签名一节。

15.14 哈希算法:信息完整性

在密码学中,哈希函数是一个将任意大小数据(明文)转换为一个固定大小的比特串的函数，该比特串称为消息摘要。对数据的任何改动都会改变消息摘要。我们能想到的最贴近生活的例子是一个粘在软件包装上的封条：如果我们打开了箱子（改变了文件），就会被发现。

15.14.1　加密哈希函数的例子

目前有很多加密哈希算法，该使用哪种方法并没有明显答案。在 1990 年，Rivest（李维斯特）发明了哈希函数 MD4。1992 年，他对 MD4 做了改进，并开发了另一个哈希函数 MD5。1993 年，美国国家安全局（NSA）发布了一个和 MD5 很相似的哈希函数，叫作安全哈希算法（Secure Hash Algorithm，SHA）。1995 年，NSA 对 SHA 做了改动，新的算法被称为 SHA-1。现在，最流行的哈希函数就是 SHA-1，而 MD5 仍然在旧的应用里使用。

破解哈希函数意味着给出两个可以得到相同哈希值的消息（两个不同的消息有相同的消息摘要）。换句话说，输入两个不同的明文而产生冲突就是破解一个哈希函数。

安全研究宣布了一些对抗 MD5 和 SHA-1 的典型的结果，已经证明在 MD5 和 SHA-1 中存在冲突。我们抛弃 SHA-1 的时候到了。幸运的是，已经有很多更难破译的替代哈希函数：SHA-224、SHA-256、SHA-384 和 SHA-512。

15.14.2　哈希函数的工作示例

我们先来看看哈希函数的工作示例。许多 Unix 和 Linux 系统提供 md5sum 程序，读取数据流，用流行的 MD5 算法产生一个概括该数据流的、固定大小为 128 比特的数字。本文中，数据流是文件（两个文件我们可以直接看见内容，还有一个太大了，此处不显示）。

```
$ cat smallTestFile
This is a very small file with a few characters
/* 这是一个只有几个字符的小文件 */
```

```
$ cat bigTestFile
This is a larger file that contains more characters. This demonstrates that no matter how big the
input stream is, the generated hash is the same size（but of course, not the same value）. If two
files have a different hash, they surely contain different data.
/* 这是包含更多字符的大文件。这显示了不管输入流多大，产生的哈希值都是等长的（当
然，值不同）。如果文件有两个不同的哈希值，它们肯定包含不同的数据。*/
```

```
$ ls -l smallTestFile bigTestFile
-rw-rw-r-- 1   monk   monk   48    2013-08-20   08:48   smallTestfile
-rw-rw-r-- 1   monk   monk   260   2013-08-20   08:48   bigTestFile
```

```
$ md5sum smallTestfile bigTestFile
75cdbfeb70a06d42210938da88c42991    smallTestfile
6e0b7a1676ec0279139b3f39bd65e41a    bigTestFile
```

这说明所有的输入流产生的哈希值都是同样长的。我们可以做个试验，尝试一下只改变小测试文件中的一个字符。

15.14.3 雪崩效应

同样，我们发现即使是对输入做一个非常小的改动，也会造成哈希值的巨大变化，这就是所谓的雪崩效应。雪崩效应最好的体现是计算两个内容几乎一样的哈希值。我们将第一个字符从 T 变为 t，当观察这两个字母的二进制 ASCII 码时，可以看到它们只有一个比特位不同。

```
T -> 0x54 -> 0 1 0 1 0 1 0 0
t -> 0x74 -> 0 1 1 1 0 1 0 0
```

这个在输入中单比特的变化会在输出中产生非常大的改变：

```
$ cat file1
This is a very small file with a few characters
```

```
$ cat file2
this is a very small file with a few characters
```

```
$ md5sum file1 file2
75cdbfeb70a06d42210938da88c42991    file1
6fbe37f1eea0f802bd792ea885cd03e2    file2
```

15.14.4 加密哈希函数的要求

一个理想的加密哈希函数有四个主要的属性：
- 对任何给定的消息，哈希值的计算必须是容易的
- 根据给定的哈希值来产生消息必须是不可行的
- 改变消息内容却没有导致哈希值的改变是不可行的
- 找到两个有相同哈希值的不同消息是不可行的

15.14.5 哈希并不是加密

这是一个常见的困惑，特别是因为这些内容都归为密码学这一章节，但是明白其中的区

别十分重要。加密是将数据从输入的明文变为密文再变回去（如果有正确的密钥的话），并且两个文本的大小必须严格地对应：大的明文产生大的密文等等。

加密是双向操作。这意味着，原始消息可以由它的密文形式通过解密算法决定。

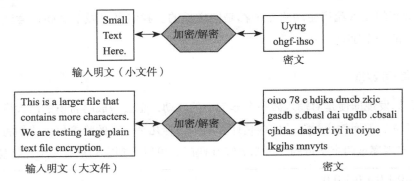

另一方面，哈希函数将一个数据流压缩到小的摘要，它是一个严格的单向操作。所有哈希值都有相同的大小——这个例子体现了 MD5 的多样性——不管输入有多大，输出大小都相同。

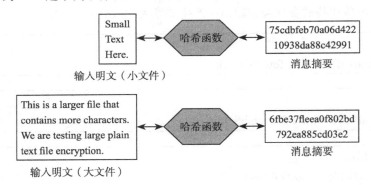

15.14.6　它们如何工作

发送者和接收者都使用相同的哈希函数来确认消息。比如，发送方计算机使用一个哈希函数与共享密钥来计算消息的校验和，然后将校验和添加在数据包中。接收方计算机在接收消息和密钥后执行相同的哈希函数，并与原始数据对比（原始数据包含在发送方发来的数据包中）。如果消息在传输中被改变了，哈希值会改变，数据包会被拒绝。

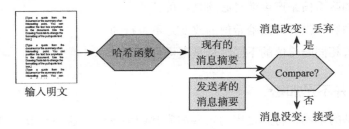

15.14.6.1 MD4

MD4 是 Ron Rivest 在研究 RSA 时开发的。MD4 是单向哈希函数的例子。它将不同长度的消息压缩成 128 比特的消息摘要。MD4 已经被证明是有弱点的。

15.14.6.2 MD5

MD5 是 Ron Rivest 在 MD4 基础上改进后发明的。与 MD4 相似，MD5 从消息中产生一个特殊的 128 比特的消息摘要。这个值就像消息的指纹一样，用来证明消息的完整性。

如果消息或文件以任何方式被修改了，即使是一个比特，MD5 加密过的消息或文件的校验和都会不同。改变消息或文件使其产生相同结果的 MD5 值以及从 MD5 值获得原文件都被认为是非常困难的。

虽然 MD5 比 MD4 安全，但是也已经被发现有一些不足。

15.14.6.3 SHA-1

SHA-1 是一个用来创造数字签名的单向哈希算法。SHA-1 来自于 SHA，SHA 于 1994 年由 NIST 开发。SHA-1 与 Ron Rivest 开发的 MD4 和 MD5 相似。SHA-1 比 MD4 和 MD5 慢一些，但是被认为更安全。

SHA-1 哈希函数产生一个 160 比特的哈希值或消息摘要。就笔者所知，还没有对 SHA-1 成功的攻击。既然它产生 160 比特的消息摘要，就比产生 128 位消息摘要的 MD4 和 MD5 更能抵挡穷举攻击。

15.15 数字签名

15.15.1 简介

数字签名的主要目的是模仿每天能看到的手写签名。在文件上签名可以说明签名者已经阅读并且同意纸上的所有陈述。签名在我们的生活中随处可见。我们很少想当然地认为它们用于现金或信用卡转账；作为驾驶证的识别认证；或者甚至是作为证据证明文档已被阅读、理解并同意。

为了使操作费用最小化，并且提供增值服务，像银行、证券交易之类的应用能够让客户使用电子交易。这使得在计算机中产生、外理与存储以及在网络中传输的电子文档总量大幅增加。这些应用中的电子信息是有价值且敏感的，它们必须被保护而不受攻击者之害。

传统上，纸质文件通过手写签名而被认证生效，手写签名在提供可靠性上很有用。对于电子文档，需要一个相似的机制。数字签名是由数字签名算法产生的 0-1 字符串，目的是为电子文档提供有效性和认证。

有效性指的是证实文档内容的过程，认证指的是证明文档发送者的过程。本文中，文档和消息两个词可以互换使用。

15.15.2　传统签名和数字签名的特征

传统签名有以下几个显著特征：

- 证明签名是真实的相对容易。
- 伪造一个签名很难。
- 签名不具有可转让性。
- 改变签名很难。
- 签名有不可否认性来保证签名者之后不会否认签过名。

数字签名必须包含上述传统签名的全部特征并且增加一些特征，因为数字签名是用在实际却又敏感的应用上，比如互联网上的安全电子邮件和信用卡交易。

既然数字签名只是一个 0-1 序列，它应当包含以下属性：

- 签名必须是一种取决于被签名消息的位模式（因此，对同样的生成器，不同的文档会有不同的数字签名）。
- 签名必须用一些对发送者（签名者）来说有特殊性的信息来防止伪造和否认。
- 必须相对容易生成。
- 必须相对容易识别和证实数字签名的真实性。
- 要伪造一个数字签名必须在计算上是不可行的，不管是为已有的数字签名构建一个新消息还是为一个特定的消息构建一个假的数字签名。

为了证明收到的文件来自声明的发送者且内容没有被修改，一些程序被开发出来。它们被称为认证技术。

然而，由于认证技术的不足，消息认证技术不能直接用作数字签名。例如，虽然消息认证使互换消息的双方不受第三方之害，但没有保护通信双方不受对方之害。

而且，基本的认证技术产生的是与消息长度相当的签名。

15.15.3　基本思想和术语

数字签名背后的思想和手写签名一样。数字签名不是用笔和纸签字然后发送给接收者，但是像纸质签名一样，它将签名者的个人身份绑定在交易上。

数字签名的计算需要基于被签名的文件（消息／信息）和发送者（签名者）唯一持有的一些私有信息。

哈希函数应用在整个消息上以获得消息摘要。它用在整个消息上而不是消息的一部分。一个哈希函数以任意大小的消息作为输入并且产生一个固定大小的消息摘要作为输出。

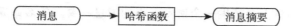

在实践中常用的哈希函数有：

1）MD-5（message digest 5，消息摘要 5）：MD5 是 Ronald Rivest 教授于 1992 年在 MIT 设计的消息摘要算法。在 2008 年 12 月，一组研究人员用这个技术捏造了 SSL 证书的有效性，且声称 MD5 应该被认为是密码学上可破解的，已经不适于未来的使用。

2）SHA（secure hash algorithm，安全哈希算法）：安全哈希算法是美国国家标准局（NIST）设计的一系列加密哈希函数之一。

截至目前，安全哈希算法已相当安全，并且可以确保由两个不同消息映射出相同哈希值的情况几乎是不可能的。

有两种宽泛的技术在数字签名的计算中使用——对称密钥密码系统和公钥密码系统。

对称密钥密码系统：在对称密钥系统中，密钥只被发送者和合法的接收者使用。然而，每对用户都要有独一无二的密钥。因此，随着用户对的增加，生成、分发、维护密钥就变得困难起来。

公钥（非对称）密码系统：公钥密码系统使用一对密钥：一个只被其所有者知道的私钥，和被任何想与密钥所有者通信的人知道的公钥。

□ 为了保证密钥所有者发出的（或发送给所有者的）消息的保密性，消息应当被所有者的公钥加密。它只能被所有者解密（因为只有所有者拥有私钥）。

□ 为了达到认证目的，消息应被发送者的私钥加密。消息可以被任何使用发送者公钥的人解密。如果它给出了合适的信息，很明显消息的确是拥有私钥的发送者加密的，因此只有发送者才能发送它。

数字签名看起来像是数字和字母字符的随机序列。每个签名都是独一无二的，因为它是用电子文档的内容来产生的字符串。下面是数字签名的一个例子：

```
--------- BEGIN SIGNATURE ---------
idkflkmejsdaoiB441klklk08+kadlkdflioe993+1alkfdlasd4ksrlk41ksafj81kadfkl61ardlfj+kd
akljfl61adfldfjl+adfsdfddf+
--------- END SIGNATURE---------
```

15.15.4　创建一个数字签名

哈希函数应用在消息上会产生一个固定大小的消息摘要。签名函数用消息摘要和发送者的私钥产生数字签名。消息和签名现在可以发送给接收者了。没有加密的消息可以被任何人读懂。然而，签名保证了发送者的真实性（类似于一个有关权威发布了一个可以被许多人阅读的通知，需要有一个签名来证实消息的真实性）。

15.15.5   证实一个数字签名

在接收端，对数字签名使用反签名函数可以恢复原始消息摘要。收到的消息与原始消息受制于同一哈希函数。产生的消息摘要结果与从数字签名中恢复出来作对比。如果匹配，就证实了消息是（声明的）发送者发来的，并且消息没有被修改。

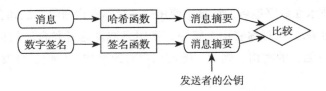

15.15.6   创建一个数字信封

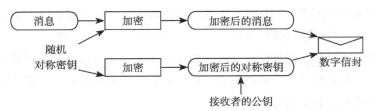

数字信封就相当于一个包含了未签名信件的密封信封。创建一个数字信封的概要如上图。消息被发送者用一个随机产生的对称密钥进行加密。

对称密钥本身用意向的接收者的公钥加密。被加密后的消息和被加密后的对称密钥的结合就是数字信封。

15.15.7   打开一个数字信封

打开一个数字信封并且回复其内容的过程如下图所示。首先，加密后的对称密钥用接收者的私钥解密恢复。然后，被加密的消息用该对称密钥解密。

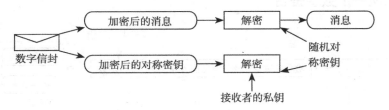

15.15.8 创建携带签名消息的数字信封

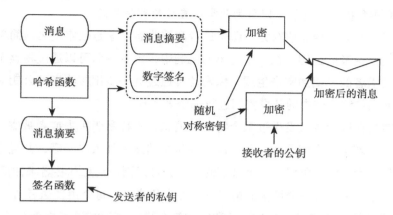

创建一个包含签名消息的数字信封的过程如图所示。一个数字签名由签名函数使用消息的消息摘要和发送者私钥产生。

然后，原始消息和数字签名由发送者用一个随机产生的密钥和对称加密算法进行加密。

对称密钥本身由接收者的公钥加密。加密后的消息和签名以及加密后的对称密钥一起，组成了包含被签名消息的数字信封。

15.15.9 打开一个含有签名消息的数字信封

下图显示了打开一个数字信封、恢复消息并且证实签名的过程。首先，对称密钥用接收者的私钥恢复。接着用这个密钥来解密和恢复消息和数字签名。然后数字签名就像之前描述的那样被证实。

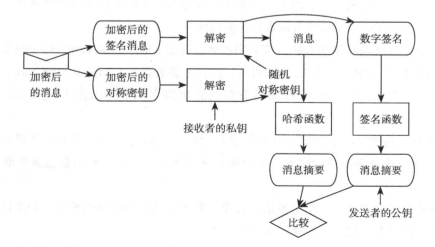

15.15.10　直接数字签名和仲裁数字签名

数字签名有多种模式，它们可以分为两类：直接的和仲裁的。

直接的数字签名只包括通信双方，即发送者和接收者。这是数字签名最简单的模式。它假设接收者知道发送者的公钥。在一个简单的机制中，数字签名可以通过将整个消息或者消息的哈希值用发送者的私钥加密来生成。保密性可通过进一步用接收者的公钥对整个消息和签名进行加密或用传统加密中的共享密钥进行加密来实现。

发送者可能会在以后否认发送过某个特定的消息，声称私钥丢失或者被盗，导致其他人伪造了他的签名。解决这个问题的一种办法是在每个消息中加入时间戳，并且需要通知相关机构密钥的丢失。为了防止争议，一个可信的第三方可以浏览消息和签名来仲裁这种争端。

在仲裁签名方案中，有一个可信的第三方，称为仲裁者。每个由发送者 A 向接收者 B 发送的消息首先要到仲裁者 T 处，T 对消息和它的签名进行多项测试来检查它的来源和内容。然后消息被标上日期，并附上其已经被仲裁者认证的消息一起发送给 B。

T 的出现解决了直接签名方案面临的问题，即 A 可能否认发送了一个消息。仲裁者在这个方案中扮演一个敏感的和极其重要的角色，所有参与者都必须相信仲裁方案是正确工作的。仲裁数字签名方案有很多形式，有些允许仲裁者看见消息，有些则不能。

具体使用哪种方案取决于应用的需求。总体来说，仲裁数字签名方案有优于直接数字签名方案的地方，比如可信的仲裁者为通信双方提供了通信时的信任，以及解决仲裁之后的冲突，如果发生的话。

15.15.11　数字签名的公钥／私钥方法

另一个给数字签名机制分类的方法是基于它使用的是私钥系统还是公钥系统。基于公钥系统的数字签名有优于基于私钥系统数字签名的地方。

两个最流行且普遍使用的公钥系统数字签名方案是 RSA（以 Rivest、Shamir 和 Aldeman 命名，他们是 RSA 公钥加密机制的发明者）和数字签名算法（Digital Signature Algorithm，DSA）。DSA 包含在由国家标准技术局发布的数字签名机制（Digital Signature Standard，DSS）里。

RSA 是常用的数字签名方案，它将消息作为哈希函数的输入并产生一个固定大小的安全哈希值。这个哈希值再用发送者的私钥加密来产生签名。签名和消息会被串联起来并被传输。

接收者收到消息并产生一个哈希值，再使用发送者的公钥将签名解密。如果计算的哈希值和解密出来的签名匹配，签名就被认为是有效的。

这是因为只有发送者知道私钥，因此只有发送者可以产生有效的签名。使用 RSA 产生和认证签名和之前讨论的机制一样。

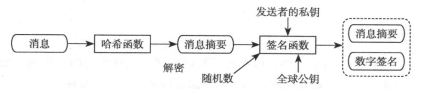

DSS 的签名过程（使用 DSA）如下图所示。DSA 方法也使用了哈希函数。哈希值和一个为这个特殊签名产生的随机值一起作为签名函数的输入。

这个签名函数也使用了发送者私钥和一些被通信双方知道的参数，即全球公钥。输出的签名包括两个部分。

签名认证的过程如图所示。在接收端，会产生接收消息的哈希值，并且和签名的两个部分一起作为认证函数的输入。认证函数使用全球公钥和发送者的公钥，然后重新生成原始的数字签名（两个成分之一）。如果重新生成的签名和原始签名匹配则验证了签名的真实性。因此，签名函数向接收者保证了只有知道私钥的发送者才可以产生有效的签名。

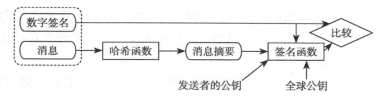

RSA 方案的基础是找出两个大素数因子是极其困难的，而 DSA 机制是基于离散对数的难解问题。DSA 只提供签名函数，而 RSA 可以额外提供加密和密钥交换。使用 RSA 的签名认证比 DSA 快 100 倍。签名的生成速度在 DSA 中要稍微快一点。

基本数字签名的几个拓展工作正在进行，比如，使签名能够在多方进行（组数字签名），根据签署人的层次签名，以及使得两个或多个签署人离很远的距离而同时签署电子合同的协议。

15.15.12 实际应用中的数字签名

数字签名正逐渐被用于安全电子邮件和网上信用卡交易中。两个最常见的使用数字签名的安全电子邮件系统是良好隐私（Pretty Good Privacy）和安全/多用途互联网邮件扩展（Secure/Multipurpose Internet Mail Extension）。这些系统都支持基于 RSA 和 DSS 的签名。网上信用卡交易中使用最广泛的系统是安全电子交易（Secure Electronic Transaction，SET）。它包含一系列的安全协议和格式，能够使之前存在的信用卡支付架构在网上工作。SET 中使用的电子签名方案与 RSA 相似。

15.16　Kerberos 认证系统

15.16.1　简介

Kerberos 是一种认证协议。协议以在希腊神话中守卫地狱大门的三头狗（Kerberos）命名。它是一个开源协议，一般用作客户端－服务器环境的网络安全系统。

Kerberos 由雅典娜工程（Project Athena）开发。它是麻省理工学院（MIT）、数字设备公司和 IBM 的联合项目。协议的第一个公开版本是第四版 Kerberos。在协议经过行业的广泛审查后，其作者又开发并发布了第五版 Kerberos，解决了第四版 Kerberos 存在的问题。

15.16.2　什么是 Kerberos

Kerberos 的基本概念很简单：如果一个秘密只被两个人知道，那么他们中的任何一个人可以通过证实对方知道这个秘密从而证明另一个人的身份。

例如，我们假设 Ram 经常向 Mary 发送消息，Mary 在处理该信息之前必须保证来自 Ram 的消息确实是由 Ram 发送的。同时，假设他们已经决定通过选择一个密码来解决这个问题，且同意不向其他任何人分享这个密码。如果 Ram 的消息以某种方式表明发送者知道该密码，Mary 就知道发送者是 Ram。

Ram 和 Mary 存在的唯一一个待解决的问题就是，Ram 怎样表明他知道密码。他可以在消息中简单地包含这个密码（比如，在结尾处的一个签名块——Ram，我们的密码）。这样做很简单有效。如果可以保证没有别人阅读他们的邮件，该方法是起作用的。不幸的是，这并不是问题所在。他们的消息在网络中传输。网络被攻击者所利用。攻击者有网络分析器和扫描通信的爱好以期待有一天他能找到一个密码。因此 Ram 不可能通过简单地说他知道这个秘密来证明他确实知道。为了保密密码，他必须在不泄露密码的情况下表明他知道密码。

Kerberos 协议用密钥加密解决了这个问题。他们并没有分享一个密码，而是分享一个加密过的密钥，他们用这个密钥的知识来证明另一个人的身份。为了使该技术得以实现，分析的密钥必须是对称的——是一个既可以用于加密又可以用于解密的简单密钥。一方通过加密一条信息来证明他知道这个密钥，而另一方则通过解密来证明。

Kerberos 是为可信的主机和不可信的网络提供的认证协议。它是使用密钥加密（对称密钥加密）来认证客户端－服务器模式应用的网络协议。用户的密码不一定要通过网络。它通过向每个登录网络的用户分配一个唯一键（称为票据）来实现。票据随后嵌入消息来证明消息发送者的身份。

15.16.3　Kerberos 的目标

在讨论 Kerberos 的组成之前，先将它的目标列举如下：

❑ 用户的密码必须不在网络中传输。

❑ 用户的密码必须不以任何形式在客户端主机中存储：它必须在使用后立刻删除。

❑ 用户的密码永远不能存储在认证服务器端的数据库中（甚至以未加密的形式也不可以）。

❑ 用户在每个会话中只会被要求键入一次密码。然后用户可以访问他被授权的所有服务，而无需在会话中再一次键入密码。这个特点被称为单点登录。

❑ 认证信息位于认证服务器上。应用服务不能包含他们用户的认证信息。为了达到以下目的，这一点非常重要。

　　○ 管理员可以只通过在一个位置操作来禁止任何用户的账户，而不必在几台提供各种服务的应用服务器处进行操作。

　　○ 当用户修改他的密码时，密码会同时在所有服务器上被更改。

　　○ 认证信息不会出现冗余，否则它必须在不同的地方被保护。

❑ 不但用户必须证明他是所声称的人，而且在需要时，应用服务也必须向客户证明他们的真实性。这个属性被称为相互认证。

15.16.4　Kerberos 的组成和术语

本节提供了一些对象和术语的定义，这些内容在下文对 Kerberos 协议的描述中至关重要。

15.16.4.1　Kerberos 可靠性的边界：域

在英语里，域（realm）指的是统治者所统治的辖区和领土。在 Kerberos 里，术语"域"（有时也被称作"范围"）表明了一个认证管理域。一个域划定了一个认证服务器认证一个用户、主机或服务权限的边界。

基本上，一个用户/服务属于一个域当且仅当他/它向域内的认证服务器分享一个秘密（密码/密钥）。

配置一个域时，需要记住域的名称是大小写敏感的。这意味着，用大写字母和小写字母是不同的，但是一般来说域都是以大写形式出现。比如，如果一个组织属于 DNS 域 CareerMonk.com，在实践中会用 CAREERMONK.COM 来作为相关的 Kerberos 域。

15.16.4.2　数据库中的记录：实体

实体与给定域（范围）内的每个用户、主机或者服务相关。一个实体是用于指代认证服务器数据库中记录的名字。Kerberos5 中的实体通常形式如下：

component1/component2/.../componentN@REALM

然而，在实践中最多使用两个组成部分。一条涉及用户的记录的实体形式如下：

Name[/Instance]@REALM

上面的 Instance（实例）是可选择的，它用来说明用户类型。比如管理员用户通常有管理实例（admin instance）。下面几个例子是涉及用户的实体：

info@CAREERMONK.COM

admin/admin@CAREERMONK.COM

hr/admin@CAREERMONK.COM

如果记录是服务，则实体会采用以下形式：

Service/Hostname@REALM

第一部分是服务名（比如，ftp）。第二部分是提供所需服务机器的完整主机名（FQDN：全称域名）。注意，这部分必须与（小写形式的）应用服务 IP 地址的反向 DNS 解析完全匹配。下面是涉及服务的实体实例：

imap/mbox.careermonk.com@CAREERMONK.COM

host/server.careermonk.com@CAREERMONK.COM

afs/careermonk.com@CAREERMONK.COM

最后，有些实体并不涉及用户和服务，而是在认证系统的操作中扮演一定角色。一个整体的例子是，krbtgt/REALM@REALM 和它的相关密钥被用来加密"票证授予票证"。

在 Kerberos 4 中，不会超过两个组成部分，且各组成部分由"."而不是"/"分隔。同时，实体中涉及服务的主机名很短，即不是全称域名 FQDN。下面是实例：

info@CAREERMONK.COM

monk.admin@CAREERMONK.COM

imap.mbox@CAREERMONK.COM

15.16.4.3　票证

票证是帮助客户在服务器上进行自我认证的记录。它包括客户的身份、一个会话密钥、一个时间戳和其他需要的信息。这些信息由服务器的密钥进行加密。

换句话说，票证就是客户机向应用服务器发送的用于认证其真实性的记录。票证由认证服务器发布，并用服务器的密钥加密。因为这个密钥是保密的，只有认证服务器和提供服务的服务器知道，因此甚至连请求票证的客户也不能知道或改变它的内容。票证包含的主要信息包括：

❑ 发出请求的用户的实体（通常是用户名）。

- 所请求的服务器的实体。
- 使用票证的客户机 IP 地址。在 Kerberos 5 中，这个部分是可选择的，而且为了使其能在 NAT 的客户端运行，也可能是多个。
- 票证开始有效的日期和时间（时间戳）。
- 票证的最大生存时间。
- 会话密钥。

每个票证都有生存时间（一般为十小时）。这是必要的，因为认证服务器不会再对已经发布的票证进行控制。即使域管理员可以在任何时间阻止向某个用户发布新的票证，它并不能阻止用户使用他们已经拥有的票证。票证包含很多其他描述它们行为特征的信息和标志，但是此处我们不做深入探讨。

15.16.4.4 加密

正如你所见，Kerberos 总是需要加密和解密认证中不同参与者之间流通的消息（票证和认证符）。要注意的是 Kerberos 只使用对称密钥加密（换句话说，就是加密和解密使用同一个密钥）。

加密类型

Kerberos 4 采用单一的加密形式，即 56 比特的 DES。该加密算法的弱点使得 Kerberos 4 被淘汰。Kerberos 5 为解决这个问题而开发。

15.16.4.5 认证符

在密钥认证中，认证始于在通信大门外的人想要进门。为了进门，这个人（即客户）以用密钥加密一条消息的形式呈现一个认证符。每次协议执行时，认证符中的信息必须不同；否则攻击者会利用旧的认证符来窃听通信。

收到一个认证符时，守卫大门的人将其解密。如果成功，看门人知道给出认证符的人有正确的钥匙。只有两个人有正确的钥匙，门卫是其中之一，所以提供认证符的人一定是另一个。

如果门外的人想要相互认证看门人，相同的协议可以反过来执行，只是稍有不同。看门人可以从原始认证符中提取一部分信息，将它加密成一个新的认证符，并将这个新的认证符给在门外等待的人。门外的人就可以解密看门人的认证符，并将结果和原始的比较。如果匹配，门外的人就知道看门人可以解密原始认证符，所以他肯定有正确的密钥。这被称为相互认证。

下面的例子会对我们的理解有所帮助。假设 Ram 和 Mary 决定在他们的计算机传输任何信息之前，每人都要用自己掌握的共享密钥来证实连接另一方的身份。他们同意以下协议：

备注：K_{RM}：Ram和Mary的密钥

1）Ram 向 Mary 发送一个消息，包含了他的明文形式的姓名和一个用他和 Mary 共享密钥加密过的认证符。在这个协议中，认证符是一个由两个部分组成的数据结构。一部分包含 Ram 的信息，另一部分包含 Ram 机器上的当前时刻。

2）Mary 收到消息，发现它来自一个自称是 Ram 的人，并且用她和 Ram 共享的密钥来解密认证符。她提取了包含 Ram 机器上当前时刻的部分并且计算时间的值。

如果 Mary 的时钟和 Ram 的同步，则她的工作就会变得容易。假设 Ram 和 Mary 都使用网络时间服务来使得他们的时间始终几乎相同。用这个方法，Mary 可以比较来自认证符里的时刻和自己时钟上的现在时刻。如果时刻在允许误差范围里，则认证符可能来自 Ram，但是 Mary 还是无法证明认证符确实来自 Ram。

其他人可能一直在监视网络通信，并且可能重新使用 Ram 早期的认证符来与 Mary 建立了连接。然而，如果 Mary 在过去的五分钟里记录了来自 Ram 的认证符的时刻，她就可以通过拒绝所有与最后一个认证符里的时刻相同或比其更早的消息来拒绝被重新使用的认证符。如果这个认证符里的时刻比 Ram 最后一个认证符里的时刻迟，则这个消息一定是来自 Ram 的。

3）Mary 使用她和 Ram 共享的密钥来加密从 Ram 的消息里获得的时刻，并将结果回送给他。

要注意的是，Mary 并不会将从 Ram 认证符中得到的所有信息发送回去，而只发送时刻。如果她将所有信息都发回去，Ram 并不知道是不是有人假扮 Mary，只简单地从他的原始消息中复制了认证符，并不加改变地发送给自己。她只发送一部分信息是为了证明她可以解密认证符并且使用里面的信息。她选择时刻是因为这条信息在 Ram 给她的消息里一定是独一无二的。

4）Ram 收到了 Mary 的回复，将其解密并将结果和自己原始认证符中的比较。如果时刻匹配，他可以确信他的认证符到达了知道解密所需密钥的人那里，并且提取了时间。他只和 Mary 共享了时间，所以一定是 Mary 收到了消息并且回复了他。

15.16.4.6 密钥分发中心（KDC）

上一节所描述的简单协议存在一个问题，它没有解释 Ram 和 Mary 怎样和从何处获得在彼此会话中使用的密钥。如果他们是人，Ram 和 Mary 可以见面并且就密钥达成一致意见。然而这种方法在 Ram 是工作站运行的一个客户程序并且 Mary 是在网络服务器上运行的一个服务时并不奏效。

　　还有一个深入的问题是客户 Ram 想和许多服务器对话，因此需要他们每个人的密钥。相似地，服务 Mary 也会和许多客户对话，也需要他们每个人的密钥。如果每个客户需要有每个服务的密钥，而每个服务需要每个客户的密钥，密钥分发很快就会变成一个难以解决的问题。在许多计算机上需要存储和保护如此多密钥也会产生巨大的安全隐患。

　　密钥分发中心（KDC）是运行在物理安全服务器上的一项服务。它在一个特定域中维护了所有安全实体账户信息的数据库。KDC 除了存储每个安全实体的其他信息外，还存储着一个只有安全实体和 KDC 知道的加密密钥。这个密钥用于安全实体和 KDC 之间的密钥交换，被称为长期密钥。在大多数协议的实现中，它来源于用户的注册密码。

　　当一个客户想与服务器对话时，客户向 KDC 发送一个请求，KDC 就会分发一个唯一的、短期会话密钥，用于双方的互相认证。服务器的会话密钥副本用服务器的长期密钥加密。客户端的会话密钥副本用客户端的长期密钥加密。

　　由于 KDC 完全驻留在一个单独的物理服务器上，它在逻辑上可以分为三部分：数据库、认证服务器（Authentication Server，AS）和票证许可服务器（Ticket Granting Server，TGS）。

15.16.4.6.1　会话密钥

　　KDC 通过向客户端发送客户端和服务器的会话密钥副本，来响应客户要跟服务器对话的请求。客户端的会话密钥副本由 KDC 和客户共享的密钥加密。服务器的会话密钥副本和客户的信息都嵌入一个叫作会话票证的数据结构中。整个数据结构再用 KDC 和服务器共享的密钥加密。安全地包含了服务器会话密钥副本的票证由客户端负责管理，直到它与服务器取得联系。

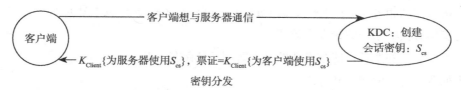

密钥分发

　　需要注意的是，KDC 只是简单地提供了票证授予服务。它没有追踪自己的消息来保证其到达了目的地址。如果 KDC 消息落入他人之手，也不会造成危害。只有知道客户密钥的人可以解密客户的会话密钥备份。只有知道服务器密钥的人才可以阅读票证内的信息。

　　当客户端收到 KDC 的回复时，便提取票证和客户端的会话密钥的副本，将它们都保存在安全缓存中备用（位于内存中，而非磁盘上）。当客户想要得到服务器的许可时，它便向服务器发送一个包含票证和认证符的消息，票证仍用服务器的密钥加密，认证符用会话密钥加密。票证和认证符对服务器来说都是客户端的证书。

　　当服务器收到客户端的证书时，便用自己的密钥将会话票证解密，提取出会话密钥，并用会话密钥解密客户端的认证符。如果通过所有的检验，那么服务器就知道客户端的证书是由可信权威发布的，即 KDC。如果客户端请求互相认证，服务器就使用自己的会话密钥副本来加密从客户认证符中获得的时间戳，并将结果作为服务器的认证符发送给客户端。

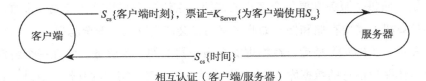

相互认证（客户端/服务器）

使用会话票据的一个好处是服务器不需要保存用于和其客户通信的会话密钥。客户端有责任在自己的证书缓存中持有服务器的票证，并在每次希望访问服务器时出示票证。不管何时服务器收到来自客户端的会话票证，它都要用自己的密钥来解密票证，并提取出会话密钥。当服务器不再需要会话密钥时，便将其丢弃。

另一个好处是客户端不需要在每次想访问某个特定服务器时都回到 KDC。会话票证可以被重复使用。为了防止有些人可能窃取票证副本的可能性，会话票证有失效时间，这是由 KDC 在票据的数据结构中确定的。一个票据的有效期有多久取决于该域的 Kerberos 政策。一般情况下，票据的有效性不会超过八小时，这大约是一个普通注册会话的长度。当用户注销时，证书缓存会清空，所有会话票证以及所有会话密钥都会被销毁。

15.16.4.6.2　数据库

数据库是与用户和服务相关记录的容器。我们用实体（principal）来指代记录（entry）（即，记录的名字），即使"实体"被认为是"记录"的同义词。每个记录都包含如下信息：

- ❏ 记录有关的实体
- ❏ 加密密钥和相关 kvno（Kerberos version number，Kerberos 版本号）
- ❏ 与实体有关的票证的最大有效期
- ❏ 与实体有关的票证可能被更新的最大时间（只存在于 Kerberos 5）
- ❏ 表征票证行为的属性和标志
- ❏ 密码失效日期
- ❏ 实体的失效日期，在此之后不能发布任何票证

为了使窃取数据库中的密钥更加困难，实现中要加密数据库（包括数据库备份）。

15.16.4.6.3　认证服务器（AS）

认证服务器（Authentication Sever，AS）是 KDC 的一部分，并且它回复客户端的最初认证请求。在一个认证请求的回复中，AS 发送一个特殊的票证，该票证被称为票证授予票证（Ticket Granting Ticket，TGT）。

与此相关的实体是 krbtgt/REALM@REALM。用户可以使用 TGT 来获得其他服务票证，而不需要重新键入密码。

15.16.4.6.4　票证授予服务器（TGS）

票证授予服务器（Ticket Granting Server，TGS）是 KDC 的组成部分，它用一个有效的 TGT 向客户分发服务票证。这保证了在应用服务器上获取请求资源身份的真实性。

TGS 可以看作是提供分发服务票证服务的应用服务器。分清楚缩写 TGT 和 TGS 很重要：前者指的是票证，后者指的是服务。

15.16.5　Kerberos 操作：工作原理

最后，在理解前面章节所描述的概念后，可以来讨论 Kerberos 操作。我们可以通过列举和描述在在认证过程中往返于客户和 KDC 之间以及客户和应用服务器之间的每个数据包来进行研究。此处要强调的是应用服务器永远不会和密钥分发中心直接通信。我们要讨论的消息列举如下（参考下图）：

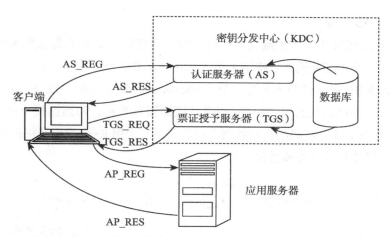

- **AS_REQ**　是最初的用户认证请求。这个消息直接发送给 KDC 的组成部分：认证服务器（AS）。
- **AS_REP**　是认证服务器对之前请求的应答。基本上它包括 TGT（用 TGS 密钥加密）和会话密钥（用发送请求的用户的密钥加密）。
- **TGS_REQ**　是客户端为请求服务票证而向票证授予服务器（TGS）发送的请求。这个数据包包含之前消息的 TGT 和由客户产生的认证符，这些都由会话密钥加密。
- **TGS_REP**　是票据授予服务器对之前请求的应答。其中包含所需的服务票证（由服务的密钥加密）和由 TGS 产生的服务会话密钥，该密钥用之前 AS 产生的会话密钥加密。
- **AP_REQ**　是客户端发送给应用服务器以获取服务访问权的请求。其组成部分包括从 TGS 获得的服务票证，以及之前的应答和客户产生的认证符，但是这次客户产生的认证符由服务会话密钥加密（由 TGS 产生）。

❑ AP_REP 是应用服务器给客户的一个应答，来证明自己正是客户所期待的服务器。这个数据包并不总是被请求，只有当客户需要相互认证时才向服务器请求。

15.16.6　Kerberos 子协议

Kerberos 协议由三个子协议组成。

1）AS 交换：KDC 给客户一个注册会话密钥和一个 TGT。

2）TGS 交换：KDC 为服务分发服务会话密钥和会话票证。

3）CS 交换：客户向服务展示会话票证以获得进入许可。

为了理解三个子协议是如何一起工作的，我们来看看客户端的用户 Ram 是怎样获得网络上的服务 Mary 的访问权的。

15.16.6.1　AS 交换

Ram 以登录到网络开始。他键入自己的注册名和密码。Ram 机器上的 Kerberos 客户将他的密码转换成一个加密密钥并且将结果保存到它的证书缓存中。

然后客户向 KDC 的认证服务发送一个 Kerberos 认证服务请求（AS_REQ）。消息的第一部分确定了用户 Ram 的身份，以及他正请求认证的服务名称，即票据授予服务。消息的第二部分包括证明 Ram 知道密码的先验数据。这通常是一个用 Ram 的长期密钥加密的时间戳，虽然协议也允许其他形式的先验数据。

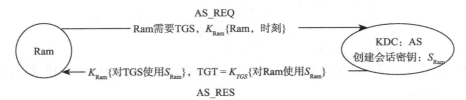

当 KDC 收到 AS_REQ 时，它在自己的数据库中查找用户 Ram，获得他的长期密钥，解密先验数据，并且计算里面的时间戳。如果时间戳通过测试，KDC 可以确定先验数据是由 Ram 的长期密钥加密的，因此客户是真实的。

在它验证了 Ram 的身份后，KDC 创建了证书。这样机器上的 Kerberos 客户端就可以向票证授予服务展示这一证书。首先，KDC 创建一个注册会话密钥并且用 Ram 的长期密钥对它的副本进行加密。其次，嵌入另一个 TGT 的会话密钥副本以及其他 Ram 的信息，比如 Ram 的认证数据。KDC 用自己的长期密钥加密 TGT。最后，它会将加密后的注册会话密钥和 TGT 一起作为 Kerberos 认证服务应答（AS_REP）发送回客户端。

当客户端收到消息，它用来自 Ram 密码的密钥来解密他的注册会话密钥并将密钥储存到它的证书缓存中。然后从消息中提取 TGT 并且也将其储存到它的证书缓存中。

15.16.6.2　TGS 交换

Ram 机器上的 Kerberos 客户端通过向 KDC 发送 Kerberos 票征授予服务请求（TGS_REQ），请求服务 Mary 的证书。这个消息包括用户名、一个使用用户注册会话密钥加密的认证符、AS 交换中的 TGT 以及用户想要得到票证的服务名。

当 KDC 收到 TGS_REQ 时，它用自己的密钥将其解密，提取出 Ram 的注册会话密钥。它用注册会话密钥解密认证符并且进行计算。如果认证符通过了测试，KDC 便从 TGT 中提取 Ram 的认证数据并为客户 Ram 创建一个与服务 Mary 共享的会话密钥。

KDC 用 Ram 的注册会话密钥加密这个会话密钥的一个副本。另一个会话密钥的副本嵌入到票证中，同时还有 Ram 的认证数据，并用 Mary 的长期密钥将票证加密。KDC 然后将这些证书作为 Kerberos 票证授予服务应答（TGS_REP）发送回客户端。

当客户端收到应答时，用 Ram 的注册会话密钥解密服务中使用的会话密钥，并且将其保存到自己的证书缓存中。然后提取服务的票证并将其保存到自己的缓存中。

15.16.6.3　CS 交换

Ram 机器上的 Kerberos 客户端通过向 Mary 发送一个 Kerberos 应用请求（AP_REQ）来向 Mary 请求一个服务。这个消息包括一个由用于服务的会话密钥加密的认证符、TGS 交换中获得的票证和一个客户是否希望互相认证的标志位。（这个标志位的设置在配置 Kerberos 时是可选项。用户永远不会被询问。）

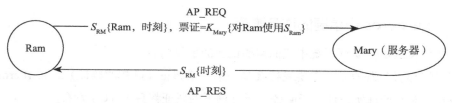

服务 Mary 收到 AP_REQ 后，解密票证，提取 Ram 的认证数据和会话密钥。Mary 用会话密钥来解密 Ram 的认证符，然后计算里面的时间戳。如果认证符通过了测试，Mary 就查看客户请求中的互相认证标志位。如果标志位被置位了，她就使用会话密钥将 Ram 认证符中的时刻加密并且将结果作为 Kerberos 应用回复（AP_REP）返回。

当 Ram 机器上的客户端收到 AP_REP 后，用与 Mary 共享的会话密钥解密 Mary 的认证符，并且将从服务返回的时间和客户初始认证符中的时间比较。如果时刻匹配，客户便认为服务是真实的，并且连接可继续下去。在连接中，会话密钥可以用来加密应用数据，或者客户端和服务器可以为应用数据重新分享一个密钥。

15.16.7 Kerberos 中的问题

即使 Kerberos 是有鲁棒性的，它也存在一些缺点。

- 协议假设在认证服务器中有一个安全的仓库来存储密码，那么对它攻击可以进入所有的服务。
- 票证和会话密钥不能在系统中缓存。这在多用户的系统中会带来麻烦，一个错误的许可会使一个用户看到他同事的会话密钥。
- Kerberos 依靠认证符中的时间戳来避免重放攻击。因此，分布式系统中机器上的时钟必须是同步的。如果服务器弄错了正确的时间，过期的票证会被重放，权限会被获得。Kerberos 形式主义地暗中依靠服务器上时钟的精确度。
- Kerberos 的另一个问题是，如果攻击者可以捕获用户的登录；它就可以访问所有服务。解决该弱点的一个办法是使用挑战 / 响应机制，服务器产生一个时间戳，使用用户的密钥加密，用户会用一些时间戳的功能应答来证明它的准确性。
- Kerberos 可以通过将协议和加密算法分离来进一步改进。显而易见，在运算速度较快的台式机上，56 比特 DES 算法所提供的安全性是不够的。更复杂的 128 位 AES 算法可以提供更高的安全性。由于 Kerberos 独立于任何加密算法，因此上述算法的变化是无缝的。

总之，Kerberos 是一个可靠的认证和安全协议，虽然存在一些不足，但它的优点远大于缺点。

15.16.8 Kerberos 中重要的注意事项

以下是在 Kerberos 认证系统中我们需要记住的重要内容：

- 客户端和服务器的通信需要发行票证。第一个票证（最初的票证）由 Kerberos 认证服务器发布，来证实票证授予服务。所有剩下的票证都只由 TGS 发布。
- 票证可以被重复使用，而客户和服务器每次建立一个新的连接时，都需要一个新的认证符。
- 每个票证都被分配了一个唯一会话密钥。

❑ 服务器应该维护之前请求的历史来判断认证符里的时间戳是不是仍然有效。这帮助服务器拒绝可能因票证和认证符被盗而产生的重复请求。

15.17 防火墙

15.17.1 简介

防火墙是互联网和网络安全中的重要部分。防火墙对普通互联网用户和工作者来说已经很熟悉。你可能也听过人们说：防火墙保护他们的计算机，使它们免于网络和黑客的攻击，或者是在他们工作的地方一个网页被防火墙拦截了。在本节中，我们试着从一个门外汉的角度来理解防火墙的背景。

15.17.2 什么是防火墙

防火墙这个词来源于土木工程，用于阻止一个房间的火势向另一个房间蔓延。从计算机安全的角度来看，互联网是一个不安全的环境；因此对于网络安全来说防火墙是一个很好的隐喻。

防火墙是一个设计用于阻止来自或面向私有网络的未授权访问的系统。防火墙可以通过硬件或软件的形式实现，也可以是软硬件的结合。它阻止了未授权的用户访问私有网络。防火墙位于两个网络之间，通常是私有网络和像互联网一样的公共网络。

连接一台计算机或者计算机网络可能会成为恶意软件或黑客的目标。防火墙可以提供安全性使得计算机或者网络在攻击面前不会脆弱不堪。

一个有效的防火墙有以下几个基本要求：

1）所有通信必须通过它（包括进入的和出去的）。这个可以通过拦截除了通过防火墙的其他所有通过 LAN 的访问来实现。

2）它必须只允许被授权的数据包通过。

3）它必须对入侵和破坏有免疫力。意思是，若使用防火墙，我们就必须使用安全的操作系统。

15.17.3 防火墙的优点

防火墙丢弃未经授权的、想要进入或离开本地网络的通信。防火墙检查两个网络之间路由的所有数据包，看它们是否符合某一标准。如果符合，它会在网络间流通，否则它就会被丢弃。防火墙对进入和出去的通信都会过滤。

防火墙记录所有进入私有网络的尝试，并当有攻击者或未认证的进入尝试时触发警报。它可以基于数据包的源地址、目的地址和端口号来过滤数据包，也可以过滤特定类型的网络通信。这也被称为协议过滤，因为转发还是丢弃通信的决定是依据所使用的协议做出的，比如 http、ftp 或 telnet。防火墙也可以用数据包属性和状态来进行过滤。

防火墙可以为系统和网络提供没有 IP 地址的 NAT。防火墙在维护记录方面很有效，记录记载所有通过、连接或者尝试连接系统的活动。这些记录可以被用来识别不正常的事件。

15.17.4　防火墙的缺点

我们都知道把所有鸡蛋都放在一个篮子中会发生什么！防火墙也会有类似的问题，这被称为单点失效。

防火墙的成功依赖于配置。如果我们在配置中出现错误，它可能会允许未授权的访问。

如果防火墙出现故障，连接的外部网络也会出现故障。这意味着，DoS 攻击可能通过使防火墙发生故障来破坏网络。

既然防火墙检查进入和流出的所有通信，它就具有降低外网和内网间网络性能（网络输出）的倾向。

防火墙自己并不能保证一个安全的网络。它只是一个工具。防火墙需要被合理地配置，并且它们需要被监控。

防火墙不能监控内部通信，因此不能阻止攻击。员工的处理不当或者粗心大意并不能被防火墙控制。像是使用和误用密码和用户账户之类的政策必须被严格地强制执行。

在为防火墙设置访问规则时，通常可以采用以下两种方法。第一种方法是拒绝所有未明确允许的访问。第二种方法是允许一切未被明确拒绝的访问。相比之下，第一种方法更加安全。

15.17.5　防火墙如何工作

防火墙基本上扮演着计算机（或者网络）和（外部不安全的）互联网之间守卫的角色。一个防火墙可以被简单地和一名保安人员相比较，站在房子（或一个组织）的入口处，过滤前来该处的访客。他可能允许一些访客进入，而拒绝其他认为有入侵者嫌疑的人。

相似地，防火墙是一个软件程序或一个硬件设备，过滤从互联网到您的私人计算机或计算机网络的信息（数据包）。

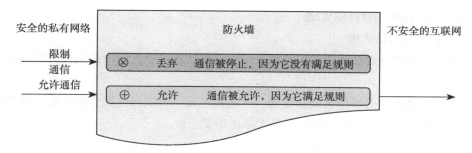

防火墙可以基于之前配置的规则或是防火墙管理员设置的规则来决定允许还是拦截设备间的网络通信。

个人的防火墙很容易安装和使用，因此受到终端用户所偏爱而用于他们的个人计算机上。然而，大型网络和公司更喜欢那些有大量配置选择的防火墙，从而满足他们客户的需求。

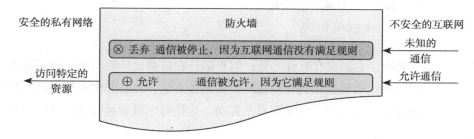

比如，一个公司可能为 ftp 服务器、telnet 服务器和网页服务器配置不同的防火墙规则。同时，公司甚至可以通过拦截向某个网站的访问或限制向其他网络的文件传输，来控制员工以何种方式连接到互联网。至于安全，防火墙可以使公司对人们如何使用互联网拥有强大的控制权。

15.17.6 防火墙的类型

正如之前讨论的那样，防火墙以硬件或软件的形式都可以实现。它可以用几个不同的方法进行分类。不同的防火墙在不用的级别工作。它们可以根据采用的基本方法、采用的 OSI 参考模型中不同的层或是实现的技术来进行分类。

基于防火墙使用的方法，我们可以将它们分为两个不同的类型：

1）过滤防火墙

2）代理防火墙

基于采用的 OSI 参考模型中的不同层，我们可以将它们分为三个不同的类型：

1）网络层防火墙（数据包过滤防火墙）

2）应用层防火墙（代理服务器防火墙）

3）电路层防火墙（代理服务器防火墙）

15.17.6.1 硬件和软件防火墙

15.17.6.1.1 硬件防火墙

硬件防火墙能提供更高级别的安全性，因此被那些将安全性作为最高优先级的服务器所青睐。

通常来说，硬件防火墙作为路由器的一个内置单元，可以在数据包设法进入计算机之前就在硬件层就将其过滤，因此它提供了最大限度的安全性。

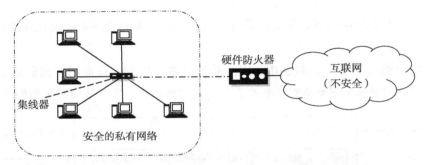

硬件防火墙更复杂。它们也有软件部分，但是运行在特别设计的网络设备上或者是专用的优化服务器。硬件防火墙底层的操作系统尽可能地基本化，并且非常不易攻破。既然没有其他软件在这些机器上运行，配置起来会有些复杂。这使得它很难被破坏并且往往是非常安全的。

一个硬件防火墙被放置在一个本地网络（比如一个公司）和一个相对不太安全的区域（比如互联网）中间。这些设备有很多不同的缺省设置——一些不允许来自外界的任何通信，而且必须使用规则来配置，其他（像那些国内市场可以买到的）则已经被配置好去拦截那些访问高风险端口的通信。规则可以很简单，比如允许 80 端口的双向通信通过防火墙；也可以很复杂，比如只允许从一个外网特定 IP 地址向内网特定 IP 的 1433（SQL 服务器）通信通过防火墙。

防火墙也被用在网络地址转换（Network Address Translation，NAT）中。这允许一个网络使用私有的、不在互联网中路由的 IP 地址。私有 IP 地址机制允许组织限制他们使用的公开路由的 IP 地址个数，保留对网络服务器和其他外部访问网络设备的公共地址。NAT 允许管理员让他的所有用户使用一个公共 IP 地址来访问互联网——防火墙足够聪明，它可以向发出请求的工作站的内部 IP 发送请求。NAT 也允许网络内的用户使用私有 IP 连接一个服务器，而网络外部的用户必须用外部 IP 连接同一个服务器。

除了端口和 IP 地址规则，防火墙还有各种各样的功能。它们可以担当缓存服务器、VPN、路由器等等。一些硬件防火墙的例子有 CheckPoint、Cisco PIX、SonicWall 和 Nortel 的 Contivity。

15.17.6.1.2　软件防火墙

软件防火墙没有硬件防火墙昂贵，因此被家用计算机和笔记本电脑所青睐。软件防火墙也被称为个人防火墙，因为它们被安装在个人计算机上。软件防火墙通过验证和阻止高风险端口处的通信，来防止网络连接中对计算机有害的访问。计算机在很多不同端口中通信，防火墙总是在不提醒或警告用户的情况下允许这些通信。

例如，计算机使用 80 端口（http）访问网页，使用 443 端口访问安全网页通信（https）。一个家庭计算机期待从这些端口中接收数据。然而，软件防火墙会拦截任何来自 421 端口的互联网通信。它也可以检测外部的可疑活动。

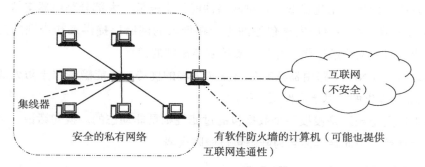

软件防火墙也允许用户计算机上的某个程序访问互联网，通常是在用户明确许可下进行。Windows 更新和防病毒软件就是用户可能希望其访问互联网的一些程序。

软件防火墙的一个缺点是它们是在个人计算机操作系统上运行的软件。如果底层操作系统被破坏，防火墙也会有危险。既然很多其他程序也在家庭计算机上运行，恶意软件可能通过一些其他应用进入计算机并破坏防火墙。

软件防火墙也很依赖用户的正确决定。如果有人错误地使用软件防火墙，允许键盘记录器或者特洛伊木马访问互联网，即使防火墙自己没有问题，该机器上的安全性也遭到了破坏。

15.17.6.2　网络层防火墙

网络层防火墙在 OSI 参考模型中的网络层发挥着作用。一般来说，网络层防火墙监控所有数据包并筛选（过滤）它们。网络层防火墙按照不同的过滤方法又分为两个子类：

1）静态包过滤
2）动态包过滤 / 状态监测

15.17.6.2.1　静态包过滤

一个静态包过滤防火墙（有时被简称为包过滤防火墙）使用一个过滤进出数据包的过程来决定是丢弃还是授权访问。包过滤防火墙在 OSI 模型的网络层（或 TCP/IP 的 IP 层）工作。

通常，它们是路由器防火墙的一部分。路由器是从一个网络接收数据包并且向另一个网络转发的设备。

在包过滤防火墙中，每个数据包在转发前都和一系列的标准（规则）进行比较。依据数据包和标准，防火墙可以丢弃、转发数据包，或者向发包者发送一个消息。

数据包过滤策略可能基于以下任何一条：

☐ 基于源 IP 地址决定允许或不允许数据包的通过

☐ 基于它们的目的端口决定允许或不允许数据包的通过

☐ 根据协议决定允许或不允许数据包的通过

包过滤防火墙的优势是花费低，且对网络性能的影响低。大部分路由器支持包过滤。即使使用其他防火墙，在路由层实现包过滤也会在低层的网络层提供最初级别的安全性。然而，这类防火墙只在网络层工作，并且不支持复杂规则的模型。

网络地址转换（NAT）路由器具有包过滤防火墙的优势，还能隐藏位于防火墙之后的计算机的 IP 地址，提供的是基于电路层的过滤。

决定防火墙是拒绝还是授权一个数据包的过滤规则是非动态的。换句话说，它们不会改变。规则是静态的，因此将其命名为静态包过滤防火墙。

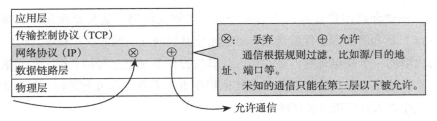

15.17.6.2.2　动态包过滤 / 状态监测

动态包过滤（也被称为状态监测）也在 OSI 模型的网络层（或 TCP/IP 的 IP 层）工作。一个状态监测包过滤防火墙也过滤数据包，但是它可以根据需要调整规则。规则是动态的，因为它们可以根据条件需要而改变。

例如，一个状态监测防火墙记录流出的数据包，并且允许任何对应的回复数据包通过。

多层状态监测防火墙在应用层判断会话数据包是否合法，并评估数据包的内容。它们允许客户端和主机之间的直接连接，减少应用层网关因缺少透明度所带来的问题。它们根据算法来识别和处理应用层数据。这些防火墙提供了很高的安全性、优秀的性能以及对端用户的透明度。

静态包过滤根据包头部的信息来检查数据包。不像静态包过滤那样，状态监测追踪每个贯穿所有防火墙接口的连接，并确保它们是有效的。例如，一个状态防火墙可能不仅仅检测头部信息，还会从应用层查看包的内容来得到比源地址和目的地址更多的信息。

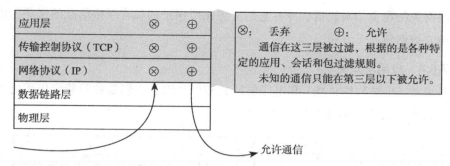

一个状态监测防火墙也监测连接状态并且将信息编辑到一个状态表里。因此，过滤决策并不仅仅根据管理员定义的规则（像静态包过滤中的一样），还根据之前通过防火墙的数据包内容所建立的规则。

15.17.6.2.3　网络防火墙怎样与 OSI 和 TCP/IP 交互?

网络防火墙在不同层次使用不同的标准来限制通信。防火墙能够工作的最低层是第三层。在 OSI 模型中，该层指的是网络层。在 TCP/IP 中，指的是网络协议层。该层关注的是将数据包路由到它们的目的地。在这一层，防火墙可以判断一个数据包是否来自一个可信的源，但是不关注数据包的内容或它和其他包的联系。

在传输层工作的防火墙知道相对多一点的数据包信息，并且能够根据更复杂的标准来授权或拒绝一个访问。在应用层，防火墙对发生的事情很了解并且对于授权访问会很精心地选择。

基于上述讨论，似乎防火墙作用在协议栈中的层次越高，它在各个方面就会更出色。然而事实并不一定这样。数据包在越低的层次中被拦截，防火墙越安全。如果侵入者不能通过第三层，就不可能获得操作系统的控制权。

15.17.6.3　电路层网关

电路层网关在 OSI 模型的会话层（或 TCP/IP 中的 TCP 层）工作。它们监控数据包间的 TCP 握手来判断请求的会话是否合法。通过电路层网关到远程主机的信息看起来就像来自原始网关一样。这对于隐藏受保护网络的信息很有用。

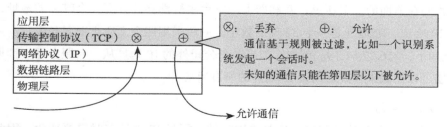

它们根据特定的会话规则来过滤数据包，比如当一台已识别的计算机发起一个会话时。

电路层网关的花费相对较低，并且它们有隐藏所保护的私有网络信息的优势。但是，它们不过滤独立数据包。

15.17.6.4   应用层网关

应用层网关（也被称作代理）和电路层网关相似，除了它们是针对特定应用之外。它们可以在 OSI 模型中的应用层过滤数据包。

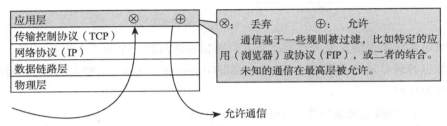

被配置成网络代理（http）的应用层网关不允许任何 ftp、ssh、telnet 或其他通信通过。因为它们在应用层检测数据包，可以过滤特定的应用层命令，比如 http 的 post 和 get 等。包过滤防火墙和电路层防火墙都不能做到这一点，因为它们都不知道任何应用层的信息。应用层网关也可以用来记录用户的活动和登录。

15.17.7   防火墙规则

防火墙规则可以根据需求、要求和组织的安全威胁级别来制定。我们根据如下的情况来订立或废除防火墙的过滤规则：

- ❏ IP 地址
- ❏ 域名
- ❏ 协议
- ❏ 端口
- ❏ 关键字

15.17.7.1   IP 地址

正如我们在前面的章节所见，互联网上的每台主机都会被分配一个唯一的地址，这个地址被称为 IP 地址。IP 地址是一个 32 位的数字，一般采用四个点分十进制数表示。一个典型的 IP 地址如下：216.27.61.19。例如，如果一个公司外的 IP 地址从一台服务器上读取太多文件，防火墙可以拦截来自或通向该 IP 地址的所有通信。

15.17.7.2   域名

由于要记住组成 IP 地址的数字串是很困难的，而且 IP 地址有时需要变化，因此互联网上的所有服务器都有一个可读的名字，被称为域名。

例如，对我们来说要记住 www.CareerMonk.com 要比记住 216.27.61.19 简单得多。一个公司可能会拦截对特定域名的所有访问，或者只允许访问特定域名。我们可以只允许某些特定域名访问你的系统或服务器，或者系统只允许访问几个特定类型的域名或域名扩展，比如 .edu 或 .org。

15.17.7.3　协议

协议是预先定义的指明用户与服务之间如何交流的方法。这个"用户"可以是一个人，不过更多时候是一个像网页浏览器一样的计算机程序。协议通常是一个文本，用来简单描述客户端和服务器怎样进行对话。防火墙可以决定系统可以访问哪些公共协议，比如 IP、SMTP、FTP、UDP、ICMP、Telnet 或 SNMP。我们可以在防火墙过滤器上设置的一些常用协议有：

- ❑ IP（Internet Protocol, 网络协议），互联网上信息的主要运载系统。
- ❑ TCP（Transmission Control Protocol，传输控制协议），用来分片和重组互联网中传输的信息。
- ❑ HTTP（Hyper Text Transfer Protocol，超文本传输协议），用在网页中。
- ❑ FTP（File Transfer Protocol，文件传输协议），用来下载和上传文件。
- ❑ UDP（User Datagram Protocol，用户数据报协议），用在不需要回复的信息上，比如音频和视频流。
- ❑ ICMP（Internet Control Message Protocol，网络控制报文协议），路由器用它和其他路由器交换信息。
- ❑ SMTP（Simple Mail Transport Protocol，简单邮件传输协议），用来发送基于文本的信息（电子邮件）。
- ❑ SNMP（Simple Network Management Protocol，简单网络管理协议），用来从一台远程计算机收集系统信息。
- ❑ Telnet，用来在远程计算机上实现指令控制。

一个公司可能只设置一两台机器来处理一个特定协议而在所有其他机器上禁止该协议。

15.17.7.4　端口

任何服务器都会通过使用有编号的端口将其服务提供到互联网上。例如，如果一台服务器上运行的是网页（http）服务器和一个 ftp 服务器，网页服务器一般可在 80 端口获得，ftp 服务器在 21 端口获得。公司可以只让 21 端口访问其内部的一台机器，而拦截对其他所有机器的访问。拦截或者使连接到网络的服务器端口失效能够保证我们希望看到其用途的数据流，也可以减少黑客或恶意软件的可能入侵点。

15.17.7.5 关键字

防火墙也可以搜索数据流中的关键字或短语，通过关键字或短语匹配来拦截流入数据中恶意的或有害的数据。这可以是任何东西。例如，我们可以命令防火墙去拦截任何含有单词 X-rated 的数据包。关键是必须有严格的匹配。X-rated 过滤器不会捕获 X rated（无连字符）。但是我们可以按照需要将很多单词、词组和它们的变化形式包含进去。

15.17.8 防火墙体系结构

有很多配置方法来部署一个防火墙。该方法是采用包过滤还是代理几乎没有区别。许多机构在他们的防火墙配置中使用包过滤和代理结合的方法。最常采用的体系结构有如下几种：

- ❏ 屏蔽路由器
- ❏ 堡垒主机
- ❏ 双宿主主机
- ❏ 屏蔽主机
- ❏ 屏蔽子网
- ❏ 三宿主主机

15.17.8.1 屏蔽路由器

实现一个防火墙最简单的方法是在路由器上放置包过滤器。一个屏蔽路由器像防火墙一样执行数据包过滤的任务。如果我们将一个公司网络和互联网连接，无论如何会需要路由器。通常，路由器由 ISP 提供。

路由器可以通过允许我们基于 IP 地址和协议来过滤连接，从而提供一个便宜实用的安全级别。大多数路由器软件将具有过滤通信的能力作为其标准。

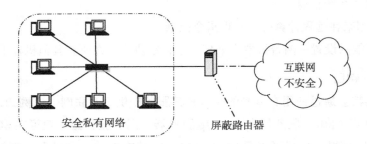

安全私有网络   屏蔽路由器

上图描述了屏蔽路由器的功能。基本上，路由器监测想要通过的每个数据包。它对于进入和离开的数据包都能够监测。根据载入路由器中的规则，它选择让数据包通过或丢弃数据包。屏蔽路由器有时候指的是边界路由器，因为它们位于两个或更多网络的边界。

15.17.8.2 堡垒主机

堡垒主机代表互联网中的私有网络。主机是来自互联网的通信进入的连接点，且作为代理服务器，允许内部网客户端访问外部服务。

堡垒主机只运行几个服务，比如电子邮件、FTP、域名系统（Domain Name System，DNS）或网络服务。互联网用户必须使用堡垒主机来访问服务。堡垒主机不需要任何认证或储存任何公司敏感的数据。

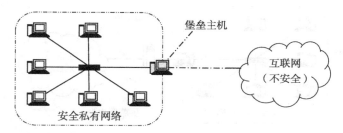

堡垒主机是内部网络的公共接口。它是由一台计算机还是更多的计算机组成，取决于系统的大小。通常情况下，网络管理员只给堡垒主机配置一个应用，比如代理服务器，因为它完全暴露在像互联网这样的极不可信的网络中。所有其他应用、不必要的服务、程序、协议和网络端口都被移除或使其失效来减少对堡垒主机的威胁。

15.17.8.3 双宿主主机

双宿主主机是用两个（及以上）网络接口的防火墙。一个连接内部网络，另一个连接互联网。双宿主主机作为一个简单的防火墙，使得内部网络和互联网之间没有直接的 IP 通信。

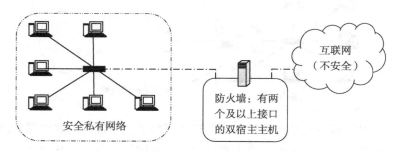

在防火墙的配置中，双宿主主机用来拦截一些或所有试图在两个网络间流通的通信。这是位于两个网络间、充当网间路由器角色的计算机。因此，来自互联网的数据包并不和内部网络直接传输。私有网络里的系统可以和双宿主主机通信，而且防火墙外的系统只能和双宿主主机通信。

15.17.8.4　屏蔽主机

屏蔽主机结构包含两个主机机器：

❏ 屏蔽路由器

❏ 屏蔽主机（堡垒主机）

屏蔽路由器在本地网络和互联网之间。它的作用是屏蔽两个网络间所有的直接通信。只有来自主机机器且目的是互联网，或者来自互联网且目的地址是主机机器的通信才被允许通过。

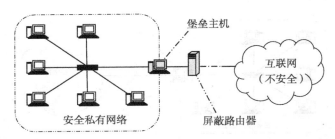

屏蔽主机（堡垒主机）是互联网能够访问的唯一机器，并且为允许的服务运行代理应用。其他在安全私有网络（内部网）的主机如果要使用互联网，就必须与主机机器上的代理服务器连接。

堡垒主机只允许几种服务，比如电子邮件、ftp、域名系统（DNS）或者网络服务。互联网用户必须使用堡垒主机来访问一个服务。这个结构比双宿主主机结构更灵活。

15.17.8.5　屏蔽子网

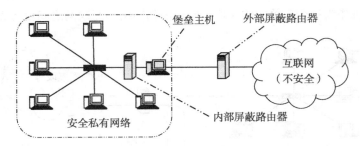

这种体系结构是屏蔽主机结构的拓展。屏蔽子网加了一个额外的路由器，因此它可以在两个路由器之间维持一个堡垒主机，将内部网络和外部网络分离。这就建立了一个分离的子网，成为内部和外部网络之间的屏障。

这个分离的子网是一个扮演着非武装地带（Demilitarized Zone，DMZ）角色的缓冲区。在计算机网络中，DMZ 是一台计算机主机或一个小型网络。它作为中立地带嵌入到公司的私有网络和外部公共网络之间。它阻止外部用户直接访问包含公司数据的服务器。

有了屏蔽子网，外部路由只和外部网络以及子网的堡垒主机通信。外部路由器绝不能和内部路由器或者内部网络直接通信。

内部路由器只和内部网络以及堡垒主机通信。两个路由器绝不会直接相互通信。

15.17.8.6 三宿主主机

三宿主主机防火墙是有三个网络接口的防火墙。三宿主防火墙用不同的网络地址连接三个网络段。通常，这些网络段是被保护的DMZ和不被保护的网络端。

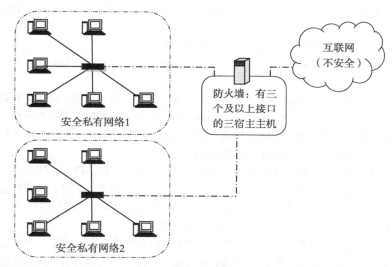

一个三宿主防火墙可以比两个接口的防火墙提供更多的安全优点。

习题与解答

1. 使用公钥加密，X在消息M中加一个数字签名，加密为<M,s>，并且发送给Y，在Y处解密。以下密钥和操作对应正确的是？
   A）加密：X的私钥，接着是Y的私钥；解密：X的公钥，接着是Y的公钥
   B）加密：X的私钥，接着是Y的公钥；解密：X的公钥，接着是Y的私钥
   C）加密：X的公钥，接着是Y的私钥；解密：Y的公钥，接着是X的私钥
   D）加密：X的私钥，接着是Y的公钥；解密：Y的私钥，接着是X的公钥
   解析：D

2. 一个防火墙放置在网络的边缘来保护网络免受攻击和侵入。它检测所有进入和离开网络的数据包。请论证防火墙是否符合端到端规则并且与其命运共享。NAT呢？
   解析：防火墙不符合端到端规则，因为它执行的功能可以在终端主机上运行（比如数据包检查）。并且，防火墙的行为会影响端到端通信，防火墙崩溃会破坏通信（和终端主机同命运）。
   NAT也不符合端到端规则。它位于关键路径上，通信依赖于NAT的状态。

3. 粉色代码蠕虫的每个实例一秒感染一台机器。如果我们从一个受感染的机器开始，从第10秒到第

11 秒有多少新的机器受到感染？到第 11 秒一共有多少台机器受到感染？

解析：从 0 到 1 秒，一个机器被感染。从 1 到 2 秒，两台新机器被感染。从 n 到 $n+1$ 秒，2^n 台新机器被感染。从 10 到 11 秒，有 2^{10}，即 1024 台新机器被感染。11 秒被感染的机器总数是 2048 台。

注意：假设时间从 1 开始而不是从 0 开始，所给出的答案我们也认为是正确的。

4. 假设你知道实体 X 的公钥，但是 X 并不知道你。你可以设计一个简单的协议来和 X 进行双方向的可信通信（也就是没有其他人知道你在和 X 通信）吗？如果可以，请详细说明协议，否则请说明为什么不可以。

解析：可以。你向 X 发送用 X 的公钥加密的消息，只有 X 可以解密。同时你在给 X 的第一条消息中写明你的公钥或共享密钥，这样 X 就可以加密回复的消息。注意这样做并不说明你对 X 来说身份是真实的。

5. _____ 最主要的特点是可以加密或者认证 IP 层的所有通信。

A）IAB　　　　　　　　B）VPN　　　　　　　　C）IPSec　　　　　　　　D）TCP、UDP

解析：C

6. 假设在一个分组密码中一个分组块的大小是 8 位，并且该密码用于加密（用 ASCII 码表示的）英文文本。假设采用密文分组链接（Cipher Block Chaining，CBC）的方法来增强安全性。即，第一个字节分组在加密之前与 8 位初始向量进行异或，而后续每个字节分组都与前一个字节分组在加密之前的内容进行异或。请说明密文分组链接的目的是什么。

解析：密文分组链接是为了防止攻击者采用统计分析的方法来破译密码。具体地说，对于一个给定的明文分组，CBC 能够产生不同的实例结果，而不是一个唯一的密文字符。这就阻止了攻击者在密文中去寻找出现频率较高的字符。例如，他们会根据统计经验将某个字符与字母"e"对应起来。

7. 在上一问题中，该如何破解这一加密系统。请具体说明。

解析：由于每一个密文分组是 8 比特，因此最多存在 256 种密文分组。对于一个密文分组而言，它会在一个较长的密文流中重复出现。如果我们获得某一个这样的密文分组，并且找出它在密文中出现的位置，所有出现在其后位置的字符分组都应该是由相同的数值被异或后产生的。因此，我们可以通过分析在这些位置出现的字符的统计规律，并结合字符出现的位置来破解密码。对于其他密文分组而言，这个过程也同样适用。

8. 在一个典型的客户端和远程服务器的 SSL 会话中，客户是怎么证实该通信的对象是他所希望的服务器而不是一些入侵者？请详细阐述。

解析：服务器向客户发送一个包含自己公钥的证书，该证书已有认证机构的签名。客户用 CA 公钥的副本来检查证书是不是由 CA 签名的。如果签名匹配并且不在 CA 的撤销名单上，就接受它。

9. 在上一个问题中，假设一个入侵者删除了服务器发给客户端的 SSL 包中的一条记录。客户的 SSL 软件是怎样检测出问题的？请详细阐述。

解析：SSL 会话中的记录是编号的，从会话开始计数。MAC 计算中包含的序号用来证明每条记录，因此如果记录被删除，SSL 软件会在 MAC 中检测出一条不匹配。

10. 在上一个问题中，假设入侵者向服务器发送一个 TCP FIN 包，并且使自己看起来像是客户端。这会导致 TCP 连接关闭吗？如果会，SSL 软件是怎样检测出问题的？请详细阐述。

解析：连接会关闭。每个 SSL 记录都有一个类型域。会话的最后一条记录有一个特定的类型值，因此如果连接在客户发送最后一条记录前关闭，SSL 软件会通过检查收到的最后一条记录的类型域来检测。

11. 商业中接收发送安全事务采用的常用加密方法是：

A）曼彻斯特编码   B）数据加密标准（DES）

C）脉冲编码调制   D）Kerberos

解析： B

12. 加密一个特定的明文分组到一个特定的密文分组平均有多少个 DES 密钥？

解析： 对于一个特定的 64 位明文分组，有 2^{64} 种可能的密文分组。只有 2^{56} 种可能的 DES 密钥。每个密钥有 $1/2^{64}$ 的机会将选择的明文转换到特定的密文。如果所有可能的密钥都试过，概率降为 $1/2^8$。

13. 为什么 DES 的初始排列没有任何安全价值？

解析： 如果 DES 的初始排列有价值，那么它必须成为 DES 不可攻击的一个因素（除了穷举密钥攻击）。如果是这样的话，那我们移动该排列就会使得 DES 易受攻击。然而，通过简单的倒置来改变一个已知的排列并不能使 DES 破坏，因此，很明显排列是没有安全价值的。

14. 如果 DES 的 mangler 函数将所有的 32 位的输入转换为全 0 的数据流，而不考虑输入本身与当前密钥，那么 DES 加密能够实现何种功能？

解析： 左边的 28 位会成为新的右边的 28 位，反之亦然。

15. DES 中的八位校验位有什么作用？

解析： 8 位校验位没有安全价值。

16. 一个管理 100 000 个账户的银行和另一个有相似规模的账户管理的银行有代理关系。对于当天价值支付的消息，它允许以 1000 美元的倍数在 10 000 到 1 000 000 之间进行交易，并且对每个支付消息都附加一个用与代理银行共享的密钥创建的 16 比特的 MAC。如果支付消息包含支付账号、支付额和目的账号，特定的代理银行会有多少可能的支付消息有相同的 MAC？如果支付业务员可以通过他系统上运行的虚拟邮件检查一个 MAC 的创建，对于一个特定的目的银行，在他找到两个具有相同 MAC 的消息前，他需要尝试多少次呢？

解析： 可能的支付是 990。有 10^5 个可能的支付账号，也有相同数量的目的帐号。因此可能的消息数量是 9.9×10^{12}。可能的 MAC 数只有 2^{16}，即 65 536。

因此，有相同 MAC 的支付消息数量平均为 $9.9 \times 10^{12} / 6.5536 \times 10^4 = 1.51 \times 10^8$。根据生日悖论，支付业务员在可能找到两个相同 MAC 前只要测试 $2^8 = 256$ 条消息。

17. 为什么 SHA-1 已经是 512 比特的倍数了但仍然需要消息填充？

解析： SHA-1 需要一个字段来给出它的实际比特长度。这会导致消息需要附加的填充来使得它满足正好是 512 比特的倍数的要求。

18. SHA-1 需要的填充总位数的最大值和最小值分别是多少？

解析： 1 和 512 位。

19. 一个好的消息摘要函数需要有什么特点？下面的机制被认为是有效的消息摘要函数。判断它们是否满足一个好的消息摘要函数条件。

1）为了在计算 RSA 签名之前压缩消息而在签名的时候模 n（$\mathrm{mod}\ n$）。

2）为了提高一个提供 128 位消息摘要的 MD5 的性能，而将消息分成 128 位的块，并将所有块按位做加法以获得 MD5 所采用的 128 位的结果。

解析： 一个好的消息摘要函数要有以下特点：如果已经知道特定消息的消息摘要，要（仅从消息本身）获得另一个消息的消息摘要是不可能的；第二点是，找到两个具有相同消息摘要的消息是不可能的。

1）以上两个测试都不满足

2）两个测试也均不满足

20. 在 Kerberos 中，KDC 数据库不以单元进行加密，但是每个实体的主密钥都用 KDC 的主密钥加密。如果复制的 KDC 收到主机的一个下载文件（即没有任何加密完整性检查），那么一个流氓实体要怎样注册 KDC，并在传输中攻击数据库然后模仿系统中另一个实体。假设流氓实体不能获得 KDC 的主密钥。

解析：如果 KDC 数据块没有加密完整性检查，那么攻击者就可以删除一个认证用户的记录并且用自己将其替代。这样就可以在对方的位置冒充对方了。

21. 在 Kerberos V5 中，在票证过期之前更新票证这个要求背后的理念是不再要求 KDC 记住黑名单上的票证。这是否也适用于远期票证，即请求时填写的起始时间是一个任意未来的时间。

解析：KDC 必须记住所有黑名单中的远期票证。

22. 在 PKI 中，为什么即使没有新的证书被召回，还要定期发布 CRL？

解析：如果 CRL 没有按期发布，则可能是 CRL 被拦截了而没有引起任何警报。

23. 如果有召回机制，为什么证书需要一个生存时间？

解析：为了使列入黑名单中的证书可管理。

第 16 章

应用层协议

16.1　简介

在 OSI 模型中，应用层提供了将数据通过网络进行传输的第一步。应用软件是人们用来在网络上进行通信的软件程序。例如，超文本传输协议（HTTP）、文件传输协议（FTP）、电子邮件等等。

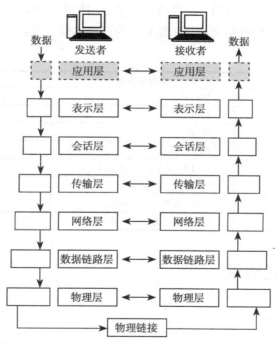

虽然 TCP/IP 协议族的开发早于 OSI 模型的定义，但 TCP/IP 应用层在功能上符合 OSI 模型最高三层的框架：应用层、表示层、会话层。

在 OSI 与 TCP/IP 模型中，信息是在相邻层之间传递的。数据从发送端的应用层开始逐层向下直至物理层，然后通过通信介质（物理链路）到达目的主机。在目的端，数据则自下而上逐层传递直至应用层。

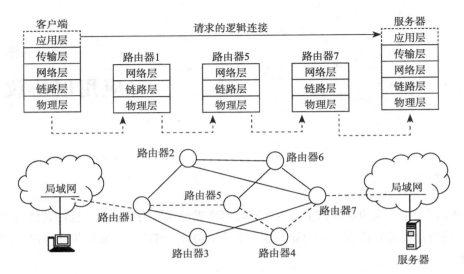

应用层位于传输层之上，为用户提供各种网络应用作为服务。它在我们用于交流的应用程序与底层负责传输消息的网络之间提供接口。应用层协议负责源主机与目的主机上不同进程间的数据交换。

应用	应用层协议	底层传输协议
电子邮件	SMTP	TCP
远程终端访问	Telnet	TCP
网页浏览	HTTP	TCP
文件传输	FTP	TCP
流媒体	HTTP（例如：YouTube）	TCP 或 UDP
网络电话	RTP（例如：Skype）	通常为 UDP
网络聊天	IRC（因特网中继聊天）	TCP
主机配置	DHCP（动态主机配置协议）	UDP

16.2   超文本传输协议

16.2.1   什么是 HTTP

超文本传输协议（Hypertext Transfer Protocol，HTTP）是一套用于在万维网上传输文件的规则。这些文件包括文本文件、图形图像文件、声音与视频文件以及其他多媒体文件。一旦网络用户打开自己的浏览器，他们就会间接地利用 HTTP。HTTP 是一款运行于 TCP/IP 协议族（Internet 的基础协议）之上的应用层协议。

超文本是指一个电子文件的文本可以链接到其他大块的内容。HTTP 的概念中包含着一个想法（这也是名称中超文本部分的由来），即文件能够引用其他文件。被引用的文件一旦被选中就需要额外的传输请求。一个 Web 服务器除了包含其所提供的网页文件之外，还拥有一个 HTTP 守护进程。该进程负责等待接收 HTTP 请求，并对它们进行处理。

Web 浏览器其实是一个 HTTP 客户端。它能够向服务器发送请求。当浏览器用户通过"打开"一个网页文件（按照统一资源定位符 URL 来输入）或点击一个超链接提出文件请求，浏览器会建立一个 HTTP 请求并且将其发送给 URL 所指定的 IP 地址。目的服务器上的 HTTP 守护进程在接收到请求之后会返回请求的文件或与请求相关的文件。一个网页通常包含不止一个文件。

16.2.2 HTTP 的设计动因

当你在浏览网页时，情况大致如下：你坐在电脑旁，希望看到网页上的某个文件，并且以拥有对应的 URL。

由于你想要阅读的文件可能保存在世界的某一个角落，甚至距离你非常遥远，因此 HTTP 需要一些细节才能使文件为你所用。首先第一个细节就是你的浏览器。你需要启动它并且键入 URL（至少你需要告诉浏览器自己打算访问哪里，这可能会通过点击一个链接来实现）。

然而，上述过程并没有完成。如果保存文件的是另一块磁盘，那么浏览器就无法从当前磁盘上直接读取文件。因此，为了使你能够读取文件，在包含文件的主机上必须运行一个 Web 服务器。Web 服务器其实是一个计算机程序。它能够侦听来自浏览器的请求并执行它们。

浏览器会直接地显示出 HTML 文件。如果文件中引用了图像、视频片段等内容，同时浏览器已经做好了显示它们的准备，那么它就会向服务器继续请求这些内容。需要注意的是，这些都属于独立的请求，它们会增加服务器与网络的负载。当用户点击另一个链接后，上述这些步骤将会按顺序重新来过。

上述的请求与响应都是按照特定的语言来描述的，称作 HTTP。它也就是超文本传输协议（Hypertext Transfer Protocol）的简称。

需要注意的是，HTTP 只定义了浏览器与 Web 服务器之间的通信内容，并没有约束它们该如何进行交互。真正完成每一比特、字节数据在网络中传入与传出工作的依然是 TCP 与 IP 协议。

在继续后面的内容之前您需要注意，任何完成与 Web 浏览器相同任务的软件程序（例如，从服务器上获得文件）在网络术语中都被称为一个客户端，或者按照 Web 术语称作一个用户代理。还需要注意的是服务器通常指服务器程序，而不是运行该程序的计算机。

16.2.3　HTTP 的工作原理

第一步：解析 URL

浏览器首先要做的事情是查看新文件的 URL，找出获得新文件的途径。绝大多数 URL 都具有下面的形式：protocol://server/request-URI。URL 的 protocol 部分描述了如何告知服务器我们需要的文件以及获取它的方法。

URL 的服务器部分为浏览器指出需要连接的服务器。request-URI 则是 Web 服务器用于识别文件的名称（request URI 的形式表明是按照 HTTP 标准定义的统一资源定位符）。

第二步：发送请求

通常，URL 的协议部分使用 HTTP。为了通过 HTTP 获得一个文件，浏览器需要向服务器发送如下请求："GET /request-URI HTTP/version"。此处，version 部分用于告知服务器所使用的 HTTP 版本。

此处重要的一点是，请求字符串是服务器所能看到的全部内容。所以服务器并不关心这一请求是来自浏览器、链接检查器、验证者、搜索引擎机器人（网络爬虫），还是手动键入的。服务器只需要处理请求并返回结果。

第三步：服务器响应

在服务器接收到 HTTP 请求后，它将会定位所需的文件并将其返回。然而，一个 HTTP 响应也必须按照指定的格式。具体格式如下：

```
HTTP/[VER] [CODE] [TEXT]
Field1: Value1
Field2: Value2
...Web page content here...
```

第一行显示了当前使用 HTTP 的版本号、一个 3 位数序号（即 HTTP 状态码）以及为用户设置的一个原因短语。通常，状态码的数值为 200（表示一切正常），而短语的内容为 "OK"。首行下面的若干行被称作头部，包含了文件的信息。头部以一条空行结束。紧接着的就是文件的内容。以下展示的就是一个典型的头部。

```
HTTP/1.0 200 OK
Server: CareerMonk-Communications/1.1
Date: Tuesday, 25-Nov-97 01:22:04 GMT
Last-modified: Thursday, 20-Nov-97 10:44:53 GMT
Content-length: 6372
Content-type: text/html
<!DOCTYPE HTML PUBLIC "-//W3C//DTD HTML 3.2 Final//EN">
<HTML>
...followed by document content...
```

我们从第一行可以看出请求是成功的。第二行是可选的，告诉大家服务器上运行的是 CareerMonk 通信的 Web 服务器，版本号为 1.1。然后，我们将获得文件的日期、文件最近一次被修改的时间、文件的大小（以比特为单位统计）以及最重要的内容类型字段。

浏览器通过内容类型字段表明它将接收哪一种类型的文件。HTML 格式被定义为 text/html，普通文本被定义为 text/plain，GIF 格式被定义为 image/gif 等等。这样做的优点是 URL 能够获得任何一种结尾，而浏览器仍能够获得正确的文件。

此处一个重要的概念是，对于浏览器来说，服务器类似于一个黑盒来进行工作。当浏览器请求一个指定的文件，该文件要么被正确返回，要么则返回错误信息。而浏览器对服务器是如何生成该文件的却一无所知。也就是说，服务器能够从某个文件中读取内容，运行程序生成结果文件，或者通过解析一些命令文件对其进行编辑。这些都可以通过服务器管理员来掌控。

服务器的工作

当启动服务器时，通常将磁盘上的一个目录配置为根目录，并且为每一个目录设置默认的文件名（称作 index.html）。也就是说，如果我们向服务器请求文件"/"（例如，http://www.CareerMonk.com），我们会获得服务器根目录下的 index.html 文件。

通常，如果一个请求的 URL 为 /foo/bar.html，那么我们将从服务器根目录下的 foo 文件夹中直接获得 bar.html 文件。服务器通过设置能够将 /foo/ 映射到磁盘上其他目录下，甚至使用服务器端的程序来响应所有针对这一目录的请求。

16.2.4 什么是 HTTPS

超文本传输安全协议（Hyper Text Transfer Protocol Secure，HTTPS）是 HTTP 的一个安全版本。它支持安全的电子商务交易，比如网上银行。

Web 浏览器，比如 Google 公司的 Chrome、Internet Explorer 以及火狐（Firefox）会用一个挂锁图标来指出某个网站是安全的，同时，它们还会在地址栏中显示以 https:// 开头的网址。当一名用户通过 HTTPS 连接一个网站时，该网站会利用一个数据证书来加密会话。用户能够根据网站的 URL 是否用 https:// 来代替 http:// 开头来判断自己是否连接到一个安全的网站。

16.3 简单邮件传输协议

16.3.1 什么是 SMTP

简单邮件传输协议（Simple Mail Transfer Protocol，SMTP）是一个 TCP/IP 类型的协议，

用于发送与接收电子邮件。它是一套通信规则，允许软件在 Internet 上发送电子邮件。绝大多数电子邮件软件在设计时都使用 SMTP 来完成通信中的邮件发送工作，并且也只负责邮件的向外发送。

16.3.2　SMTP 的设计动因

电子邮件与普通邮件的发送过程类似。我们有一个邮箱和一些邮局。SMTP 服务器扮演着邮局的角色负责处理消息的路由。当我们将一封信放入邮箱时，本地邮局会取出这封信并且将其送至合适的接收邮局。电子邮件也采用类似的方式。当我们发送一封电子邮件到 SMTP 服务器时，它将会被路由至合适的接收服务器。

16.3.3　SMTP 的工作原理

SMTP 提供了一套代码来简化服务器之间邮件消息的通信。这是一种速记的方式，允许一台服务器将一条消息的多个部分进行分类，方便其他服务器理解。

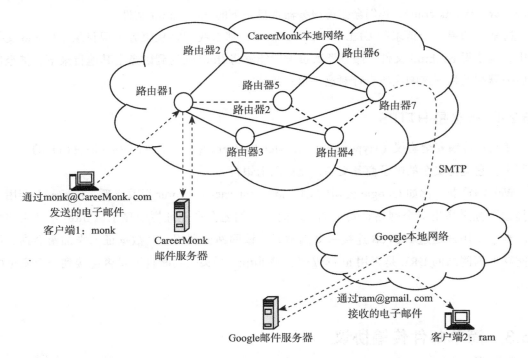

任何邮件消息都有一个发送者、一个接收者（有时有多个接收者）、一个消息体以及一个标题（主题）。从用户的角度来说，当写一条邮件消息时，他们会看到电子邮件软件的图形用户界面（例如，OutLook）。然而一旦这条消息被发送到 Internet，所有的内容都将转化为文本字符串。这些文本借助代码文字或数字进行划分，从而识别出每一部分的用途。SMTP 提供了这些代码，而电子邮件服务器软件被设计用于解析它们的含义。最常见的命令如下：

HELO	自我介绍
EHLO	自我介绍，请求扩展模式
MAIL ROM	指出发送者
RCPT TO	指出接收者
DATA	指出消息体（从哪发送到哪，并且前三行必须为主题）
RSET	重新启动
QUIT	退出会话
HELP	获得命令的帮助
VRFY	验证地址
EXPN	扩展一个地址
VERB	冗余内容

SMTP 的另一目的是建立服务器之间的通信规则。例如，服务器拥有一些方法来帮助它们识别彼此，并且声明正在尝试的通信方式。当然也有一些处理错误的方法，包括最为常见的邮件地址错误的情况。

在一次典型的 SMTP 传输中，服务器会识别自身，并且声明它将尝试的操作方法。其他服务器会对操作进行验证，然后消息才会被发出。如果接收者的地址是错误的，或者出现其他问题，那么接收服务器就会返回一条指明错误类型的消息。

16.3.4 POP3 与 IMAP

邮局协议 3（Post Office Protocol 3，POP3）与交互邮件访问协议（Interactive Mail Access Protocol，IMAP）是用于访问电子邮件的两种不同协议。POP3 与 IMAP 的功能是不相同的。它们都有自己的优点。POP3 适合帮助一台在指定位置的计算机查收邮件，而 IMAP 更加适合在多地查收邮件，比如在工作地、家或者旅途中常常会使用不同的计算机。

POP3 的优点

❑ 我们能够只使用一台计算机来查收邮件。

❑ 邮件存储在用户使用的计算机上。

❑ 发出的电子邮件会存储在本地计算机上。

❑ 电子邮件在离线的情况下是可用的。

❑ 电子邮件不存储在服务器上，因此服务器的磁盘使用量是较少的。

IMAP 的优点

❑ 我们能够使用多台计算机（或任何电子邮件客户端）来查收邮件。

❑ 邮件存储在服务器上。

❑ 发出的电子邮件经过过滤被分发到服务器的一个邮箱中供其他机器访问。

❑ 电子邮件存储在服务器上，所以即使自己的计算机崩溃、被盗或者被破坏，我们的电子邮件也不会被删除或销毁。

❑ 如果我们在一台计算机上读到一条消息，那么可以使用任意一台计算机来访问这一邮件。如果我们在一台计算机上回复一封邮件，那么仍可以在任何一台计算机上访问这封回复邮件。

16.4　文件传输协议

16.4.1　什么是 FTP

文件传输协议（File Transfer Protocol，FTP）对传输大文件尤其有用。与 HTTP 相比，FTP 的鲁棒性更强，功能更广。由于不需要借助浏览器，因此 FTP 的普适性优于 HTTP。所有主流的操作系统，包括 Mac OS、Windows 与 Linux 都支持在命令行直接完成 FTP 文件传输。

FTP 是用于在两个 Internet 节点之间传输文件的协议。它用于连接一个远程的主机，发送或获取任意一个文件。与 HTTP（用于传输可展示的网页与相关文件）、SMTP（用于传输电子邮件）类似，FTP 是一个建立在 TCP/IP 协议基础上的 Internet 应用层协议。它通常用于从服务器上下载程序与文件到指定计算机。

16.4.2　FTP 的设计动因

如果我们想在同一局域网中的两台计算机之间拷贝文件，那么只需要共享一个磁盘或文件夹，然后就像在自己电脑上拷贝文件一样将另一台主机上的文件拷贝过来。

如果我们想从两台相距较远（世界范围）的计算机之间拷贝文件，那么该怎么办呢？一种可能的方法是利用 Internet 连接在整个网络范围内共享文件夹。然而，这种传输文件的方法是不安全的。为了解决这一问题，FTP 应运而生。在 Internet 上传输文件的特殊技术被称作 FTP。

16.4.3　FTP 的工作原理

为了从客户端向服务器传输文件（或者从服务器下载文件到计算机），用户必须通过 FTP 服务器的认证。通过认证，用户能够创建一个与服务器的会话。在此会话期间，他能够根据需要传输和修改任意数量的文件。认证过程也允许远程主机设置合适的文件权限，阻止用户查看他们无权访问的文件或目录。认证过程还允许用户对自己的文件或子目录设置读、写以及执行的权限。

在会话期间的操作完成之后，用户仅仅需要断开与服务器之间的连接并且关闭会话。一些 FTP 服务器还允许匿名连接，这样公共用户能够匿名登录 FTP 服务器并初始化文件传输。这一设置通常用于需要公开发布的信息，比如程序的免费发布版本需要为有技术知识的用户提供下载服务。

　　作为一个用户，我们可以利用一个简单的命令行来使用 FTP，也可以利用提供了图形化用户界面的商业程序（例如，FileZilla）来完成文件传输。Web 浏览器也能够发出 FTP 请求，从而下载用户在网页上选好的文件。我们还可以利用 FTP 更新（删除、重命名、移动、拷贝）服务器上的文件。我们需要登录一台 FTP 服务器。然而，公共的资源文件是支持 FTP 匿名访问的。

16.4.4　FTP 使用多个端口

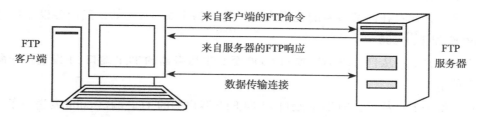

　　FTP 使用一条连接（端口）来传输命令，而用另一条连接来发送和接收数据。FTP 设置了一个标准的端口号来帮助服务器侦听连接。端口是一个使用 IP 协议进行通信的逻辑连接点。FTP 服务器使用的标准端口号是 21。该端口号只用于发送命令，因此服务器对应的端口也被称为命令端口。例如，为了获得 FTP 服务器上一个文件夹与文件列表，FTP 客户端需要发出一个 list 命令。FTP 服务器在接收到该命令后才发送列表中的所有文件与文件夹。

　　那么用于发送与接收数据的 Internet 连接又是怎样的呢？用于传输数据的端口称作数据端口。数据端口号会随着连接模式的改变而变化。

16.4.5　FTP 的主动与被动连接模式

　　FTP 服务器能够支持主动连接、被动连接，甚至两者兼顾。在一个主动的 FTP 连接中，客户端打开端口进行侦听，而服务器主动连接客户端。在一个被动的 FTP 连接中，服务器打开端口进行侦听（被动地），而客户端连接服务器。

　　绝大多数 FTP 客户端程序默认选择被动连接模式。这是因为服务器管理员认为这是一种安全的措施。防火墙通常会阻隔由外部初始化的连接。通过被动模式，FTP 客户端能够向服务器发起连接。防火墙会允许这些向外的连接。这也就意味着管理员不需要对防火墙的设置进行任何改变。

1. FTP 主动连接

　　如果希望采用主动模式连接 FTP 服务器，则必须对防火墙进行设置，接收 FTP 客户端将要打开端口的连接。然而，许多 Internet 服务提供上阻隔了端口号在 1024 以上的所有进入连接。主动 FTP 服务器通常使用端口号 20 作为它们的数据端口。

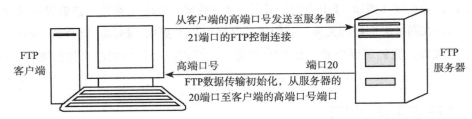

一个主动的 FTP 连接步骤如下：

❏ **FTP 客户端**：在高端口号的范围内打开随机响应端口（例如，我们假设端口为 TCP 6000 和 TCP 6001）。

❏ **FTP 客户端**：从自己的 TCP 端口 6000 至 FTP 服务器的 TCP 端口 21 发送打开命令通道的请求。

❏ **FTP 服务器**：从自己的 TCP 端口 21 向 FTP 客户端的 TCP 端口 6000 发送一条 OK 消息（命令通道连接）。此时，命令通道已经建立。

❏ **FTP 客户端**：向 FTP 服务器发送一个数据请求（PORT 命令）。FTP 客户端在 PORT 命令中包含其打开用于接收数据的端口号。在此例中，FTP 客户端已经打开 TCP 6001 端口用于接收数据。

❏ **FTP 服务器**：根据 PORT 命令中所指出的端口号，FTP 服务器向 FTP 客户端打开一个接入的连接。FTP 服务器的源端口号是 TCP 20。在此例中，FTP 服务器从自己的 TCP 20 端口发送数据至 FTP 客户端的 TCP 6001 端口。

2. FTP 被动连接

使用被动模式来连接 FTP 服务器是一个好主意。绝大多数的 FTP 服务器都支持被动模式。为了使被动 FTP 连接成功，FTP 服务器的管理员必须对防火墙进行设置，使其接收对任意 FTP 服务器端口的连接。这是属于服务器管理员的问题（对服务器的标注操作）。我们则继续建立与使用 FTP 连接。

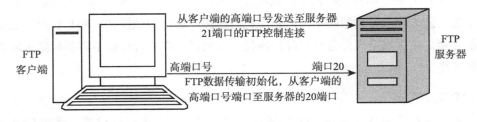

一个被动的 FTP 连接步骤如下：

- **FTP 客户端**：在高端口号的范围内打开随机响应端口（例如，我们假设端口为 TCP 6000 和 TCP 6001）。
- **FTP 客户端**：从自己的 TCP 端口 6000 至 FTP 服务器的 TCP 端口 21 发送打开命令通道的请求。
- **FTP 服务器**：从自己的 TCP 端口 21 向 FTP 客户端的 TCP 端口 6000 发送一条 OK 消息（命令通道连接）。此时，命令通道已经建立。
- **FTP 客户端**：发送一个 PASV 命令给 FTP 服务器，请求其打开一个端口进行连接，从而建立一条数据通道。
- **FTP 服务器**：通过命令通道发送一个 TCP 端口号，帮助 FTP 客户端初始化一条连接，从而建立数据通道。在此例中，FTP 服务器打开的是端口 7000。
- **FTP 客户端**：打开一个从自己的响应端口 TCP 6001 到 FTP 服务器的数据端口 7000 的连接。数据传输就使用此通道。

16.5 域名服务器

16.5.1 什么是 DNS

域名服务器（Domain Name Server，DNS）制定了一套标准用语帮助计算机在 Internet 上交换数据。它也是建立在 TCP/IP 之上的应用层协议。

在 Internet 上，一个域名对应着一个组织或若干实体。例如，域名 www.CareerMonk.com 对应着一个 Internet 地址 CareerMonk.com、IP 地址为 199.5.10.2 的主机，以及一台名为 www 的特殊服务器。域名中的 com 部分反映了组织或实体的类别（在此例中为商业机构），被称作顶级域名。

域名中的 CareerMonk 部分定义了组织的名称，称作二级域名。二级域名往往与 IP 地址相对应，并且拥有更强的可读性。

三级域名被定义用于根据 IP 地址识别特殊的主机或者服务器。在我们的例子中，www 就是一台服务器的名称。它负责处理来自 Internet 的请求（如果还有第 2 台服务器，可能会被称作 www2）。第三级域名不是必需的。例如，在默认服务器为 www 的前提下，CareerMonk.com 就是一个完全合格的域名（Fully-Qualified Domain Name，FQDN）。

各级别子域名能够用于模块化，并且易于维护。在上述例子中，我们可以拥有域名 www.TechnicalServer.CareerMonk.com。同时，www.CareerMonk.com 构成了一个完全合格的域名。

第二级域名必须在 Internet 上是唯一的，并注册在 com、net、org 等顶级域名下。一般来说，顶级域名是具有地理位置属性的。目前，绝大多数非美国域名所使用的顶级域名都是基于国家的服务器（例如，.in 表示印度）。

在 Web 上，域名是统一资源定位符（URL）的一部分，告知域名服务器是否使用域名系统来转发一个网页的请求，以及这一请求该发往何处。一个域名是与一个 IP 地址相对应的。

对于同一个 Internet 地址来说可能对应着多个域名。这样可以帮助个人、商业机构、组织等共享同一台 Internet 服务器来建立属于自己的 Internet 实体。

16.5.2　域名的层次

域名是具有层次性的。它的每一部分分别对应着根域、顶级域、第二层域以及子域。为了帮助计算机能够顺利地识别一个完全合格的域名，域名的每一部分用点号隔开。所有的域名解析器都将点号作为域名中两个相邻部分的分隔符。

一个完整的域名被点号划分为多个部分。这些部分共同构成一个层次的树状结构。所有的解析器都从树状结构的根部开始进行查找，因此根部用一个点号表示。即使有时候并不被显示出来，但是这个点号被假设是一直存在的。

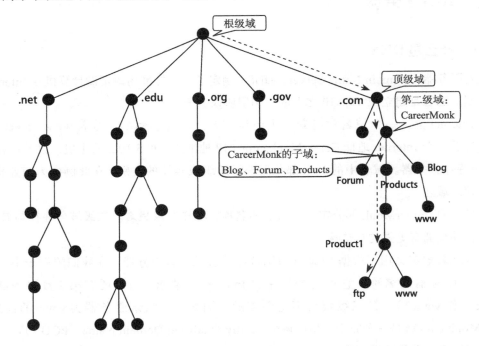

解析器会从树的根部一路向下对域名的各部分进行定位，直到域名最左端的部分为止。然后，解析器将从对应的节点获得自己需要的信息。这些信息包括主机的名称、IP 地址，甚至有些时候还包括存储在一个或多个区域文件中的功能。多个区域文件能够构成一个更大的区域，这样就能够与一个域名对应起来。

- ❑ 顶级域名
- ❑ 第二级域名
- ❑ 子域
- ❑ 主机名称（一个资源记录）

在层次结构中，我们需要从顶级域开始进行处理，然后将工作转移到第二级域，接着经过零个、一个或多个子域，直到我们能够根据真正的主机名获得其对应的 IP 地址。根据传统，不同层次的域一般由不同的域名服务器来负责管理。

每一个域在 DNS 树中对应一个标签。树中的每一个节点都表示一个域。在顶级域之下的域表示个人组织与实体。这些域可被进一步被划分为多个子域，这样便于组织内的同一台主机进行管理。

例如，CareerMonk 公司在顶级域 com 之下创建了一个名为 CareerMonk.com 的域。CareerMonk 划分了多个局域网用于它的论坛、博客以及产品。因此，如上图所示，CareeMonk 的网络管理员决定为每一个划分创建一个独立的子域。子树中的任何一个域都被认为是所有上层域不可分割的一部分。因此，Forum.CareerMonk.com 是域 CareerMonk.com 的一部分，而它们又都属于域 com。

16.5.3　区域的概念

DNS 数据被划分为多个可管理的集合，称作区域。区域包含了 DNS 域中一个或多个部分的名称、IP 地址信息。包含有一个区域所有信息的服务器也是这个域的权威服务器。有时，它可以代表权威机构响应其他 DNS 服务器关于某个特定子域的请求。在这种情况下，负责该域的 DNS 服务器经过配置，可以用来响应其他服务器关于子域的请求。

为了备份与冗余，区域数据常被存储在其他服务器上而不是权威 DNS 服务器上。这些服务器被称作二级服务器。它们从权威服务器上下载区域数据。

配置二级服务器能够帮助我们平衡服务器间的需求，同时提供了数据备份以防止权威服务器出现崩溃的情况。

二级服务器通过与权威服务器进行区域传输来获得区域数据。当一台二级服务器被初始化时，它会从主要服务器上下载一份区域数据的完全拷贝。当域的区域数据发生改变时，二级服务器也会重新从主要服务器或其他二级服务器上下载区域数据。

16.5.4　为什么需要 DNS

计算机与其他网络设备都使用 IP 地址将我们的请求路由到希望到达的站点。这与我们尝试拨打一个移动号码来联系某人类似。DNS 使我们的生活更加方便。我们不需要维护一本 IP 地址薄，而只需要通过域名服务器来进行连接。域名服务器也称作 DNS 服务器。它管理着一个巨大的数据库，将域名映射成 IP 地址。

16.5.5　DNS 的工作原理

一个 DNS 程序的工作过程如下：用户每次在浏览器中键入的域名会自动地传输到一台 DNS 服务器。DNS 服务器将域名转换成对应的 IP 地址。当我们访问一个域时，例如 CareerMonk.com，计算机就会通过一系列操作将人们可读的网站地址转化为机器可读的 IP 地址。这一过程在每次使用域名时都会发生，无论我们是在浏览网页还是在发送电子邮件。

例如，对于计算机而言被指定的名称可能是一个完全合格的域名，类似于 development.CareerMonk.com，以及寻找地址资源记录的查询类型。DNS 查询是客户端向服务器提出的一个由两个步骤构成的问题，比如"你是否拥有与计算机 development.CareerMonk.com 相关的地址资源记录？"当客户端接收到服务器的回答之后，它会读取并解析其中的资源记录，获得当前这台计算机的 IP 地址。

DNS 查询有多种处理方法。有时，客户端利用之前查询的缓存信息就能在本地回答新的查询。DNS 服务器也可以利用自己缓存的资源记录信息来回答新的查询。DNS 服务器还可以联系其他服务器并发出查询，从而代表请求的客户端来全权负责处理一个名称。在处理完毕后，将回答返回给客户端。这一过程称作递归。

此外，客户端自己也可以尝试连接其他 DNS 服务器来解析一个域名。如果客户端这样做，它将会独立使用非递归的查询。这些查询将基于服务器的推荐回答。这一过程称作迭代。

总的来说，DNS 查询分为两个步骤：

❑ 域名问询由客户端计算机发起，依次传递给解析器、DNS 客户端服务来寻求解决方案。

❑ 如果一次查询无法在本地得到解决，DNS 服务器会被询问来处理这个域名。

上述过程将会在下面的小节中详细介绍。

第一步：本地解析

下图展示了一次完整的 DNS 查询过程。

在查询过程的初始步骤中，在本地计算机上运行的程序使用了一个域名。然后，一个域名查询请求传递到 DNS 客户端服务，使用本地缓存的信息来进行处理。如果查询的域名能够被处理，那么就将答案返回，从而完成整个查询过程。

本地解析器所缓存的域名信息可能有两个来源：

❑ 如果本地配置有一个主机文件，那么在计算机开启 DNS 客户端服务之前该文件中的所有主机名与地址的映射关系都会提前载入到缓存中。

❑ 从之前 DNS 查询返回的答案中获得的资源记录将会被加载到缓存中，并维持一段时间。

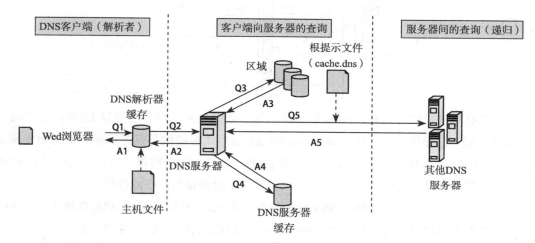

如果查询不能与缓存中的任何一行匹配，处理过程将会把客户端的查询请求发送给一台 DNS 服务器来进一步处理。

第二步：查询 DNS 服务器

如上图所示，客户端向首选 DNS 服务器发出查询请求。在客户端/服务器查询初始化阶段所使用的服务器是从一个全局列表中选出来的。下面将进一步介绍这个全局列表是如何被编译与更新的。

当 DNS 服务器接收到一个查询之后，它首先会检查自己是否能根据服务器的本地配置区域内所包含的资源记录信息来权威地回答本次查询。如果查询的域名与本次区域信息中的某一条资源记录相匹配，服务器就回给出权威的回答，从而完成查询域名的解析工作。

如果没有和查询域名相关的区域信息，服务器将会检查自己是否能够根据之前查询所缓存的本地信息来解析这个域名。如果出现相匹配的情况，服务器则会使用匹配的信息做出回答。同样，如果首选服务器能够从自己针对客户端请求的缓存中找到相匹配的信息作为答案，那么查询结束。

如果无论是从缓存中还是在区域信息里被查域名都不能从首选服务器上找到匹配的答案，那么查询过程将会通过递归的方式继续进行，直到完成解析工作。在递归的过程中，其他 DNS 服务器将会帮助解析这一查询的域名。在默认情况下，DNS 客户端服务要求服务器使用递归过程来代替客户端完成解析工作，并返回答案。在绝大多数情况下，DNS 服务器经过配置后能够支持下图中的递归过程。

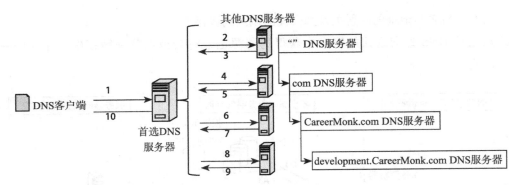

为了顺利地进行递归过程，DNS 服务器需要一些信息来帮助自己连接 DNS 域名空间下的其他服务器。这些信息将以根提示（root hints）的形式被提供。根提示是一份初始资源记录清单。它能够帮助 DNS 服务器定位那些对于 DNS 域名空间的树根具有权威性的其他 DNS 服务器。根服务器对于 DNS 域名空间树中的根部与顶级域是具有权威性的。

通过根提示来寻找根服务器，DNS 服务器就能够完成递归过程。从理论角度上说，DNS 服务器能够在递归过程中定位其他处于域名空间树任意级别的权威 DNS 服务器。

例如，假设当客户端向唯一一台 DNS 服务器提出查询请求时，我们使用递归过程来定位域名 development.CareerMonk.com。只有在 DNS 服务器与客户端不能使用本地缓存的信息来回答域名请求之后，递归过程才会启动。此外，这个客户端查询的域名在服务器上没有本地保存的区域配置信息。

在图的例子中，首先由首选服务器解析整个名称，并且决定自己需要获得顶级域 com 的权威服务器的位置。然后，它向域为 com 的 DNS 发送一个相同的查询，从而获得一个关于 CareerMonk.com 服务器的推荐。然后，CareerMonk.com 服务器会就 development.CareerMonk.com 向 DNS 服务器发送一个推荐的回答。

最终，development.CareerMonk.com 服务器被联系上。由于被查询的域名是这台服务器配置区域的一部分，所以该服务器会权威地响应发起递归过程的原始服务器。当原始服务器接收到一个响应指明已经获得了查询的权威回答时，它将会将此回答转发给请求的客户端，并结束递归查询。

虽然在上面描述的例子中递归查询过程是资源密集的，但是它对于 DNS 服务器仍然有一些性能优点。例如，在递归过程中，DNS 服务器通过递归查询获得了 DNS 域名空间的信息。

这些信息会被缓存在服务器上，并且有助于提升某些后续相关查询的响应速度。随着时间的推移，这些缓存信息会不断地增长并且消耗服务器大量的内存资源。即使服务器在循环开启或关闭时这些信息会被清空，但是情况依然不乐观。

16.6　简单文件传输协议

FTP 是一个用于传输文件的应用层协议。它在传输层使用 TCP 协议。简单文件传输协议（Trivial File Transfer Protocol，TFTP）也是面向这类应用（文件传输）的，但它在传输层使用 UDP 协议。

TCP 与 UDP 的区别在于 TCP 会检查每一个数据包是否正确地到达目的地，而 UDP 则不会。另一个区别在于 TCP 会对乱序到达的数据包进行重新排序，而 UDP 则不会。

另一方面，由于 UDP 不使用数据包确认与重新排序机制，所以它的数据包更小（因为UDP 数据包头部小于 TCP 数据包头部）并且在处理过程中也消耗更少的计算资源（因为确认与重新排序不是必需的）。所以如果使用 UDP 协议，应用程序（而非协议）将会负责完成上述这些功能。

TFTP 应用的一个例子就是无盘远程启动（也被称作远程初始程序加载，Remote Initial Program Loading，RIPL）。

我们可以拥有一台没有硬盘驱动或其他存储介质的计算机，然后将其配置为从网络启动。例如，从一台服务器加载操作系统与程序。远程下载操作系统的程序需要保存在一个非常小的只读存储器（Read-Only Memory,ROM）中。这个 ROM 位于无磁盘计算机的网卡上。

由于 RIPL 需要一个协议来传输文件，而 TFTP 的客户端比 FTP 客户端小得多，更适合网卡上 ROM 的狭小空间，所以 TFTP 比 FTP 更适合这种应用。为了让读者有一个更直观的概念，目前用于远程启动的存储容量的 ROM 芯片也只有 64KB 的空间。

总之，TFTP 是一个在传输层使用 UDP 协议的应用层协议。

16.7　动态主机配置协议

动态主机配置协议（Dynamic Host Configuration Protocol，DHCP）于 1993 年被引入。该标准支持静态与动态 IP 寻址相结合。

DHCP 提供了一种在 TCP/IP 网络中向主机传输配置信息的方法。DHCP 基于它的前身引导程序协议（Bootstrap Protocol，BOOTP），但加入了自动分配可重用的网络地址以及其他配置选项。

16.7.1　什么是 DHCP

DHCP 是一个通过网络自动向设备分配 IP 地址的协议。此外，如果设备不再使用这些地址，DHCP 还能够对这些地址进行重新分配。DHCP 成功地替代了利用手动方法为客户端、服务器、打印机分配 IP 地址。

除了消除在为网络设备手动创建与维护一个 IP 地址列表所带来的影响之外，DHCP 还提供了措施来预防在手动分配 IP 地址的过程中出现错误。

例如，当两台设备被错误地分配了重复的 IP 地址，只有其中先启动的一台才能在任意时间进行网络通信。最后，当一台计算机从一个子网移动到另一个子网时，DHCP 可以保证不需要通过手动的方式重新分配 IP 地址。

16.7.2　DHCP 的历史

历史上，为主机分配 Internet 地址要求管理员手动为每一台主机进行配置，并且手动跟踪每个 IP 地址的分配。对于包含少数系统的小型网络而言，这是可行的。但随着主机数目的增加，手动分配并管理网络地址的开销变得十分巨大。

DHCP 源于一个更早的 BOOTP 协议。该协议负责在初始启动客户端系统时传递信息。在 Sun 微系统公司的 John Gilmore 与斯坦福大学的 Bill Croft 工作的基础上，BOOTP 的标准于 1985 年正式发布。它允许无盘客户端（没有任何磁盘的系统）在一个中心服务器上存储配置数据。

BOOTP 标准设计用于存储并更新客户端的静态信息，包括 IP 地址。BOOTP 服务器总是将相同的 IP 地址发送给同一个客户端。因此，BOOTP 很好地解决了中心化管理的需求，但是它无法满足将 IP 地址作为动态资源进行管理的需求。

为了解决从整体上动态管理配置信息的需求，尤其是动态 IP 地址管理，互联网工程任务组（Internet Engineering Task Force，IETF）在 BOOTP 基础上进行扩展，生成了一个新的标准——DHCP。DHCP 服务器仍然使用 BOOTP 数据包向客户端传送信息。数据包中包含了DHCP 指定的标识与数据。

为了规范 DHCP 的使用环境，IETF 在 1997 年发布了一系列 RFC 文档来详细介绍 DHCP 对于 BOOTP 技术的扩展。目前，DHCP 仍在不断完善中。我们有理由相信未来还会有更多的 RFC 文档来规范 DHCP 的使用。Sun 公司正与其他供应商一起确保 DHCP 会继续成为绝大多数供应商支持的标准。

16.7.3　DHCP 的重要性

对于企业客户端而言，减少分布式计算的最佳方法是将管理工作从客户端系统转移到中心服务器上。

DHCP 将管理网络配置信息的工作从依赖于客户端系统转变成只利用一个小规模的系统池及若干网络管理员，从而降低了拥有大型组织的成本。让一个组织获得更多的互联网地址是非常困难的。

企业往往需要通过一个长期、有时甚至比较困难的需求定义过程才能够证明对额外地址的需求是合理的。DHCP 通过两种方法减少了 IP 地址日益匮乏所造成的影响。

首先，DHCP 可以用来管理一个组织可使用的有限的 IP 地址。这些地址都是标准的、可路由的 IP 地址。它通过在客户端需要时将地址分配给它们而在不需要时回收地址来实现动态的管理。

当一个客户端需要一个 IP 地址时，DHCP 服务器会发出一个可用的地址，以及该客户端能够使用这一地址的租期。当客户端离开（或者当地址的租期到期）时，该地址就会被放回服务器的地址池中，等待为下一个寻求地址的客户端所用。

其次，DHCP 可以与网络地址转换协议（Network Address Translation，NAT）一起使用，发布私有网络地址（通过一个 NAT 系统）将客户端与 Internet 相连。DHCP 服务器会发送一个地址给非路由的客户端，比如 192.169.*.* 或 10.*.*.4。客户端会使用一个 NAT 系统作为网关。该设备利用 NAT 系统的永久地址对请求进行封装。

当 Internet 返回响应时，NAT 服务器会将数据包返回给客户端。DHCP 的这种做法能够减少对宝贵的可路由地址的占用，并且确保所有的客户端都使用一致的参数，比如子网掩码、路由器与 DNS 服务器。

16.7.4　DHCP 的功用

DHCP 的最大用途是将 IP 地址的管理工作从分布式的客户端系统转移到一个或多个中心化的服务器。这些中央服务器维护着参数信息（地址、子网掩码等）的数据库，消除了客户端在它们机器上储存静态网络信息的需要，尤其节省了配置 TCP/IP 参数到客户端主机的需求。

由于大多数厂商生产的客户端系统都将动态分配的 IP 地址作为默认设置，因此用户只需要启动机器并运行 TCP/IP 协议。这种方法节省了配置或调试网络环境的时间，因此降低了拥有客户端系统的代价。

DHCP 在以下环境中尤其有用：

❑ TCP/IP 客户端的数量远远大于网络管理员数量的站点。通过使用 DHCP，管理员能够更有效地管理一个由大量客户端系统组成的社区。

❑ 笔记本经常在网络中移动位置的站点。通过使用 DHCP，笔记本用户能够在任何位置都接入到网络中，并且使用一个由 DHCP 分配的 IP 地址来与本地的系统进行通信。

❑ 拥有可用 TCP/IP 地址的数量小于客户端数量的站点。通常，这种情况发生在拨号上网的环境下，比如 Internet 服务提供商（ISP）。ISP 拥有大量的潜在用户，但是在特定时间段内只能让其中一小部分人上线。

此处，DHCP 被用于在连接时为客户端主机发送 IP 地址。一旦有当前的客户端注销下线，那么 DHCP 服务器能够对同一个地址进行重新分配。绝大多数 ISP 都采用了这种方法以减少对稀缺的 IP 地址的需求。

- 经常需要将服务从一台主机移动到另一台主机上的站点。由于 DHCP 会移动服务的位置，因此将服务从一台主机移动到另一台主机并且更改合适的 DHCP 配置信息意味着任何 DHCP 客户端会自动地完成改变（不需要管理员亲自到用户的主机上进行配置）。
- 支持无盘客户端的站点。关于 DHCP 在此方面的用途，本书将会在客户端执行这一章进行详细的介绍。
- 上述各种用途综合的情况。

16.7.5　DHCP 的工作原理

动态主机配置协议（DHCP），顾名思义，是一个用于帮助客户端主机加入到一个网络并从服务器上获得 IP 地址的协议。DHCP 服务器能够从它们授权分配的地址池（DHCP 服务器的范围）中向外出租 IP 地址。它自身配置有一个静态地址。DHCP 服务器自己不能成为一个客户端。

由于 DHCP 使用 UDP 网络广播来初始化客户端与服务器之间的连接，DHCP 客户端不需要知道在同一个子网中与自己通信的 DHCP 服务器的 IP 地址。

客户端向服务器的请求包含了一个四次握手过程。首先，客户端向本地子网广播一条 DHCPDISCOVER 消息，查询配置信息。在这条消息中，客户端用一个唯一标示符（通常是一个随机生成数）来填充 xid 字段，用它的硬件 MAC 地址来填充 chaddr 字段。在填充过程中，客户端可能还需要其他的信息。在发出广播之后，客户端将会收到一条或多条来自 DHCP 服务器的 DHCPOFFER 消息。这些消息的 xid 字段数值与之前广播的 DHCPDISCOVER 消息相匹配。客户端根据提供的配置参数选择其中的一条消息。

然后，客户端发送一条 DHCPREQUEST 消息指明自己所选择的服务器。未被选中的服务器通过这条消息能够知道客户端已经拒绝了自己返回的响应。如果请求的参数是可以接受的，那么被选中的服务器将会向客户端返回一条 DHCPACK 消息；否则，返回一条 DHCPNAC 消息。下图展示了四次握手过程的时间轴。

当一个 DHCP 客户端启动时，将会执行下述基本步骤：

1）DHCP 客户端加载最小版本的 TCP。

2）客户端广播一个 IP 地址租借请求数据包（一条 DHCPDISCOVER 消息）。该数据报包含了 DHCP 客户端的 MAC 地址，以及其他配置信息。DHCPDISCOVER 消息被发送至

DHCP 服务器的一个特定的 TCP 端口。接收到这条消息的所有 DHCP 服务器都会向客户端提供一个可用的 IP 地址，并且封装在 DHCPOFFER 数据包中作为响应。

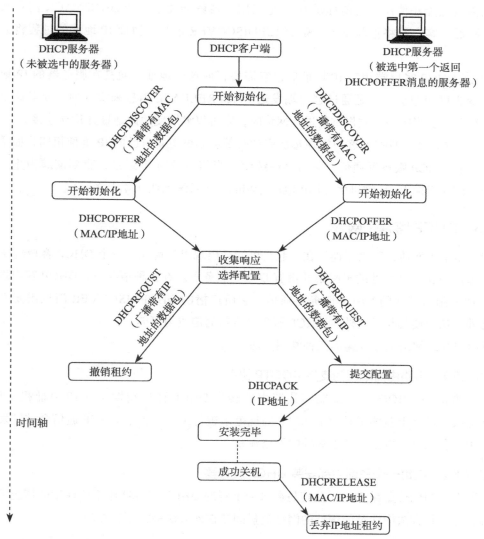

3）DHCP 客户端选择最先接收到的 DHCPOFFER 消息，并且广播一个数据包（一条 DHCPREQUEST 消息）来请求继续使用这条 DHCPOFFER 消息所提供的 IP 地址。面对大量 DHCP 服务器提供的 IP 地址响应，DHCP 客户端具有多种仲裁的方法，但这些方法不在本书的讨论范围之内。

4）稍后，提供了所选 IP 地址的 DHCP 服务器开启了客户端的 IP 地址租期。同时它会向客户端发送一条 DHCPACK 消息作为确认。其他向客户端提供了租赁地址的 DHCP 服务器也会接收到这条确认消息，并收回它们之前所提供的地址。

如果 IP 地址在服务器返回 DHCPOFFER 消息与客户端发送 DHCPREQUEST 消息的这段时间内突然无法使用，之前提供 IP 地址的服务器就会发送一个 DHCPNACK 消息来进行否认。随后，客户端将重新发送一条 DHCPDISCOVER 消息，协商 IP 地址的过程将会重新启动。

5）当 DHCP 客户端用完 IP 地址后，它需要释放这个地址，使其在服务器的 IP 地址池中重新变为可用地址。这是通过客户端发送 DHCPRELEASE 消息来实现的。或者这个地址会被保留下来。当同一台主机重新进入网络时，它可以继续使用此地址并建立连接。

在默认情况下，DHCP 客户端在每次启动时都会尝试更新自己的 IP 地址租期。如果它不能够与一台 DHCP 服务器通信，它将会继续使用当前租借的 IP 地址，直到期满为止。客户端也会尝试在租期大约过半时续租 IP 地址（Windows 系统默认在 4 天之后）。

16.7.6 DHCP 跨越子网

如果多个子网通过路由器连接在一起，可能会出现以下情况。一个 DHCP 客户端需要 IP 地址，却发现在自己所处的子网中并没有 DHCP 服务器。在这种情况下，DHCP 客户端需要通过某种机制与其他的 DHCP 服务器通信。它所广播的 DHCPDISCOVER 消息需要发送到子网之外，从而使其与子网外的 DHCP 服务器进行通信成为可能。

下面将介绍解决上述问题的三种常用方法。

16.7.6.1 将路由器配置为支持 BOOTP 协议

在此方法中，BOOTP 协议能够让路由器转发 DHCP 客户端发送的 IP 地址租赁请求。DHCP 协议在设计上就能够按照 BOOTP 的规范来进行工作。由于 DHCP 通信会被转发到其他子网中，所以这种方法会产生额外的网络流量。

16.7.6.2 在每一个子网中都安装 DHCP 服务器

这种方法的代价是昂贵的，尤其是在每个子网的 DHCP 服务器还不能使用的情况下。另一方面，上一种方法中涉及的额外的网络流量问题在此方法中是不存在的。

16.7.6.3 配置一个 DHCP 中继代理

DHCP 中继代理实际上是 DHCP 子网中的一个网关。它负责侦听子网中来自客户端的租赁请求。它配置了处于另一子网的 DHCP 服务器的 IP 地址，并且将自己所在子网中的租赁请求转发给 DHCP 服务器。

DHCP 服务器将自己的租赁意向返回给 DHCP 中继代理。然后，DHCP 中继代理将租赁意向广播到子网中。这样之前发出租赁请求的 DHCP 客户端就能收到来自 DHCP 服务器的租赁意向。

DHCP 中继代理的优点在于可以在给定子网的客户端主机上进行配置，而且成本低廉。然而，它也限制了由 DHCP 通信所引发的子网间的流量。

16.7.7 DHCP 状态转换示意图

动态地址分配是 DHCP 引入的最重要的新功能。DHCP 标准使用一个有限状态机（Finite State Machine，FSM）从 DHCP 客户端的角度来描述租赁周期。客户端从每个 IP 地址租约的初始状态开始，通过获得、更新、重新绑定以及释放 IP 地址来进入多种不同的状态。FSM 还指出了在不同的阶段服务器与客户端之间需要交换的消息。

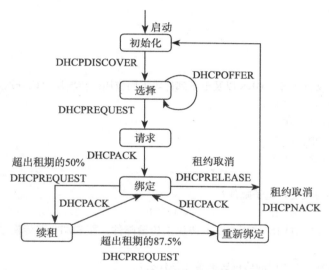

初始化（INITIALIZING）：在初始化阶段，客户端开启获得一个 IP 地址租赁的过程。当租赁结束之后，或租赁谈判失败，FSM 还会回到这个状态。客户端产生一条 DISCOVER 消息，并将其广播出去以寻找 DHCP 服务器。此时，FSM 转移至选择（SELECTING）阶段。

选择（SELECTING）：客户端等待接收从一个或多个 DHCP 服务器返回的 DHCPOFFER 消息，然后从中选择一个。客户端广播一条 DHCPREQUEST 消息将它的选择告知 DHCP 服务器。此时，FSM 转移至请求（REQUESTING）阶段。

请求（REQUESTING）：客户端等待自己发出租赁请求的服务器返回响应。DHCP 服务器在将客户端的物理地址与分配给客户端的 IP 地址绑定之后，向客户端返回一条 DHCPACK 消息。在接收到这条消息之前，客户端的 FSM 将会一直保持请求状态。在接收到 DHCPACK 之后，FSM 进入到绑定（BOUND）状态。

绑定（BOUND）：在此状态下，客户端可以一直使用 IP 地址，直到租约到期。当租期过半时，客户端发送另一条 DHCPREQUEST 消息来寻求续租。这样，FSM 就进入到续租阶段。客户端也可以在绑定阶段取消租赁，然后直接返回初始状态。

续租（RENEWING）：客户端将会一直处于续租状态，直到以下两件事情发生。一是客户端接收到一条 DHCPACK 消息与服务器达成了续租协议。在这种情况下，客户端将重置自己的计时器并返回绑定状态。二是客户端没有接收到 DHCPACK 消息并且租期已经过去 87.5%。此时，客户端将进入重新绑定状态。

重新绑定（REBINDING）：客户端将会一直处于重新绑定状态，直到以下三件事情发生。如果客户端接收到一条 DHCPNACK 消息或者租约到期，那么它将返回初始状态，然后尝试获得另外一个 IP 地址。如果客户端接收到一个 DHCPACK 消息，它将进入绑定状态并重置计时器。

习题与解答

1. 面向实时多媒体、文件传输、DNS 以及电子邮件等不同应用的传输层协议分别是＿＿＿＿。
   A）TCP、UDP、UDP、TCP
   B）UDP、TCP、TCP、UDP
   C）UDP、TCP、UDP、TCP
   D）TCP、UDP、TCP、UDP
   解析：C
2. 下列哪一个传输层协议支持电子邮件？
   A）SMTP　　　　　　　　B）IP　　　　　　　　C）TCP　　　　　　　　D）UDP
   解析：C。电子邮件在应用层使用 STMP 协议来传输邮件，而 SMTP 在传输层使用 TCP 协议传输数据。
3. 在 Internet 协议栈中，应用层的协议数据单元是什么？
   A）分片　　　　　　　B）数据报　　　　　　C）消息　　　　　　D）帧
   解析：C

层	协议数据单元（PDU）
应用层	消息
传输层	分片
网络层	数据报
链路层	帧

4. 为什么 HTTP、FTP、SMTP 以及 POP3 都是运行在 TCP 协议而不是 UDP 协议之上？
   解析：与上述应用相关的协议要求所有应用数据都是按照顺序接收的，并且没有任何间断。TCP 能够满足这些传输要求，而 UDP 则不能。
5. SMTP 协议能够在一条 TCP 连接上传输多个电子邮件消息么？
   解析：可以。SMTP 拥有一个状态机。在成功传输一条消息之后，它会返回初始状态。它还有一个中止命令能够将状态机重置成初始状态。因此，在一条 TCP 连接上发送多个电子邮件消息是可能的。

6. 哪一条 DNS 记录与转发电子邮件消息相关？

解析：MX 记录指出一个 SMTP 服务器列表，用于接收指定域名的电子邮件。为了获得 SMTP 服务器的 IP 地址，需要使用 A 或 AAAA 记录来进行查询。

7. 什么是 whois 数据库？

解析：对于输入的域名（比如 CareerMonk.com）、IP 地址以及网络管理员名称，whois 数据库能够查询相应的注册商、whois 服务器、DNS 服务器等信息。

8. 美国联邦调查局探员 MonkPerson 走进一家咖啡馆。这家咖啡馆提供了无线上网服务并且有自己的本地 DNS 服务器。探员希望在自己到达咖啡馆之前就能知道咖啡馆内是否有人最近访问了网站 www.CareerMonk.com。如果可以使用标准的计算机网络工具，在不侵入任何计算机或服务器的前提下这位探员该怎么做呢？

解析：下面列出了 3 种可能的解决方案。所有的方案都利用了这样一个事实：如果最近访问过一个网站，那么它就应该被保存在本地 DNS 服务器的缓存中。下面的 3 种方法都能够验证域名是否在缓存中。

1）使用 nslookup 命令查询域名 www.CareerMonk.com。如果该域名在 DNS 服务器的缓存中，整个查询过程会比域名未保存在缓存中的情况快得多。

2）使用 dig 命令向本地 DNS 服务器查询 www.CareerMonk.com。若返回消息的 TTL 较大（大约等于从未缓存域名的服务器上进行查询所对应的数值），则说明域名未保存在服务器的缓存中。若返回消息的 TTL 较小，则说明该域名已被缓存。

3）使用 dig 命令向本地 DNS 服务器查询 www.CareerMonk.com，同时将递归选项关闭。如果服务器返回一个 IP 地址与域名的映射（与 www.CareerMonk.com 相关的记录），那么说明该域名在缓存中。否则，说明域名没有保存在缓存中。

9. 假设一台 Web 服务器运行在主机 C 的 80 端口，并且使用持续的连接。目前，该服务器正在接收来自两个不同主机 A 与 B 的请求。所有的请求是否通过同一个套接字发送给主机 C？如果它们是通过不同的套接字来传输的，是否所有的套接字都绑定在 80 端口？请进行讨论并解答。

解析：对于每一个持续的连接而言，Web 服务器会单独创建一个套接字。每一个连接套接字都被一个 4 元组（源 IP 地址、源端口号、目的 IP 地址以及目的端口号）唯一标识。当主机 C 接收到一个 IP 数据报时，它会检查数据报的 4 元组以决定使用哪一个套接字来传输 TCP 报文段的负载。

因此，主机 A 与 B 的请求将会通过不同的套接字来进行传输。这些套接字都会将 80 作为目的端口，但是它们能够通过不同的源 IP 地址进行区分。与 UDP 不同，当传输层将一个 TCP 负载传递给应用进程时，它不会指明源 IP 地址。这是由于这一信息已通过套接字标识符清楚地给出。

10. 对于一个应用程序而言，即便运行在 UDP 协议之上是否也可能实现可靠的数据传输？

解析：可以。应用程序的开发者能够在应用层协议中实现可靠的数据传输。然而，这样做需要耗费巨大的工作量，并且需要不断地修改才能最终完善。

11. 假设一个网络中有 4 台主机 A、B、C、D 与 2 台路由器 X、Y。这两台路由器的 IP 地址分别为 1.2.3.31 与 1.2.3.23。在这些设备中，哪一个是 IGMP 查询器？

解析：Y 是查询器。

12. 在题 11 中，假设经过一些配置主机 A 负责接收发给 229.1.1.1 与 231.1.1.1 的数据包，主机 B 负责接收发给 237.1.1.1 的数据包，主机 C 负责接收发给 231.1.1.1 的数据包，主机 D 负责接收发给 231.1.1.1 与 237.1.1.1 的数据包。假设查询器发出一个 IGMP 通用查询数据报，那么主机会发送多少个 IGMP 成员报告？假设网络中的交换机不能执行 IGMP 窥探功能。

解析：每一个多播地址对应一个订阅者，它们都会接收到一个报告。因此，需要发送 3 个报告。

13. 在题 11 中，如果交换机能够执行 IGMP 窥探功能，那么主机将会发送多少个 IGMP 成员报告？

解析：在这种情况下，每一台主机都会向订阅的每个多播地址发送一个报告。因此，需要发送 6 个报告。

14. 能够将 IP 地址动态分配给网络工作站点的协议是？

A）ICMP   B）DHCP   C）SMTP   D）SNMP

解析：B

15. 下列哪一项是错误报告协议？

A）ARP   B）ICMP   C）TCP   D）UDP

解析：B

16. 请从下面的选项中选出应用层软件的两种形式？

A）应用   B）对话   C）请求   D）服务   E）语法

解析：AE

17. DNS 资源记录的用途是什么？

A）临时保存解析过的条目

B）服务器用于解析域名

C）在查询的过程中由客户端发送至服务器

D）在服务器与客户端之间传输认证信息

解析：B

18. 下列哪三个协议运行在 OSI 模型的应用层？

A）ARP   B）DNS   C）PPP

D）SMTP   E）POP   F）ICMP

解析：BDE

19. 下列哪两个协议的功能介绍是正确的？

A）DNS 为主机动态分配 IP 地址

B）HTTP 从 Web 服务器到客户端传输数据

C）POP 将客户单的邮件传输至邮件服务器

D）SMTP 支持文件共享

E）Telnet 提供了用于远程访问的虚拟连接

解析：BE

20. 与 SSH 相比较，Telnet 最主要的缺点是什么？

A）没有被广泛应用   B）不支持加密

C）占用更多的网络带宽   D）不支持认证

解析：B

21. 请从下列选项中选出点对点应用的三个特征。

A）在通信中同时扮演客户端与服务器

B）需要中心化的账户管理

C）混合模式包含一个中心化的文件目录

D）可以在客户端 – 服务器网络中使用

E）要求设备之间有直接的物理连接

F）要求中心化认证

解析： ACD

22. 下列哪些电子邮件组件用于在服务器之间传输邮件？

A）MDA B）IMAP C）MTA

D）POP E）SMTP F）MUA

解析： CE

23. 下列哪一个应用层协议描述了如何在 Microsoft 网络中帮助服务器实现文件共享？

A）DHCP B）DNS C）SMB

D）SMTP E）Telnet

解析： C

24. 下列选项描述了 MTA 在管理电子邮件中所扮演的角色，其中哪 3 项是正确的？

A）将电子邮件路由至其他服务器的 MDA 上

B）接收来自客户端 MUA 的电子邮件

C）通过 POP3 协议接收电子邮件

D）将电子邮件最终传输至 MDA

E）使用 SMTP 在服务器之间路由电子邮件

F）通过 POP3 协议将电子邮件传输至客户端

解析： BDE

25. 服务器的应用层是如何处理多个客户端的服务请求的？

A）停止所有该服务的连接

B）拒绝针对一个守护进程的多个连接

C）挂起当前连接以处理新的连接

D）利用下层协议的功能支持能够区分出服务的不同连接

解析： D

26. OSI 模型中的哪一层为用户提供了访问 Internet 的服务？

A）物理层 B）会话层 C）网络层

D）表示层 E）应用层 F）传输层

解析： E

27. 下列哪一项能提供将 IP 地址与资源名自动匹配在一起的服务？

A）HTTP B）SSH C）FQDN

D）DNS E）Telnet F）SMTP

解析： D

28. 下列哪两个协议用于将 Web 服务器上的资源传输至客户端浏览器？

A）ASP B）FTP C）HTML

D）HTTP E）HTTPS F）IP

解析： DE

29. 下列哪一项是一个第 4 层防火墙（该设备能够查看传输层以上所有协议的报头）无法做到的？

A）阻止从下午 9 点至早晨 5 点的 HTTP 流量

B）阻止所有的 ICMP 流量

C）针对某一指定的 IP 地址，阻止其进入的流量，但允许发出的流量

D）针对一个 IP 地址上的多用户系统中的某一位用户，阻止其从下午 9 点到早晨 5 点的 TCP 流量

解析：A。HTTP 是一个应用层协议。由于给定的防火墙位于第 4 层，它不能阻止 HTTP 数据传输。

30．下面给出了与电子邮件应用相关的不同活动：

m1：从电子邮件客户端向服务器发送一封电子邮件

m2：从服务器的邮箱中下载一封电子邮件至邮件客户端

m3：在 Web 浏览器中检查电子邮件

这三项活动分别使用哪一种应用层协议？

A）m1：HTTP m2:SMTP m3：POP   B）m1：SMTP m2:FTP m3：HTTP

C）m1：SMTP m2:POP m3：HTTP   D）m1：POP m2:SMTP m3：IMAP

解析：C。POP 协议用于帮助客户端接收邮件。SMTP 协议用于帮助客户端用户发送邮件。在 Web 浏览器中检查电子邮件只是一个简单的 HTTP 通信进程。

31．下列哪一项使用 UDP 作为传输层协议？

A）HTTP   B）Telnet   C）DNS   D）SMTP

解析：C。HTTP 与 SMTP 使用 TCP 协议。DNS 用于寻找与域名相对应的 IP 地址。它使用 UDP 协议来实现这一功能。

32．下面的配对正确的是哪一项？

P. SMTP	1. 应用层
Q. BGP	2. 传输层
R. TCP	3. 数据链路层
S. PPP	4. 网络层
	5. 物理层

A）P-2, Q-1, R-3, S-5   B）P-1, Q-4, R-2, S-3

C）P-1, Q-4, R-2, S-5   D）P-2, Q-4, R-1, S-3

解析：B。SMTP 是应用层协议。BGP 是网络层协议。TCP 是传输层协议。点对点协议（Point to Point Protocol，PPP）是数据链路层协议。

33．为什么 ICMP 数据包不包含源和目的端口号？

解析：由于 IMCP 被设计用于在主机与路由器之间交换网络层的信息，而不是在两个应用层进程之间交换信息，所以它不需要包含源与目的端口号。每一个 ICMP 数据包都有一个类型字段和一个代码字段。通过两者结合能够识别接收到的每一条消息。由于网络软件本身就能够解析所有的 ICMP 报文，所以不需要通过端口号来指出 ICMP 消息属于哪一个应用层进程。

34. 网络模型中的哪一层是用户支持层？

解析：应用层

第 17 章

其 他 概 念

17.1 路由跟踪的工作原理

路径跟踪（Tracert）程序与 ping 程序都是 Windows 操作系统内嵌的命令行工具。相应地，Linux 操作系统也包含了 traceroute 程序与 ping 程序。基本的 tracert 命令语法为"tracert 主机名"。例如，"tracert CareerMonk.com"，它的输出结果如下：

```
1 51 ms 59 ms 49 ms 10.176.119.1
2 66 ms 50 ms 38 ms 172.31.242.57
3 54 ms 69 ms 60 ms 172.31.78.130
```

发现路径：Tracert 程序发送一个 ICMP echo 数据包。如果一台路由器发现数据包 TTL 字段的数值已经减至 0，那么它就会返回一个内容为" TTL 在传输过程中已过期"的 ICMP 消息。目前，Internet 上的绝大多数路由器都具有这一功能。正是借助这一点，我们能够发现 IP 数据包的传输路径。

Tracert 工作原理：Tracert 程序首先向一台已知名称的主机发送一个 ICMP echo 数据包，但需要注意的是该数据包的 TTL 字段数值为 1。然后，Tracert 程序继续发送 ICMP echo 数据包，每个数据包的 TTL 值则为 2、3、4……以此递增。在此过程中，Tracert 程序将会不断的接收到内容为" TTL 在传输过程中已过期"的 ICMP 消息。直到发出的 ICMP echo 数据包被目的主机最终接收，并且由目的主机返回一个标准的 ICMP echo reply 数据包作为响应。

往返时间：上表中以毫秒（ms）为单位统计了从发出一个 ICMP 数据包到接收对应的 ICMP 响应数据包的往返时间。时间越短，性能越佳。如果时间显示为 0ms，则表示往返时间在计算机计时的 10ms 之内。具体数字可能是在 0 到 10ms 之间。

丢包：丢包会降低吞吐量。因此，不丢失数据包是保证一条 Internet 连接具有良好性能的关键。较慢却不丢包的连接在性能上要优于快速但丢失数据包的连接。即使数据包在最后一跳步丢失，但是目的主机才是最重要的接收者。有时，数据包途径的路由器不会发送内容为" TTL 在传输过程中已过期"的 ICMP 消息，这样就会提高在某一跳步的丢包率。即便如此，这也仅仅意味着某一个特殊的路由器无法响应 ICMP echo 数据包。

17.2　Ping 程序的工作原理

基本的 Ping 命令语法为"ping 主机名"。例如，"ping visualroute.com"，它对应的输出结果如下：

```
Pinging careermonk.com [182.50.143.69] with 32 bytes of data:
Reply from 182.50.143.69: bytes=32 time=130ms TTL=116
Reply from 182.50.143.69: bytes=32 time=130ms TTL=116
Reply from 182.50.143.69: bytes=32 time=137ms TTL=116
```

1）源主机生成一个 ICMP 协议数据单元（Protocol Data Unit，PDU）。

2）ICMP 协议数据单元封装在一个 IP 数据报中。在 IP 报头包含有源主机与目的主机的 IP 地址。此时，该数据报被称作 ICMP echo 数据报更加恰当，但是我们在这里仍将其称作 IP 数据报。这是由于从网络的角度来看被发送出去的是一个 IP 数据报。

3）当向目的主机发送了 IP 数据报之后，源主机记录下本地时间。每一个接收到该 IP 数据报的主机都会检查自己的地址是否与数据报中的目的地址相匹配，或者数据报目的地址字段每一位都已置 1，表示匹配所有主机地址。

4）如果 IP 数据报中的目的 IP 地址与本地主机的 IP 地址不匹配，那么该数据报将会被转发到目的 IP 地址所在的网络中。

5）目的主机接收到 IP 数据报，并发现自己的 IP 地址与数据报中目的地址字段的内容相匹配。

6）目的主机记录下 IP 数据报中 ICMP echo 的信息并进行必要的工作，然后将这个原始的 IP/ICMP echo 数据报销毁掉。

7）目的主机创建一个 ICMP echo 响应，并将其封装在一个 IP 数据报中。数据报中的源地址是目的主机的 IP 地址，而目的地址字段则用原发送者的 IP 地址来填充。

8）新创建的 IP 数据报会被反向路由回 Ping 程序的发起者。当该主机接收到数据报时，会记录下本地时间，并最终打印出 Ping 程序的输出信息，其中包含消耗的时间。

9）上述过程将会不断地进行重复，直到所有的 ICMP echo 数据包都发送出去并且接收到对应的响应，或者达到默认的 2 秒超时。默认的 2 秒超时用于在本地初始化 Ping 程序，而不是指一个数据报的生存时间（Time To Live，TTL）。

17.3　服务质量

服务质量（Quality of Service，QoS）涉及大量的网络技术与方法。QoS 的目标在于保障网络具有提供可预测结果的能力。网络性能的各要素都包含在 QoS 的范畴中，其中包括可用性（正常运行时间）、带宽（吞吐量）、延迟以及错误率。

QoS 涉及网络流量的优先级。QoS 可以针对一个网络接口，或针对一个给定的服务器或路由器的性能，以及某个特定的应用。部署一个网络监控系统是实现 QoS 不可分割的一部分，只有这样才能保证网络在一个所需要的水平上运行。

QoS 对于一些新兴的 Internet 应用十分重要，比如网络语音（VoIP）、视频点播以及其他消费服务。一些核心的网络技术，比如以太网，并没有被设计用于支持带有优先级的流量，或保障不同等级的性能。正因如此，在 Internet 上执行 QoS 解决方案变得更加困难。

17.4　无线网络

17.4.1　什么是无线网络

无线局域网（Wireless Local-area network，LAN）利用无线电波来连接设备，比如将笔记本电脑连接至 Internet、商业网站及其多个应用。当我们将笔记本连接上咖啡厅、酒店、机场休息室以及其他公共场所的 WiFi 热点时，也就意味着我们连接上了这种商业的无线网络。

17.4.2　无线网络与有线网络

有线网络利用线缆将各种设备连接至 Internet 以及其他网络。最常见的有线网络通常一端连接网络路由器的以太端口，而另一端连接一台计算机或其他设备。

过去，一些人认为有线网络比无线网络更快，而且更加安全。然而，通过不断加强无线网络的标准与技术，它与有线网络在速度与安全性上的差距正逐步地减小。

17.4.3　无线网络的优点

与有线网络相比，无线局域网能提供如下生产力、便利性以及其他有价值的优点：

❑ **移动性**：无线局域网能够为用户提供在组织内任意地点访问实时信息的能力。由这种移动性所带来的生成力与服务机遇是有线网络无法实现的。

目前，成千上万的大学、酒店等公共场所都提供了公用无线连接。这就把你从必须待在家里或者办公室才能访问 Internet 的境地中解放了出来。

❑ **安装速度与简单化**：安装一个无线局域网是非常快速与简单的。这样就避免了在部署有线网络时将线缆穿过墙体与天花板的麻烦。

❑ **降低持有成本**：虽然无线局域网的初期硬件投资要比有线局域网高，但是它的总体安装费用与日常维护费用要比有线网络低得多。如果是在一个经常出现设备的移动与变更的动态环境中，那么部署一个无线局域网能够带来长期的益处。

❑ 可扩展性：无线局域网能够根据不同的应用与安装需求按照不同的拓扑结构来进行配置。这些配置非常方便进行更改，范围涵盖从适用于少量用户的点对点网络到服务成千上万用户覆盖广大区域的全面的基础设施网络。

17.4.4　无线网络的缺点

虽然拥有上述诸多优点，但是无线网络仍然存在一些问题。其中比较重要的问题如下：

❑ 兼容性问题：不同厂商的产品可能会存在彼此之间无法通信的情况。或者说，我们需要付出额外的努力才能克服这一兼容性问题。

❑ 遗留问题：在速度上，无线网络仍然慢于有线网络。

❑ 安全问题：由于在无线网络的覆盖范围内任何人都可以尝试渗透进入，所以在隐私保护方面无线网络存在巨大的弱点。为了解决这一问题，已经有一些程序提供了对无线网络的保护，比如有线等价保密（Wired Equivalent Private，WEP），但它并不能为无线网络提供足够的保护；WiFi 保护访问协议（Wi-Fi Protected Access，WPA）则很好地弥补了 WEP 的缺点，取得了巨大的成功。

习题与解答

1. 下列哪一项不属于客户端 – 服务器模式的应用？
   A）Internet 聊天　　　　　B）网页浏览　　　　　C）电子邮件　　　　　D）Ping 程序

   解析：D。Internet 聊天是由聊天服务器来维护的，网页浏览则需要 Web 服务器的支持，电子邮件需要存储在邮件服务器上，而 Ping 程序用于判断两台计算机是否相互连接。连接的一端可以是客户端，而另一端既可以是客户端也可以是服务器。Ping 程序的目的只在于鉴别两者之间的连接是否存在。

2. Ping 命令将使用哪一个端口号？

   解析：由于 Ping 程序使用的是 ICMP 数据包，因此它不需要选定端口号。ICMP 数据包不包含源与目的主机的端口号。这是由于 ICMP 协议被设计在网络层完成主机与路由器之间的信息交互，而不是在应用层的两个进程之间。每一个 ICMP 数据包都拥有类型与代码字段。通过这两个字段的结合，主机在接收到 ICMP 数据包后能够鉴别出特定的消息。由于网络软件是自行解析所有 ICMP 消息的，所以不需要用端口号来指出 ICMP 消息具体属于哪个应用层的进程。

参 考 文 献

[1] W. Stallings. Local and Metropolitan Area Networks. Prentice Hall, Upper Saddle River, NJ, sixth edition, 2000.

[2] W. Stallings. Cryptography and Network Security. Prentice Hall, Upper Saddle River, NJ, third edition, 2003.

[3] W. Stallings. Data and Computer Communications. Prentice Hall, Upper Saddle River, NJ, eighth edition, 2007.

[4] A. S. Tanenbaum. Modern Operating Systems. Prentice Hall, Upper Saddle River, NJ, second edition, 2001.

[5] A. S. Tanenbaum. Computer Networks. Prentice Hall, Upper Saddle River, NJ, fourth edition, 2003.

[6] csee.usf.edu

[7] T. V. Lakshman and D. Stiliadis. "High-Speed Policy-Based Packet Forwarding Using Efficient Multidimensional Range Matching." Proceedings of the SIGCOMM '98 Symposium, pp. 203–214, September 1998.

[8] W. Leland, M. Taqqu, W. Willinger, and D. Wilson. "On the Self-Similar Nature of Ethernet Traffic." IEEE/ACM Transactions on Networking, 2:1–15, February 1994.

[9] J. Mashey. "RISC, MIPS, and the Motion of Complexity." UniForum 1986 Conference Proceedings, pp. 116–124, 1986.

[10] J.Mogul and S. Deering. "Path MTU Discovery." Request for Comments 1191, November 1990.

[11] cse.ohio-state.edu

[12] ee.ryerson.ca

[13] National Research Council, Computer Science and Telecommunications Board. Realizing the Information Future: The Internet and Beyond. National Academy Press, Washington, DC, 1994.

[14] National Research Council. Looking Over the Fence at Networks. National Academy Press, Washington DC, 2001.

[15] T. R. N. Rao and E. Fujiwara. Error-Control Coding for Computer Systems. Prentice Hall, Englewood Cliffs, NJ, 1989.

[16] K. Ramakrishnan, S. Floyd, and D. Black. "The Addition of Explicit Congestion Notification (ECN) to IP." Request for Comments 3168, September 2001.

[17] R. Rejaie, M.Handley, and D. Estrin. "RAP: An End-to-End Rate-Based Congestion ControlMechanism for Realtime Streams in the Internet." INFOCOM (3), pp. 1337–1345, 1999.

[18] D. Ritchie. "A Stream Input-Output System." AT&T Bell Laboratories Technical Journal, 63(8):311–324, October 1984.

[19] Y. Rekhter, T. Li, and S. Hares. "A Border Gateway Protocol 4 (BGP-4)." Request for Comments 4271, January 2006.

[20] T. G. Robertazzi, editor. Performance Evaluation of High-Speed Switching Fabrics and Networks: ATM, Broadband ISDN, and MAN Technology. IEEE Press, Piscataway, NJ, 1993.

计算机网络：自顶向下方法（原书第7版）

作者：[美] 詹姆斯·F. 库罗斯（James F. Kurose）基思·W. 罗斯（Keith W. Ross）
译者：陈鸣 ISBN：978-7-111-59971-5 定价：89.00元

自从本书第1版出版以来，已经被全世界数百所大学和学院采用，被译为14种语言，并被世界上几十万的学生和从业人员使用。本书采用作者独创的自顶向下方法讲授计算机网络的原理及其协议，即从应用层协议开始沿协议栈向下逐层讲解，让读者从实现、应用的角度明白各层的意义，进而理解计算机网络的工作原理和机制。本书强调应用层范例和应用编程接口，使读者尽快进入每天使用的应用程序环境之中进行学习和"创造"。

计算机网络：系统方法（原书第5版）

作者：[美] 拉里 L. 彼得森（Larry L. Peterson）布鲁斯 S. 戴维（Bruce S. Davie）
译者：王勇 张龙飞 李明 薛静锋 等 ISBN：978-7-111-49907-7 定价：99.00元

本书是计算机网络方面的经典教科书，凝聚了两位顶尖网络专家几十年的理论研究、实践经验和大量第一手资料，自出版以来已经被哈佛大学、斯坦福大学、卡内基-梅隆大学、康奈尔大学、普林斯顿大学等众多名校采用。

本书采用"系统方法"来探讨计算机网络，把网络看作一个由相互关联的构造模块组成的系统，通过实际应用中的网络和协议设计实例，特别是因特网实例，讲解计算机网络的基本概念、协议和关键技术，为学生和专业人士理解现行的网络技术以及即将出现的新技术奠定了良好的理论基础。无论站在什么视角，无论是应用开发者、网络管理员还是网络设备或协议设计者，你都会对如何构建现代网络及其应用有"全景式"的理解。

推荐阅读

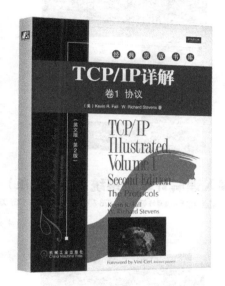

TCP/IP详解 卷1：协议（原书第2版）

作者：Kevin R. Fall 等 ISBN：978-7-111-45383-3 定价：129.00元

TCP/IP详解 卷1：协议（英文版·第2版）

作者：Kevin R. Fall, W. Richard Stevens ISBN：978-7-111-38228-7 定价：129.00元

推荐阅读

深入理解计算机系统（原书第3版）

作者：[美] 兰德尔 E.布莱恩特 等　ISBN：978-7-111-54493-7　定价：139.00元

计算机体系结构精髓（原书第2版）

作者：（美）道格拉斯·科莫 等　ISBN：978-7-111-62658-9　定价：99.00元

计算机系统：系统架构与操作系统的高度集成

作者：（美）阿麦肯尚尔·拉姆阿堪德兰 等　ISBN：978-7-111-50636-2　定价：99.00元

现代操作系统（原书第4版）

作者：[荷]安德鲁 S.塔嫩鲍姆 等　ISBN：978-7-111-57369-2　定价：89.00元